U0257042

"十二五"国家重点图书出版规划项目

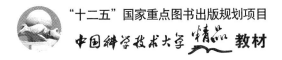

中国科学技术大学 精品 教材

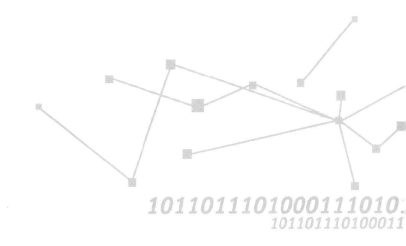

金　西／编著

Digital Integrated Circuit Design

数字集成电路设计

中国科学技术大学出版社

内 容 简 介

本书主要介绍了数字集成电路的设计理论与技术,内容包括:数字集成电路的发展趋势、数字集成电路的设计流程、VHDL 和 Verilog 的数字集成电路描述、数字集成电路前端设计、可编程的数字集成电路测试平台、数字集成电路后端设计、数字集成电路的可靠性设计。本书既来源于工程实际又结合了多年的教学实践,书中数字集成电路的设计以 CPU 核等作为实例讲解,板级系统设计基于 Xilinx Vx 系列 FPGA 开发板进行,与数字集成电路有关的设计规范和验收标准、库单元设计、硬件测试环境的建立等以业界标准来组织设计实例和教学内容。同时,作者结合了诸如科学院先导专项中芯片设计及其在航天工程中的应用等积累多年的项目经验来编写本书,本着理实交融、学以致用的原则,向从事数字集成电路设计的相关人员提供设计方法与实例。

本书可作为高等院校电子科学与技术、电子与信息工程、计算机科学与技术等专业的本科生或研究生教材,也可作为相关专业的教师、科研人员及数字集成电路设计工程师的学习参考资料。

图书在版编目(CIP)数据

数字集成电路设计/金西编著. — 合肥:中国科学技术大学出版社,2013.8
(中国科学技术大学精品教材)
"十二五"国家重点图书出版规划项目
ISBN 978-7-312-03298-1

Ⅰ. 数… Ⅱ. 金… Ⅲ. 数字集成电路—电路设计—高等学校—教材 Ⅳ. TN431.2

中国版本图书馆 CIP 数据核字(2013)第 193478 号

中国科学技术大学出版社出版发行
安徽省合肥市金寨路 96 号,230026
http://press.ustc.edu.cn
合肥市宏基印刷有限公司
全国新华书店经销

开本:787 mm×1092 mm 1/16 印张:31 插页:2 字数:735 千
2013 年 8 月第 1 版 2013 年 8 月第 1 次印刷
印数:1—3000 册
定价:56.00 元

总　　序

2008 年,为庆祝中国科学技术大学建校五十周年,反映建校以来的办学理念和特色,集中展示教材建设的成果,学校决定组织编写出版代表中国科学技术大学教学水平的精品教材系列。在各方的共同努力下,共组织选题 281 种,经过多轮、严格的评审,最后确定 50 种入选精品教材系列。

五十周年校庆精品教材系列于 2008 年 9 月纪念建校五十周年之际陆续出版,共出书 50 种,在学生、教师、校友以及高校同行中引起了很好的反响,并整体进入国家新闻出版总署的“十一五”国家重点图书出版规划。为继续鼓励教师积极开展教学研究与教学建设,结合自己的教学与科研积累编写高水平的教材,学校决定,将精品教材出版作为常规工作,以《中国科学技术大学精品教材》系列的形式长期出版,并设立专项基金给予支持。国家新闻出版总署也将该精品教材系列继续列入“十二五”国家重点图书出版规划。

1958 年学校成立之时,教员大部分来自中国科学院的各个研究所。作为各个研究所的科研人员,他们到学校后保持了教学的同时又作研究的传统。同时,根据“全院办校,所系结合”的原则,科学院各个研究所在科研第一线工作的杰出科学家也参与学校的教学,为本科生授课,将最新的科研成果融入到教学中。虽然现在外界环境和内在条件都发生了很大变化,但学校以教学为主、教学与科研相结合的方针没有变。正因为坚持了科学与技术相结合、理论与实践相结合、教学与科研相结合的方针,并形成了优良的传统,才培养出了一批又一批高质量的人才。

学校非常重视基础课和专业基础课教学的传统,也是她特别成功的原因之一。当今社会,科技发展突飞猛进、科技成果日新月异,没有扎实的基础知识,很难在科学技术研究中作出重大贡献。建校之初,华罗庚、吴有训、严济慈等老一辈科学家、教育家就身体力行,亲自为本科生讲授基础课。他们以渊博的学识、精湛的讲课艺术、高尚的师德,带出一批又一批杰出的年轻教员,培养了一届又一届优秀学生。入选精品教材系列的绝大部分是基础课或专业基础课的教材,其作者大多直接或间接受到过这些老一辈科学家、教育家的教诲和影响,因此在教材中也贯穿着这些先辈的教育教学理念与科学探索精神。

改革开放之初,学校最先选派青年骨干教师赴西方国家交流、学习,他们在带回先进科学技术的同时,也把西方先进的教育理念、教学方法、教学内容等带回到中国科学技术大学,并以极大的热情进行教学实践,使“科学与技术相结合、理论与实践相结合、教学与科研相结合"的方针得到进一步深化,取得了非常好的效果,培养的学生得到全社会的认可。这些教学改革影响深远,直到今天仍然受到学生的欢迎,并辐射到其他高校。在入选的精品教材中,这种理念与尝试也都有充分的体现。

中国科学技术大学自建校以来就形成的又一传统是根据学生的特点,用创新的精神编写教材。进入我校学习的都是基础扎实、学业优秀、求知欲强、勇于探索和追求的学生,针对他们的具体情况编写教材,才能更加有利于培养他们的创新精神。教师们坚持教学与科研的结合,根据自己的科研体会,借鉴目前国外相关专业有关课程的经验,注意理论与实际应用的结合,基础知识与最新发展的结合,课堂教学与课外实践的结合,精心组织材料、认真编写教材,使学生在掌握扎实的理论基础的同时,了解最新的研究方法,掌握实际应用的技术。

入选的这些精品教材,既是教学一线教师长期教学积累的成果,也是学校教学传统的体现,反映了中国科学技术大学的教学理念、教学特色和教学改革成果。希望该精品教材系列的出版,能对我们继续探索科教紧密结合培养拔尖创新人才,进一步提高教育教学质量有所帮助,为高等教育事业作出我们的贡献。

侯建国

中国科学技术大学校长
中国科学院院士
第三世界科学院院士

前　　言

自集成电路发明至今 50 多年来,数字集成电路迅速向着更高集成度、超小型化、高性能、高可靠性的方向发展,数字集成电路设计也多次跨越了"不可能再发展了吧";而对于今天的中国,每年上千亿美元的集成电路进口额主要用于购买数字集成电路,这是压在每一个中国集成电路设计从业者心中的巨石。中国科学技术大学物理学院的研究者们在纳米器件的机理、自旋电子学、量子点等方面已逐步走向国际研究的高端,而 SoC 设计室也凝聚了一批志在数字集成电路设计的青年学子,他们默默无闻却充满着激情,努力学习,积极实践,从事向量浮点处理器、Xilinx Vx 系列开发板、高性能多核处理器及外围 IP 开发。

本书以数字集成电路设计人员应学习的知识为主线,结合编著者的教学和项目实践及多年积累的资料编写而成,目的是使每一个学生了解超深亚微米时代数字集成电路的设计方法和所用到的 EDA 工具,为他们走上社会进入专业的电子技术类公司后,能胜任各种电子产品集成化的实际设计工作打下坚实的基础。本书主要内容包括:数字集成电路系统的发展趋势、数字集成电路设计流程、VHDL 和 Verilog 的数字集成电路描述、数字集成电路前端设计、可编程的数字集成电路测试平台、数字集成电路后端设计、数字集成电路可靠性设计。本书以 CPU 核等进行实例讲解,板级测试基于 Xilinx Vx 系列 FPGA 开发板进行,设计规范和验收标准、库单元设计、硬件测试环境建立及应用均以业界标准来组织设计实例和教学内容。

中国科学技术大学 SoC 设计室成立以来,杜学亮博士、负超博士、孙岩博士、贺承浩博士、张鑫硕士、孙一硕士、郑伟硕士、冯为硕士、胡群超硕士、赵占祥硕士、曹玉斌硕士等都为本书的研究体系和内容提供了有益成果;在读博士生项天、彭波、屈直、吴安,在读硕士生李强、王天祺、董家宁以及做 SoC 方向本科毕业论文的同学等学习了本课程并上机验证了部分程序,在此对他们一并表示衷心的感谢。本书编写过程中还参考及学习了十多本国内外有关数字系统设计的教材以及大量网络上的资料,受益颇丰,除在本书的参考文献中列出外,也在此向各位作者致以深深的感谢。

有关本书的技术指导和建议请发邮件至 jinxi@ustc.edu.cn,关于 SoC 设计室的新动态和本书相关内容的发展请浏览 http://blog.sina.com.cn/soc01。

金　西

2013 年 7 月 31 日

目　　次

第1章 集成电路发展与数字集成电路概论

集成电路从 20 世纪 60 年代开始,经历了小规模(SSI)、中规模(MSI)、大规模(LSI)、超大规模(VLSI)、甚大规模(ULSI)、极大规模集成电路(GLSI)阶段。1958 年设计出来的第一块集成电路只有 4 个晶体管,而到 GLSI 阶段能制作包含 10^9 个晶体管以上的单个芯片,并构成一个完整的数字系统或数模混合的电子系统。

本章将介绍集成电路的诞生、集成电路设计的发展历史、纳米时代的数字集成电路设计策略、数字集成电路设计的流程及其项目管理。

1.1 集成电路的回顾

以集成电路作为关键支撑的数字技术已经渗透到我们生活的方方面面,数字化地球、数字化家庭已逐步成为现实,我们周围可以发现无数个数字硬件产品:智能电视、电话、电脑等。

1.1.1 数字集成电路溯源

1. 计算机的发展与集成电路诞生

虽然从第一台电子计算机问世至今,只有短短 60 多年的历史,但计算机的渊源可以追溯到 2000 年以前,那时,古代中国人民已发明算盘用以计算,这是人类借助于工具进行数字计算的开端。算盘已经具备了将要计算的数拨打到算盘上(输入)、按口诀进行计算(运算)、中间计算结果立即显示在算盘(存储)、通过人手指可拨动算盘珠(控制)、最终结果显示在算盘上(输出)这五个功能,所以古老的中国算盘已经具备了现代冯·诺依曼结构计算机的五大要素。

欧洲文艺复兴时期,随着航海及工业的大发展,对计算需求不断扩大。1594 年,纳皮尔发明了对数,成功地将乘(除)法计算转换成加(减)法计算,1620 年,甘特发明了计算尺。这些早期的计算工具以及所用的思想为近代数字计算机的发展奠定了基础。人们又认为,现代计算机的前身最早可追溯到法国的帕斯卡(1623~1662),他根据齿轮啮合的原理,在 1642 年建造了第一台机械式计算机,使用每转满十圈进一位的十进制。但十进制有十种状态,实现起来显然很麻烦。直到莱布尼茨(1646~1716)发明了二进制才比较好地解决了计算机的数制问题。广为流传的观点认为他受中国阴阳八卦的启发才发明了二进制,但根据考证是他发明了二进制后才发现八卦可以用他的二进制来解释。在古代中国,阴阳八卦理论盛行一时,用一条实线来代表阳爻,即二进制中的"1",而将一条实线中间断开来代表阴爻,即二进制中的"0"。八卦中"乾"是三条实线即 111,为二进制中的"7",而"坤"是三条中间断开的实线即 000,为二进制中的"0"。这样八卦中八种状态用二进制数可依次表示出来,即 0~7 的二进制表示。莱布尼茨是和牛顿齐名的微积分大师,他发明的二进制和乘数论为计算机发展奠定了理论基础,这些研究逐渐深入并被作为盖吉斯基(Daniel D. Gajski)发明的 Y 图描述的起点,它涵盖了数字集成电路设计中的行为域、结构域和物理域,如图 1.1 所示。

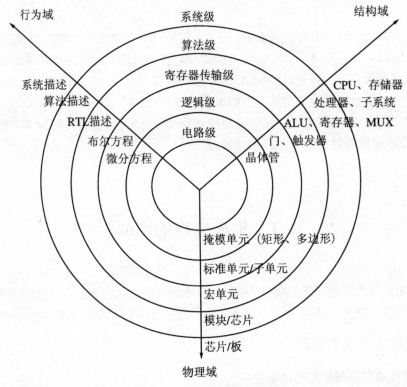

图 1.1 数字电路描述的 Y 图

沿着 Y 图中的射线看去,我们可以追寻数字电路发展的每个层次、阶段的成果,而其中最重要的贡献当属查尔斯·巴贝奇(1792~1871,见图 1.2)的研究。他在 1822 年完成了利用多项式差分规律进行演算的"差分机"模型,这是在电子计算机诞生前,人类创造计算工具过程中最重要的实践。在得不到经费支持的情况下,巴贝奇变卖家产维持研究,直到 1834 年完成了分析机的设计。为此,他发明了穿孔机、Ada 语言等。他在分析机中使用了寄存数据装置,并将其称为"堆栈",设置了从"堆栈"取数进行运算"工场",并能控制操作顺序、选择所需数据和输出结果的装置。但非常可惜的是,几十年后该成果才被进一步认识和研究应用。换句话说,巴贝奇以一己之力完成了超前几十年的近代数字计算机发明。令人欣慰的是,他所提出来的"堆栈"、Ada 语言(Ada 是为纪念巴贝奇女助手爱达·拜伦而命名的,她是英国诗人拜伦的独生女,也是世界上第一位程序员)等在今天的计算机中还在广泛地使用。

世界上第一台电子计算机埃尼亚克(Eniac)诞生于 1946 年 2 月 14 日。它由 18800 个真空电子管构成,重30吨,有两层楼那么高,占地170平方米,耗电174千瓦,每秒钟可完成5000次加减运算或400次乘法运算,比人工计算快20万倍。因为埃尼亚克采用的器件是真空电子管,而18800个真空电子管每个都有小手电筒般大小,当埃尼亚克一开机,就有20个工程师围着它转,以便及时更换那些过热的电子管,大约每15分钟就有一个真空电子管失效。因此,以真空电子管为主要器件的第一代计算机风行了十几年就被淘汰了,而解决像埃尼亚克那样巨大的功耗及可靠性问题是后来集成电路不断发展的巨大动力。

图 1.2 查尔斯·巴贝奇和他发明的差分机

在图1.3中,美国科学家威廉·肖克莱(坐中间者)和他的同事约翰·巴丁(左边站立者)、巴尔登·布莱廷在1947年底,研制出如图1.4所示的人类历史上第一只晶体三极管,三人在1956年分享了诺贝尔物理学奖。晶体管的体积是电子管的几十分之一,消耗功率为它的万分之一,而性能远远超过了真空三极管,它推动了雷达和计算机技术的发展,标志着电子设备固体化的开始。晶体管诞生后,首先在电话设备和助听器中使用;逐渐地,晶体管在任何有插座或电池的东西中都能发挥作用了。第一代真空管计算机也很快过渡到了第二代晶体管计算机(1959~1964)。

图 1.3 晶体管发明人　　　　　　　　图 1.4 点接触晶体管试验装置

2. 集成电路的发明与应用

即使有了晶体管、电阻、电容等长寿命的元器件,但要将它们组装在印制电路板上,是通过焊接来进行电的连接的,所以焊接部分的可靠程度成为左右计算机寿命的主要因素。作为德州仪器的新员工,杰克·基尔比(Jack Kilby,见图1.5)没有假期,在同事们休假时,他想到了将这种电路放置到一颗芯片上的主意,经过研究获得成功并申报了发明专利(美国专利号:3138743)。2000年的诺贝尔物理学奖授予了俄罗斯科学家泽罗斯·阿尔费罗夫、美国科学家赫伯特·克勒默和杰克·基尔比,他们是因在"信息技术方面的基础性工作"而荣获该年度诺贝尔物理学奖的。杰克·基尔比在接受诺贝尔物理学奖后说:"1958年,我的目标很简单,就是降低成本,简化组装,让东西变得更小,更可靠。"集成电路的发明极大地促进了电子设备的小型化和低功耗化,由此集成电路几乎存在于现在每样电子产品当中,发明集成电路的功臣除了德州仪器的杰克·基尔比,还有仙童公司的罗伯特·诺伊斯(Robert N. Noyce,见图1.6)。在杰克·基尔比完成发明的几个月后诺伊斯将晶体管等部件融合到了一个单块芯片的同时,也将连线制造进去,他也申报了发明专利(美国专利号:2981877)。随后,仙童公司开始在硅片上放置晶体管,然后将其切割,分开出售。世界首颗芯片就此诞生。1958年9月12日,基尔比向德州仪器的官员展示了首颗真正能够投入使用的集成电路,这一天被看做是集成电路的生日。但诺伊斯和仙童公司的其他研究员们,包括后来英特尔的创始人之一戈登·摩尔(Gordon Moore,见图1.7)已经在研究他们自己的概念,并且在基尔比的集成电路之后很快也向外界展示了自己的集成电路。

图1.5　杰克·基尔比和他的发明

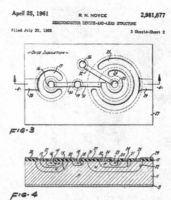

图1.6　仙童和英特尔公司共同创始人之一的罗伯特·诺伊斯及其专利

　　没有集成电路,信息科技行业就不会是现在这番模样。20世纪50年代,电子行业已经开始使用晶体管、二极管、电阻器以及其他电子部件来替代真空管,但新式的电路在当时仍然笨重且昂贵。

　　戈登·摩尔(Gordon Moore,见图 1.7)认为,诺伊斯发明的集成电路要比基尔比的更实用,在制造上来得更容易。基尔比率先申请了专利,但诺伊斯专利申请的审批过程更快一些,因此诺伊斯首先获得了集成电路的首个专利。但很快,一个复审委员会根据专利申请日期以及他的研究笔记又将这份荣誉判给了基尔比。随后便是长达 10 年的法庭诉讼,最后仙童公司的律师帮助诺伊斯夺回了这份专利。随后,这些人供职的企业——德州仪器和仙童公司很快消除了双方存在的分歧,达成了专利共享协议,开始在一些产品中使用集成电路,像 1964 年推出的德州仪器计算器。

图 1.7　英特尔公司创始人之一的戈登·摩尔

　　在基尔比的诺贝尔奖感言中指出,诺伊斯以及西屋电子公司几个不知名的研究者对半导体的发明做出了贡献。本来可能分享这份诺贝尔奖金的诺伊斯已经在 10 年前去世。而诺贝尔奖不颁给已经离世之人。

　　基尔比还在美国军事与太空项目领域中声名卓著,因为他的发明使大部分政府项目提高了效率。冷战时期,美国军方在 Minuteman 导弹中使用了集成电路,以防范苏联的核攻击,美国航空与宇航局(NASA)在它的阿波罗登月项目中也使用了集成电路。集成电路近几十年来深刻改变了人类社会,它的发展必须具备两个简单但又是基本的先决条件:一是快速,即短时间里传输大量信息;二是体积小,携带起来方便,在任何场合都能使用。显然,科学家的成果满足了这两个要求。戈登·摩尔在信息技术行业有个神话,这个神话就是他用一条定律把一个企业带到成功的顶峰,这个定律就是如图 1.8 所示的"摩尔定律"。信息产业几乎严格按照这个定律以指数方式领导着整个经济发展的步伐,摩尔是世界头号 CPU 生产商英特尔(Intel)公司的创始人之一,他于 1965 年提出"摩尔定律",1968 年创办英特尔公司。

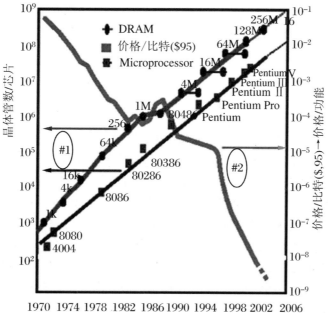

图 1.8　戈登·摩尔晶体管技术和摩尔定律的发展

3. 集成电路及其分类

集成电路经过半个世纪的演变、发展,目前品种已达 5 万种,年产量数以亿块计。关于集成电路的各种新"名词"虽不断花样翻新,但还是跟不上电子市场急剧变化和更新换代的需求。

集成电路按集成度高低的不同可分为小规模、中规模、大规模、超大规模、甚大规模和极大规模集成电路。集成度是标志集成电路的一个重要指标,一般是指在一定尺寸的芯片上能做出多少个晶体管。通常将集成度少于 100 个元件的集成块称为小规模集成电路(简称 SSI);把集成度在 100~1000 个元件的称为中规模集成电路(简称 MSI);以此类推。

集成电路按制作工艺可分为:膜集成电路、半导体集成电路和混合型集成电路。其中,膜集成电路又分为薄膜集成电路和厚膜集成电路两类,薄膜集成电路制作方法主要采用淀积方法,如真空蒸发、溅射、电解氧化等方法,把需要的各种材料覆盖在陶瓷或玻璃片上,然后用光刻的方法获得电路;厚膜集成电路主要用丝网漏印的方法,像印刷画报那样把电路印制在陶瓷上。半导体集成电路是在半导体材料的晶圆片上制作出电路。混合型集成电路是采用薄膜集成电路和半导体集成电路制作工艺联合制作出的电路。

集成电路按功能可分为数字集成电路、模拟集成电路(线性集成电路和非线性集成电路)、微波集成电路和专用集成电路(ASIC)。所谓的数字集成电路就是传递、加工、处理数字信号的集成电路。数字集成电路按应用领域可分为通用数字集成电路和专用集成电路:通用数字集成电路是指那些用户众多、使用领域广泛、标准型的电路,专用集成电路是指为特定的用户、某种专门或特别的用途而设计的电路。数字集成电路具体分类如图 1.9 所示。

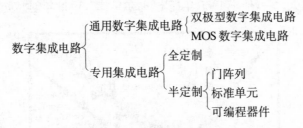

图 1.9　按应用领域分类

其中,通用数字集成电路由于采用的晶体管不同,可分为双极型集成电路和场效应集成电路两种。这两大系列中主要以 TTL 和 CMOS 为代表。高阈值晶体管逻辑电路(HTL)、发射极耦合逻辑电路(ECL)、集成注入逻辑电路(I^2L)、N 沟道场效应管逻辑电路(NMOS)和 P 沟道场效应管逻辑电路(PMOS)等系列,使用较少。反映数字集成电路的现状和应用水平的是存储器、微处理器及微控制器和专用集成电路,存储器是典型的数字集成电路,也一直是集成电路的主要产品,其技术发展代表着集成电路发展水平。另外,数字集成电路的发展是和计算机的命运紧紧拴在一起的,它应计算机的需要而诞生,并随电子技术的不断进展而发展,计算机的核心是微处理器和微控制器。数字集成电路发展到数字系统也与其和计算机、通信、网络等逐渐融合密不可分。

模拟集成电路是能对电压、电流等模拟量进行放大与转换的集成电路,输入信号与输出信号成线性关系的电路称为线性集成电路,输入信号与输出信号不成线性关系的电路称为非线性集成电路;微波集成电路是近些年迅速发展的高频集成电路,由于工作频率高,其电路结构、元件类型、材料、工艺途径以及应用范围都大不相同,从而形成了单独的一大类型集成电路。

专用集成电路(Application Specific Integrated Circuits,ASIC),相对于标准逻辑、通用存储器、通用微处理器等电路,它面向专门用途,通常根据某一用户的特定要求,能以低研制成本、短周期交货的全定制或半定制集成电路。

ASIC 从 20 世纪 60 年代提出概念,到 80 年代后期伴随半导体集成电路工艺技术、支持技术、设计技术和测试评价技术的发展以及集成度的大大提高,电子整机、电子系统高速更新换代,从而得到充分发展。以其设计专用性、成本低、开发周期短、工具先进和对提高电子系统性能、可靠性、保密性、提高工作速度、降低功耗、减少芯片体积和重量等各方面的优势,很快形成了用 ASIC 取代中小规模集成电路来组成电子系统或整机的热潮,目前在集成电路市场中的占有率已达 1/3。

按照设计方法不同,ASIC 分为全定制和半定制两种。全定制是基于晶体管的设计方法,针对要求得到最高速、最低功耗和最省面积的芯片,它必须从晶体管的版图尺寸位置及连线开始亲自设计。通常设计成本高,周期长,只适用于性能要求很高或批量很大的芯片。半定制则是一种约束性设计方法,约束的主要目的是简化设计、缩短设计周期以及提高芯片成品率,这时对芯片面积或性能做出牺牲,尽可能采用已有的规则结构版图,用最短的时间设计出芯片,占领市场后再予以改进。

半定制方法分为门阵列法、标准单元法和可编程 ASIC。门阵列法又称母片法,是在半成品母片上将已有的规则单元相互连接实现电路要求,并有较高自动化的设计软件;门阵列法成本低、周期短,但门的利用率低,芯片性能不高。标准单元法是以精心设计的标准单元库为基础,调用库单元版图,利用自动布局布线完成电路到版图一一对应的设计,它的成本周期性能指标都较高。前两种 ASIC 方法都必须到集成电路厂家去加工流片才能完成,设计制造周期较长,而且一旦出错,需要重新修改设计和流片,周期成本必然大大增加。可编程逻辑器件是一种已完成全部工艺制造可直接从市场购得的产品,用户只需对它编程就能实现电路功能,设计人员在实验室即可设计和制造出芯片,而且可以反复编程使硬件的功能像软件的功能一样通过编程来修改。可编程 ASIC 发展到现在,芯片上包含的资源越来越丰富,可实现的功能越来越强,已成为当今电子系统设计的重要手段。

4. 数字系统与数字集成电路设计

集成电路是将大量微小的电子器件(主要是晶体管)放在一块半导体材料上集成并互连在一起。许多这样的电路在一片晶圆上同时制造,之后它们被切割成裸片(die)。大多数的集成电路(通俗称为微芯片,micro chip)要密封包装起来,经过老化等筛选再连接(多数是焊接)到印制板上。数字集成电路和模拟集成电路之间的区别主要体现在信息编码上。数字电子学使用离散值表示和处理信息,而模拟电子学用连续信号表示信息;对于物理上的变量如温度、压力等等,转换成电参量既可用连续量表示,也可以用离散量数字化地表示出来。一般来说,电子系统要么归于模拟类要么归于数字类。数字系统是使用数制系统中规定的数字(如"0"和"1")来"处理"信息以实现计算和操作的电子网络。它必须完成如下任务：

(1) 将现实世界的信息转换成数字网络可以理解的二进制"语言"；

(2) 仅用数字"0"和"1"完成所要求的计算和操作；

(3) 将处理的结果以我们可以理解的方式返回现实世界。

设计数字系统通常需要分析一个任务，以便将其划分为较易描述的函数形式。每个函数同系统其他函数以特定方式发生联系，从而构建算法。算法通常同数学和计算机程序相关联，它是解决问题或控制一个过程的系统化过程。对于简单问题，可以用一个或几个算法解决问题，对于复杂数字系统来说，不对过程进行多次分解并用计算机辅助处理是无法解决问题的。

从单一的电路设计角度看，数字系统总可以分解成用来表征和设计系统的小单元(或模块)，数字系统可以用不同的方式来表示，采用的方式是否合适由需要解决的问题决定。数字设计可认为是一种层次结构，由最底层的基本电路开始，逐步向上，每层都显示更复杂的功能单元。基本电路由单独的元件组成，能执行特定功能。各种元件，如电阻、电容、电感和传感器等，对电路设计者有用，而对数字系统设计人员就不会直接有用了。系统设计人员在数字系统设计时，先设计和构造数字电路来提供特定功能，而在研制更复杂系统时，这些已完成的功能则被作为构造块用作更大功能单元的组成部件。例如，8位加法器就是由门电路构成的标准逻辑函数，门电路是加法器的组成部件，而加法器又是乘法器的组成元件。目前，这些部件一般由数字设计系统的库单元预先提供。

从电子科学与技术的角度看，集成电路设计中元器件尺寸进入纳米阶段后，简单的非线性和寄生参数分析已经远远不能满足设计要求，可以说，集成电路设计已经从宏观物理学进入量子阶段。同时，元件尺寸与信号波长不断地接近，这些都要求电子科学技术必须深入到微观物理学中，必须要由简单非线性进入复杂非线性，考虑解决以下问题：① 热噪声以及 α 射线等放射线产生的瞬时误动作；② 半导体单晶中由杂质的统计波动和加工偏差引起的晶体管阈值电压的波动；③ 二氧化硅膜和 PN 结的隧道电流、击穿电场等材料特性决定的膜厚和浓度限制；④ 材料的失效、环境等引起的寿命问题等。解决问题的所有分析测量技术不仅要依靠半导体物理学和量子物理学，还要有强大的仿真建模能力，来标准化这些设计单元，解决相关噪声和参数的波动。将 Y 图各层次理论和实践有效结合起来，才能学会并掌握数字集成电路设计技术。

1.1.2 电子设计发展阶段

很明显，ASIC 和系统集成的电子设计不同于传统的电子设计。回顾一下电子产品开发 40 多年来较为成熟的三个重要时期，ASIC 的微电子产品设计正逐步从以微电子厂商为主转移到以电子系统厂商为主。电子产品开发的三个时期分别为：1963～1973 年的初级硬件设计时期、1973～1983 年的软件编程设计时期和 1983～1999 年的 ASIC 和系统集成的硬件设计时期。对于这三个重要时期，下面以一个数字系统为例比较其设计特点，参见表1.1。

表 1.1　电子设计三个时期的比较

| 三个重要时期 | | 开发特征 | |
设计时期	开发环境	优　点	缺　点
用芯片设计硬件系统(1963~1973)	微电子厂家的产品(SSI/MSI)说明书,简单的 PCB 布图与 CAD 分析工具。使用几百门/片的标准零件,开发约千门的 PCB,在整机上约万门的电子系统	以微电子厂家为主开发器件的成本最低。系统设计采用硬件构造,故简单易行	系统的成本高且功能有限。易仿制(包括可逆向设计)、可制造性差、设计数据不可重用
软件编程设计(以 μP 为核心)(1973~1983)	微电子厂家的产品(包括 LSI 和 μP)说明书。微处理器的开发系统。CAD 和 CAE 的设计与分析工具。用户在电子厂家提供的 μP 上做应用编程	微处理器对不同用户有一定通用性。用户编程的灵活性大,可制造性好(尤其是单板机、单片机、DSP 通用芯片出现后),可重用数据	开发成本(开发环境和人工费用等)高、保密性差(软件复制很难加密),不适合高速、实时信号处理的应用
ASIC 和系统集成的硬件设计(1983~1999)	系统厂商的专业背景(如通信、计算机专业知识)。ASIC 库和各种专业的库模块。HDL 的编程环境。EDA 工具(20 世纪 80 年代的 CAE 和 2000 年左右兴起的 SoC 设计工具)	适应系统用户的复杂功能要求,最好系统用户本人做专用芯片。开发周期短(芯片即系统)、保密、安全。可重用设计数据、成本低(指总的系统成本)	依赖工具、库、人才

结合目前发展情况,电子设计自动化(EDA)的发展大致可分为四代:CAD、EDA、ESDA以及目前已经兴起的 SoC,可以用图 1.10 概括地说明。

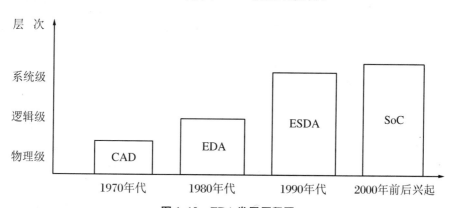

图 1.10　EDA 发展历程图

(1) CAD 时期。20 世纪 60 年代至 70 年代为 EDA 的发展初期,称为计算机辅助设计(CAD)时期,以 Applicon、Calma 等代表的版图编辑设计系统,其设计工作是分阶段进行的,设计工具彼此独立,只能适应某一阶段的工作。其功能主要是集成电路的设计和版图设计中的交互式图形编辑和设计规则检查,这样的 CAD 系统只能局限在半导体工厂使用。

(2) EDA 时期。20 世纪 70 年代中期到 80 年代出现了第二代 CAD 工具,以 Mentor、

Daisy、Valid 为代表的 CAD 系统，它包括：原理图输入、模拟验证、逻辑组合、芯片布图和印刷电路板布图等。这一时期的设计是分层次进行的，每个层次又包含若干个阶段。设计者使用的各种 EDA 工具的数据格式不一致成为主要矛盾。EDA 系统需要考虑能够协调管理好各种 EDA 工具及其共享数据，并实现各设计阶段的自动衔接。因此出现了基于共享数据库制定的一些标准数据交换格式，如 CIF 格式和 EDIF 格式。

(3) ESDA 时期。20 世纪 80 年代末到 90 年代初出现的以 Cadence、Synopsys、Avanti 等为代表的 EDA 工具可视为第三代，称为 ESDA(电子系统设计自动化，Electronic System Design Automation)时期。为顺应对电子产品高性能、多功能、低成本的需要，已经出现了"一个芯片就是一个系统"的概念，即"系统芯片化，芯片系统化"。面对如此复杂的芯片，需要从电子产品的设计、分析、工艺、测量、制造五个过程全面综合平衡。随着自顶向下设计方法(Top-Down Design)的提出和 DSP(数字信号处理)技术的发展；逻辑综合工具和 DSP 设计工具的应用；数字和模拟混合信号电子系统的仿真设计和 PCB 制版前的系统硬件电路仿真分析与试验(FPCB)技术的进展；缩短电子系统设计周期的竞争促使 EDA/ESDA 技术及 CE(并行设计工程)、DM(设计管理系统)的应用得到迅速发展。

(4) SoC 时期。正在发展和研制中的面向超深亚微米的 SoC(System on Chip)，它是指把一个完整的系统集成在一个芯片上，或用一个芯片实现一个功能完整的系统。随着集成电路制造工艺以及 EDA 设计方法的改进，SoC 已经走向实用。

SoC 与 IC(Integrated Circuit)的设计原理是不同的，它是微电子设计领域的一场革命。SoC 是从整个系统的角度出发，把处理机制、模型算法、软件(特别是芯片上的操作系统——嵌入式的操作系统)、芯片结构、各层次电路直至器件的设计紧密结合起来，在单个芯片上完成整个系统的功能。它的设计必须从系统行为级开始自顶向下。很多研究表明，与由 IC 组成的系统相比，由于 SoC 设计能够综合并全盘考虑整个系统的各种情况，可以在同样的工艺技术条件下实现更高性能的系统指标。

SoC 主要有三个关键的支持技术：

(1) 软、硬件的协同设计技术。面向不同系统软件和硬件的功能划分理论(Functional Partition Theory)。硬件和软件更加紧密结合不仅是 SoC 的重要特点，也是 21 世纪 IT 发展的一大趋势。

(2) IP 模块库问题。IP(Intellectual Property)原来的含义是指知识产权、著作权等，在 IC 领域则可以理解为实现某种功能的设计。IP 核则是指完成某种功能的虚拟电路模块，也可以称之为虚拟元件 VC(Virtual Components)。IP 核可分为硬核、固核和软核三种类型。软核是功能描述，它是在寄存器或门级对电路功能用 HDL 进行描述，表现为 VHDL 或 Verilog 代码，主要用于接口、算法、编译码和加密等模块设计。硬核是基于工艺的物理设计，它以版图形式描述设计模块，基于一定的设计工艺，而且用户不能改动。常用的硬核有存储器、模拟器件和一些接口等。固核主要为结构设计，它介于硬核和软核之间，允许用户重新定义关键的性能参数，内部连线也可以重新优化。其中以硬核使用价值最高。CMOS 的 CPU、DRAM、SRAM、E^2PROM 和快闪存储器以及 A/D、D/A 等都可以成为硬核，其中尤以基于深亚微米的器件模型和电路模拟基础上，在速度与功耗上经过优化并有最大工艺容差的模块最有价值。

（3）模块界面间的综合分析技术。这主要包括 IP 模块间的胶联逻辑技术（glue logic technologies）和 IP 模块综合分析及其实现技术等。

微电子技术向 SoC 转变不仅是一种概念上的突破，同时也是信息技术发展的必然结果，通过以上三个支持技术的创新，必将导致又一次以系统芯片为特色的信息技术的革命。目前，SoC 技术已经崭露头角，21 世纪将是 SoC 技术真正快速发展的时期。

1.1.3　计算机在集成电路设计发展阶段的作用

计算机技术在集成电路设计的不同发展阶段起的具体作用是不同的，归纳如下（方框中为计算机所做的工作）。

1. 手工设计阶段

功能设计→逻辑设计（电路设计）→硬件实物模拟→版图设计→版图手工绘制、刻红膜→照相、制版→流片→芯片。

2. IC-CAD 阶段

系统设计 → 逻辑设计 → 逻辑、时序、电路模拟 → 版图设计 → 版图编辑 → 反向提取、规则检查 →制版→流片→芯片。

3. EDA 阶段

系统设计→ 功能模拟 → 逻辑综合 → 时序模拟 → 版图综合 → 后模拟 →制版→流片→芯片。

4. ESDA 阶段

系统设计→ 行为级综合 → 功能模拟 → 逻辑综合 → 时序模拟 → 版图综合 → 后模拟 →制版→流片→芯片。

5. SoC 阶段

概念设计 → 功能细化 → 确定体系结构和算法 → 硬件/软件分割 → 功能验证 → 硬软件仿真 → 工程设计（动作描述、RTL 设计、网表生成、版图生成） → 制版 → 流片 →芯片。

1.1.4　人才、工具和库

1. EDA 人才

有统计表明 90% 以上的 EDA 工具分布在电子设计工程师当中，仅约 10% 的 EDA 工具为微电子厂家所专用。传统电子设计阶段的产品设计开发周期之长，使得"产品鉴定之日即为寿终之时"。20 世纪 90 年代后，EDA 工具被广泛使用，设计的关键因素还是人才，尤其是有专业背景和实际经验的人才。

2. EDA 工具

（1）国外 EDA 工具概况。目前，国外的 EDA 厂商很多，如美国 Synopsys 公司的设计工具，提供了一整套从 VHDL 到 FPGA/ASIC 实现的完整、灵活、实用、简捷的解决手段。及时推出了逻辑综合优化工具，将集成电路的设计提升到用硬件描述语言，对电路功能进行抽象描述,根据约束条件,优化工具自动产生门级电路的层次,开创了高层次设计方法的先河。20 世纪 90 年代后,Synopsys 推出了行为级的综合优化工具,将设计方法又推向了高层,跟上了半导体加工工艺的发展。它的综合优化工具在国内用户很多。Altera 公司是 EPLD(可擦除可编程逻辑器件)器件的创始人,可以提供 FPGA 和 EPLD 等可编程逻辑器件。开发系统软件 Max + Plus Ⅱ 支持其 FPGA 和 EPLD 产品,提供图形、AHDL 和 HDL 设计输入方式,支持波形输入方式,并具有丰富的 EDA 接口和完整的前、后仿真工具。

由于 EDA 工具的复杂性和少数大公司的垄断,一套最先进的、完整的 EDA 工具,如 Cadence 的一年许可证使用费一般在 10 万美元左右。因此,选择 EDA 工具时,决策者应该综合考虑以下几方面因素。

① 设计的复杂度越高,需购买的软件模块也越多。一般做 ASIC/FPGA 所需要的基本模块是原理图输入和仿真器。如果设计门数超过 5 万门,时钟频率超过 40 MHz,设计者应当考虑静态时序分析工具和综合工具;若设计门数超过 10 万门,则测试软件也必须考虑在内。

② 如果同一项目不同的人用不同的设计输入方法,综合时就要把它们汇总到一起。

③ 软件工具是否支持已选择的 ASIC/FPGA 厂商。

④ 软件设计环境的开放性,即所选软件是否支持不同人用不同工具进行设计,能否把不同设计集成到统一环境中。

⑤ 厂家的工具是否支持已有硬件平台。

⑥ 因为 EDA 软件是复杂的工程,应用时难免会遇到许多问题,厂家良好的售前、售后服务可以使你快速掌握工具用法。

⑦ 其仿真软件是否具有丰富的仿真模型。如果只做 ASIC,只需购买前端软件,后端软件则无需购买。

(2) 国内 EDA 工具应用简况。目前,国内已有不少的科研院所、大公司建立了 EDA 大型研发中心,FPGA 及闪存(Flash Memory)的开发应用也较为普遍。现场可编程逻辑阵列的使用,缩短了产品开发周期,提高了产品的可靠性,增加了产品的高科技含量。对比国外,我国的 EDA 发展比较缓慢,但国内可以从引进利用起步。无论选择哪种 EDA 工具,并非越昂贵越好,重要的是获得高的性价比,让有限的资金充分发挥作用。EDA 工具的使用,将缩短我国与国外电子产品开发手段的差距,EDA 的发展和应用必将带来更高的生产效率。

国内的 EDA 工具以北京华大集成电路设计中心的九天系统为代表,其功能覆盖从行为功能级描述到图形生成数据(PG)带生成的甚大规模集成电路设计全流程。但目前,EDA 的市场还主要为外商的代理商主宰。其原因如下:

① 集成电路行业高投入、高风险和高回报。集成电路行业中,能用得起大型集成化 EDA 工具的企业和高校不多。广大的用户因资金缺乏,不得不采用低档的或盗版的 EDA 工具。

② 集成电路 EDA 工具价格昂贵。EDA 技术复杂性决定其价格昂贵,价格昂贵又导致用户较少且单一。

③ 盲目使用高性能的 EDA 工具。国外的 EDA 厂商常常极力把技术较为先进的 EDA

工具向中国用户推销,而我国有条件的用户由于种种原因也追求高性能的工具,经过复杂审批制度的资金一旦到用户手中,就想超前消费。

④ 国内 EDA 企业举步维艰。没有较大资金、人力的投入,开发出的 EDA 工具多数存在不稳定的问题,导致用户不愿意使用的恶性循环。

3. 库

库是集成电路设计与制造的交接界面,必须明确集成电路设计最先要做的一件事是必须选择到哪家微电子厂家去加工。一旦选定一家工厂,你就必须用该制造厂家提供的库去设计,并以此作为设计交接的一个重要依据。

库是微电子制造厂家和 EDA 公司提供的一种设计环境,最初仅由微电子制造厂家提供标准零件库,后来又有各个微电子制造厂家为用户提供的 ASIC 库,目前还由各专业的 EDA 公司提供各种系统设计的库模块,并且越来越多的系统制造厂家也在开发它们专用的设计库——IP(Intellectual Property) Lib。

目前,用户、微电子制造厂家和 EDA 公司均致力于发展与工艺、工具和产品类别无关的通用基本原型化的库,这种库已不是在原来 LSI 和 MSI 的规模上,而是包含处理器、DSP、存储器、FPGA、GA、Std. cell(标准单元)和 ASIC 宏器件的设计功能库。

EDA 公司也支持通用函数库,原因是它不必为实际工艺准备不同的库,仅仅为设计构思、综合和仿真而准备不同的参数,简言之,对所有设计任务仅需一套设计库。

对用户而言,库就是一些已有的设计,或为已有设计所做的一些模块。集成电路设计越靠用户做就越需要用户建库。例如设计通信系统,往往要用到很多通信协议及调制解调方式、信道、编解码表和传输方式的库元件,这些库元件显然已超出了微电子制造厂家的专业背景,而且也不是 EDA 公司所长,所以由系统设计用户建库模块,或者由用户与专业建模的 EDA 公司合作建库模块已是一种必然的趋势。

1.2　纳米时代的数字集成电路设计策略

任何复杂的数字集成电路都可以最终分解成基本门和存储器元件,这种分解最好由计算机自动进行,集成电路芯片设计过程就是把高级的系统描述最终转化成如何生产芯片的描述过程。为了完成这样的转换,人们研究出了描述集成电子系统的特殊的抽象方法,这就是层次化、结构化的方法。层次化的设计方法,能使复杂的电子系统简化,并能在不同的设计层次及时发现错误并加以纠正;结构化的设计方法,可把复杂抽象的系统划分成一些可操作的模块,允许多个设计者同时设计,而且某些子模块的资源可以共用及重用。

复杂的数字集成电路,不论是用集成电路芯片实现、FPGA 实现或者在 PCB 上实现,较好的策略是用层次设计与自动设计相结合的方法。基本的设计过程是采用自顶向下的设计,也就是说,从一个行为概念开始,建立越来越详细的层次结构,直至得到一个充分低的级,它能直接变换成物理实现。最后,物理实现完成整个数字集成电路的功能。

1.2.1 数字集成电路设计的要求

集成电路产业是以市场、设计、制造、应用为主要环节的系统工程。设计是连接市场和制造之间的桥梁,是集成电路产品开发的入口。1958 年,第一块集成电路只有 4 个晶体管,在 1994 年,集成近 3 亿个晶体管的 256 MB DRAM 投产成功,这以后就不再以单一的晶体管数来衡量集成度。ASIC 集成度也超过了几百万门,由此数字系统自动设计的要求越来越高,成功的产品来源于成功的设计,成功的设计取决于优秀的设计工具。

设计方法选取的主要依据:设计的正确性、设计周期、设计成本、芯片成本、芯片尺寸、设计灵活性、保密性和可靠性等。

1. 设计的正确性

设计的正确性是数字系统设计中最基本的要求。设计一旦完成并送交制造厂生产后,再发现有错误,就需要重新制版、重新流片。一个复杂的数字系统设计,电路、版图数据量大,要做一次修改,代价都是非常昂贵的。目前,ASIC 一般要求一次投片成功。中小规模 IC 可以人工验证,而对于 VLSI 来说,花费大量人工也无法保证。这要求:在一个完整设计自动化系统的支持下,在各设计层次上都要进行反复验证和检查,各层次的设计数据都能自动转换和统一处理。由于数字系统设计这一独特的限制,就需要有功能更强、性能更好的 EDA 设计工具将整个集成电路设计过程统一考虑,前后呼应,从全局的观点使系统设计达到最优。

目前,实际上计算机辅助设计软件及工具几乎渗透到 VLSI 设计的各个步骤中:工艺模拟、器件模拟、电路分析、逻辑验证、版图验证及参数提取、布图工具、综合工具、计算机辅助设计、封装工具……

测试在复杂数字系统设计中是一个十分重要的课题。测试的意义在于检查电路是否能按设计要求正常工作。随着芯片功能的日趋复杂,测试费用所占的比例明显增大,虽然芯片测试是在芯片生产过程中进行的,但是为了减小测试所需要的资源,往往在电路设计阶段就要充分考虑其可测试性的问题,增强测试的简易性。具体做法是在已有的逻辑设计基础上添加一些专门用于测试的辅助电路。

2. 设计周期

由于市场竞争的需要,IC 产品要求几周甚至几天就要设计出来。以往的芯片设计中,版图设计花费时间最多,1978 年出品的微处理器 Z8000 的设计就是一例,它含有 17500 个晶体管,版图设计花费了约 6600 个人时,占整个设计时间 50% 以上。但今天,随着设计水平的提高,目前一个上百万门的常规数字系统的芯片设计,半个月就可完成设计、验证工作。

3. 设计成本

每个芯片的成本 C_T 可以由下式计算:

$$C_T = \frac{C_D}{V} + \frac{C_P}{yn}$$

式中,C_D 为开发费用,C_P 为每片硅片的工艺成本,y 为平均成品率,V 为生产数量,n 为每片硅片上芯片数目。

C_T 表明,对于小批量的产品,应着重减小开发费用 C_D;而对大批量的产品,应增加成品率和增加每一硅片上的芯片数,而提高每一硅片上的芯片数主要靠提高工艺水平、减小芯片尺寸、增大硅晶片面积(目前主流为 12 英寸硅片)来实现。因此,小批量 ASIC 通常采用半定制电路或可编程器件技术,而大批量 ASIC 则可采用全定制电路技术。另外,要增加实际成品率,又必须减少每个芯片的尺寸,这要求在高层次设计中优化电路结构,在版图设计中减少布局和布线中的所谓"死区",提高芯片利用率。

4．产品性能

IC 的性能主要决定于所选择的电路系统的体系结构、器件工艺结构和版图设计的质量。为提高 IC 的速度,采用流水线体系结构,高速、低功耗 IC 的设计自动化成了设计的主流。

综上所述,一个复杂数字系统的设计就是在保证产品质量的前提下,正确地选择 IC 体系结构、器件形式和工艺方案,同时要尽可能地减少芯片尺寸、降低设计成本和缩短设计周期。

1.2.2　核高基助力集成电路芯片设计

中国每年上千亿美元的集成电路进口额中主要是用于购买数字集成电路,这是压在每一个中国集成电路设计从业者心中的巨石,国家为促进集成电路产业的发展,将其列入"核高基"重大专项。"核高基"是对核心电子器件、高端通用芯片及基础软件产品的简称,是 2006 年国务院发布的《国家中长期科学和技术发展规划纲要(2006~2020 年)》中 16 个重大科技专项之一。"核高基"重大专项将持续至 2020 年,中央财政为此安排预算 328 亿元,加上地方财政以及其他配套资金,预计总投入将超过 1000 亿元。目标是以整机、系统为牵引,带动国产 CPU 和操作系统产业化应用和技术提升,如图 1.11 所示。

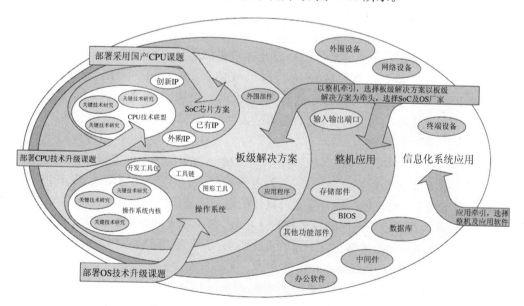

图 1.11　"核高基"重大专项关联研究示意图

与数字集成电路设计有关的是配套发布了《集成电路芯片类课题阶段划分规范》,规范将课题研发过程分为:前期积累、需求分析工作分解(总体设计)、创新模块设计、产品集成设计、产品集成(流片)验证初样形成、开发板验证、初始用户验证、扩展用户验证、大规模应用最终完成课题任务为止,共分解为 9 个阶段。例如,集成设计阶段分为 4 个子阶段,分别为:

(1) 阶段 4.1。芯片设计:在 EDA 工具环境中,将芯片全部技术模块组合起来,进行详细设计,验证芯片能够实现的基本功能,形成芯片《EDA 测试报告》。

(2) 阶段 4.2。仿真验证:确认芯片的可行性,形成设计文件。形成芯片前端仿真及 FPGA 验证报告;芯片版图参数提取及后端仿真验证报告;《芯片需求及总体设计方案》V3,增加:① 版图设计及 GDSⅡ版图,② 封装设计,③ 芯片测试方案;芯片应用方案设计。

(3) 阶段 4.3。测试环境建立:建立芯片性能测试环境。给出实际测试环境检查报告。

(4) 阶段 4.4。完成芯片电路设计和版图设计,编制投片计划。编制《项目阶段评估评审记录》;编制《芯片需求及总体设计方案》V4(芯片测试);编制《集成电路技术规格书》V1;编制《用户使用手册》V1;编制《芯片任务进度计划》V3(含 V2 进度管理报告);编制《掩膜版加工合同》。

对于具体一款集成电路设计中用到的层次化,可以用 Gajski 于 1983 年提出的"Y"描述,层次化、结构化的"Y"描述方法,参见图 1.1。图 1.1 中三个互不相同的设计域由三条射线轴表示,这三个设计域是:行为域、结构域和物理域。每个域中有多个抽象的级,而且离中心越远则抽象程度愈高。

行为域从概念上描述一个特定的系统做些什么,要完成什么功能,通常它只表示系统的输入、输出间的函数关系。行为域的设计着眼于严密地规定逻辑部件;它根据逻辑部件的规格目标,以考虑给出什么样的输入信号序列,形成什么样的内部状态,发生什么样的输出信号序列等信息为中心进行设计。它对于用什么样的逻辑电路来实现其功能并不特别注意,只是全力去正确地定义逻辑部件所应完成的功能,行为域是复杂数字系统设计的出发点。

结构域描述实现某一功能的具体结构以及各组成部件是怎样连接在一起的,包括各个单元的详细的端口定义。结构域设计常常以线路图(Schematic Diagram)或线网表(Netlist)的形式给出,线网表可以以元件为中心,也可以以线网(节点)为中心;显然结构域设计表面上不反映电路的功能特征,其功能通过各单元的功能及其相互驱动关系来体现,它是一个设计的具体电路实现。

物理域描述结构的物理实现,即怎样实际制造出一个满足一定的连接关系的结构并能实现所要求功能的具体几何实现。例如,集成电路的版图、布线的几何描述、PCB 的元件封装说明、布局布线等。物理域的设计常常与具体的电路工艺条件相关联。

每一个设计域都可以在不同的抽象层次上描述,图 1.1 中的同心圆表示不同的抽象层次,这些抽象层次从高到低通常包含下面的设计级别:系统级、算法级、模块或功能块的寄存器传输级(RTL)、逻辑级、电路级和晶体管级。

一般一个设计可以在三个设计域进行描述,而根据设计的形式和电路的复杂性使用不同的抽象级别表示。表 1.2 是对不同设计域和设计层次的总结。依靠 EDA 工具,由 RTL 级的行为描述自动转换成下一级(门级)的结构描述,称为逻辑综合;由结构域的描述自动转换为物理域的描述,称为物理综合。这些综合技术是集成电路设计自动化中的关键技术。

表 1.2　VLSI 设计的层次描述

设计层次	行为描述	结构描述	设计考虑
系统级	自然语言描述的性能指标、结构	方框图	系统功能
算法级（芯片）	算法	微处理器、存储器、串(并)行口、中断控制器	时序、同步、测试
寄存器级（宏单元）	数据流图、真值表、有限状态机、状态表、状态图	寄存器、ALU、计数器、MUX、ROM 等	时序、同步、测试
逻辑门级	布尔方程、卡诺图	逻辑门、触发器	选用适当的基本门实现硬件
电路级	电压、电流的微分方程	晶体管、寄存器、逻辑器、计数器	电路性能、延时、噪声
版图级	几何图形与工艺规则		

采用有效的设计方法是电路与系统设计成功的关键。设计过程的层次化、结构化，把完整的硬件设计划分为一些可操作模块，允许多个设计者同时设计一个硬件系统中的不同模块，其中每个设计者负责自己所承担的部分。

对于复杂数字集成电路设计，由于集成度太高，不能细分到电路级，原因是 VLSI 芯片的结果非常强地依赖局部信息，而且整体性能非常密切地联系到局部设计，所以 VLSI 芯片设计本征地是迭代的，要求频繁地调整，为此，人们正在发展面向对象的 VHDL 来解决这种设计上的复杂性。

1.2.3　设计自动化

复杂数字集成电路设计的复杂性，除了使设计周期变长外，还造成了设计人员的缺乏。从 Y 图可以看出复杂数字集成电路的设计要求设计者不仅是一位电路设计者，而且是逻辑设计、计算机体系结构与应用软件的专家，这也与执行到 2020 年的"核高基"中要求的规范是一致的。为了解决芯片设计的危机，需要有新的设计自动化工具，目前有 3 种方法在发展之中。

1. 辅助的方法

计算机辅助的方法是最早的也是较为成熟的一种方法，也就是通常说的 CAD 技术，这种途径的基本思想是，所有的设计决定由设计者作出，设计危机可以通过提高设计者的工作效率来解决。给设计者提供完整的 EDA 工具软件，帮助克服设计的复杂性。这种途径是改良性的，因为它企图适应设计者目前的工作风格，设计者的传统工作习惯倾向于先设计出他自己的积木块(单元)，然后用它们作元件来实现更高级的结构，即所谓的自底向上(Bottom-Up)的方法。这样得到的设计质量好，但费时间，且容易出错，需要多次迭代和比较。

2. 可编程的方法

利用编译的方法来设计数字系统，这种方法认为知识是算法的，而且可以写出变换程序，从问题的高级描述，自动生成或综合出它的全部或某些部分的解。在可编程逻辑阵列(PLA)、复杂可编程逻辑器件(CPLD)以及现场可编程门阵列(FPGA)中都有很好的应用。

本书第 3 章结合 VHDL 给出具体完整的开发实例。这种自顶向下的方法是很好的方法,因为它替代了设计人员,而不只是在设计周期中帮助他们。可编程的方法得到的器件在需求量大时,其性价比无法和全定制芯片相比,但它可作为全定制设计前的试制手段。

3. 智能的方法

用人工智能方法设计复杂数字系统,这种方法认为,设计者的知识能存储到一个专家系统的知识库中,分为三类:一是概念,包括问题域中的基本术语,可从教科书中获得;二是规则,它描述特定的情景与希望完成的动作,这种知识是以经验为基础,是从专家那里得到的;三是策略,它是一些过程,辅助引导搜索知识库,而且当有几个同等合理的规则可使用时,帮助解决选择的矛盾。目前,实用专家系统有专家布局器、专家布线器等。

目前,符合层次化、结构化设计的 EDA 系统的基本功能如图 1.12 所示。

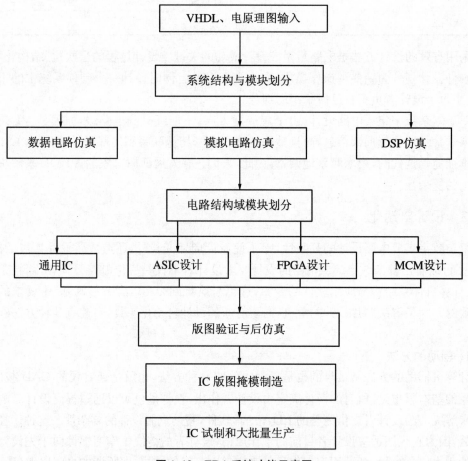

图 1.12　EDA 系统功能示意图

在通用数字集成电路设计中,用到的主要技术有 VHDL/Verilog 语言、建模仿真、设计综合、可编程器件以及在深亚微米条件下的延迟计算、静态时序分析等。

1.3　数字集成电路的设计方法

1.3.1　自顶向下设计流程

随着集成电路技术的发展,电子系统的规模与复杂度越来越高,使用传统的自底向上方法已越来越不适应,而自顶向下的设计方法越来越显示其优越性。

所谓自顶向下的设计方法可见图 1.13 所示,它是指设计电子系统是先从系统最抽象的层次出发,作高层次仿真,经过仿真验证后再经整体规划(Floor Planning)将系统行为操作分为子系统,各个子系统作行为仿真,它和高层次仿真的结果相对比易于发现和修正早期结构的错误,当验证合格以后,再经逻辑综合工具自动得到优化的和具体工艺相关的门级描述,作门级仿真,并和高层次仿真的结果作对比,验证合格后经物理设计,即可得到合格的IC、PCB 或 FPGA。

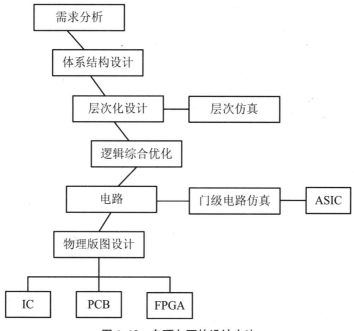

图 1.13　自顶向下的设计方法

可以看出,自顶向下的设计方法有许多突出的优点:

(1) 克服了大规模电子系统的高复杂度所带来的问题,系统可以层次式地划分为易于处理的子系统,层次式地求精。

(2) 各子系统可以给设计组中的成员同时设计,因而也加快了设计速度。

(3) 设计错误可以在早期发现,这使设计的迭代次数极大地减少。

（4）逻辑综合优化之前的设计工作是和具体采用什么工艺设计厂无关（Fabless）的，因而设计的可移植性好，当要采用新的工艺时，可以直接从综合开始。

（5）增加了一次性设计成功的可能性。

1.3.2　自底向上设计流程

自底向上的方法是一种传统的设计思想。设计者首先将各种基本单元，如各种逻辑门以及加法器、选通器等做成基本单元库，然后调用它们，逐级向上组合，直到设计出自己满意的系统为止。由于缺乏对整个系统的规划，目前这种方法在复杂数字系统设计中，主要应用在建库设计、IP 模块调整等设计中，作为自顶向下方法的一种有益的补充。

1.3.3　正向设计和逆向设计

复杂数字系统设计一般采用自顶向下的设计方法，所谓正向设计，也是一种自顶向下的设计方式，它包括从芯片设计到芯片封装的一系列过程。正向设计的流程如图 1.14 所示。

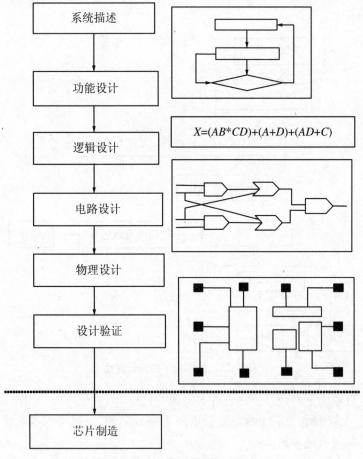

图 1.14　芯片的正向设计流程

（1）系统规范化说明（System Specification）。包括系统功能、性能、物理尺寸、设计模式、制造工艺、设计周期、设计费用等等。

（2）功能设计（Function Design）。将系统功能的实现方案设计出来，通常是给出系统的时序图及各子模块之间的数据流图。

（3）逻辑设计（Logic Design）。这一步是将系统功能结构化，通常以文本、原理图、逻辑图表示设计结果，有时也采用布尔表达式来表示设计结果。

（4）电路设计（Circuit Design）。电路设计是将逻辑设计表达式转换成电路实现。

（5）物理设计（Physical Design or Layout Design）。物理设计或称版图设计是 VLSI 设计中最费时的一步。它要将电路设计中的每一个元器件包括晶体管、电阻、电容、电感等以及它们之间的连线转换成集成电路制造所需要的版图信息。

（6）设计验证（Design Verification）。在版图设计完成以后，非常重要的一步工作是版图验证。主要包括：设计规则检查（DRC）、版图的电路提取（NE）、电学规检查（ERC）和寄生参数提取（PE）。

逆向设计是先剖析别人芯片版图，在得到实际芯片的版图、逻辑图，搞清楚功能和工作原理以及工艺参数后，再转入正向设计，以便实现或改进该芯片的功能。逆向设计是通过金相显微镜结合计算机来拍摄、放大和整理已有芯片照片得到完整版图的几何图形；还要通过扫描电镜来获取工艺上必须知道的参数，如平面工艺中每次扩散的结深。由于原有芯片的图形尺寸极小且是多层重叠的，逆向设计的工作量很大，而其出错概率也大。随着电路规模的增大，这种逆向分析的效率成倍地下降，错误概率呈指数形式上升。

1.3.4　著名公司推荐的设计流程

国际上最主要的 EDA 公司均定期发布自家公司推荐的设计流程并以自家公司设计工具软件为主的设计平台解决方案；而针对工艺流片，著名的代工厂一般会结合不同 EDA 公司推荐更详细的设计流程。例如，中芯国际提供多种完整的基于领先的电子设计自动化工具的参考流程。这些流程能说明客户建立设计环境，并且使用简易快捷的步骤将客户设计从 RTL 到 GDSⅡ生成，这样客户量产时间将大大缩短。中芯国际提供在不同的电子设计自动化设计环境下的 0.18 微米、0.13 微米、90 纳米和 65 纳米逻辑设计以及复杂的片上系统级芯片设计的参考流程。中芯国际同样提供 0.11 微米及 55 纳米节点工艺的设计指导流程。中芯国际的官网上推荐的这些参考流程由中芯国际的 Reference Flow 团队与 EDA 公司共同开发，包括：Synopsys、Cadence、Magma、Mentor Graphics 和 Agilent，更详细的信息见中芯国际的官网 http://www.smics.com。

以上是基于流片的设计流程。如果我们从学习数字集成电路设计的角度看，Synopsys 给出了一个经典的"Synopsys 推荐设计流程"，参见本书附录1。在附录1中，将集成电路设计在 IP（知识产权库）库的基础上，将集成电路设计分为前端设计、后端设计以及静态验证，这种方法值得我们学习。我们一般根据所要设计集成电路的规模和工艺参数要求，先确定自己设计项目的设计流程、采用的工艺库、所用的工具软件等（参见附录1中序号1到序号25所标注的工具软件），然后才是高层次建模仿真、RTL 设计代码等。

1.4 数字集成电路设计的学习方法

1.4.1 选用合适的 EDA 工具

1. 深亚微米集成电路设计对 EDA 的新要求

尽管 EDA 的发展日新月异,但也面临着巨大的技术障碍。主要体现在高层次综合设计和深亚微米技术方面。

(1) 高层次综合设计尚未完善

高层次综合中的调度和分配本身就是需要研究的难题。尽管高层次综合中的各算法对各任务的处理取得了一些令人满意的结果,但整个系统的综合结果常常不能令人满意,仍有一些需要解决的问题,如设计空间有效搜索方法和数字系统的划分等等。

(2) 深亚微米技术带来的新技术难题

采用深亚微米技术时,由于工艺线由宽变窄,互连电阻和互连电容变大,互连线网络对时序分析的影响和器件延时对时序分析的影响目前处于同等重要的位置。此外是功耗的挑战,器件在高速运行情况下的开关功耗通常会占到总功耗的70%～90%,这加重了器件散热的困难,并且导致器件可靠性下降。最后,在精确的延时性能指标下,将无法预期给定面积条件下的可布通性。

2. 基于深亚微米的 EDA 大公司

(1) Cadence 公司成立于 1988 年,是世界上最大的 EDA 工具供应商,由于收购 CCT 公司而使其有了完整支持深亚微米设计的环境和工具。除了选用下面介绍的几家公司的具有优势的 EDA 工具之外,基本上都可用 Cadence 的各种 EDA 工具来完成深亚微米设计。Cadence 的后端设计强,尤其是它的 DRCULA 版图验证工具,几乎全球的各大硬件设计厂商都采用;Cadence 又推出新的支持深亚微米设计,基于延时驱动的设计流程(DSM Timing Driven Design Flow)及相应设计工具 Silicon Ensemble,这使 Cadence 在深亚微米的 ASIC 设计领域内独领风骚。

(2) Synopsys 的逻辑综合优化工具是目前世界上最强的,它在逻辑综合、行为级综合、测试综合、功耗综合上均有独到优势。Synopsys 的设计工具为设计者提供了一整套从前端到后端,从系统到版图,从设计到验证的完整、灵活、实用、简洁的解决手段,它是进行产品开发的有力助手,将在 EDA 应用领域中占主导优势。

(3) Mentor Graphics 成立于 1981 年,它的前端设计工具比较强,其 QUCKSIM2 仿真器速度快,在 FPGA、PCB 及集成电路测试方面有专长。它提供了一个称为"商业可重新利用智慧资源库(IP)"集成硬件和软件协同设计和强大的系统验证解决方案的需求,该解决方案能确保芯片和产品在第一次加工时就正常运行。在 2000 年 8 月,Mentor Graphics 公司取消了禁止 IP 库在中国销售的决定;将设计平台向 Internet 迁移,Mentor 提出了 EDA 设计的网络解决方案,该方案涵盖了网络市场销售、E-training、E-learning 以及网上咨询和设计等各个方面。

（4）Magma 公司是美国 Magma Design Automation 公司的缩写,它是世界主流的 EDA 工具提供商,是 EDA 行业排名第四位的工具厂商。虽然在人员规模和销售收入上位于 Cadence、Synopsys、Mentor Graphics 之后,但是其提供的软件以高集成度和最短的收敛周期被行业内的资深人士广泛看好并被用于创造复杂、高性能的芯片。Magma 设计软件所涉及的芯片领域涵盖手机、电子游戏、WiFi、MP3 播放器、DVD/数码影像、网络、汽车电子与其他电子产品上。Magma 公司的集成电路实现、模拟/混合信号设计、分析、物理验证、电路仿真和特征描述产品被公认为是半导体科技中最优秀软件的代表,为世界顶尖的半导体公司提供了芯片最佳捷径(Fastest Path to Silicon)。

Magma 公司的主要工具包括:

① 数字电路设计流程工具:Talus 是业界公认的针对纳米级工艺设计的最优秀软件。

② 模拟电路仿真工具:Finesim 是业界唯一可以支持多 CPU 多机器并行运算仿真的工具,针对超大规模混合信号设计的仿真,同等精度下速度提升惊人。

③ 单元库建库工具:SiliconSmart,业界同类工具占有率超过 80%。

④ 数模混合电路版图编辑及工艺移植工具:Titan。

⑤ 物理验证工具:Quartz DRC/LVS。

1.4.2 了解和适应集成电路设计产业

中国的集成电路产业结构,从 20 世纪 90 年代开始逐步走向设计、制造、封装三业并举,这种相对独立的发展模式已日趋明显和成熟。就设计业来说,从 1986 年在北京成立了第一家专业的设计公司(现中国华大集成电路设计中心)后,于 1988 年又在上海和深圳相继成立了两家专业的集成电路设计公司(上海长江集成电路设计公司和深圳天潼微电子设计公司)。由于科技的迅速发展和国际交往的增多,电子整机厂商对 ASIC 的认可和需求欲望越来越高,集成电路的制造、封装业也有了长足进步,这些因素刺激了集成电路设计业的发展。据不完全统计,中国的各种形态存在的集成电路设计公司、设计中心、设计室等,已超过 80家,在电子、邮电、航天、机械等各个国民经济领域中相继建立起来。多家外国的著名公司也纷纷在中国建立起集成电路设计公司。

1. 设计业的现状

（1）设计公司(部门)的存在形态

① 专业的集成电路设计公司:这类集成电路设计公司,以中国华大集成电路设计中心为代表,在投资规模、人员、技术水准和产品等方面均处于领先地位。这种专业设计公司能进行各种层次的 IC 设计工作,以自有的技术积累开发产品、开拓市场与标准工艺加工线之间有稳定的伙伴关系,以解决设计产品的生产制造问题。基础性资源(设计工具、库、自有的IP)比较丰富和相对完善。近年来这些专业公司又开辟了 IC 产品的系统应用工作,以便更好地为整机企业集团服务,赢得市场。这类公司还有如深圳地区的天潼微电子、先科专用集成电路设计中心等。

② 集成电路工厂(公司)的 IC 设计部门(中心):这类设计部门(中心)的主要任务是解

决本厂的 IC 生产线产能的需求,它们与生产线靠近,工艺制造技术的分析能力较强,但系统设计能力相对较弱。目前中国 IC 产业的五大支柱中的华昌、贝岭、首钢 NEC、华越等四家半导体工厂(公司)内均设有 IC 设计部门。

③ 整机企业集团内的 IC 设计单位:主要设立在大型整机的企业集团,结合本企业整机系统的更新换代,或保护自己的知识产权,增强整机的自身竞争能力,设计和使用专用的 IC;此类公司的系统设计能力很强,产品市场明确。如深圳的华为公司、中兴公司等产业集团均有自己集成电路设计的独资分公司或设计部门。

④ 设在高校和研究所的 IC 设计部门或公司:主要进行设计人才的培养,为产业界作技术储备,起到技术和人才库的作用。一般来说,市场机制不够完善,盈利不是它们的主要追求目标。如清华大学和北京大学的微电子研究所、已上市的复旦大学的复旦微电子等有集成电路设计能力。

⑤ 一些大的科学研究院(所)也有相当的 IC 设计力量:如武汉和北京的邮电科学研究院、西安 771 所、原机械部自动化所、原电子部 54 所等。

⑥ 外资企业集团在中国大陆设立的独资或合资的集成电路设计公司:美国、日本等大公司以及我国台湾地区的设计公司或半导体公司,近年来在中国大陆设立 IC 设计公司的越来越多。它们大都有特定的市场目标和技术专长,利用大陆的廉价技术人才资源和广阔的市场潜能,进行集成电路的设计开发。如 Epson、Intel、加拿大北方电信以及台湾的合泰、UMC 等在上海,Motorola、NEC 以及台湾的凌阳等在北京,均设有相当规模的独资或合资的集成电路设计公司。

(2) 设计公司(部门)特点

① 投资规模:外商独资和合资的 IC 设计公司规模均较大。最大的达 3000 万美元,最小的也在几百万美元以上。属国家或地方投资性质的近 20 个设计公司,其平均投资规模在 80～100 万美元,其中最大的达千万美元,最小的为 30～40 万美元,总体规模普遍较小。由于投资规模很小,一般这种企业的抗风险能力很弱,难以进入良性发展的轨道。这是当前设计业发展缓慢的一个重要原因。

② 技术能力:大多以数字逻辑电路设计为主体,能进行 FPGA、G/A、标准单元、全定制等方面的设计,其设计水平要比制造技术高出 1～2 个台阶。

③ 人才危机:中国的设计业正处于初创期向发展期的转折点,行业本身的发展需要大量的人才。再加上外资企业及 EDA 软硬件办事处的大量开设,也急切需要人才。随着国际交往的增多,有一部分人才流向国外。所以当前中国设计业的人才危机正在加剧。

④ 市场拓展:集成电路设计公司的市场和人才是其成功的最主要的两大要素。各个设计公司都有他们的市场定位。总体来说,这些设计公司的市场分类大致是:通信类产品,如程控交换、网络通信、电话机等集成电路;IC 卡类;存储卡、加密存储卡、智能卡、RF 卡等卡用芯片;计算机周边及微控制品芯片;数字技术用芯片,例如高档消费类的音、视频的解码芯片等;机电仪一体化专用电路等。

中国的电脑和数字系统消费市场容纳空间十分广阔,目前各个设计公司都在积极寻找市场,不断修正自己的市场定位。但由于投资规模及人才的缺乏,适应市场或修正市场定位的能力较弱,步履艰难。

2. 我国集成电路设计业的特点

(1) 与整机集团密切结合

集成电路的效益和活力是在整机系统应用中得以体现,在整机系统中的价值比例变得越来越高。半导体制造技术的高度微细化,又使这个时代的到来成为现实。而网络通信、多媒体技术的发展,又成为 SoC 实现的巨大牵引力。目前有相当多的设计中心,都以整机系统产品为市场导向,纷纷出现在整机系统企业集团内或附近。国内目前 IC 设计中心的集中地有三个区域:① 广东地区的"珠三角"地区,特别是深圳和广州。它有良好的机制、商业信息和人才环境,所以发展较快。② 以上海为中心的"长三角"地区,包括苏、锡、常、宁、杭等城市。这个区域工业相对发达,市场需求量大,高校培养的人才相对集中,商业及技术信息较多,半导体工业相对集中,所以这个区域是目前发展最快的区域。③ 以北京为首的"渤海湾大三角"地区,包括天津、大连等城市。这是信息和人才集中地,近年来集成电路设计业发展也较快。当然在西安、成都、武汉、合肥等地,也有发展之趋势。

(2) 联合及兼并组合势在必行

如上所述,有为数不少的设计公司,在技术、人才和资金方面存在差距,产品开发所涉及的技术难度和耗用的资金都将很大,单靠一家公司承担,其支撑力和抗风险能力将出现问题。在市场经济的推动下,实现弱与强之间的兼并组合。

(3) 设计方法的改进

① 设计的重复利用将被广泛的重视:集成电路的集成度随着时间按指数规律不断提高,但集成电路产品的生命周期却日趋缩短,因此要求芯片的设计周期缩短。这样,只有尽可能地重复利用设计成果,即尽可能地采用具有知识产权功能单元块或称 IP。因此,IP 的开发和重复利用将引起广泛的重视和关注。目前 IP 的概念已被中国大的设计公司采纳和利用。

② 在更高的层次上开展设计工作:集成度的不断提高迫使设计人员不得不在更高的层次上进行设计工作。

③ 设计流程产品适应性:对不同规模、不同应用、不同工艺制造的产品,应采用不同的设计流程,以适应高效率设计的需求。

(4) 人才的竞争

人才危机是中国集成电路设计业的一大特点。人才的竞争和流动将是设计业面临的又一大难题。对人才的素质不但有能力的要求,还将十分重视道德和知识产权保护方面的要求。

集成电路设计业是最富有挑战性的行业之一,中国的集成电路设计业刚处于发展期,需要全行业同仁的共同努力。自主创新,稳步进入成长期将会为期不远。

1.5 数字集成电路设计的项目管理

1.5.1 可靠性设计

Motorola 先进设计方法部主任 Dr. Mel Slater 提出电子产品的设计分为三个阶段。

第一阶段:制造产品要求、规格和产品结构,这个阶段的设计需要专门的设计工具和设计人员的专业知识与经验。

第二阶段:完成电气与物理设计,将系统划分出硬件、软件和算法实现方式,并按其数据流、控制流和 I/O 端口的方式完成电路级与物理级的设计。在这个阶段,将使用大量的计算机辅助工具完成设计验证和控制产品的制造。

第三阶段:即从第一件产品诞生到产品批量生产的设计阶段。设计人员将与制造商结合通过统计分析和稳定工艺来提高生产率,并与用户结合满足其使用、封装与工期期限的要求,并在产品更新换代与重新设计换代产品时处理好设计数据的重用问题。

1. 电子设计的过程

通常将电子设计的过程分为三个阶段:设计前期、设计过程和设计后期。

(1) 设计前期。设计前期的任务是将用户的要求转换为一组用于设计的技术规范,参照这些技术规范进行系统功能与性能的高层次仿真。由于具有设计人员很难与用户直接地通信,本阶段应做好下述工作:① 识别用户要求;② 高层次的用户要求仿真;③ 性能仿真;④ 生产技术规范;⑤ 验证技术规范的有效性。

(2) 设计过程。系统设计过程通常是产品开发过程的主要工作阶段。它主要完成数据流的算法描述和生成结构,并在控制流的管理下协调数据流的处理。要列出系统设计的任务为:软/硬件的划分、分解硬件与生成子系统级、印刷板级和元件级技术规范、软件开发、行为功能和性能的仿真、逻辑综合、电路设计和验证设计仿真、可靠性分析、硬件制造、元件级和印刷板级以及子系统的设计测试、硬/软件集成和系统测试以及鉴定评估。

一旦在前端完成系统级技术规范的定义和验证,就需要在功能上划分出哪些功能由软件完成,然后把硬件一直分解到元件级。

无论是层次化的自顶向下的分解,还是自底向上的分解,设计人员都应把这种划分看成性能有效性的仿真和系统建模的具体实现方式有直接关系的事。

详细的系统设计为保证设计正确,参照系统的设计规范,对子系统、印制板和元件级进行功能、行为和性能的仿真。为建立一个优化的设计,还要进行综合。

注意:仿真与综合都要与制造厂家的仿真模型与工艺库严格一致,以便为设计交接时提供可靠的设计数据。

在设计过程的后期,应为系统软件和硬件的测试生成测试程序和测试向量。以硬件测试为例,对子系统、印制板和元件级的测试可划分为三类:即设计测试、制造测试和维护测试。

（3）设计后期。系统的诊断和维护策略是系统在现场调试和维护所必备的,因此,诊断故障的能力和按操作命令维护系统是系统后期设计考虑的一件重要事情。

后端系统维护工作包括:① 可靠性分析,它是根据元件的故障概率计算系统的故障概率;② 故障模型有效性和临界态分析(FMECA);③ 故障树分析(FTA),FTA 只是考虑系统未来可能出现的故障。

后端系统开发工作包括:① 建立制造和仓储级的测试;② 找测试的覆盖范围;③ 按出现的故障估算冗余的系统性能;④ 文件维护性能。

2.　设计流程图

图 1.15 是电子产品设计的基本流程示意图。传统设计方法与现代系统设计方法都可用图 1.15 所述的流程来描述。两者的区别在于用传统设计方法时,由于当时系统的 CAD 设计工具不足,只好更多地依赖设计人员的知识与经验。例如在设计前期确定设计目标时,设计人员主要靠纸与笔做些构思和用计算机进行些工程计算,系统级综合能力的不足使他们很难优化设计目标,从而增加了后续设计(电气与物理级)的难度和工程上返工的可能性。下面对各个设计阶段的内容作简单的说明。

（1）系统目标定义。它是指将用户要求确定为系统的功能描述和技术指标。

（2）建立算法与仿真验证。首先要运用系统知识验证系统设计的理论限制,必须对涉及系统的关键技术指标建立一种核心的算法,并加以局部验证,如果设计系统制定的目标已受限,考虑还会有实际系统的损耗与误差,那么设计者就应该重新定义系统的设计目标了。

（3）系统任务的分解。通过划分系统任务模块来落实系统技术指标的分配,同时按照系统的信号(或信息)流和控制流的要求,确定各任务模块之间的接口规则。

（4）系统的描述和仿真。系统描述是设计构思的表现形式。目前从系统到电路的各层次上都可以用 VHDL/Verilog 的硬件描述语言来表达。顶层的设计描述定义各个模块的行为功能和生成设计结构,底层用其源代码定义 RTL(寄存器传输级)和门级电路具体实现方式。它能在系统级自底向上地对系统仿真,并验证用概念设计系统的正确性。

（5）硬件、算法软件和控制软件的设计。系统集成实际上是在硅芯片上设计电子系统的硬件,同时,必须开发相关的算法软件和控制软件。

（6）综合优化和(门级)仿真。通过自底向上的仿真,在逻辑上和时序上验证电路和模块设计的正确性,以便在物理实现时保证电路所需的性能。在电路综合时要按具体物理实现方式(ASIC、FPGA、PCB(Print Circuit Board)与 MCM(Multiple Chip Model))进行系统电路的设计转换与优化。目前,主要从速度与面积约束优化,但工艺、功耗负载和电路的编程都可作为综合优化的约束条件。

（7）物理级设计(布局和布线)与参数提取后仿真。物理级设计时除了考虑工艺参数(门延时)的时序验证外,还要考虑布局与布线后互连线延时的影响。在物理实现后作参数提取后仿真,以此验证电路性能和功能,并保证实现系统的性能和功能。

（8）系统调试。它解决用户接口和控制有关的一些问题。

（9）从样品到产品批量生产。为了解决产品的可制造性设计,采用目前流行的工业级标准化接口、满足多种后续开发工具接口、广泛的库支持以及便于第三方工具的设计平台等都是很重要的。

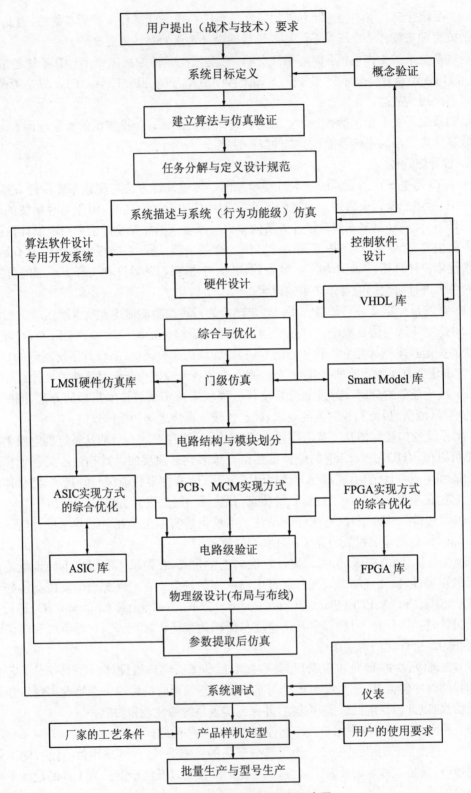

图 1.15 电子产品设计流程示意图

1.5.2　代码版本管理 SVN

SVN(Subversion)是近年来崛起的版本管理工具。目前,绝大多数开源软件都使用 SVN 作为代码版本管理软件。

SVN 是一个自由、开源的版本控制系统。在 Subversion 管理下,文件和目录可以超越时空。Subversion 将文件存放在中心版本库里。这个版本库很像一个普通的文件服务器,不同的是,它可以记录每一次文件和目录的修改情况。这样就可以借此将数据恢复到以前的版本,并可以查看数据的更改细节。数字集成电路设计是许多人协同工作,需要引入 SVN。

SVN 的客户端有两类,一类是基于 Web 的 Web SVN 等,另一类是以 Tortoise SVN 为代表的客户端软件。前者需要 Web 服务器的支持,后者需要用户在本地安装客户端,两种都有免费的开源软件供使用。SVN 存储版本数据也两种方式:BDB(一种事务安全型表类型)和 FSFS(一种不需要数据库的存储系统)。因为 BDB 方式在服务器中断时,有可能锁住数据,所以还是 FSFS 方式更安全一点。

1.5.3　代码质量 nLint

Windows 版本的 nLintNOVAS 是一个广泛的 HDL 语言的设计规则检查工具,它整合于 Verdi 和 Debussy 调试平台。Verdi 和 Debussy 系统帮助工程师加速了解复杂设计以提高设计、验证和调试的生产率。nLint 提供的功能在于帮助工程师完整的分析 HDL 代码的语法和语义的正确性。

nLint 通过对源代码的检查,以确保源代码的描述对于诸如同步设计、可测试性设计、命名等设计规则保持一致。nLint 帮助工程师在设计的初期尽早地发现问题,以减少验证、综合和调试的时间,并且可以帮助工程师书写出易于阅读和维护的源代码程序,从而实现可以在不同的设计小组之间重复应用的设计描述。在 nLint 的环境中,可以很方便地进行需测试的文件和规则的整理,工程师可以在 nLint 提供的图形界面中指定哪些源代码文件需要检查,哪些设计规则需要检查,并且可以针对不同的设计规则赋予不同的参数以符合自身的规则定义。nLint 和 Debussy、Verdi 系统高度的整合,nLint 可以在 Verdi 或者是 Debussy 的环境中执行,也可以将 nLint 产生的报告显示在 Verdi 或者是 Debussy 的环境中,nLint 提供简洁的界面来生成规则检查报告,并且提供实用的编辑器来修改源代码。

第2章　数字集成电路设计基础

现在的数字集成电路主要采用 CMOS 技术,在本章中将概要介绍 CMOS 数字集成电路的基本电路,包括"非门"、"与门"、"与非门"、"或非门"等基本逻辑门电路;以及这些门电路组合构成的组合逻辑电路和时序逻辑电路;最后介绍以这些电路为基础的微处理器原理及设计。

2.1　数字集成电路的基本电路

数字集成电路有多种分类方法,按结构工艺分,数字集成电路可以分为如图 2.1 所示的四大类。

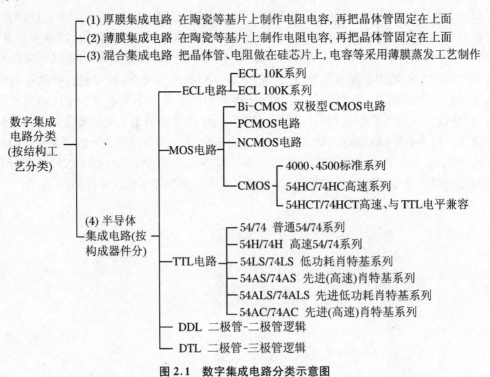

图 2.1　数字集成电路分类示意图

2.1.1　数字集成电路分类与特点

世界上生产最多、使用最多的为半导体集成电路。半导体数字集成电路(以下简称数字集成电路)主要分为 TTL、ECL、MOS 三大类。数字集成电路的基本电路的主要特性和用途如表 2.1 所示。

表 2.1　数字集成电路的基本电路技术分类

器件类型	电路类型	主要特征	用　　途
双极晶体管	TIL	功耗大 集成度低	逻辑集成电路系列
	ECL	功耗最大 超高速	超高速集成电路(超级计算机等)
MOS 晶体管	ED 型 NMOS	功耗大 集成度高	1980 年以前是集成电路的主流
	CMOS	功耗小 集成度高 高速	所有的集成电路(是现在的主流技术,也包括逻辑电路系列,ASIC)
	BiCMOS	功耗小 比 CMOS 速度高	高速集成电路

TTL(Transistor-Transistor Logic,晶体管-晶体管逻辑)、ECL(Emitter Coupled Logic,发射极耦合逻辑电路)为双极型集成电路,构成的基本元器件为双极型半导体器件,其主要特点是速度快、负载能力强,但功耗较大、集成度较低。双极型集成电路主要有 TTL 电路、ECL电路和 I^2L(Integrated Injection Logic,集成注入逻辑)电路等类型,在 MOS 电路出现之前,TTL 电路的性能价格比最佳,故应用最为广泛。ECL 也称为电流开关型逻辑电路。它是利用运放原理通过晶体管射极耦合实现的门电路,它工作速度最高,其平均延迟时间 t_{pd} 可小至 1 ns。这种门电路输出阻抗低,负载能力强。它的主要缺点是抗干扰能力差,电路功耗大。

MOS 电路为单极型集成电路,又称为 MOS 集成电路,它采用金属-氧化物-半导体场效应管(Metal Oxide Semi-conductor Field Effect Transistor,MOSFET)制造,其主要特点是结构简单、制造方便、集成度高、功耗低,但速度较慢。MOS 集成电路又分为 PMOS(P-channel Metal Oxide Semiconductor,P 沟道金属氧化物半导体)、NMOS(N-channel Metal Oxide Semiconductor,N 沟道金属氧化物半导体)和 CMOS(Complement Metal Oxide Semiconductor,复合互补金属氧化物半导体)等类型。

MOS 电路中应用最广泛的为 CMOS 电路,CMOS 数字电路中,应用最广泛的为 4000、4500 系列,它不但适用于通用逻辑电路的设计,而且综合性能也很好,它与 TTL 电路一起成为数字集成电路中两大主流产品。4000 系列中目前最常用的是 B 系列,它采用了硅栅工艺和双缓冲输出结构。

Bi-CMOS 是双极型 CMOS(Bipolar-CMOS)电路的简称,这种门电路的特点是逻辑部分采用 CMOS 结构,输出级采用双极型三极管,因此兼有 CMOS 电路的低功耗和双极型电路输出阻抗低的优点。

(1) TTL 类型

这类集成电路是以双极型晶体管(即通常所说的晶体管)为开关元件,输入级采用多发射极晶体管形式,开关放大电路也都是由晶体管构成。TTL 电路在速度和功耗方面,都处于现代数字集成电路的中等水平。它的品种丰富、互换性强,一般均以 74(民用)或 54(军用)为型号前缀。

① 74LS 系列(简称 LS,LSTTL 等)。这是现代 TTL 类型的主要应用产品系列,也是逻辑集成电路的重要产品之一。其主要特点是功耗低、品种多、价格便宜。

② 74S 系列(简称 S,STTL 等)。这是 TTL 的高速型,也是目前应用较多的产品之一。其特点是速度较高,但功耗比 LSTTL 大得多。

③ 74ALS 系列(简称 ALS,ALSTTL 等)。这是 LSTTL 的先进产品,其速度比 LSTTL 提高了一倍以上,功耗降低二分之一左右。其特性和 LS 系列近似,所以成为 LS 系列的更新换代产品。

④ 74AS 系列(简称 AS,ASTTL 等)。这是 STTL(抗饱和 TTL)的先进型,速度比 STTL 提高近一倍,功耗比 STTL 降低二分之一以上,与 ALSTTL 系列合并起来成为 TTL 类型的新的主要标准产品。

⑤ 74F 系列(简称 F,FTTL 或 FAST 等)。这是美国(仙童)公司开发的相似于 ALS、AS 的高速类 TTL 产品,性能介于 ALS 和 AS 之间,已成为 TTL 的主流产品之一。

(2) ECL 类型

ECL 门是双极型逻辑门的一种非饱和型的门电路,它的电路构成和差分放大器外形相似,但工作在开关状态,即截止与放大两种工作状态。它是非饱和的发射极耦合形式的电源开关,故称为发射极耦合逻辑(ECL)。由于它工作在非饱和状态,其突出优点是开关速度非常高,在逻辑上具有灵活性,所以 ECL 门是高速逻辑门电路中的主要类型。同时,这类电路还具有逻辑功能强、扇出能力高、噪声低和引线串扰小等优点。因此,广泛应用于高速大型计算机、数字通信系统、高精度测试设备等方面。此类电路的缺点是功耗大,此外,由于电源电压和逻辑电平特殊,使用上难度略高。通用的 ECL 集成电路系列主要有 ECL10K 系列和 ECL100K 系列等。

① ECL10K 系列是门电路传输延迟时间为 20 ns、功耗为 25 mW 的逻辑电路系列,属于 ECL 中的低功耗系列,是目前应用很广泛的一种 ECL 集成电路系列。

② ECL100K 系列,最初由美国 FSC(仙童公司)生产,是现代数字集成电路系列中性能最优越的系列,其最大特点是速度高,同时还具有逻辑功能强、集成度高和功耗低等特点。因此,它曾广泛应用于大型高速电子计算机和超高速脉冲码调制器等领域中。

(3) CMOS 类型

CMOS(Complementary Metal Oxide Semiconductor)类型集成电路是互补金属氧化物半导体数字集成电路的简称,这里 C 表示互补的意思,它是由 P 沟道 MOS 晶体管和 N 沟道 MOS 晶体管组合而成的。CMOS 电路首先由美国无线电公司(RCA)实验室研制成功的。由于电路具有微功耗、集成度高、噪声容限大和宽工作电压范围等许多突出的优点,所以发展速度很快,应用领域不断扩大,现在几乎渗透到所有的相关领域。尤其是随着大规模和超大规模集成电路的工作速度和密度不断提高,过大的功耗已成为设计上的一个难题。这样,具有微功耗特点的 CMOS 电路已成为现代集成电路中重要的一类,并且越来越显示出它的优越性。

CMOS 电路的产品主要有:4000B(包括 4500B)、40H、74HC 系列。

① 4000B 系列。这是国际上流行的 CMOS 通用标准系列,例如,美国无线电公司(RCA)的 CD4000B,摩托罗拉(MOTA)的 4500B 和 MC4000 系列,国家半导体(NS)公司的 MM74C000 系列和 CD4000 系列,德克萨斯公司(TI)的 TP4000 系列,仙童(FS)公司的 F4000 系列,日本东芝公司的 TC4000 系列,日立公司的 HD14000 系列。国内采用 CC4000 标准,这个标准与 CD4000B 系列完全一致,从而使国产 CMOS 电路与国际上的 CMOS 电路兼容。

4000B 系列的主要特点是速度低、功耗最小,并且价格低、品种多。

② 40H 系列。这是日本东芝公司初创的较高速铝栅 CMOS,之后由夏普公司生产,分别用 TC40H-,LR40H-为型号,我国生产的定为 CC40 系列。40H 系列的速度和 N-TTL 相当,但不及 LS-TTL。此系列品种不太多,其优点是引脚与 TTL 类的同序号产品兼容,功耗、价格比较适中。

③ 74HC 系列(简称 HS 或 H-CMOS 等)。这一系列首先由美国 NS、MOTA 公司生产,随后,许多厂家相继成为第二生产源,品种丰富,且引脚和 TTL 兼容。此系列的突出优点是功耗低、速度高。

国内外 74HC 系列产品各对应品种的功能和引脚排列相同,性能指标相似,一般都可方便地直接互换及混用。国内产品的型号前缀一般用国标代号 CC,即 CC74HC。

2.1.2　各类数字集成电路的性能指标

为了系统地掌握各类数字集成电路的主要性能,便于实际应用时选择合适的器件,现将早期各类典型的数字电路的主要性能和特点进行比较,如表 2.2 所示。但由于集成电路工艺的飞速发展,这些参数今天又发生了巨大的变化,例如现在的 CMOS 的电源电压和工作电压可以小于 0.9 V。

表 2.2　各类数字电路的性能

性能名称	单位	LSTTL	ECL	PMOS	NMOS	CMOS
主要特点		高速低功耗	超高速	低速廉价	高集成度	微功耗高抗干扰
电源电压	V	5	-5.2	$+20$	12.5	3～8
单门平均延迟时间	ns	9.5	2	1000	100	50
单门静态功耗	mW	2	25	5	0.5	0.01
速度·功耗积(S·P)	pJ	19	50	100	10	0.5
直流噪声容限	V	0.4	0.145	2	1	电源的 40%
扇出能力	个	10～20	100	20	10	1000

下面对表 2.2 中所列的主要性能作一说明。

表 2.2 所列出的各种技术数据均为一般产品的平均数据,与各公司生产的各品种的集成电路实际情况有可能不完全相同。因而具体选用集成电路时,还需查看相应型号的数据

手册。

1. 电源电压

TTL 类型的标准工作电压都是 +5 V,其他逻辑器件的工作电压一般都有较宽的允许范围,特别是 MOS 器件。如 CMOS 中的 4000B 系列可以工作在 3~18 V;PMOS 一般可工作在 10~24 V;HCMOS 系列为 2~6 V。

另外,在使用各种器件组成系统时,要注意各种相互连接的器件必须使用同一电源电压,否则,就可能不满足 0,1(或 L,H)电平的定义范围,而造成工作异常。

2. 单门平均延时

单门平均延时是指门传输延迟时间的平均值 t_{pd},它是衡量电路开关速度的一个动态参数,用以说明一个脉冲信号从输入端经过一个逻辑门,再从输出端输出要延迟多少时间。把输出电压下降边的 50% 对于输入电压上升边的 50% 的时间间隔称为导通延迟时间,即 t_{PHL},把输出电压上升边的 50% 对于输入电压下降边的 50% 的时间间隔称为关闭延迟时间,即 t_{PLH},平均延迟时间 t_{pd} 定义为:$t_{pd} = (t_{PHL} + t_{PLH})/2$。

如 TTL 与非门,一般要求 $t_{pd} = 10~40$ ns 之间,通常把 t_{pd} 为 40~160 ns 的称为低速集成电路,15~40 ns 的称为中速集成电路,6~15 ns 的称为高速集成电路,$t_{pd} \leqslant 6$ ns 的称为甚高速集成电路。由表可见,ECL 的速度最高,而 PMOS 的速度最低。

3. 单门静态功耗

单门静态功耗是指单门的直流功耗,它是衡量一个电路质量好坏的重要参数。静态功耗等于工作电源电压及其泄漏电流的乘积,一般说静态功耗越小,电路的质量越好,由表 2.2 中可知 CMOS 电路静态功耗是极微小的,因此对于一个由 CMOS 器件组成的工作系统来说,静态功耗与总功耗相比常可以忽略不计。

4. 速度·功耗积(S·P)

速度·功耗积(S·P)也叫时延·功耗积,它是衡量逻辑集成电路性能优劣的一个很重要的基本特征参数。不论何种数字集成电路,其平均延迟时间都要受到消耗功率的制约。一定形式的数字逻辑电路,其消耗功率的大小约反比于平均延时,因此,一般用每门(电路)的平均延迟时间 t_{pd} 与功耗 Pd 的乘积来表征数字集成电路的优劣,这个乘积就是速度·功耗(S·P),即 S·P = t_{pd}·Pd。其中 S·P 的单位为 pJ(皮焦耳),t_{pd} 的单位为 ns,Pd 的单位为 mW。通常,S·P 越小,电路性能越好。在选用电路时,S·P 是一个需要考虑的重要参数。但一般不能仅仅依据 S·P 来选择,还必须根据实际情况,同时兼顾速度(或功耗),抗干扰性能和价格等因素。

5. 直流噪声容限

直流噪声容限又称抗干扰度,它是度量逻辑电路在最坏工作条件下的抗干扰能力的直流电压指标。该电压值常用 V_{NM} 或 V_{NL} 及 V_{NH} 表示。它是指逻辑电路输入与输出各自定义 1 电平和 0 电平的差值大小,TTL 类电路只能用 5 V 电源,输入电平定义是 1 电平 $\geqslant 2$ V,0 电平 $\leqslant 0.8$ V,输出电平定义是 1 电平 $\geqslant 2.7$ V,0 电平 $\leqslant 0.4$ V,所以 1 电平的 $V_{NH} = 2.7$ V − 2 V = 0.7 V,0 电平的 $V_{NL} = 0.8$ V − 0.4 V = 0.4 V。对 ECL 类来说,电源多用 −5.2 V,$V_{NH} \approx -1 - (-1.1) = 0.1$ V,$V_{NL} \approx -1.5 - (-1.6) = 0.1$ V。CMOS 及 HCMOS 可以在很宽的范围内工作,输出电平接近电源电压范围,而输入电平范围不论 1 电平还是 0 电平,

均可达到 $45\% V_{CC}$，也就是 $V_{NM} \approx 45\% V_{CC}$，最低限度可以达到 $V_{NL} \geqslant 19\% V_{CC}$，$V_{NH} \geqslant 29\%$ V_{CC}。V_{CC} 越高则噪声容限也越大，即 V_{CC} 高则抗干扰能力强。

6. 扇出能力

扇出能力也就是输出驱动能力，它是反映电路带负载能力大小的一个重要参数，表示输出可以驱动同类型器件的数目。如 TTL 标准门电路的扇出能力为 10，就表示这个门电路的输出最多可以和 10 个同类型的门电路的标准输入端连接。表 2.2 中所列出的是各种数字集成电路的直流扇出能力的理论值，对于 CMOS、HCMOS 来说，静态时扇出能力很大，尽管输出电流一般仅在 0.5 mA 以内，但因其输入电流仅有几纳安(nA)上下，所以，直流扇出能力可达 1000 以上，甚至更大。但是它们的交流(动态)扇出能力就没有这样高，要根据工作频率(速度)和输入电容量(一般约 5 pF)来考虑决定。

在微机系统的接口电路中，常用 CMOS(HCMOS)电路驱动 TTL 一类电路，表 2.3 给出了 CMOS 驱动 LS-TTL 和 S-TTL 的输入端数目的比较，其中，4049UB 因内部无输出缓冲级(型号尾带 U 的是仅一级 CMOS 反相器)，虽对直流来说也能驱动一个 S-TTL 的输入端，但由于 CMOS 的上升/下降延迟时间长，用于驱动 S-TTL 是不合适的。

表 2.3　CMOS 的驱动能力

接收端驱动源	型号	LS-TTL	S-TTL
4000B 系列	4011B	1	0
	4049UB	8	1
TC40H 系列	TC40H000	2	0
CC40H 系列	TC50H000	5	1
74HC 系列	74HC00	10	2
LS-TTL 系列	74LS00	20	4

从表 2.3 中可以看出，74HC 的驱动能力接近 LS-TTL，40H 系列的驱动能力较次。另外，ECL 电路的直流扇出能力也是比较大的，这是由于 ECL 电路的输入阻抗高、输出阻抗低所致。但是，ECL 电路的实际扇出能力还要受到交流因素的制约，一般来说主要受容性负载的影响(ECL10K 系列每门输入电容约为 3 pF)，因为电路的交流性能与容性负载直接有关，容性负载越大，交流性能就越差。所以，在实际应用中，为了使电路获得良好的交流性能，一般希望将门的负载数(扇出数)控制在 10 个以内。

2.1.3　CMOS 基本门电路的分类与扩展

数字集成电路如果按电路的功能分，有以下类型。

(1) 基本门电路有与门/与非门、或门/或非门、非门等。

(2) 触发器主要有 *RS* 触发器、*D* 触发器、*JK* 触发器等。

(3) 编码器有二进制-十进制译码器、BCD-7 段译码器等。

(4) 计数器有二进制、十进制、N 进制计数器等。

(5) 运算电路有加/减运算电路、奇偶校验发生器、幅值比较器等。

(6) 时基定时电路有单稳态电路、延时电路等。

（7）模拟电子开关有数据选择器等。

（8）寄存器有基本寄存器、移位寄存器（单向、双向）。

（9）存储器有 RAM、ROM、E²PROM、Flash ROM 等。

（10）CPU。

而 CMOS 的基本门电路也有各种各样的类型,但最具代表性的如图2.2所示 CMOS 反相器、图 2.3 所示 CMOS 与非门、图 2.4 所示 CMOS 或非门。在 CMOS 中,与非门和或非门是一级逻辑门。而与门和或门则是把非门分别接于与非门和或非门上而构成的,所以是二级逻辑构成的电路。

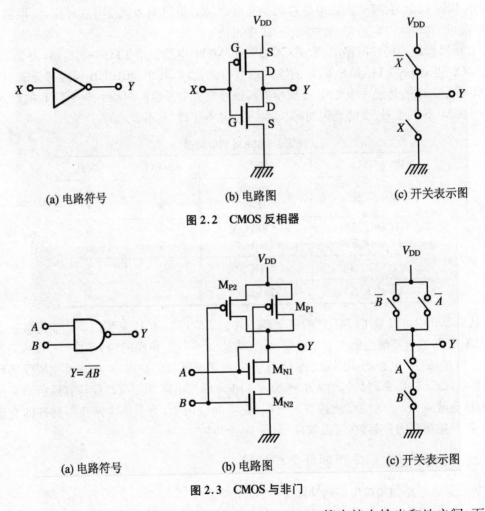

(a) 电路符号 (b) 电路图 (c) 开关表示图

图 2.2　CMOS 反相器

(a) 电路符号 (b) 电路图 (c) 开关表示图

图 2.3　CMOS 与非门

图 2.3 所示 CMOS 与非门的工作原理是 2 个 NMOS 管串接在输出和地之间,而 2 个 PMOS 管是并接在输出和电源之间。图 2.3(C)CMOS 与非门是用开关置换了反相器里的晶体管后的等效电路,只有输入 A 和 B 都为"1"的时候输出端才被下拉到地(GND)而为"0",其他场合时输出端都被上拉到电源端而为"1"。图 2.4 中 CMOS 或非门的原理类推。

把以上"置换"方法扩展,用一级 CMOS 电路可以构成更为复杂的 CMOS 逻辑电路。图2.5 是在一级 CMOS 反相器的基础上构成的,用 NMOS 管组成的逻辑块和 PMOS 管组成的逻辑块分别代替反相器中的 NMOS 和 PMOS 管。利用 NMOS 和 PMOS 的互补特性,使上拉通路和下拉通路轮流导通,实现逻辑功能。

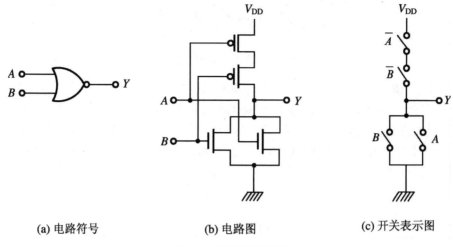

(a) 电路符号　　　　　(b) 电路图　　　　　(c) 开关表示图

图 2.4　CMOS 或非门

图 2.5 中 PMOS 逻辑块的输入端加小圈表示 PMOS 管是在低电平时起作用。在反相器基础上通过管子串并联构成的静态 CMOS 逻辑门有以下特点:

(1)执行带"非"的逻辑功能,若输入信号为 $x_1, x_2, \cdots, x_n$,则输出为

$$Y = \overline{F(x_1, x_2, \cdots, x_n)} \tag{2.1}$$

式(2.1)中,假设 F 是一个不含输入变量($x_1, x_2, \cdots, x_n$)的否定,只含输入变量的逻辑积或逻辑和的组合逻辑函数。按图 2.3 的分析方法,对 NMOS 电路一侧来说,把晶体管看作开关,把表示电路的输出和地之间处于导通状态的逻辑函数作为 F,求出满足这一逻辑关系的开关组合就可以了。而对 PMOS 电路一侧来说,则需要求出开关的组合,使其满足电源和输出端之间处于导通状态的逻辑函数。这样,PMOS 电路一侧导通时,NMOS 电路一侧必定截止。因此,对于输入的各种组合,都不会有电流从电源流向地。

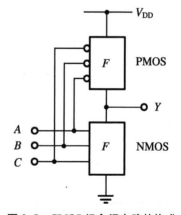

图 2.5　CMOS 组合门电路的构成

(2) 逻辑函数 $F(x_1, x_2, \cdots, x_n)$ 决定管子的连接关系:NMOS 逻辑块是按"串与并或"的规律组成;PMOS 逻辑块是按"串或并与"的规律组成。即 NMOS 管串联实现"与"功能,并联实现"或"功能,而 PMOS 管刚好相反。

(3) 每个信号同时接一个 NMOS 管和一个 PMOS 管的栅极,因此对于 n 输入的逻辑门,需要 $2n$ 个 MOS 组成。

(4) 静态 CMOS 逻辑门保持了 CMOS 反相器无比电路(一个管子导通时必有另一个管子的截止)的优点。用静态 CMOS 逻辑门可以实现任意的带"非"的组合逻辑。在构成复杂逻辑门时,可以把 NMOS 管"串与并或"和 PMOS 管"串或并与"的规律推广到小逻辑块的串并关系,这样一层层串并叠加,原则上可以用静态逻辑门实现任意复杂的"与或非"的关系。

例 2.1 要实现如图 2.6 所示的逻辑图。

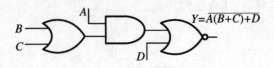

图 2.6 实现 $Y = \overline{A(B+C)+D}$

解 首先构成 NMOS 逻辑块用 2 个 NMOS 管并联实现 $(B+C)$,再与 1 个 NMOS 管串联实现 $A(B+C)$ 的功能,然后再与 1 个 NMOS 管并联,这样就实现了 $A(B+C)+D$。

用类似的方法构成如图 2.7 所示的 PMOS 逻辑块。最后将 NMOS 逻辑块和 PMOS 逻辑块按字母相同的 PMOS、NMOS 管连接起来,就实现最终输出带"非"的逻辑功能 $Y = \overline{A(B+C)+D}$。

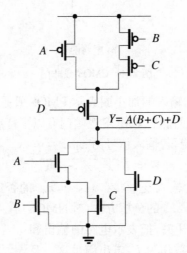

图 2.7 实现 $Y = \overline{A(B+C)+D}$ 的 CMOS 电路图

2.2 典型的组合逻辑电路设计

所谓的组合型逻辑电路(Combinational Circuits)是指现在的输出值只由现在的输入值所决定的逻辑电路,对 CMOS 电路来讲就是 CMOS 基本门电路组合起来而构成的逻辑电路。

下面举例说明组合型逻辑电路设计的实现和注意事项。

2.2.1 实现不带"非"的组合逻辑

前面介绍的 CMOS 逻辑门实现的都是带"非"的逻辑功能,而要实现不带"非"的组合逻辑,至少要用两级逻辑门。

例 2.2 要实现 $Y = ABC = \overline{\overline{ABC}}$ 的逻辑图。

解　设计如图 2.8(a)所示或如图 2.8(b)所示。

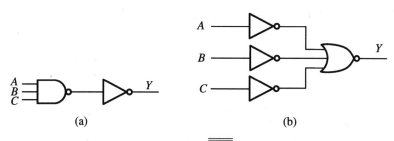

图 2.8　$Y = \overline{ABC} = \overline{\overline{AB}\,\overline{C}}$ 实现示意图

任何组合逻辑都可以表示成输入变量的"与–非"表达式,原则上都可以用一个与或非门加一个反相器来实现。但从电路性能优化的角度考虑,应选择适当的逻辑结构,使总的延迟时间减少,使电路的面积减少,在设计时应根据具体要求有所侧重。

2.2.2　半加器和同或电路设计

1. 半加器

半加器也叫异或电路,是一种应用广泛的逻辑单元,有如图 2.9 所示的专门逻辑符号。

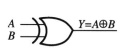

A	B	Y
0	0	0
0	1	1
1	0	1
1	1	0

图 2.9　半加器的逻辑符号和真值表

逻辑表达式:

$$Y = A \oplus B = A\bar{B} + \bar{A}B$$

这是不带"非"的逻辑,因此不能用一级逻辑门实现。实现异或功能的电路形式有很多,常用如图 2.10 的方式来实现 $Y = A\bar{B} + \bar{A}B = \overline{AB + \overline{A + B}}$。

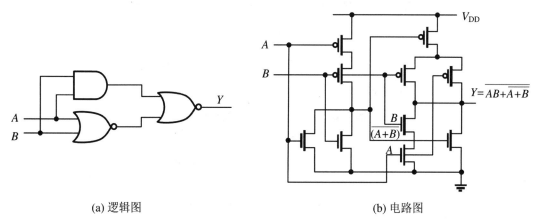

(a) 逻辑图　　　　　　　　　　(b) 电路图

图 2.10　半加器的实现

2. 同或电路

与异或功能相反的是同或,同或电路也叫异或非电路,有如图 2.11 所示的专门逻辑符号。

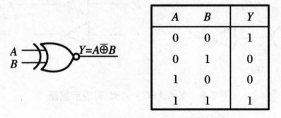

A	B	Y
0	0	1
0	1	0
1	0	0
1	1	1

图 2.11　同或门的逻辑符号和真值表

逻辑表达式:

$$Y = A \bar{\oplus} B = AB + \bar{A}\bar{B}$$

实现异或和同或功能的电路形式有很多,可以用如图 2.12 所示的一个与或非门直接实现异或和同或的功能。

逻辑表达式:

$$Y = A\bar{B} + \bar{A}B = \overline{AB + \bar{A}\bar{B}}$$

$$Y = AB + \bar{A}\bar{B} = \overline{A\bar{B} + \bar{A}B}$$

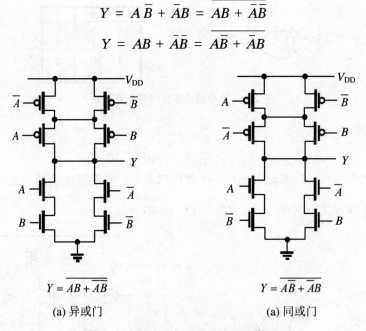

$$Y = \overline{AB + \bar{A}\bar{B}}$$

(a) 异或门

$$Y = \overline{A\bar{B} + \bar{A}B}$$

(a) 同或门

图 2.12　异或门与同或门实现示意图

2.2.3　加法器电路设计

全加器的设计也是很典型的例子,图 2.13 是全加器的逻辑符号和真值表。

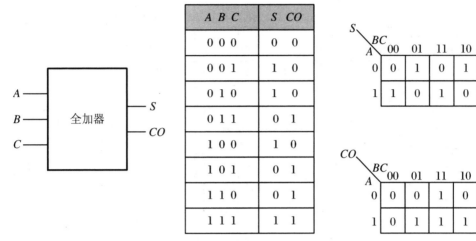

A B C	S CO
0 0 0	0 0
0 0 1	1 0
0 1 0	1 0
0 1 1	0 1
1 0 0	1 0
1 0 1	0 1
1 1 0	0 1
1 1 1	1 1

图 2.13　全加器的逻辑符号、真值表、卡诺图

全加器的逻辑方程为

$$S = \bar{A} \cdot \bar{B} \cdot C + \bar{A} \cdot B \cdot \bar{C} + A \cdot \bar{B} \cdot \bar{C} + A \cdot B \cdot C$$
$$CO = AC + BC + AB$$

使用门级设计的最好结果是将 S 表示为

$$S = ABC + (A + B + C)\overline{CO}$$

这样可以设计出如图 2.14 所示的 1 位全加器。

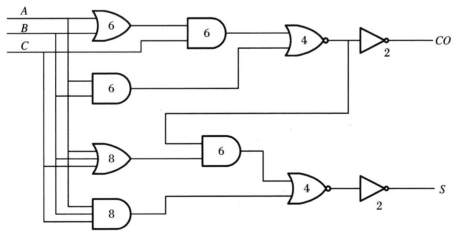

图 2.14　一种基于基本逻辑门的设计

图 2.15 是目前最流行的设计方法,只用了 28 个 MOS 晶体管,而且无论从输入端负载或输出驱动能力的角度看,性能都不低于图 2.14(52 个 MOS 晶体管)的设计。

注意 28 个 MOS 晶体管全加器具有一种特殊的结构,它的 P 管和 N 管连接方式是对称的,从电路的各个输出节点,包括中间节点看,NMOS 网络和 PMOS 网络的导通条件也是互为反函数的关系。

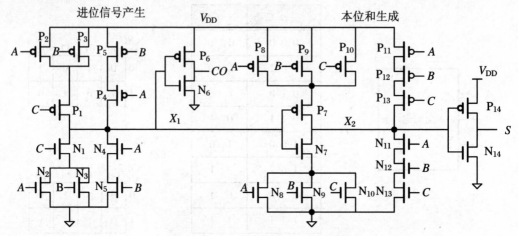

图 2.15　28 个 MOS 晶体管全加器

从以上例子可以看出,晶体管级逻辑设计与基于逻辑门的设计不同,需要依靠对具体的逻辑方程式进行仔细的观察,找出结构特点,才能设计出优化的电路。

不过,从这两个例子中也看出一些规律:

(1) 对较复杂的逻辑关系应该考虑先实现其反变量。理由:最后的输出要经过一个单独的反相器,便于调整驱动能力,内部晶体管的尺寸也比较小。

(2) 中间逻辑整理为 AOI(与或非)表达式,在整体的"非"号下的与－或表达式中,不在单个变量上的"非"要去掉。理由:只有单个变量的"与"和"或"关系与晶体管连接可直接对应。

(3) 逻辑优化时,尽量减少 NMOS 网络导通逻辑 F_N 中的反变量个数。理由:NMOS 网络的反变量需要在输入端加反相器实现。

满足(2)和(3)的前提下,以与-或表达式中变量出现次数最少为化简准则。理由:变量出现一次需要两个晶体管(N、P 网络各一个)。

例如,实现全加器进位 CO 时,首先考虑 $\overline{CO}$,因为:$\overline{CO} = \overline{AB + AC + BC}$ 恰好是 AOI 表达式用与或非表示的接线逻辑。

直接用晶体管实现时,F_N 为

$$F_N = AB + AC + BC$$

在 N 网络需要 6 个晶体管,如果改写为

$$\overline{CO} = \overline{AB + C(A + B)}$$

则 $F_N = AB + C(A + B)$ 只需要 5 个晶体管。然后整理 F_P:

$$F_P = \overline{F_N} = \overline{AB} \cdot \overline{C(A + B)} = (\bar{A} + \bar{B})(\bar{C} + \overline{A + B}) = (\bar{A} + \bar{B})(\bar{C} + \bar{A} \cdot \bar{B})$$

$$= \bar{A}\bar{C} + \bar{B}\bar{C} + \bar{A}\bar{B} = \bar{C}(\bar{A} + \bar{B}) + \bar{A}\bar{B}$$

这样就可以设计出 28 个晶体管全加器的 CO 部分。28 个晶体管全加器借用 $\overline{CO}$ 实现 S

是一个关键点,其他按上述原则还是可以设计出来的。

全加器是一个基本的而且重要的组合逻辑电路,设计者们都在为提高进位速度下功夫,已经设计出各种各样的电路供不同场合选择。

2.2.4　算术逻辑运算模块

在以加法器为主体的算术运算电路上,再加上"逻辑与""逻辑或"之类的逻辑运算电路所构成的组合逻辑电路叫做算术逻辑运算模块 ALU(Arithmetic-Logic Unit),ALU 是中央处理器 CPU 中一个重要执行部件,它完成算术逻辑运算。而加法器和乘法器(如果需要)又是完成 ALU 中的核心部件,其性能直接关系到处理器的运行速度。因此,无论是从逻辑设计层次还从电路设计层次,人们都在不断研究新的逻辑结构和新的电路组态。

图 2.16 中,用加法器、与门、或门、非门、异或门实现的 1 位 ALU 的 CMOS 电路图,在实际的微处理设计中需要在高速产生的进位信号方面下很大功夫。

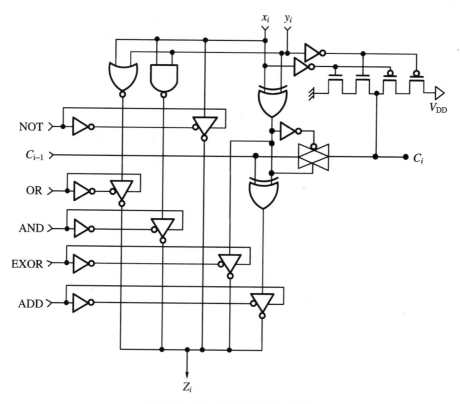

图 2.16　1 位 ALU 的逻辑电路图

2.2.5　译码器和编码器

所谓的译码器电路是这样的,当输入一个 n 位的二进制信号时,在 m 个输出信号中只有一个为"1",而其余均为"0"的电路。编码器则与译码器相反,当其中的一个被选择时,编码器就产生一个对应的二进制信号。如果适当地进行其符号的分配的话,则编码器就可以把 m 个输入信号变换为具有 $\log_2 m$ 位的二进制代码。

2.2.6　传输门逻辑电路

CMOS 逻辑电路利用 NMOS 和 PMOS 管的互补特性,使上拉通路和下拉通路轮流导通,从而获得很好的电路性能。但它的每次输入都需要 NMOS 和 PMOS 管工作,不利于减少面积和提高集成度,在数字集成电路设计中,对某些性能要求不高,但希望面积尽可能小的电路,可以采用类 NMOS 电路和类 PMOS 电路形式。类 NMOS 电路结构是用 NMOS 管串并联构成逻辑功能模块,上拉通路用一个常导通的 PMOS 管代替复杂的 PMOS 逻辑功能模块。对 n 输入逻辑门,类 NMOS 电路只需要 $(n+1)$ 个 MOS 管。对多输入情况,可以比常规静态 CMOS 逻辑门节省近一半器件。同样,类 PMOS 电路类似,不再赘述。

简化 CMOS 逻辑电路的另一个途径是利用传输门的逻辑特点,传输门体现了 MOS 晶体管的双向导通特性,为逻辑电路设计增加了灵活性。

CMOS 传输门也是由一个 NMOS 管和一个 PMOS 管组成,但是它具有与反相器不同的工作特性。在传输门中栅极接控制信号,管子的漏、源端作为输入和输出端。MOS 管作为一个双向导通器件进行信号传送。为了简化电路,也可以只用 NMOS 管和 PMOS 管做传输门。

以 NMOS 传输门为例。

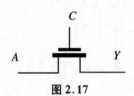

图 2.17

① 当信号 C 为高电平时,MOS 管导通,把输入端的信号 A 传送到输出端 Y,如图 2.17 所示。

② 当信号 C 为低电平时,MOS 管截止,输出状态无法确定。逻辑关系可表示为(X 表示不确定状态)

$$Y = CA + \overline{C}X$$

(1)串联连接

如图 2.18 所示,只有当 C_1 和 C_2 都为高电平时,图 2.18 中的信号 A 才被传送到输出端;只要 C_1 和 C_2 中有一个为低电平,串联通路就不能导通,输出状态不能确定。

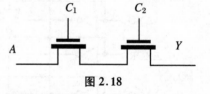

图 2.18

逻辑关系为

$$Y = C_1 C_2 A + \overline{C_1 C_2}X$$

(2)并联连接

如图 2.19 所示,当 C_1 为高电平时传送信号 A;当 C_2 为高电平时传送信号 B;当 C_1 和 C_2 同时为高电平或低电平输出状态不能确定。

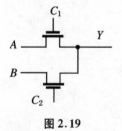

图 2.19

逻辑关系为

$$Y = C_1 A + C_2 B + C_1 C_2 X + \overline{C_1 + C_2}X$$

从以上分析可以看出:如果能消除输出的不确定状态,用传输门的串并联就可以实现输入变量的某种"与-或"逻辑,即实现组合逻辑。

如上式中若 $C_2 = \overline{C_1}$,就可消除不确定状态。逻辑表达式为

$$Y = C_1 A + \overline{C_1} B$$

（3）设计举例

例 2.3 实现 $Y = A + B$ 的逻辑图。

解 用传输门逻辑电路设计如图 2.20 的电路。

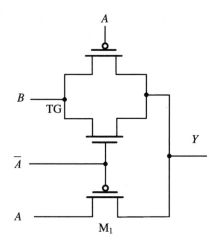

图 2.20　$Y = A + B$ 的传输门电路图

（ⅰ）当 $A = 0, B = 0$ 时，M_1 截止，CMOS 传输门导通，$Y = B = 0$。

（ⅱ）若 $A = 1, B = 0$，M_1 导通，TG 截止，$Y = A = 1$。

（ⅲ）若 $A = 0, B = 1$，M_1 截止，TG 导通，$Y = B = 1$。

（ⅳ）若 $A = B = 1$，M_1 导通，$Y = A = 1$。

高电平时通过 PMOS(M_1)或 CMOS 传输门传输，无阈值点损失；低电平通过 CMOS 传输门传输，也无阈值电压损失。

2.2.7　多路选择器

多路选择器又叫数据选通器，是数字系统中经常用到的基本功能电路。多路选择器是在控制信号的控制下从多个数据来源中选择一个送到输出端。

实现一位四选一多路器，可以用 4 个控制信号 C_0、C_1、C_2 和 C_3 分别控制 4 个输入数据 D_0、D_1、D_2 和 D_3，使输出满足：

$$Y = C_0 D_0 + C_1 D_1 + C_2 D_2 + C_3 D_3$$

为了保证多路器在任何情况下都有确定的输出状态，4 个控制信号必须满足以下约束条件：

$$\begin{cases} \displaystyle\sum_{i=0}^{3} C_i = 1, \text{即至少有一个为 } 1 \\ \displaystyle\sum_{i \neq j} C_i C_j = 0, \text{只有一个为 } 1 \end{cases}$$

S_1	S_0	Y
0	0	D_0
0	1	D_1
1	0	D_2
1	1	D_3

选择两个二进制变量 S_0、S_1 组成 4 个控制信号就可以满足上述条件。

令

$$C_0 = \bar{S}_1 \bar{S}_0, \quad C_1 = \bar{S}_1 S_0, \quad C_2 = S_1 \bar{S}_0, \quad C_3 = S_1 S_0$$

则

$$Y = \bar{S}_1 \bar{S}_0 D_0 + \bar{S}_1 S_0 D_1 + S_1 \bar{S}_0 D_2 + S_1 S_0 D_3$$

无论 S_1、S_0 取什么值,每次只能选中一个数据而且只选中一个进行传送。用 4 个 NMOS 传输管并联就可以实现四选一多路器,控制 4 个传输门的控制信号为

$$C_0 = \bar{S}_1 \bar{S}_0 = \overline{S_1 + S_0}$$

$$C_1 = \bar{S}_1 S_0 = \overline{S_1 + \bar{S}_0}$$

$$C_2 = S_1 \bar{S}_0 = \overline{\bar{S}_1 + S_0}$$

$$C_3 = S_1 S_0 = \overline{\bar{S}_1 + \bar{S}_0}$$

实现数字逻辑图如图 2.21 所示。

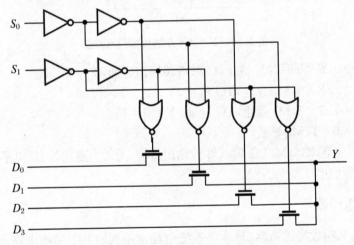

图 2.21　四选一多路器电路图

为改善传输特性,避免传输高电平的阈值电压损失,可采用如图 2.22 所示 CMOS 逻辑门传送数据,但要增加器件。

根据传输门的逻辑特点,可以用传输门的串并联实现一定的"与-或"逻辑,关键是要清楚输出的不确定状态。

对四选一多路器 $Y = \bar{S}_1 \bar{S}_0 D_0 + \bar{S}_1 S_0 D_1 + S_1 \bar{S}_0 D_2 + S_1 S_0 D_3$,其中 3 个变量的"与"可以用两个传输门串联实现,4 个乘积项的"或"可以用 4 路传输门并联实现,因此可以直接用如图 2.23 所示的四路两两串联的传输门实现四选一多路器的功能。

由于 S_1,S_0 的 4 组编码满足约束条件,因此不会出现输出不定态。

优点:结构简单、版图规整,版图设计容易。

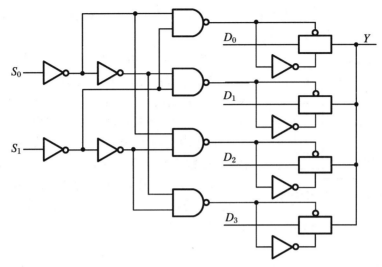

图 2.22　四选一多路器 CMOS 逻辑门

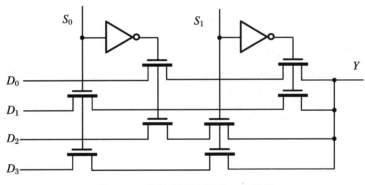

图 2.23　传输门实现四选一多路器

2.3　典型的时序逻辑电路

组合逻辑电路的输出状态完全由当前的输入状态决定，$Y = F(X)$，$X = (X_1, X_2, \cdots, X_n)$。而时序逻辑电路的输出状态不仅与当前状态有关，还与电路前一时刻的状态有关。须有存储器件来保存电路前一时刻的状态。

2.3.1　时序逻辑电路基础

如图 2.24 所示的时序逻辑电路可以看作是由组合逻辑电路加上存储部件组成。

$$Y(n) = F_1(X(n)) + F_2(Z(n)),$$
$$Z(n + 1) = F_3(X(n)) + F_4(Z(n)).$$

$Z(n)$、$Z(n+1)$为系统当前和下一时钟状态；$X(n)$、$Y(n)$为当前输入、输出。最常用的时序逻辑部件：移位寄存器、计数器。

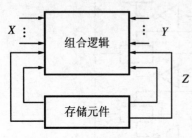

图 2.24　时序电路的一般构成

2.2 小节中介绍了基本的组合逻辑电路中，它们靠稳定的输入信号使 MOS 晶体管保持导通或截止状态，从而维持稳定的输出状态。输入信号存在，对应的输出状态存在；只要不断电，输出信息可以长久保持。

而在动态电路中利用电容的存储效应来保存信息，即使输入信号不存在，输出状态也可以保持，但由于泄漏电流的存在，信息不能长期保持。而早期发明的是 NMOS 动态逻辑电路，主要是为了降低功耗，提高工作速度；后来 CMOS 动态逻辑电路主要是为了简化线路，减少器件，从而减小芯片，提高速度。

动态逻辑电路存在的问题：

（1）动态电路中靠电容的存储效应来保存信息，维持输出。由于集成度提高，器件尺寸减小，电容也减小；电源电压下降。存储的电荷量减小，从而影响电路的可靠性。

（2）各种泄漏电流的存在，会使存储信息丢失。

（3）动态电路工作时会出现"电荷分享"问题，影响电路工作。

（4）动态电路需要时钟信号控制电路的工作，会使电路设计变得困难和复杂。

（5）动态电路不能在静态条件下工作。

动态电路是靠节点电容存储电荷来保存信息，这种方式抗干扰能力弱，信息保存时间短，这就需要使用更可靠的稳态电路。

2.3.2　双稳态电路

如图 2.25 所示，两个反相器的输入输出交叉耦合就构成了具有存储功能的双稳态电路 FF（Flip-Flop），它是构成时序逻辑电路的基本要素，也是触发器的核心。

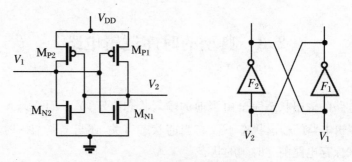

图 2.25　双稳态电路原理图

在图 2.25 中，两反相器的电压传输特性曲线只有 3 个交点，详见图 2.26。

A 点：对应于 $V_1 = V_{DD}$，$V_2 = 0$；

B 点：对应于 $V_1 = 0$，$V_2 = V_{DD}$；

C 点：对应于 $V_1 = V_2 = V_{it}$。

(1) 若接通电源后 $V_1 = V_2 = V_{it}$，在理想情况下电路可以稳定在 C 点。

(2) 由于实际参数不可能完全对称，加上外界噪声的干扰，是 V_1 和 V_2 不完全相等。

(3) 若 $V_1 > V_2$，则 M_{N1} 比 M_{N2} 导通好，而 M_{P2} 比 M_{P1} 导通好，而使反相器的下拉比上拉作用强，V_2 进一步下降，反相器 F_2 的上拉比下拉作用强，V_1 进一步增大。形成正反馈。最终使 $V_1 = V_{DD}$，$V_2 = 0$，使电路稳定在 A 点。

(4) 如果初始时 $V_1 < V_2$，在正反馈的作用下，最终使 $V_1 = 0$，$V_2 = V_{DD}$，使电路稳定在 B 点。

(5) A、B 两点是稳定的工作点，C 点是不稳定的工作点。电路只能处在 A、B 两种状态之一。

(6) 双稳态电路可静态存储"0"和"1"两种状态。

(7) 状态是随机的，无法使用。

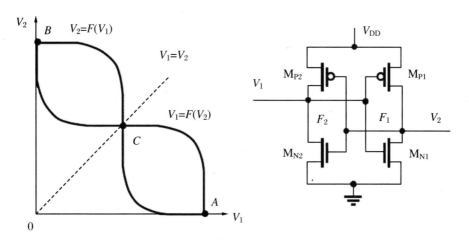

图 2.26　双稳态电路电压传输特性

2.3.3　CMOS 触发器

触发器用双稳态电路来保存信息，是一种广泛应用的功能部件。触发器的种类：RS 触发器、JK 触发器、D 触发器、T 触发器等。D 触发器是最基本的。

1. RS 触发器

如图 2.27 所示的 RS 触发器由两个或非门构成。Q 是正码输出端，$\overline{Q}$ 是反码输出端，S 叫置位端，R 叫复位端。

逻辑表达式为

$$\begin{cases} Q = \overline{R + \overline{S + \overline{Q}}} \\ \overline{Q} = \overline{S + \overline{R + \overline{Q}}} \end{cases} \quad \text{或} \quad \begin{cases} Q = \overline{\overline{S} \cdot \overline{RQ}} \\ \overline{Q} = \overline{\overline{R} \cdot \overline{SQ}} \end{cases} \quad \text{（即由与非门实现的 } RS \text{ 触发器）}$$

实际应用中常用如图 2.28 所示的时钟同步 RS 触发器。

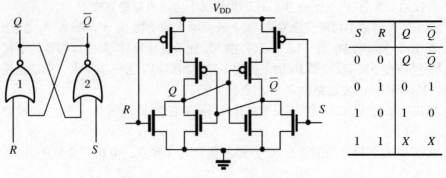

S	R	Q	$\overline{Q}$
0	0	Q	$\overline{Q}$
0	1	0	1
1	0	1	0
1	1	X	X

图 2.27　RS 触发器

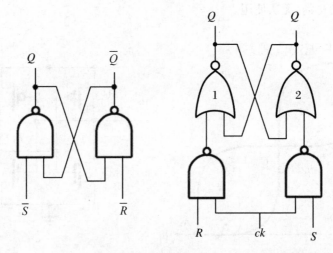

图 2.28　与非门构成 RS 触发器和时钟同步 RS 触发器电路图

2. D 触发器

要消除 RS 触发器的输出不确定状态,应满足:$R \cdot S = 0$。若使 $S = \overline{R} = D$,则可用一个输入 D 控制 RS 触发器,且可避免不定态,即 D 触发器,参见图 2.29。

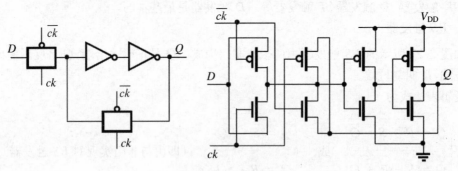

图 2.29　D 触发器

2.3.4　同步时序电路和异步时序电路

时序电路分为同步时序电路和异步时序电路。一般来说,异步时序电路的设计是比较困难的,因为要避免"冒险(hazard)"的误动作。这种误动作是由于信号通过逻辑门时的延迟时间因电路的差异所造成的,这种电路具有状态变换速度快的特点。

与此相反,在同步时序电路中,信号的变化时刻总是有时钟脉冲控制的,有可能在信号稳定后再把逻辑值送入存储电路里。因而同步电路可以避免"冒险"的问题,比较容易按照设计要求而工作。但是,由于变换状态必须与时钟同步,所以工作速度比非同步的要慢。但实际上较多采用设计比较容易的同步时序电路。

2.3.5　预充-求值的动态 CMOS 电路

如图 2.30 所示的预充-求值的动态 CMOS 与非门电路。

预充阶段:$\Phi = 0$

求值阶段:$\Phi = 1$, $V_{\text{out}} = \overline{AB}$

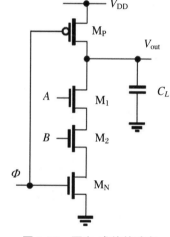

图 2.30　预充-求值的动态 CMOS 电路

这就使上拉和下拉通路不能同时导通,是一种无比电路,逻辑功能由 NMOS 逻辑块实现,NMOS 占大多数,是富 NMOS 电路。

预充-求值动态电路中若输入信号在求值阶段变化,可能会引起电荷分享问题,使输出信号受到破坏。

以富 NMOS 为例进行分析。若要求在求值期间 $A = 1$, $B = 0$,使输出为高电平。若 A 信号在以后才从 0 变到 1,则会发生电荷分享,使输出高电平达不到 V_{DD}。

当 $\Phi = 0$ 时,电路处于预充阶段,对输出节点充电。若 $A = B = 0$,M_1 和 M_2 截止,中间节点电容 C_1 不能被充电,只对 C_L 充电,使 $V_{\text{out}} = V_{\text{DD}}$。

当 $\Phi = 1$ 时,电路处于求值阶段,M_P 截止,B 信号仍为 0,M_2 截止,若此时 A 信号从 0 变为 1,M_1 导通,将 C_1 和 C_L 并联在一起,电荷将重新分配后达到平衡。设此时的输出电压为 V_f,有

$$C_L V_{\text{DD}} = (C_1 + C_L) V_f$$

$$V_f = \frac{C_L V_{\text{DD}}}{C_1 + C_L} + \frac{V_{\text{DD}}}{1 + C_1/C_L}$$

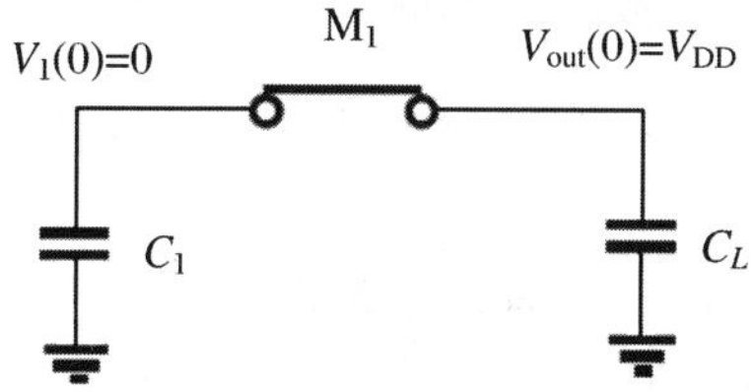

图 2.31 电荷分享等效图

电荷分享后输出高电平下降:

$$V_{out} = V_f < V_{\text{DD}}$$

下降的比例与 C_1/C_L 有关,若 $C_1 = C_L$,则高电平为 $V_{\text{DD}}/2$,参见图 2.31。

电荷分享过程中两个节点电平是随时间变化的,参见图 2.32。

$V_1(0) = 0$　　M_1　　$V_{out}(0) = V_{\text{DD}}$

C_1　　　C_L

$$V_1(t) = V_1(0) + V_{DD}\frac{C_L}{C_1 + C_L}(1 - e^{-t/\tau})$$

$$V_{out}(t) = V_{out}(0) - V_{DD}\frac{C_L}{C_1 + C_L}(1 - e^{-t/\tau})$$

其中 $V_1(0) = 0, V_{out}(0) = 0, \tau = R_{on}\frac{C_1 C_L}{C_1 + C_L}$, R_{on} 为 M_1 的导通电阻。

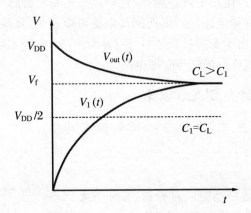

图 2.32 两个节点电平变化图

当实现复杂逻辑功能时,不能用富 NMOS 与富 NMOS(或富 PMOS 和富 PMOS)电路直接级联,否则会引起误操作,破坏电路的正常输出。

如图 2.33 所示的富 NMOS 的动态"与非门"与"或非门"级联。

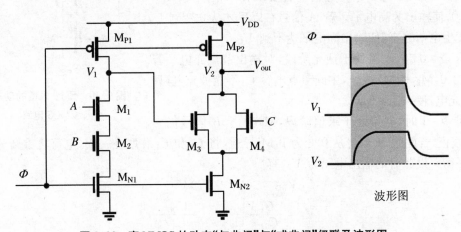

图 2.33 富 NMOS 的动态"与非门"与"或非门"级联及波形图

图 2.33 中,在预充电期间,两个下拉通路都断开,M_{P1} 和 M_{P2} 导通,使 V_1 和 V_2 为高电平。

在求值期间,若 $A = B = 1, C = 0$,应使 $V_1 = 0, V_2 = 0$。

但由于 V_1 从预充的高电平下降到低电平的过程要通过 3 个串联的 NMOS 管放电,V_1 下降需要一定的时间,在 $V_1 < V_{TN}$ 之前,M_3 仍然导通,M_3 和 M_{N_2} 构成下拉通路,使 V_2 下降。当 $V_1 < V_{TN}$,M_3 截止,V_2 停止下降。此时输出电平低于高电平。

为避免预充-求值动态电路在预充期间得到不真实的输出影响下一级,可采用富 NMOS

和富 PMOS 交替级联的方式。需要如图 2.34 所示的 Φ 和 $\overline{\Phi}$ 两相时钟。

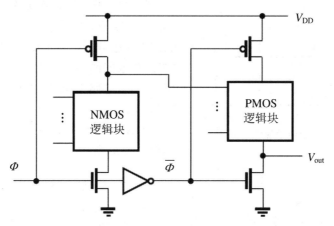

图 2.34 Φ 和 $\overline{\Phi}$ 两相时钟

2.3.6 多米诺 CMOS 电路

图 2.35 中,多米诺(Domino)CMOS 电路由一级预充-求值动态逻辑门加一级静态 CMOS 反相器构成。

(1) $\Phi = 0$ 是预充阶段,输出为低电平。

(2) 当 $\Phi = 1$ 时,$A = B = 1$,输出为高电平;两个输入信号不全是高电平时,输出为低电平。实现了"与"的功能。

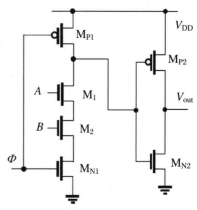

多米诺 CMOS 电路特点:

① 提高了输出驱动能力。

② 富 NMOS(富 PMOS)电路可直接级联。

③ 实现不带非的逻辑。

如图 2.36 所示的富 NMOS 的多米诺电路级联。

图 2.35 多米诺 CMOS 电路

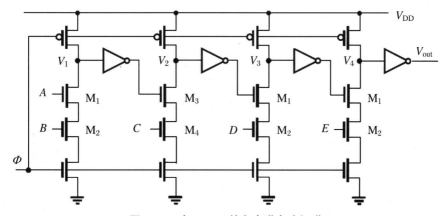

图 2.36 富 NMOS 的多米诺电路级联

当 $\Phi = 0$ 时,所有的 PMOS 负载管都导通,每级输出为高电平,即

$$V_1 = V_2 = V_3 = V_4 = V_{DD}$$

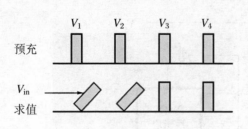

图 2.37　连锁放电效应示意图

当 $\Phi = 1$ 时,多米诺电路根据输入信号求值。若输入信号是 $A = B = C = D = E = 1$,第一级下降通路导通,$V_1 = 0$,则 M_3 导通,使 $V_2 = 0$,以此类推,就像推倒多米诺骨牌一样,所以形象地称为"多米诺电路",其连锁放电效应示意图如图 2.37所示。

富 NMOS 和富 PMOS 混合级联的多米诺电路如图 2.38 所示。

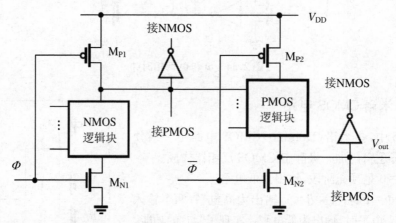

图 2.38　富 NMOS 和富 PMOS 混合级联的多米诺电路

多输出多米诺电路 MODL(Multiple-output Domino Logic):

(1) 一个复杂的逻辑功能块可以看做由多个子逻辑块串并联组成。

(2) 在多米诺 CMOS 电路中,不仅可以把动态电路中整个逻辑块的结果经反相器输出,还可以把其中子逻辑块的结果经过反相器输出,这样一个电路可得到多个不同功能的输出,这就是多输出多米诺 CMOS 电路。

(3) 比常规多米诺电路有更高的芯片利用率和速度。

(4) 为使每个子功能块的输出节点都按预充-求值的方式操作,对每个子功能模块的输出节点都必须有充电的路径。

如图 2.39 所示的一个二输出的多米诺 CMOS 电路,用两个充电管。

整个 NMOS 逻辑块的功能

$$F = f_1 \cdot f_2$$

子逻辑块功能

$$F_1 = f_1$$

如果用两个电路实现 F_1 和 F 两种功能,则要重复构建 f_1 逻辑块,将浪费芯片面积。

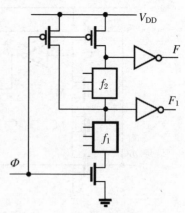

图 2.39　一个二输出的多米诺 CMOS 电路

构造多输出多米诺 CMOS 电路的指导思想是最大限度低利用电路中的 NMOS 逻辑网络。

例 2.4　构建进位链电路。

解　进位链是根据每位得到的进位产生信号 G_i 和进位传递信号 P_i 以及低位进位信号 C_{i-1} 来决定本位的进位输出, 即 $C_i = G_i + P_i C_{i-1}$, 构建进位链电路如图 2.40 所示。

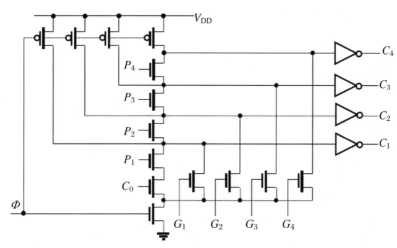

图 2.40　构建进位链电路

2.3.7　时钟 CMOS 电路

在如图 2.41 所示的时钟 CMOS 反相器中, 在静态 CMOS 逻辑电路的上拉和下拉通路中各增加一个受时钟控制的 MOS 管, 由时钟来控制电路的工作。

工作方式: 求值-保持方式。

(1) 当 $\varPhi = 1$ 时, M_{P1} 和 M_{N1} 都导通, 反相器正常工作, $V_{out} = \overline{V_{in}}$。这就是电路的求值阶段。

(2) 当 $\varPhi = 0$ 时, M_{P1} 和 M_{N1} 都截止, 电路靠节点电容保持原来的信息。这就是电路的保持阶段。

时钟 CMOS 电路也存在电荷分享问题:

(1) 当 $\varPhi = 1$ 时, 若 $V_{in} = 0$, 则 $V_{out} = V_{DD}$, 对 C_L 充电。M_{N1} 导通, M_{N2} 截止, 中间节点电容 C_B 被放电直到 0。

(2) 当 $\varPhi = 0$ 时, 靠 C_L 上的存储电荷保持输出高电平。若此时 V_{in} 由 0 变到 V_{DD}, 则使 M_{N2} 导通, 引起 C_L 和 C_B 之间电荷重新分配, 使输出高电平下降。

(3) 类似地, C_L 和 C_A 之间电荷再分配会使输出电平上升。为避免电荷分享, 把受时钟信号控制的一对 MOS 管接到输出节点上, 参见图 2.42。

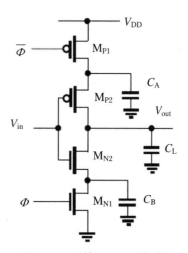

图 2.41　时钟 CMOS 反相器

另一种由传输门和反相器构成的时钟 CMOS 电路如图 2.43 所示。

时钟 CMOS 电路的特点：

(1) 保持了静态 CMOS 电路的对称结构和互补性能。

(2) 由于没有预充阶段,输出可接到富 NMOS(或富 PMOS)电路的输入端,也可接受任何电路的输入。

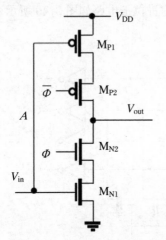

图 2.42　时钟信号控制的一
对 MOS 管接输出

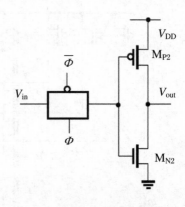

图 2.43　传输门和反相器构成的
时钟 CMOS 电路

2.4　微处理器的设计

在 2013 年 5 月 31 日发布的《CPU 型号大全》V2.9 版中,仅仅简单罗列各种型号 CPU 的性能参数就用了 182 页篇幅。微处理器是构建数字系统的核心,它负责完成系统控制、任务调度和资源管理等功能。国际上通用微处理器主要供应商有 Intel 和 AMD,而面向嵌入式应用的微处理器有 ARM、MIPS、SPARC、Intel X86、PowerPC 等多种系列。

目前我国已经研制成功多款基于上述不同体系结构的兼容微处理器。典型的有中科院计算所研制成功的基于 MIPS 体系结构的高性能"龙芯"系列处理器,航天 772 所研制成功的基于 SPARC V8 体系结构的抗辐照处理器,国防科技大学研制成功的 x 系列处理器。

2.4.1　微处理器设计与专用集成电路设计

学习和掌握微处理器设计是从事数字集成电路设计的最重要内容,掌握了微处理器设计方法,再学习设计一些存储器和外围 IP 核等专用集成电路 ASIC(Application Specific Integrated Circuit),就可以构建完整的专用集成电路(是为特定用户或特定电子系统制作的集成电路)。数字集成电路的通用性和大批量生产,使电子产品成本大幅度下降,推进了计算机通信和电子产品的普及,但同时也产生了通用与专用的矛盾,以及系统设计与电路制作脱节的问题。同时,集成电路规模越大,组建系统时就越难以针对特殊要求加以改变。为解决这些问题,就出现了以用户参加设计为特征的专用集成电路,它能实现整机系统的优化设计,性能优越,保密性强。

　　微处理器设计技术至今发展了 50 多年,设计方法非常成熟,易于理解和学习。而专用集成电路需要在某个领域取得垄断性的地位、取得一系列发明专利(专利池),是某类行业技术的标准和规范的制订和主导者,所谓“领域一做十年冷、企业一流定标准”。单一微处理器设计是不能完成什么功能的,必须加上外围电路,才能构成系统级芯片或 PCB 板级系统。但把各种功能(包含微处理器,也包括把类似 A/D、D/A 模拟集成电路集成进去的专用集成电路)集成到一个芯片上,各种信号的处理就可以用数字处理来代替以往的模拟处理。这不仅使信号处理变得容易,同时意味着可以减少元器件的数量。这是因为不需要外接电阻电容等的缘故,而外接电阻电容在模拟电路上是不可或缺的。

2.4.2　微处理器设计的发展

1. 微处理器设计路线图

微处理器设计已经经历了好几代的发展,简单归纳如图 2.44 所示的发展路线图。

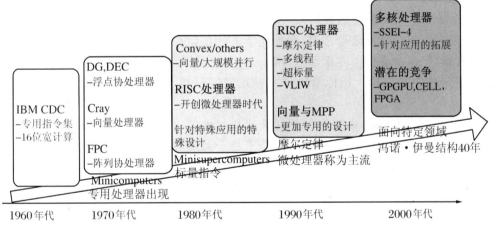

图 2.44　微处理器设计发展路线图

　　第一代微处理器,以 Intel 的 8080 为代表(1974 年推出,4500 个晶体管),顺序地执行指令。State Sequencer 取指令、译码,然后执行指令,如此反复。每条指令的处理相互独立。

　　第二代微处理器引入了流水线的指令执行。其代表为 Motorola 的 MC68000(1979 年推出,68000 个晶体管)。MC68000 的流水线重叠了取指、译码和执行操作。

　　第三代微处理器进一步扩展了流水线的深度和复杂度,并引入了片上 Cache。代表产品如 Motorola 的 MC68020(1985 年推出,240000 个晶体管)。

　　第四代微处理器实现了超标量指令执行,如 Intel 的 80960A,Motorola 的 MC88110。它们可以每周期发射多于一条指令,微处理器的设计超过了一百万个晶体管。

　　第五代微处理器进一步引入了指令乱序执行机制。如 AMD 的 K5,Intel 的 P6,片上晶体管数达到几百万~几千万。

　　第六代微处理器以引入前瞻执行为标志,融入了混合执行模型,支持多线程并发执行,如 P-Ⅳ、AMD-K8,芯片上晶体管数已达到几千万～几亿个。

微处理器发展的策略从体系结构上说,前 30 多年中,微处理器基本上采用的是对大型机技术"下移"到单个芯片内实现的策略;最近的 10 多年里,更多的部件集成到处理器中,多核和 SoC 成为趋势。

2. 微处理器发展动力

微处理器还在高速发展,其发展的根本动力:

(1) 集成电路应用的巨大需求,市场激烈竞争的需要。

(2) 集成电路工艺水平的不断提高。

3. 微处理器技术应用

器件的物理特性和程序行为的制约将使新一代复杂的微处理器实现变得十分困难,新的实现技术研究对微处理器发展有巨大的促进作用。无论生产设计工艺如何发展,微体系结构和并行性开发技术的创新是决定通用高性能微处理器技术发展趋势的主要动力。

与早期的 CISC 结构相比,20 世纪 80 年代末出现的 RISC 结构在性能上占有绝对优势;与超标量处理器和 VLIW 处理器相比,向量处理器专用性更强。可重构处理器和单芯片多CPU 处理器则面向于线程/进程级并行的开发,可以保持与当前流行的 ISA 兼容。多线程超标量、超前瞻执行和踪迹处理器,开始进入实用的阶段。超标量技术、VLIW 技术和向量技术在设计、生产和应用方面都已具有相当的积累,目前主流的通用高性能微处理器主要选择这三种体系机构。超标量技术目前已经发展得十分成熟,进一步发展已经非常困难。

而 Transmeta Crusoe 的二进制翻译技术很好地解决了 VLIW 代码的二进制兼容问题。Intel/HP 提出的 EPIC 技术采用动、静态结合调度方法,利用编译优化技术获得很高的并行性。越来越多的公司已经宣布推出基于 VLIW 的通用微处理器,例如 Transmeta的 Crusoe、Elbruk 的 E2k、Intel 的 Itanium 等,VLIW 已经向通用领域发展并显示出良好应用的前景。与超标量技术相比,VLIW 技术能够开发出更多的指令级并行,性能提高潜力更大。使用 VLIW 微处理器硬件复杂度相对较低、便于低功耗设计,成为 20 世纪 90 年代主流。

4. 22 纳米 3D 三栅极晶体管的微处理器

2012 年,在英特尔发布的第三代智能酷睿处理器上,它有近 14 亿个采用了 3D 三栅极技术的晶体管。它是业界第一个实现了 22 纳米工艺量产的处理器,也是第一个采用 3D 三栅极晶体管技术的处理器。与传统的平面晶体管不同,英特尔的 3D 三栅极晶体管使得晶体管通道增加到三个维度,电流可以从通道的顶部和两个侧面来控制,一改传统平面晶体管只从顶部控制电流。正是这项技术使进一步提高晶体管密度成为可能,其结果就是能更好地控制晶体管的开关状态,最大程度地利用晶体管开启状态时的电流,并在关闭状态时最大程度地减少电流溢出。与上一代 32 纳米平面晶体管相比,新的 22 纳米 3D 三栅极晶体管在低电压下能将性能提高 37%,并且只需要消耗不到一半的电量就能达到与前者一样的性能。

22 纳米的处理器将是英特尔通用处理器的绝唱。未来英特尔处理器将会朝着 SoC 方向发展。有了制造工艺的保证,针对不同应用,英特尔可以打造各种不同处理器,各种处理器上集成的模块也会不尽相同,以满足用户各式各样的个性化需求。

2.4.3　简单微处理器的设计

微处理器硬件系统一般包括运算器、控制器、存储器以及其他必要的逻辑部件。图 2.45 是一个微处理器的参考原理框图,具体说明如下:

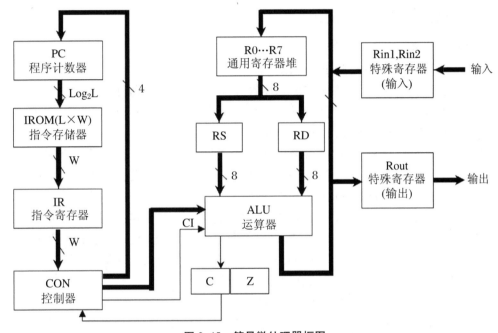

图 2.45　简易微处理器框图

(1) 程序计数器 PC:存放将要执行指令的地址。

(2) 指令存储器 IROM:存放程序指令、每条指令的长度为 W、指令的个数为 L。

(3) 指令寄存器 IR:存放被执行指令的操作码,直接供运算控制器。

(4) 控制器 CON:产生一系列时序逻辑信号,控制微处理器各个部件协调一致地完成每条指令相应的操作,实现两个操作数的运算。

(5) 通用寄存器堆 R0~R7:用来临时存放运算过程中读出和写入的数据。

(6) 缓冲寄存器 RS 和 RD:用于存放 ALU 的两个输入操作数。

(7) 运算器 ALU 和进位寄存器 C:运算器 ALU 对两个操作数 RS 和 RD 进行加、减或逻辑运算处理,在进行加减运算时还接受控制器的进位输入信号 CI,ALU 的运算结果送给通用寄存器或特殊寄存器。ALU 还根据运算结果设置进位标志 C 和零标志 Z。

(8) 运算结果显示:传送至七段数码管显示,用十六进制显示。

按照处理信息时微处理器字长分类(如 4 位字长的 CPU,其数据线宽度为 4 位,一个字节数据要分两次来传送或处理),微处理器可以分为 8 位、16 位、32 位和 64 位微处理器等。而从指令系统来看,微处理器又可以分为 CISC、RISC。CISC 即复杂指令集计算机,人们一直沿用 CISC 指令集方式,它的指令不等长,指令的条数比较多,编程和设计处理器时都较为麻烦。在 CISC 之后,人们发明了 RISC,即精简指令集计算机,它的指令等长,且指令数较少,通过简化指令让计算机的结构更为简单,进而提高运算速度。

微处理器的基本原理是在时钟的作用下,形成规定的指令流,并控制数据流及其相关的运算操作,同时运算所产生的状态和外部所发生的事件将影响其流程和结果。因此,微处理器的每一步操作都与时钟、指令、状态包括外部事件直接相关。正确地确定每个控制信号的逻辑表达关系,是微处理器设计的关键。

2.4.4　系统级的微处理器设计方法

当前微处理器主要的设计方法包括:

(1) 面积驱动设计(Area Driven Design)

早期 ASIC 设计由于无法将较多的晶体管放到一个芯片上,因此面积是微处理器设计的一个关键因素。面积驱动着整个设计的过程直到满足面积约束为止。

(2) 时序驱动设计(Timing Driven Design)

随着工艺的进步,面积已经不是制约微处理器设计的关键因素。而为了达到较高的性能,时序成为微处理器设计的重点。因此在深亚微米工艺下,时序驱动设计方法被广泛应用。

(3) 基于模块的设计(Block-Based Design)

越来越多的功能被集成到一个芯片内部,使设计和验证变得越来越困难。从系统层进行系统的建模,重用经过硅验证的 IP 核,可以大大减少设计和验证的工作量,保证设计的成功率。设计的高层建模和重用 IP,可以更好地进行软硬件架构划分以及软硬件协同验证,可重用设计方法学已经成为当前设计成功的关键因素。

(4) 基于平台的设计(Platform-Based Design)

基于平台的设计方法同样基于系统层进行架构划分和设计,整个系统以可重用设计方法学为中心,着重于接口的标准化和虚拟模块的功能建模。目标是"即插即用(Plug and Play)"设计,IP 可以无缝集成到 SoC 系统中,整个平台可以基于某一应用而重用,算法的变化只需要对相应的 IP 模块进行升级。基于平台的设计方法使系统可以满足多种算法的实现,避免了相近架构下整个设计随算法改变而重新设计的问题。

面积驱动和时序驱动的设计方法已经不适用于当前复杂的系统设计。基于模块的设计可以简化系统设计,但模块 IP 的数量和功能日趋复杂,如何将不同的 IP 迅速地集成到一个系统中,已经成为一个主要的问题。特别是 IP 接口没有统一的标准,导致在集成过程和验证过程中存在着接口互联的问题。当前验证已经成为系统设计的一个瓶颈,经过验证的 IP 在集成后,仍然需要对接口时序等特性进行验证。另外 IP 的性能评估和选择也是设计成功与否的关键。基于平台的设计可以减少相近应用的开发成本和工作量,与基于模块的设计相比,基于平台的设计更侧重于整个平台的复用性。它主要通过嵌入式软件来实现不同的应用差异,前期的架构设计和软硬件划分决定了平台的重用性和性能。可定制处理器对应用的针对性与基于平台的设计相一致,基于可配置处理器的设计方法也是在基于平台的设计方法基础上做相应的调整,来适应可配置处理器的定制性和扩展性。

当前典型的 SoC 设计流程如图 2.46 所示,从该流程图可以看出很多关键的架构方面的决策是在设计过程早期做出的,而系统的实际性能需要很长的时间才能测试出,这种时间差大幅度增加了架构设计的风险和成本。

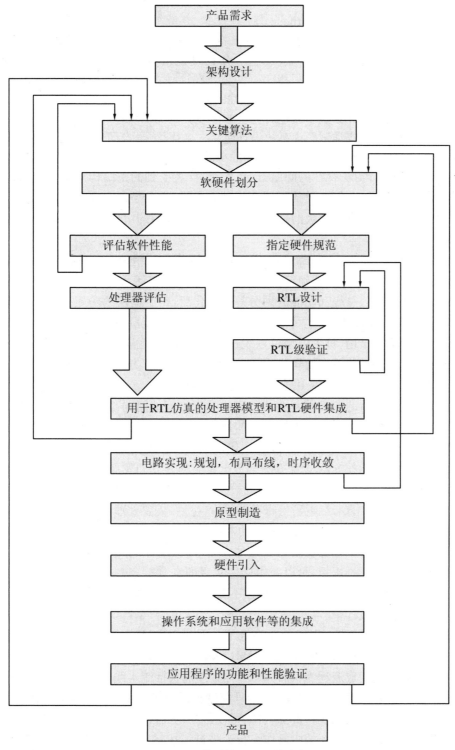

图 2.46　典型的 SoC 设计流程

2.4.5　可配置处理器对设计方法学的新要求

描述-综合(describe-and-synthesize)方法学是 20 世纪 80 年代出现的一种设计方法学，它由设计人员通过布尔表达式或 FSM 描述来指定系统的构成，然后由逻辑综合工具生成门级网表的形式。整个过程首先表现为描述系统的功能或行为，然后得到它的实现或结构。因此仿真模型也分为功能仿真和门级仿真两类。在这种方法学中，描述和实现的一致性是可以验证的。但随着设计的规模增大，一致性的验证变得困难。这种描述思路在基于模块复用和基于平台两种设计方法学中也有充分的体现。

基于平台的设计方法学试图为系统设计建立一个优化、半自动化、透明和可验证的设计流程，其中一个重要问题就是解决应用程序的功能描述和可编程平台之间的联系和映射。

描述-综合的设计方法存在的问题是：首先，设计者受到的是结构而不是使用行为描述来进行思维的训练；其次，每个设计可用若干种方式描述，单是采用硬件描述语言就存在很多不同的结构；再次，在寄存器级的抽象不带有可模拟模型的组件库，因此每个设计小组不得不开发自己的模型。

指定-搜索和细化(Specify-Explore-Refine)方法学包括精确指定系统功能，快速搜索系统级设计选项，细化规范来反映确定的选项。系统级选项包括系统模块的定位，如标准或定制的处理器核、存储器、总线和功能的划分等。细化后，每个模块的功能被综合成硬件或软件。指定-搜索和细化设计方法学引入了系统级抽象层，系统层可以制定可执行的规范模型用来描述系统行为和结构，每个模型可以表述系统的功能、互连和通信等特性，模型可被认为是下一个实现更多细节模型的规范，因此指定-搜索和细化方法是由一连串细化前者的模型组成，可以看做是基本的描述-综合设计方法的多次迭代。

基于可配置处理器的 SoC 设计为设计方法学带来新的问题：如何使应用软件和编译器定位，如何利用定制指令，针对处理器灵活的配置方式和寄存器的扩展如何优化编译器，如何设计定制指令来解决系统的瓶颈，以最小代价来获得性能的提升等等。灵活的可配置处理器的出现需要对当前的 SoC 设计方法学进行相应的补充和发展：处理器不再是单一的固定指令集(Fixed instruction set)，系统级的模型需要精确描述可配置处理器的功能和架构。在新的功能(例如定制指令，配置新的寄存器等)产生后，需要处理器模型的迭代生成来反映新指令的特性。细化(Refine)过程的迭代也将扩展到搜索(Explore)阶段。具体的设计中，算法的性能评估和软硬件划分需要以处理器为中心，软硬件之间的区别变得模糊。软件实现的功能在描述和评估过程后，可以交由硬件实现的定制指令去完成。因此传统的软硬件设计方法需要进一步融合，使得设计者可以不关心具体实现是软件完成还是硬件完成，而将重点放到系统的算法设计中。

Masaharu Imai 和 Akira Kitajima 提出了一种 ASIP Meister 生成方法：可配置处理器的生成包括高级规范描述、HDL 生成、FHM(Flexible Hardware Model)、编译器和指令集仿真器等。处理器的生成流程为：首先，对目标处理器包括流水线、指令格式、指令的行为和中断行为、数据类型等规范进行描述，作为可配置处理器的高级规范描述；然后从 FHM 库中选择用于实现指令功能的硬件资源，例如寄存器、加法器、移位器和选择器等；接下来基于选择的硬件资源对每一条指令的微操作级行为进行描述；最后生成处理器的 HDL 描述，完成处理器的生成流程。

第 3 章　硬件描述语言 VHDL

随着数字系统设计规模日益增大,复杂程度日益增高,像进行百万门级以上的数字系统设计时,再采用门级描述工具将非常难以完成设计的工作。换句话说,逻辑图和布尔方程的硬件描述方法变得相当复杂,很难以简练的方式提供精确的描述,不能再把它当作主要设计描述手段。这就迫切需求一种更高抽象层次的现代设计方法和现代测试方法来描述硬件电路。硬件描述语言(Hardware Description Language,HDL)应运而生,它具有高层次的自上而下的设计方法,为系统硬件设计提供了更大的灵活性,具有更高的通用性,能有效地缩短设计周期,减少生产成本。

硬件描述语言发展至今已有几十年的历史。在上百种硬件描述语言中,最有代表性的是美国国防部开发的超高速集成电路硬件描述语言(Very High Speed Integrated Circuit Hardware Description Language,VHDL)。它是最早被接纳为 IEEE 标准的硬件描述语言,可以说它是数字系统设计描述的标准语言,绝大多数的 EDA 工具都支持 VHDL。本章主要介绍 VHDL 的基本知识,并结合上机实验指导介绍使用 VHDL 设计逻辑电路的基本方法。

3.1　VHDL　简　介

硬件描述语言是一种用形式化方法来描述数字电路和设计数字逻辑系统的语言,它可以使数字逻辑电路设计者利用这种语言来描述自己的设计思想,然后利用 EDA 工具进行仿真,自动综合到门级电路,再用 ASIC 或 FPGA 实现其功能。目前,这种被称之为高层次设计(High-level-Design)的方法已被广泛应用。

硬件描述语言的发展已有几十年的历史,并成功地应用于设计的各个阶段,如仿真、验证、综合等。在 20 世纪 80 年代后期,硬件描述语言向着标准化、集成化的方向发展,最终 VHDL 与 Verilog HDL 适应了这种趋势的要求,先后成为 IEEE 的标准。VHDL 多用于教学,Verilog HDL 更多用于工业界,二者可以在一定程度上互相转换。

3.1.1 VHDL 的特点

20 世纪 80 年代以来,采用计算机辅助设计 CAD 技术设计硬件电路在全世界范围得到了普及和应用。一开始,仅用 CAD 来实现 PCB 的布线,以后慢慢地才实现了插件板级规模的设计和仿真,其中最具代表性的设计工具是 OrCad 和 Tango,它们的出现使电子电路设计和 PCB 布线工艺实现了自动化。但这种设计方法就其本身而言仍是自下而上的设计方法,即利用已有的逻辑器件来构成硬件电路,它没有脱离传统的硬件设计思路。

随着集成电路规模与复杂度的进一步提高,特别是大规模、超大规模集成电路的系统集成,使得电路设计不断向高层次的模块式的设计方向发展,原有的电原理图输入方式显得不够严谨规范,过多的图纸和底层细节不利于从总体上把握和交流设计思想;再者,自下而上的设计方法使仿真和调试通常只能在系统硬件设计后期才能进行,因而系统设计时存在的问题只有在后期才能较容易发现,这样,一旦系统设计存在较大缺陷,就有可能要重新设计系统,使得设计周期大大增加。

基于以上电原理图输入方式的缺陷,为了提高开发效率,增加已有成果的可继承性并缩短开发时间,大规模专用集成电路 ASIC 研制和生产厂家相继开发了用于各自目的的硬件描述语言。其中最具代表性的就是美国国防部开发的 VHDL 和 Verilog 公司开发的 Verilog HDL 以及日本电子工业振兴协会开发的 UDL/I。

从工程的角度看,VHDL 独立于各种电子 CAD 手段之外,它便于学习、继承、管理。美国国防部曾硬性规定:所有牵涉 ASIC 设计的电子系统合同项目都要用 VHDL 设计和存档,其地位和作用由此可见一斑。

1987 年 12 月 10 日,IEEE 标准化组织发布 IEEE 标准的 VHDL,定为 IEEE 1076-1987 标准(该标准是从 1983 年 8 月美国空军支持并开发的 VHDL 7.2 版发展而来的)。这使得 VHDL 成为当时唯一被 IEEE 标准化的 HDL,这标志着 VHDL 被电子系统设计行业普遍接收并推广为标准的 HDL。因而许多公司纷纷使自己的开发工具与 VHDL 兼容。

利用 VHDL 设计数字系统的优点:

(1) 设计技术齐全、方法灵活、支持广泛。VHDL 可以支持自上而下和基于库的设计方法,还支持同步电路、异步电路、FPGA 以及其他随机电路的设计。目前大多数 EDA 工具几乎在不同程度上都支持 VHDL。这给 VHDL 进一步推广和应用创造了良好的环境。

(2) 系统硬件描述能力强。VHDL 具有多层次描述系统硬件功能的能力,可以从系统的数学模型直到门级电路。

(3) VHDL 可以与工艺无关编程。VHDL 设计硬件系统时,可以编写与工艺有关的信息。但是,与大多数 HDL 不同的是,当门级或门级以上层次的描述通过仿真验证后,可以用相应的工具将设计映射成不同的工艺(如 MOS、CMOS 等)。这样,工艺更新时,就无须修改程序,只需修改相应的映射工具即可。所以,在 VHDL 中,电路设计的编程可以与工艺相互独立。

(4) VHDL 标准、规范,易于共享和复用。VHDL 的语法较严格,给阅读和使用都带来了极大的好处。再者,VHDL 作为一种工业标准,设计成果便于复用和交流,反过来也能进一步推动 VHDL 的推广和普及。

3.1.2　VHDL 的新发展

当前复杂数字系统设计面临着这样一些问题：① 设计复用、知识产权和内核插入；② 综合，特别是高层次综合和混合模型的综合；③ 验证，包括仿真验证和形式验证等自动验证手段；④ 深亚微米效应。为了进一步提高设计能力，以解决这些问题，近年来众多研究者致力于从更高的抽象层次上开展设计，这方面的工作以 OO-VHDL、DE-VHDL 为代表；而如何拓宽 VHDL 的应用范围，也是研究的重点，值得注意有 VITAL（VHDL Initiative Towards ASIC Library）；此外，为解决系统级设计和硬/软件协同设计的问题，EDA 工业协会的工程技术建议委员会提出了系统级描述语言（System Level Description Language，SLDL）的概念。

OO-VHDL（Object-Oriented VHDL），即面向对象的 VHDL、DE-VHDL（Duke-Extended VHDL），而 VITAL 提供了两个库文件 VITAL-Timing 和 VITAL-Primitive，包含了 Verilog 的 ASIC 库和 Cadence 的 SDF（标准的延时格式），使之能精确描述时序关系，高效率仿真，反向注释及适用于各种 VHDL 仿真器，可以说是 VHDL 和 Verilog 的结合。由于现在的片上系统通常是由软件与硬件共同组成的。这需要更抽象、更形式化的方式描述时域信息，设计属性与设计约束，SLDL 的多种候选语言正在迅速发展之中。

3.2　VHDL 程序的基本结构

一个完整的 VHDL 程序通常包含实体（Entity）、结构体（Architecture）、配置（Configuration）、包（Package）和库（Library）五个部分，其中实体和结构体是不可缺少的。前四种是可分别编译的源设计单元，库存放已编译的实体、结构体、配置和包。实体用于描述系统内部的结构和行为；包存放各设计模块都能共享的数据类型、常数和子程序等；配置用于从库中选取所需单元来支持系统的不同设计，即对库的使用；库可由用户生成或 ASIC 芯片制造商提供，以便共享。

自 VHDL 诞生以来，在不同的硬件和软件平台上出现了各式各样的编译和仿真的 CAD 工具，Active 公司开发的 Active-VHDL 是其中最流行的基于微机和 Windows 操作系统的仿真工具之一，简单易用，可以方便地进行 VHDL 的编译和仿真，产生仿真波形图，但是不能进行综合。一般在数字系统设计的原始设计和仿真阶段，我们采用 Active-VHDL，它和 Quartus Ⅱ（以前是 Maxplus Ⅱ）、ISE 等配合很好。本章中所举的例子都在 Active-VHDL 3.3 版中调试通过。

3.2.1　VHDL 程序的基本单元与构成

VHDL 程序的基本单元是设计实体（Design Entity），它对应于硬件电路中的某个基本模块。该模块可以是一个门，也可以是一个微处理器，甚至整个系统。但无论是简单的还是复杂的数字电路,VHDL 程序的基本构成都是一样的,都由实体和结构体构成。实体描述模块的对外端口,结构体描述模块的内部情况即模块的行为和结构。

例 3.1 一个如图 3.1 所示半加器的 VHDL 描述。

注意 关键字在 Active-VHDL 中自动用蓝色高亮显示,因此不需再用大写字母表示,下同。

（1）设计实体

```
--打开标准库
-- VHDL 不区分大小写
library IEEE;
use IEEE. std_logic_1164. all;
-- 实体描述
entity Half_adder is
    port (
        X:in STD_LOGIC;
        Y:in STD_LOGIC;
        SUM:out STD_LOGIC;
        CARRY:out STD_LOGIC
    );
    end Half_adder;
```

（2）结构体描述

```
architecture Half_adder of Half_adder is
begin
    process(x,y)
        begin
            SUM <= x xor y after 5 ns;
            CARRY <= X and Y after 5 ns;
        end process;
end Half_adder;
```

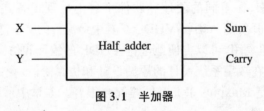

图 3.1　半加器

（3）端口模式

① 输入(in),输入模式仅允许数据流由外部向实体内进行。它主要用于时钟输入、控制输入(如复位和使能)和单向的数据输入。

② 输出(out),输出模式仅允许数据流从内部流向实体输出端口。它主要用于计数输

出。输出模式不能用于反馈,因为这样的端口不能看作实体内可读。

③ 缓冲(buffer),缓冲用于有内部反馈需求时,缓冲模式不允许作双向端口使用。

④ 双向(inout),对于双向信号,设计时必定义为双向模式,以允许数据可以流入或流出该实体。双向模式也允许用于内部反馈。

(4) 端口类型

① 布尔型(Boolean),布尔类型可取值"True"或"False"。

② 位(Bit),位可取值"0"或"1"。

③ 位矢量(Bit_Vector),位矢量是由 IEEE 库中的标准包 Numeric_Bit 支持。该程序包中定义的基本元素类型为 Bit 类型,而不是 Std_Logic 类型。

④ 整数(Integer),整数可用作循环的指针或常数,通常不用于 I/O 信号。

⑤ 非标准逻辑(Std_ulogic)和标准逻辑(Std_logic),非标准逻辑和标准逻辑由 IEEE_Std_logic_1164 支持,访问该程序包中的项目需要有 library 和 use 语句。

例 3.2 描述了作为一个设计实体的二选一电路。

```
library IEEE;
use IEEE. std_logic_1164. all;

entity twoto1 is
    generic(m:TIME:= 1 ns);
    port (
        d0:in bit;
        d1:in bit;
        sel:in bit;
        q:out bit
    );
end twoto1;

architecture twoto1 of twoto1 is
    signal tmp:bit;
begin
    Cale:process(d0,d1,sel)
        variable tmp1,tmp2,tmp3:bit;
        begin
            tmp1:= d0 and sel;
            tmp2:= d1 and (not sel);
            tmp3:= tmp1 or tmp2;
            tmp <= tmp3;
            q <= tmp after m;
        end process;
end twoto1;
```

例 3.3 利用半加器构建全加器。

VHDL 可以通过已有的基本模块来构造更大的模块或更高一层次的模块。例如,它可以利用现有的半加器模块来构造一个如图 3.2 所示的全加器。

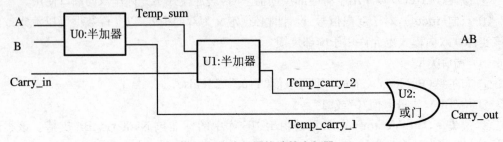

图 3.2　由半加器构造的全加器

```
entity Full_adder is
    port（
        A：in Bit ；
        B：in Bit；
        Carry_in：in Bit ；
        AB：out Bit ；
        Carry_out：out Bit ）；
    end Full_adder ；

architecture Structure of Full_adder is
-- 连接元件所用的内部信号说明
signal Temp_sum：Bit ；
signal Temp_carry_1：Bit ；
signal Temp_carry_2：Bit ；
-- 元件说明
component Half_adder
    port（
            X：in Bit ；
            Y：in Bit ；
            Sum：out Bit ；
            Carry：out Bit ）；
end component ；
component Or_gate
    port（
            In1：Bit ：
            In2：Bit ；
            Out1：out Bit ）；
    end component ；
-- component instantiation statements：
begin
    U0：Half_adder port map（X => A，Y => B, Sum => Temp_sum ，Carry => Temp_carry_1 ）；
    U1：Half_adder port map（X => Temp_sum ，Y => Carry_in ，Sum => AB ，Carry => Temp_
```

　　　　　　　Carry_2）；
　　　　　U2：Or_gate port map（In1 => Temp_carry_1，In2 => Temp_carry_2 ，Out1 => Carry_out）；
　　　　end structure；

注意　① In1：in Bit；In2：in Bit；可写成 In1：Bit；In2：Bit；因为 in 是缺省的 I/O 状态。

② "--"为注释行标志，该标志后的所有字符均为注释内容。

③ 由"component…end component；"注明的一段为元件说明语句，给出了该元件的外端口情况，或者说是给出了一个元件的模板。

④ 由"-- component instantiation statements"说明的为元件例化语句部分。该语句将元件说明中的端口映射到实际元件中的端口，即将模板映射到现实电路。

下面对实体说明和结构体语句进行补充说明：

1．实体说明

实体说明（Entity Declaration），实体类似原理图中的模块符号，它并不描述模块的具体功能，实体的每一个 I/O 信号被称为端口，它与部件的输入/输出或器件的引脚相关联。

实体说明的一般形式是

　　　　entity 实体名 is
　　　　［generic（类属表）；］
　　　　［port（端口表）；］
　　　　［declarations 说明语句；］
　　　　［begin
　　　　实体语句部分］；
　　　　end［实体名］；

说明：① 实体名和所有端口名都由字符串组成（称为标识符）。该字符串中的任意字符可以是"a"到"z"，"A"到"Z"，或数字"0"到"9"，以及下划线"_"；字符串的第一个字符必须是字母，中间不包括空格，且最后一个字符不可以为下划线，两个下划线不允许相邻。

② ［ ］表示其中的部分是可选项；

③ 对 VHDL 而言，大小写一视同仁，不加区分；

④ 实体说明以 entity 实体名 is 开始，至 end［实体名］结束。最简单的实体说明是

　　　　entity E is
　　　　end E；

除此之外，其余各项皆为可选项；

⑤ 类属（generic）语句必须放在端口语句之前，用于指定由环境决定的参数。例如，在数据类型说明中用于传递位矢长度、数组的位长以及器件的延迟时间等参数。

类属语句的一般形式为

　　　　generic（［常量］名字表：［ IN］类型标识［:= 初始值］；…）；

例如，在二选一电路的描述中的 generic（m：time:= 1 ns）指定了结构体内延时 m 的值为 1 ns。

又如：

　　　　entity AndGate is

generic(N:NatUral:= 2);

port(inputs:in Bit_vector(1 to N);   --类属参数 N 规定了位矢量(Bit_vector) inputs 的长度

result:out Bit);

end AndGate;

⑥ 端口(port)说明是设计实体之外部接口的描述,规定了端口的名称、数据类型和输入输出方向;其一般书写格式是

port(端口名{,端口名}:[方向]子类型符[bus][:= 初始值]{;端口名{,端口名}:[方向]子类型符[bus][:= 初始值]})

其中方向用于定义外部引脚的信号方向是输入还是输出,共有五种方向:in, out, inout, buffer, linkage。in 表示信号自端口输入到结构体;out 表示信号自结构体输出到端口;inout 表示该端口是双向的;buffer 说明端口可以输出信号,且结构体内部可以利用该输出信号;linkage 用于说明该端口无指定方向,可以与任何方向的信号连接。

⑦ 说明语句(declaration)可以包括:subprogram 说明、subprogram 定义(或称 subprogram 体)、type 说明、subtype 说明、constant 说明、signal 说明、file 说明、alias 说明、attribute 说明、attribute 定义、use 语句、disconnection 定义。

用于对设计实体内所用的信号、常数、数据类型和函数进行定义,这种定义对该设计实体是可见的。

2. 结构体

结构体(Architecture Body)是对实体功能的具体描述,必须跟在实体后面。通常,先编译实体后才能对结构体进行编译,如果实体需要重新编译,那么相应的结构体也应重新编译。

结构体的一般结构描述如下:

Architecture 结构体名 of 实体名 is

[说明语句;]

  begin

  [并行处理语句;]

  end [结构体名];

说明:① 结构体的名称应是该结构体的唯一名称,of 后紧跟的实体名表明了该结构体所对应的是哪一个实体,is 用来结束结构体的命名。结构体名称的命名规则与实体名的命名规则相同。

② 说明语句的内容除了实体说明中可有的说明项外,还可以包括元件说明(component)和组装说明(或曰配置 configuration)语句。说明语句用于对结构体内所用的信号、常数、数据类型和函数进行定义,且其定义仅对结构体内部可见。例如,在对二选一电路的描述中:

architecture connect of mux is

signal tmp:BIT;

-- 对内部信号 tmp 进行定义

-- 信号定义和端口语句一样,应有信号名和数据类型的说明

-- 因它是内部连接用的信号,故没有也不需要方向说明

begin

…

end connect;

关于说明语句还会在后面几节中继续介绍。

③ 处于 begin 和 end 之间的并行处理语句(即各语句是并发执行的),用于描述该设计实体(模块)的行为和结构。包括:

        block 语句

        process 语句

        procedure 调用语句

        assert 语句

        assignment 语句

        generate 语句

        component instance 语句

有关这部分语句的详情也会在后面几节中继续介绍。

二选一电路描述中的进程语句如下:

  cale:process(d0,d1,sel)

      variable tmp1,tmp2,tmp3:BIT;

    begin

     …

    end process;

④ 一个实体说明可以对应于多个不同的结构体。即对于对外端口相同而内部行为或结构不同的模块,其对应的设计实体可以具有相同的实体说明和不同的结构体。所以,一个给定的实体说明可以被多个设计实体共享,而这些设计实体的结构体不同。从这个意义上说,一个实体说明代表了一组端口相同的设计实体(如两输入端的"与非门"和两输入端的"或非门"等)。

所以 VHDL 规定:对应于同一实体的结构体不允许同名,而对应于不同实体的结构体可以同名。

3.2.2　包、配置和库

1. 包

包(package)在实体说明和结构体中说明的数据类型、常量和子程序等只对相应的结构体可见,而不能被其他设计实体使用。为了提供一组可被多个设计实体共享的类型、常量和子程序说明,VHDL 提供了包。

包用来单纯的罗列要用到的信号定义、常数定义、数据类型、元件语句、函数定义和过程定义等,它是一个可编译的设计单元,也是库结构中的一个层次。

包分为包说明(package declaration)和包体(package body)两部分。

包说明的一般形式是

  package 包名 is

{说明语句;}

end [包名];

包体的一般形式是

package body 包名 is

{说明语句;}

end [包名];

说明:① 包说明和相应的包体的名称必须一致。

② 包说明中的说明语句可包括:

subprogram 说明
type 说明
subtype 说明
constant 说明
signal 说明
file 说明
alias 说明
attribute 说明
attribute 定义
use 语句
disconnection 定义

即除了不包括子程序体外,与实体说明中的说明语句情况相同。

包体中的说明语句可包括:

subprogram 定义
type 说明
subtype 说明
constant 说明
file 说明
alias 说明
use 语句

VHDL 中的 subprogram(子程序)概念,与一般计算机高级语句中子程序的概念类似。子程序包括过程(procedure)和函数(function),分别由子程序说明和子程序体(子程序定义)两部分组成。可以出现在相应的实体说明、结构体、包说明和包体中,供其他语句调用。

包说明可定义数据类型,给出函数的调用说明,而在包体中才具体的描述实现该函数功能的语句(即函数定义)和数据的赋值。这种分开描述的好处是,当函数的功能需要作某些调整时,只要改变包体的相关语句就行了,这样可以使重新编译的单元数目尽可能少。

③ 可见性。包体中的子程序体和说明部分不能被其他 VHDL 元件引用,只对相应的包说明可见,而包说明中的内容才是通用的和可见的(当然还必须用 use 子句才能提供这种可见性)。

例 3.4 包说明及其相应包体。

```
package logic is
    type three_level_logic is ('0','1','z');
    function Invert (input：three_level_logic) return Three_level_logic;
end logic；

package body logic is
        function invert(input：Three_level_logic)return three_level_logic is
        begin
            case input is when'0' => return '1';
                        when '1' => return '0';
                        when 'z' => return 'z';
            end case；
        end invert；
    end logic；
```

上例中,第一段是包说明,其中第三行是函数 invert 说明;第二段是包体,第二行开始函数的定义,给出了函数的行为。这部分内容只对包说明(即第一段)可见。所以,包说明包含的是通用的、可见的说明;而包体包含的是专用的、不可见的说明。

④ 在一个设计实体中加上 use 子句(在实体说明之前),可以使包说明中的内容可见。如：

```
use IEEE.STD_LOGIC_1164.all;
```

all 表示将 IEEE 库中的 STD_LOGIC_1164 包中的所有说明项可见。又如：

```
use logic.three_level_logic;
```

表示将用户自定义的包 logic 中的类型 three_level_logic 对相应的设计实体可见。

⑤ 包也可以只有一个包说明,因为如果包说明中既不创造子程序说明也无有待在包体中赋值的常数(deferred constant)时,包体就没必要存在了。

2. 配置

利用配置(Configuration)语句(又叫组装说明),设计者可以为待设计的实体从资源文件(库或包)中选择描述不同行为和结构的结构体。在仿真某个实体时,可以利用配置语句选择不同的结构体,以便进行性能对比得到最佳性能的结构体。在标准 VHDL 中,配置并不是必需的,因为系统总是将最后编译到工作库中的结构体作为实体的默认结构体,但是使用配置规定实体将使用哪个结构体给了设计者一种自由。

配置语句的一般形式为

```
configuration 配置名 of 实体名 is
［配置说明部分：use 子句或 attribute 定义；］
［语句说明；］
end［配置名］；
```

配置语句根据不同情况,其语句说明有繁有简。

例 3.5　微处理器的配置。

```
-- an architecture of a microprocessor;
architecture Structure_View of Processor is
```

```
    -- component;说明语句
        Component ALU port(…) end component;
        Component MUX port(…) end component;
    begin
    -- component;例化语句
        A1:ALU port map(…);
        M1:MUX port map(…);
        M2:MUX port map(…);
    end Structure_View;
    -- a configuration of the microprocessor;
    library TTL.Work;
    configuration V4_27_87 of processor is
        use Work.All;
        for Structure_View
    --组装说明
    for A1:ALU
        use configuration TTL.SN74LS181;
    end for;
    for Ml,M2:MUX
    use entity Multiplex4(Behavior);
    end for;
    end for;
    end V4_27_87;
```

其中

```
    configuration V4_27_87 of Processor is
    …
        end V4_27_87;
```

属于配置语句部分,为实体 processor 选择了结构体 Structure_View(用语句 for Structure_View…);

结构体 structure_view 仅给出了元件 ALU、MUX 的模板,而没有给出任何实质的行为或结构描述,所以配置语句中又采用元件配置(Component Configuration),如:

```
        for A1:ALU
            use configuration TTL.SN74LS181;
        end for;
```

为元件 ALU 选择标准库 TTL 中的配置 SN74LS181;

```
        for Ml,M2:MUX
            use entity multiplex4(Behavior);
        end for;
```

将元件 MUX(M1、M2)组装到库 Work 中的实体 multiplex4 及相应的结构体 behavior 上,使元件具有具体的行为或结构。

类似元件配置的语句也可用于结构体中,称为组装规则。例如,在原来的结构体的说明部分增加一句：

for M1，M2：MUX use entity multiplex4(behavior)；

与在 configuration V4_27_87 中使用组装说明的目的和意义相同。

组装规则的一般形式是

for 元件例示标号：元件名 use 对应对象；

其中对应对象可以是某个配置 configuration 或实体 entity。

组装规则就是将元件例示语句中的元件(如 M1，M2：MUX)组装到实体 multiplex4 及其相应的结构体(behavior)或已有的某个组装说明上。这样，配置语句(组装说明)为要设计的实体选择了结构体，元件配置或组装规则将元件与某个实体及其相应的结构体对应起来。

3．库

库(library)是经编译后的数据的集合，它存放已经编译的实体、结构体、包和配置。库由库元组成，库元是可以独立编译的 VHDL 结构。VHDL 中有两类库元——基本元和辅助元。基本元包括实体说明、包说明和配置，辅助元为包体和结构体。基本元对同一库中其他基本元都是不可见的，必须用 use 子句才能提供可见性。

(1) 库的种类

在 VHDL 中存在的库大致可以归纳为 5 种：IEEE 库、STD 库、ASIC 库、用户定义的库和 WORK 库。

IEEE 库中汇集着一些 IEEE 认可的标准包集合，如 STD_LOGIC_1164；STD 库是 VHDL 的标准集，其中存放着的 STANDARD 包是 VHDL 的标准配置，如定义了 Boolean、Character 等数据类型；ASIC 库存放着与逻辑门一一对应的实体；用户为自身设计需要所开发的共用包集和实体等可以汇集在一起，定义为用户定义库；WORK 库是现行工作库，设计者所描述的 VHDL 语句不加任何说明时，都将存放在 WORK 库中，例如，用户自定义的包在编译后都会自动加入到 WORK 库中。

(2) 库的使用

前面提到的 5 类库除了 WORK 库外，其他 4 类库在使用前都必须作说明，用库子句(library)对不同库中的库元提出可见性。library 的说明总是放在设计单元的最前面，其一般形式为：library 库名；接着用 use 子句使库中的包和包中的项可见。例如：

library IEEE；

use IEEE.STD_LOGIC_1164.all；

也就是说，对于同一库中不同的库元，必须用 use 子句提供所需的可见性；而对于不同库中的库元，则必须用库子句加上 use 子句来提供相应的可见性。

(3) 库的作用范围

库语句的作用范围从一个实体说明开始到它所属的结构体和配置为止。当一个源程序中出现两个以上的实体时，库语句应在每个实体说明语句前书写。

例 3.6　库。

library IEEE；　-- 库使用说明

use IEEE.STD_LOGIC_1164.ALL；

```
entity andl is
...
end andl;
architecture rtl of andl is
...
end rtl;
configuration sl of andl is
...
end sl;

library IEEE; -- 库使用说明
use IEEE.STD_LOGIC_1164.all;
entity orl is
...
end orl;
configuration s2 of orl is
...
end s2;
```

3.2.3 微处理器的设计实例

以上从设计硬件电路的角度出发,介绍了完整的 VHDL 程序应具备的 5 个部分:实体加结构体,并配合以相应的资源(包、库、配置)。

采用 VHDL 进行硬件设计时,采用自上而下的设计方法,逐步将设计内容细化,最后完成系统硬件的整体设计。下面以设计一个小规模处理器 mp 为例,简要说明 VHDL 程序的基本结构。

尽管 mp 是小规模的处理器,但是仍考虑采用大规模电路自上而下的设计方法。所谓自上而下的设计方法,即先将要设计的硬件系统(如微处理器 mp)看成一个顶部模块,对应于 VHDL 程序中的一个设计实体(entity mp);然后按一定的标准(如功能)将该系统分成多个子模块,见图 3.3。

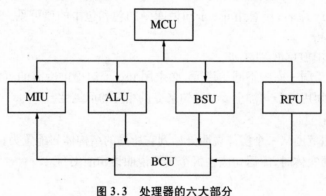

图 3.3　处理器的六大部分

图 3.3 中,处理器 mp 按功能被分为 6 个子模块:MCU、MIU、ALU、BSU、RFU、

BCU(具体功能见表 3.1)。这些子模块对应于设计实体 mp 中的各个元件,用结构体中的 component 说明语句对元件的名字和接口进行说明。

表 3.1　处理器各部分的功能说明

ALU	算术逻辑单元	MCU	主控单元
BCU	总线控制单元	MIU	存储器接口单元
BSU	循环移位单元	RFU	各存储器的控制

```
-- TOP LEVEL；
-- Package declarations
library IEEE；
use IEEE.STD_LOGIC_1164.all；
use IEEE.STD_LOGIC_1164 EXTENSION.all；
library WORK；
use WORK.mp_package.all；
...
-- entity declaration of mp；
entity mp is
generic(…)；
port(…)；
begin
...
end mp；

-- an architecture of mp；
    architecture struct_view of mp is
    component mcu port(…)；end component；
    component alu port(…)；end component；
    component bcu port(…)；end component；
    component bsu port(…)；end component；
    component miu port(…)；end component；
    component rfu port(…)；end component；
begin
    1--1:mcu port map(…)；
    1--2:alu port map(…)；
    1--3:bcu port map(…)；
    1--4:bsu port map(…)；
    1--5:miu port map(…)；
    1--6:rfu port map(…)；
end struct_view；
-- a configuration of map；
configuration of V_5_30 of mp is
  use WORK.all；
```

```
for struct_view
        for 1 -- 1:mcu use entity work. mcu；
        end for；
        for 1 -- 2:alu use entity work. alu；
        end for；
        for 1 -- 3:bcu use entity work. bcu；
        end for；
        for 1 -- 4:bsu use entity work. bsu；
        end for；
        for 1 -- 5:miu use entity work. miu；
        end for；
        for 1 -- 6:rfu use entity work. rfu；
        end for；
        end for；
    end V_5_30；
```

程序中,实体 mp 对处理器的外部引脚进行了说明,结构体则对处理器内部结构及相互关系进行了描述:

(1) 在结构体的说明部分,使用元件说明语句(如 component mcu port（…）;以及 end component;)描述了子模块的名称(mcu)和端口(形式端口)。

(2) 在结构体的语句部分,用元件例示语句(1 -- 1:mcu port map(…);)将元件标号、元件名称的对应关系进行描述,给出形式端口与实体中的端口、实际信号以及各子元件间的连接关系。

(3) 用 configuration 语句(如 configuration V_5_30 of mp is…end V_5_30;)或一些组装规则将各个实际元件与器件库中的特定实体对应起来,从而使这个设计实体完成了该处理器的顶层设计。它描述了该处理器的外部端口和各个子模块间的相互关系,建立了一个 VHDL 的外部框架。

(4) 所谓器件库中的特定实体指的是与各个子模块相对应的各个设计实体,它们将各个子模块的功能和行为细化。这种对各个子模块的 VHDL 设计是该系统的次一层设计。

(5) 如果子模块又可以分成几个小模块,则将进行该系统的更次一层设计(方法相同)……如此细化下去,直到最底层设计。

这样由上至下进行系统硬件设计的好处是:在程序设计的每一步都可进行仿真检查、有利于尽早发现系统设计中存在的问题。

因为 VHDL 是一种结构严密、语法严谨的语言,为了更灵活地掌握这种硬件设计方法,从总体上把握全局,而不至于被其中繁多的语法混淆思路、迷失设计方向,在前面充分讨论了 VHDL 程序的基本框架和设计思路的基础上,下面再接下来讨论 VHDL 的数据类型、操作符和对硬件系统的描述方式。

3.3　VHDL 的基本数据类型和操作符

具有值的信息载体称为对象（Object）。VHDL 中每个对象都具有一定的类型，类型决定对象可能取值的种类。VHDL 像其他高级语言一样，具有多种数据类型。

3.3.1　数的类型和数的字面值

VHDL 中的数分整数、浮点数、字符、字符串、位串及物理数等类型。各类数的书写形式不同，而数的类型正是由其书写形式所决定的，通常把数的书写形式称为字面值。

1．数字

VHDL 中的数字可以用十进制数表示，也可以用 2 至 16 为基的数字来表示。十进制文字表示格式为

　　　　十进制数文字::＝整数[．整数][指数]

　　　　整数::＝数字{[下划线]数字}

　　　　指数::＝E[＋]整数|E－整数

注意：在相邻的数字之间插入下划线，对十进制数的数值并没有影响，十进制数前面可以加若干个"0"，但不允许在数字之间存在空格，数字与指数之间也不允许有空格。例如，以下数字书写是合法的：

257	十进制整数
0	十进制整数
12_4_6A	等效于 1246a
0.09	十进制浮点数
4.1E－4	十进制浮点数

非十进制数，其定义格式如下：

　　　　以基表示的数::＝基♯基于基的整数[．基于基的整数]♯指数

　　　　基::＝整数

　　　　基于基的整数::＝扩展数字{[下划线]扩展数字}

　　　　扩展数字::＝数字|字母

扩展数字指除了数字（"0"～"9"）外，还包括表示十六进制数的字母（"A"～"F"，大小写不分）。同样在以基表示的数中插入下划线对其数值无影响。基数的最小值为 2，最大值为 16。基数和指数都必须用十进制数表示。下面是一些例子：

　　　　--整数文字，值为 254 的十进制数可以用下列不同基的数表示

　　　　2♯1111_1110♯　　　8♯376♯　　　16♯FE♯　　　016♯0FE♯

　　　　-- 224（00E0H）的十六进制指数表示

　　　　16♯E♯E1

　　　　--以基表示的浮点数

2♯1.1111_1111♯E4 （等于十进制数 31.9375）

16♯0.F♯E0 （等于十进制数 0.9375）

2. 字符、字符串、位串和物理数

字符、字符串、位串均用 ASCII 字符表示。单个 ASCII 字符用单引号括起称为字符，如'j'。一串 ASCII 字符用双引号括起来的字符序列（可以为空）称为字符串，如"CDMA"。位串是用字符表示多位数码，位串可用二进制、八进制或十六进制表示。

例 3.7 用位串表示数码 2748 和字符串"A"。

B"101010111100" 二进制位串

X"ABC" 十六进制位串

O"5274" 八进制位串

"A" 字符串中有一个字符 A，注意与字符'A'区分

物理数的字面值由一个整数或浮点数加上一个物理单位组成。如

2.3 ps 2.3 ps

15 kohm 15 kΩ

此例中，ps 和 kohm 均为非关键字，是专门定义的物理单位。

3.3.2 对象和分类

VHDL 的数据对象包括信号（signal）、变量（variable）、常数（constant）和文件（file）四类。其中，文件包含一些专门类型的数值，它不可以通过赋值来更新文件的内容，文件可以作为参数向子程序传递，通过子程序对文件进行读写操作。因此，文件参数没有模式。

除了文件外，其他三类数据对象的区别有：

(1) 在电子电路设计中，这三类对象都与一定的物理对象相对应。例如，信号对应硬件设计中的某一条硬件连接线，常数代表数字电路中的电源和地，变量与硬件的对应关系不太直接，通常代表暂存某些值的载体。

(2) 变量和信号的区别在于：变量的赋值被立即执行，信号的赋值则有可能延时。

(3) 三种对象的含义和说明场合，见表 3.2。

表 3.2 三种对象的含义和说明场合

对象类别	含 义	说明语句的场合
信号	说明全局量	architecture、package、entity
变量	说明局部量	process、function、procedure
常数	说明全局量	以上均可

1. 对象说明

每个对象都有类型，该类型决定可能取值的类型。constant、variable、signal 三类对象说明的一般形式是

constant 常数名表:数据类型 [:= 表达式值];

variable 变量名表:数据类型 [:= 表达式值];

signal 信号名表:数据类型 [信号类别][:= 表达式值];

说明:常数名表、变量名表和信号名表,是由一个标识符或以",",隔开的多个标识符组成。

":= 表达式"为常数、变量、信号赋初值。通常常数赋值在常数说明时进行,且常数一旦被赋值就不能改变。

信号类别只有 bus 或 register 两种类型,是可选项。

对象说明的示例如下:

> constant Vcc:real:= 5.00;
>
> variable x,y:integer Range 0 to 255:= 10;
>
> signal ground:Bit:= '0';

2. 变量和信号的区别

(1) 物理意义不同。信号是电子电路内部硬件连接的抽象;变量没有与硬件对应的器件。

(2) 赋值符号不同。信号赋值用"<="符号(如 S1 <= S2;),变量赋值用":="符号(如 temp3:= temp1 + temp2;)。

(3) 变量赋值不能加延时,且语句一旦被执行,其值立即被赋予变量。信号赋值可以加延时,使赋予信号的值在一段时间后代入。如:S1 <= S2 after 10 ns;S2 的值经过 10 ns 的延时后才被代入 Sl。而有延时的变量赋值是不合法的。如 temp3:= temp1 + temp2 after 10 ns,是非法的。

(4) 信号是全局量,可用于进行进程间的通信,可用于 architecture、package、entity 的说明部分;变量是局部量,只能用于 process、function、procedure 之中。

从上面几点不难看出,将变量和信号予以区别的根本出发点是它们对应的物理意义不同。

3.3.3　数据类型

VHDL 提供了多种标准的数据类型,放在 STD 库的 Standard 包中。另外,为使用户设计方便,还可以由用户自定义数据类型。

VHDL 的数据类型分四类,标量类型(Scalar Types)、复合类型(Composite Types)、存取类型(Access Types)、文件类型(File Types)。限于篇幅,本节仅介绍最常用的标量类型和复合类型。存取类型和复合类型在具体使用时,可以查阅工具软件的在线帮助。

1. 标量类型

标量类型是指其值能在一维数轴上从大到小排列的数据类型。标量分整数类型(integer)、浮点类型(float)、物理类型(physical)、(可)枚举类型(enumeration)。

(1) (可)枚举类型

(可)枚举类型是非常强的抽象建模工具,设计者用(可)枚举类型严格地表示一个特定操作所需的值。一个(可)枚举类型的所有值都是由用户定义的,这些值为标识符或单个字母的字面值,字面值是用引号括起的单个字符,例如:'X'、'0'、'1'、'Z'等。标识符像一个名字,如 reset。枚举类型的定义格式为

type 数据类型名 is(元素,元素,……);

它定义的是一组由括号括起的标识符或字符表。

例如,用户可自定义枚举类型:type Switch_level is('0','1','x');

又如,VHDL 预定义的(可)枚举类型有:Character、Bit、Boolean、Severity_level(错误等级),用于提示系统当前的工作状态:NOTE、WARNING、ERROR、FAILURE。这些预定义放在 Standard 包内。

(2) 整数类型和浮点类型

VHDL 定义的整数类型和浮点类型与我们一般理解的整数和实数相同。在 VHDL 中已预定义的整数范围是 $-(2^{31}-1)\sim(2^{31}-1)$;预定义的实数范围是 $-1.0*10^{38}\sim1.0*10^{38}$。

VHDL 中还可以自定义整数类型和浮点类型,它们分别是以上两个类型的子集。自定义整数类型或浮点类型的一般形式是

Type 数据类型 is 原数据类型名约束范围;

其中,"约束范围"用"range 边界 1 to/downto 边界 2"表示。例如:

--定义一个用于数码显示的只能取 0~9 的整数

Type digit is integer range 0 to 9;

--定义一个只能取 $-10^4\sim10^4$ 的实数

type current is real range $-1E4$ to 1E4;

(3) 物理类型

一个物理类型的数据应包含整数和单位两部分。物理量类型的定义包括一个域限制、一个基本单位和几个次级单位。每个次级单位是一个整数乘以基本单位。

例如,定义一个名为 Distance 的物理量类型:

type Distance is range 0 to 1E16

units

-- 基本单位

A;

--次级单位

nm = 10 A;

um = 1000 nm;

mm = 1000 um;

cm = 10 mm;

m = 1000 mm;

km = 1000 m;

end units;

Distance 物理量的说明和运算,如:

X:Distance;

X:= 5A + 13 um - 50 nm;

由上面的例子可以看出,物理量类型定义的一般形式是

type 数据类型名 is 范围

units

　基本单位；

　次级单位；

end units；

说明：物理量类型的范围最大为 $-(2^{31}-1)\sim(2^{31}-1)$，且必须包含 1，否则基本单位就没有意义了。次级单位是一个整数乘以基本单位。

VHDL 预定义了物理量类型 time，放在 Standard 包中：

Type Time is range $-(2**31-1)$ to $(2**31-1)$

units

fs；	--基本单位,飞秒	10^{-15} s
ps = 1000 fs；	--皮秒	10^{-12} s
ns = 1000 ps；	--纳秒	10^{-9} s
μs = 1000 ns；	--微秒	10^{-6} s
ms = 1000 us；	--毫秒	10^{-3} s
sec = 1000 ms；	--秒	
min = 60 sec；	--分钟	
hr = 60 min；	--小时	

end units；

在系统仿真时，时间数据用于描述信号延时。

2．复合类型

复合类型即其值可分成更小对象的类型。复合类型有两种：数组和记录，数组类型是同一类型的分组，而记录类型把不同类型的元素分为一组。数组类型对线性结构（如 RAM 和 ROM）的建模很有效，而记录类型对数据包、指令等的建模很有效。

（1）数组类型（Array Types）

数组是类型相同的数据集合在一起所形成的新的数据类型，它可以是一维的、二维的或多维的。

数组定义的一般形式是

　　type 数组类型名 is array（下标范围）of 原数据类型名

说明：下标范围的限定必须用整数或枚举类型来表示，如：

　　type My_ word is array（integer 0 to 31）of Bit；

用整数下标定义一个 32 位长的字；

又如，先定义：

　　type instruction is（ADD，SUB，INC，SRL，SRF，CDA，LDB，XFR）；

枚举类型，再定义数组下标取值范围是枚举量：

　　type insflag is array（instruction ADD to SRF）of Integer；

VHDL 中预定义的数组类型有字符串 string 和位矢量 bit_vector。它们被放在 STD 库的 Standard 包中。

（2）记录类型（Record Types）

一个记录类型的数据对象可具有不同类型的多个元素。一个记录的各个字段可由元素

名来访问。换句话说,记录类型是将不同类型数据和数据名组织在一起而形成的新类型。定义记录类型的一般形式为

> type 数据类型名 is record
> 元素名:数据类型名;
> 元素名:数据类型名;
> ...
> end record;

例如:

> type bank is record　　　　--定义一个 bank 记录
> r0:integer;
> inst:instruction;
> end record;

记录的使用:

> signal r_bank:bank;　　　-- 定义一个 bank 类型的信号 r_bank
> signal result:integer;
> result <= r_bank.r0;　　　-- 用".''表示对记录的引用

3.3.4　运算操作符

VHDL 为构成计算表达式提供了 23 个操作符。这些操作符预定义为 4 类:算术运算符、逻辑运算符、关系运算符、连接运算符。按优先级由低到高的顺序如表 3.3 所示。

表 3.3　VHDL 的操作符

操作符类型	操作符	功能
逻辑运算符	AND	逻辑与
	OR	逻辑或
	NAND	逻辑与非
	NOR	逻辑或非
	XOR	逻辑异或
关系运算符	=	等号
	/ =	不等号
	<	小于
	>	大于
	<=	小于等于
	>=	大于等于
算术运算符	+、-	加、减
连接运算符	&	连接

续表

操作符类型	操作符	功能
算术运算符	+、-	正、负
	*	乘
	/	除
	MOD	求模
	REM	取余
	**	指数
逻辑运算符	NOT	求反
算术运算符	ABS	取绝对值

VHDL 的操作符的意义、用法和高级语言基本相同。值得注意的是连接运算符用于位的连接,如:

```
signal temp_b:bit_vector(3 downto 0);
signal en:bit:= 1;
--&将 4 个 en 相连为位矢量'1111'赋予 temp_b;
temp_b:= en & en & en & en;
```

3.4　VHDL 结构体的描述方式

研究微电子器件的两个基本问题是它的执行功能和逻辑功能,相应的,VHDL 程序对硬件系统的描述分为行为描述和结构描述。

行为描述和结构描述的区别是:

(1) 与硬件的对应关系不同。行为描述是对系统书写模型的描述,结构描述是对系统的子元件和子元件之间相互关系的描述。在与硬件的对应关系上,结构描述更明显、更具体。

(2) 语句不同。行为描述的基本语句是进程语句,结构描述的基本语句是元件例化语句。

(3) 用途不同。行为描述方式用于系统数学模型或系统工作原理的仿真,而结构描述方式用于进行多层次的结构设计,能做到与电原理图的一一对应,可以进行逻辑综合。

下面将对 VHDL 的行为描述语句做一介绍。至于结构描述语句(包括 component 语句和元件例化语句),前面已有所表述,这里就不再赘述。

在用 VHDL 描述系统的行为时,按语句执行顺序可分为顺序描述语句(Sequential Statement)和并发描述语句(Concurrent Statement)。

3.4.1　顺序描述语句

顺序描述语句只能出现在进程 process 或子程序 program 中,用于定义进程或子程序的算法。顺序描述语句有以下几种:wait 语句、断言(assert)语句、信号赋值语句、变量赋值语句、过程调用、if 语句、case 语句、循环(loop)语句、next 语句、exit 语句、return 语句、null语句。

例 3.8　顺序语句示例。

```
entity SRFF is
port(s,r:in bit; q,qBar:out bit);
end SRFF;

architecture behavior of SRFF is
    begin
    process
              variable Last_state:bit:='0';
    begin
--下面是顺序执行语句;
assert not( s='1'and r='1')
    report"Both s and r equal to 1"
    severity Error
if s='0'and r='0' then
    Last_State:=Last_State;
elsif s='0'and r='1' then
    Last_State:='0';
else
    Last_State:='1';
end if
    q <= Last_State after 2 ns;
    qBar <= not q;
    wait on r,s;
    end process;
end behavior;
```

下面逐一介绍这些顺序描述语句:

1. wait 语句

进程在仿真进行中的两个状态——激活和暂停的变化受 wait 语句控制。有 4 种 wait语句以设置不同的条件:

wait;--无限等待;

wait on 信号名表;--当信号名表中任一信号发生变化时,进程结束暂停状态,被激活;

wait until 条件;--只当条件成立时,进程才重新激活;

wait for 时间表达式；--时间限定,时间到则被激活；

在上面 *RS* 触发器的行为描述程序中,wait on r,s;表示信号 r,s 中任一个发生变化都将使进程被激活。

2. 断言语句

断言语句主要用于程序仿真,以便调试时进行人机对话,监视系统当前工作状态和给出警告或错误信息。断言语句的一般形式是

　　　　assert 条件

　　　　［report 输出信息］

　　　　［severity 等级］

说明:① 当执行 assert 语句时,就会对条件进行判断。如果条件为真,则执行 assert 以后的另一个语句;反之,如果条件为假,则表示系统出错,输出错误信号和错误严重等级。例如,在 *RS* 触发器的行为描述程序中,条件 not(s = ′1′and r = ′1′)为真,即 s 和 r 不同时为 1 时,系统不出错,跳过 assert 语句;反之,当条件为假,即 s 和 r 同时为 1 时,则执行 assert 语句。

② report 后跟的是设计者写的字符串,用于说明错误的原因,用“”括起来。例如,在 *RS* 触发器的行为描述中,report“Both s and r equal to 1”说明出现了 *RS* 触发器的 r 和 s 同时为 1 的错误。

③ severity 后跟的是错误严重程度的级别。VHDL 中分为 4 个级别:FAILURE、ERROR、WARNING、NOTE。在 *RS* 触发器的行为描述中,错误级别为 ERROR,模拟会终止。

3. 信号赋值语句

信号赋值语句的一般形式为

　　　　目的信号量<= 信号量表达式；

说明:① 信号赋值语句用于将右边信号量表达式的值赋予左边的信号量,而且′<=′两边信号量的类型和长度应该一致,如:

　　　　a <= b；

② 信号量表达式中可以有延时,如 *RS* 触发器程序中有

　　　　q <= Last_state after 2 ns；

4. 变量赋值语句

变量赋值语句的一般形式为

　　　　目的变量:= 表达式；

说明:① 该语句表明将右边的值赋予左边的目的变量,但左右两边的类型必须相同。

② 右边的表达式,可以是变量、信号或字符常量,如

　　　　Last_state:= ′0′；

5. if 语句

其基本意义和用法同高级语言。if 语句的一般形式为

　　　　if 条件 then

　　　　　　顺序处理语句

elsif 条件 then

顺序处理语句

[else 顺序处理语句]

endif；

具体例子可以参考 RS 触发器程序。

6. case 语句

case 语句与 if 语句功能类似，用于根据指定的条件执行某些语句，但 case 语句的可读性比 if 语句强。case 语句的一般形式是

case 表达式 is

when 条件表达式 1 => 顺序处理语句

when 条件表达式 2 => 顺序处理语句

…

end case；

其中，when 表达式可以有 4 种形式：

when 值 => 顺序处理语句；

when 值 | 值 | 值 | … 值 | => 顺序处理语句；

when others => 顺序处理语句；

when 值 to 值 => 顺序处理语句；-- 表示在一定取值范围内执行顺序处理语句

例如，RS 触发器程序中的 if 语句又可以写为

```
Case s & r is

  when 00  => Last_state := Last_state；

  when 01 =>Last_state:=0；

  when others =>Last_state:=1；

end case；
```

7. 循环(loop)语句

loop 语句有两种表达形式。

第一种形式：

[标号:] for 循环变量 in 离散范围 loop

顺序处理语句

end loop [标号]；

例如，对数 1~9 进行累加运算。

```
sum:=0；

assume:for i in 1 to 9 loop

sum:= sum + 1；

end loop assume；
```

第二种形式：

[标号:] while 条件 loop

顺序处理语句

　　　　end ［标号］;

例如,上例又可写为

　　　　sum:= 0;

　　　　i:= 1;

　　　　assume:while (i < 10) loop

　　　　sum:= sum + 1;

　　　　i:= i + 1;

　　　　end loop assume;

8. null 语句

表示一种只占位置的空处理操作。

9. 其他

其他顺序执行语句,如过程调用语句和 return 语句、exit 和 next 语句都和软件编程的高级语言类似,这里就不再一一赘述了。

3.4.2　并发描述语句

并发描述语句用于描述硬件系统并发工作的操作,VHDL 规定的并发描述语句有进程语句(process)、并发过程调用语句、并发信号赋值语句、并发断言语句、元件例化语句、生成语句(generate)、块语句(block)。

1. 进程语句

进程语句(process)是 VHDL 中描述硬件系统并发行为的最基本的语句。进程语句前面已多次提到,其一般形式为

　　　　［标号:］process ［(敏感信号表)］

　　　　　　　［进程说明部分］

　　　　　　　　　begin

　　　　　　　　　　　{顺序处理语句}

　　　　　　　end process ［标号］;

说明:① 敏感信号表中只要有一个信号发生变化,进程就将启动。

② 进程说明部分用于对进程中用到的数据类型、子程序加以说明,包括:subprogram 说明、subprogram 体、type 说明、subtype 说明、constant 说明、variable 说明、file 说明、alias 说明、attribute 说明、attribute 定义、use 语句。

进程语句的例子可以参见 *RS* 触发器程序,其中 process(set,reset)中的"set"和"reset"是敏感信号表中的两个激励信号,当敏感信号表中的某个信号变化时进程被激活。

2. 块语句(block)

块语句(block)可用于描述局部电路,其格式为

　　　　［标号:］block

　　　　　　　［块头］

　　　　　　　［说明语句］

　　　　　　　begin

{并发处理语句}

end block [标号]

说明：① 块头用于信号的映射或类属参数的定义，通常用 port 语句、port map 语句、generic 语句和 generic map 语句来实现。

② 说明语句同结构体的说明语句，主要是对块语句内所要用到的对象加以说明。

③ 一个块语句可以与一个局部电路对应。

例 3.9 块语句示例。

例如一个 CPU，为简化起见，假设 CPU 只有 ALU 和 REG 模块组成。每个模块的行为分别用 block 语句来描述：

```
architecture cpk_blc of cpu is
signal ibus,dbus：Bit_vector(31 downto 0)；
begin
alu：block
        signal qbus：Bit_vector(31 downto 0)；
        begin
        …                 -- 并发语句
        end block alu；
reg：block
        signal qbus：Bit_vector(31 downto 0)；
        begin
        …                 -- 并发语句
        end block reg；
end cpk_blc；
```

注意 块语句与进程语句的最大区别是：块的语句部分是并发执行语句，进程的语句部分是顺序执行语句。

3. 并发信号赋值语句

并发信号赋值语句的一般形式,同顺序执行语句的信号赋值语句：

目的信号量<= 敏感信号量表达式；

信号赋值语句在进程外(但仍在结构体中)使用时，作为并发语句形式存在；在进程内使用时，作为顺序执行语句形式存在。如：

```
architecture behavior of a_var is
begin
  out <= a(i)；  --并发信号赋值语句
end behavior；
```

等价于

```
architecture behavior of a_var is
begin
    process(a,i)；
        begin
            out <= a(i)；-- 顺序信号赋值语句
```

```
        end process;
    end behavior;
```

由此可见,并发信号赋值语句与一个具有信号赋值的进程等价。

并发信号赋值语句还可以分两种形式:条件信号赋值语句和选择信号赋值语句。

第一种,条件信号赋值语句的一般形式是

　　目的信号量<= 表达式 1 when 条件 1 else

　　　　　　　表达式 2 when 条件 2 else

　　　　　　　表达式 3 when 条件 3 else

　　　　　　　　...

　　　　　　　表达式 n;

表示当 when 后指定的条件满足,则将相应表达式的值代入目的信号量;否则判断下一个表达式的条件。

例 3.10　条件信号赋值语句示例。

利用条件信号赋值语句来描述一个四选一逻辑电路:

```
    entity mux4 is
        port( i0,i1,i2,i3, a, b:in STD_LOGIC; q:out STD_LOGIC);
    end mux4;

    architecture rtl of mux4 is
        signal sel:STD_LOGIC_VECTOR(1 downto 0 );
        begin
        sel <= b & a;
        q <= i0 when sel ="00" else
            i1 when sel ="01" else
            i2 when sel ="10" else
            i3 when sel ="11";
        end rtl;
```

由此可见,条件信号赋值语句相当于一个带有 if 语句的进程。

第二种,选择信号赋值语句。

如果说条件信号赋值语句与带有 if 语句的进程等价,那么选择信号赋值语句与带有 case 语句的进程等价。其形式为

　　with 表达式 select

　　目的信号量 <= 表达式 1 when 条件 1;

　　　　　　　　表达式 2 when 条件 2;

　　　　　　　　　...

　　　　　　　　表达式 n when 条件 n;

例如,上例中的条件信号赋值语句可以用选择信号赋值语句代替:

```
    with sel select
        q <= i0 when"00";
            i1 when"01";
```

```
                i2 when"10";
                i3 when"11";
```

4. generate(生成)语句

一个实际电路往往会由许多重复的基本结构组成,生成语句可用来简化这一类电路的描述。

例 3.11   8 位倒相器示例。

```
        entity Invert_8 is
            port (
                    Inputs:Bit_vector (1 to 8);
                    Outputs:out Bit_vector (1 to 8));
            end Invert_8;

        architecture Invert_8 of Invert_8 is
            component Inverter
              port (I1:Bit;
                  O1:out Bit);
            end component ;
            begin
                G:for I in 1 to 8 generate
                Inv:Inverter port map (Inputs(Ⅰ),Outputs (Ⅰ));
            end generate;
        end Invert_8;
```

上述倒数第三行的端口映射方式称为"位置映射",它将第一个实行端口 Inputs(Ⅰ)与元件说明中的第一个局部端口 I1 建立联系,而将第二个实际端口 Outputs(Ⅰ)与第二个局部端口 O1 建立联系。如果改成下列映射形式,就称为"命名映射":

```
        Inv:Inverter port map (I1 => Inputs(Ⅰ), O1  =>Outputs(Ⅰ));
```

3.5   Active_VHDL 上机准备

Active_VHDL 是当前最为流行的基于 Windows 操作系统的 VHDL 仿真软件,其安装、使用和其他 Windows 风格的应用软件没什么两样,非常适合教学使用。

3.5.1   Active_VHDL 的安装与启动

1. 系统配置

Active_VHDL 所需的硬件条件不高:Pentium 以上 PC 机,最少 32 MB 内存。系统运行环境可在 Windows 98/NT/2000/7 操作系统下,安装系统约需要 160 MB 硬盘空间。内存大小可能限制仿真周期的长短和仿真时间,但我们只做教学和学习时,则不考虑这些问题。

2．安装步骤

（1）上网下载 Active_VHDL 3.3 或更高版本的 Active_VHDL。

（2）展开该软件后按安装说明书的步骤安装程序。

（3）安装完毕后，重启电脑后，即可运行 Active_VHDL。

3.5.2　EditPlus 安装使用

1．为什么要使用 EditPlus

EditPlus 是功能强大的文本编辑器，可以无限制地撤消、重做，支持表达式查找替换，能够同时搜索、编辑多个文件，具有监视剪贴板功能，可以同步自动地将剪贴板上的文本粘贴到 EditPlus 的编辑窗口中；另外，它也是一个好用的 HTML 编辑器，亦支持 C/C++ 语言、Perl、Java 等语法突出显示，除了可以突出显示 HTML 标签外，还内嵌完整的 HTML 和 CSS 命令功能。它还会结合 IE 浏览器于 EditPlus 窗口中，让您可以直接预览编辑好的网页。

它非常适合编辑网页与撰写 HTML、ASP、JavaScript、VBScript、Perl、Java、C/C++ 语言等的代码，将程序代码以鲜明色显示，也可以自定义需彩色化的文字集。

对于用文本方式过渡整理 VHDL 源代码时，用它可以轻松去除文档文件的关联，否则诸如"记事本"文本方式的程序也不能完全去除硬回车和换行符。

2．安装步骤

（1）网上下载 EditPlus。

（2）下载并释放 EditPlus。

（3）安装并注册。

（4）可以下载中文版程序简体版来汉化 EditPlus。

3.5.3　熟悉 Active_VHDL 的集成环境

1．认识 Active_VHDL 的文件类型

打开 Active_VHDL 的文件菜单，该菜单中"New"命令包括了 Active_VHDL 中的基本文件，下面将对 Active_VHDL 有关文件类型进行总结分类：

（1）VHDL Source。该项为 VHDL 源文件，其扩展名为.vhd。

（2）Waveform。该项为波形文件，主要用于 Active_VHDL 在进行仿真之后显示各信号的波形变化。注意运行仿真之后才能生成波形文件，其扩展名为.wfv。

（3）List。该项为信号列表文件，用于显示各信息数值的变化。

（4）Basic Script。该项用于建立 Basic Script 文件，在 Active_VHDL 中支持用 Active_VHDL 编写的宏，可以用于一系列重复的操作，主要用于仿真中。

（5）Text Document。该项为文本文档，主要用于编写一些和设计有关的说明文件。

（6）位图文件，其扩展名为.bmp。

（7）设计文件，其扩展名为.adf 或.pdf，建议使用.adf。

（8）测试矢量文件，其扩展名为.asc。

(9) State Diagram。该项为状态转换图文件,在 Active_VHDL 主要用于有限状态机 (fsm)的设计。

2. 学会 Comment Block 和 uncomment Block 的用法

Comment Block 用于把当前所选定的文本块变为注释。该文本块被注释后,在编译时将不作为程序的一部分存入编译数据库中。Comment Block 多用于 VHDL 调试中不知哪一部分出问题的情况下,被注释的文本块前面将加上"--"注释号。

uncomment Block,该项用于把当前所选定的注释文本块前的注释号去掉,还原成程序描述的一部分。

3. ZOOM 选项的用法

在波形调试时,点击 in 选项可放大一倍、out 选项可缩小一半,用于调整波形大小到合适位置。点击 Full 选项可以将波形尺度调整至正好,适合总体观察波形形状的位置。

4. Refresh

点击 Refresh 命令可刷新,将变形的波形恢复正常。

5. Design 菜单的用法

该菜单命令选项主要用于 VHDL 设计的调整和编译,下面简要介绍几个命令。

(1) add files to Design。该项用于在当前设计中加入一些新的文件,单击该选项后,可以选择 VHDL 源文件、测试基准文件和宏文件加入到当前设计的文件中。

(2) Compile all。该项用于编译当前设计中的所有文件。

(3) 每次仿真中只可以使用一个测试基准(testbench)文件,而且必须在仿真之前将其置于顶层。设置方法:选择 Design 菜单中的"Setting"命令中"Top-level Selection"选项卡,将测试基准文件置于顶层。

6. 仿真菜单的用法

(1) Initialize simulation。该选项作初始化,把一些仿真要用到的信息先存入数据库,然后进行仿真。

(2) 运行命令。该项用于运行仿真,其分为 Run、Run until、Run for 三种命令:Run 命令用于运行仿真,并直到仿真结束为止;Run until 命令用于从头运行仿真到某一指定的时间点;Run for 是从当前仿真所处的时间点上继续运行的时间。

3.5.4 Active_VHDL 自带范例的调试流程

(1) 打开设计文件(例如可选计数器)。熟悉 New Design、Open Design 和 Close Design 命令。

(2) 调整并理解 View 菜单中各个窗口显示。

(3) 调出并阅读设计文件源程序。

(4) 编译和改错。

(5) 使用"Setting"命令置 testbench 文件于顶层。

(6) 添加信号。

(7) Run(仿真)。

(8) 阅读并分析波形。

3.5.5　VHDL 激励信号

VHDL 可以很有效地作为激励语言,测试矢量可以直接用 VHDL 来编写,这使得测试矢量的编写与模拟器无关。

例 3.12　半加器、全加器加激励信号示例。

例如,对于半加器、全加器施加激励信号,测试矢量可以如表 3.4 所示(不是唯一的)。

表 3.4　全加器测试矢量

时间 t(ns)	x	y	C_{in}
0	0	0	0
50	0	0	1
100	0	1	0
150	0	1	1
200	1	0	0
250	1	0	1
300	1	1	0
350	1	1	1
400	0	1	1
450	1	0	1
500	0	0	1
550	1	1	0
600	0	1	0
650	1	0	0
700	0	0	0

3.5.6　Active_VHDL 中测试基准自动生成流程

(1) 设计半加器时设计浏览器(Design Browser),如图 3.4 所示。

(2) 在"Design"菜单项下选择"Compile all"命令项,对所有源文件进行编译。编译完成后设计浏览器后每一个源文件前面都出现一个"＋"号,表示其产生子项。

(3) 点击选中"半加器和全加器"前面的"＋"将打开其下的子项。

(4) 用鼠标右击该子项,将出现如图 3.5 所示的弹出式菜单。

(5) 选择"Generate Test Bench…"项目,将出现如图 3.6 所示的对话框。

(6) 可选择要产生测试基准的实体和结构体,以及测试基准的类型。

(7) 单击"下一步"按钮,按提示要求选择对话框有关选项。这时如果要从文件引入测

图 3.4　设计浏览器

试矢量,可以选定"Test vectors from file"项。然后选择可以从中引入测试矢量的文件,否则将自动产生测试矢量。

(8) 单击"下一步"按钮,将出现选择对话框,按提示进行操作。

(9) 单击"完成"按钮,将自动生成测试基准(testbench_for_half_adder)。

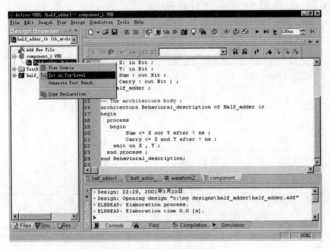

图 3.5　右击快捷菜单

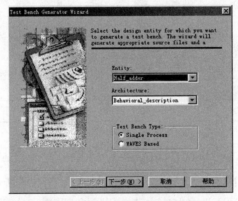

图 3.6　测试基准生成对话框

(10) 打开该文件,在其中的"-- add your stimulus here…;"位置上加上测试矢量描述即可,参见图3.7。例如,半加器可以是

　　-- Add your stimulus here …

　　x <= '0', '1' after 200 ns, '0' after 400 ns, '1' after

　　450 ns, '0' after 500 ns, '1' after 550 ns, '0' after

　　600 ns, '1' after 650 ns, '0' after 700 ns;

　　y <= '0', '1' after 100 ns, '0' after 200 ns, '1' after

　　300 ns, '0' after 450 ns, '1' after 550 ns, '0' after

　　650 ns;

如果是全加器时则再增加一句即可:

c_in <= ′0′,′1′after 50 ns,′0′after 100 ns,′1′after
150 ns,′0′after 200 ns,′1′after 250 ns,′0′after
300 ns,′1′after 350 ns,′0′after 550 ns;

（11）要注意的是,设定当前要仿真的实体可使用弹出式菜单中的"Set as Top-level"项。

在上面的例子中,我们写出了对于加法器 adder 所要施加的输入信号波形。要注意在 after 子句后面的时间是绝对时间,不允许出现后面时间值小于前面时间值的情况。

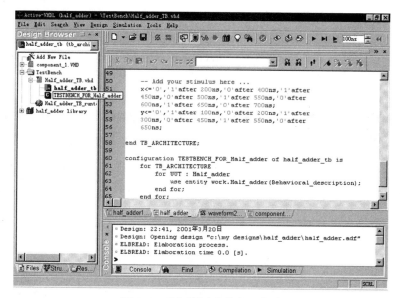

图 3.7　半加器测试基准示意图

3.5.7　半加器的波形分析

（1）添加信号。使用"Compile all"命令后,如报告编译无错误通过,则单击工具栏上"New Waveform"命令,点击如图 3.8 所示的"Add Signals"按钮出现如图 3.9 所示的"Add Signals"对话框,可按住"Shift"键用鼠标点击起始和结束信号项或按住"Ctrl"键逐一添加信号。

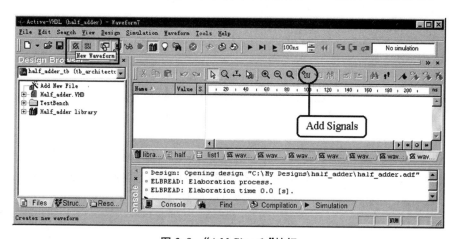

图 3.8　"Add Signals"按钮

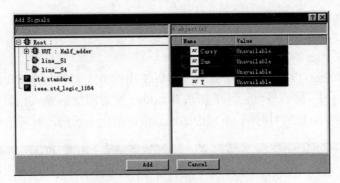

图 3.9 "Add Signals"对话框

(2) 单击"run"命令后出现波形如图 3.10 所示。

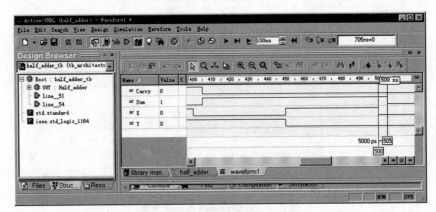

图 3.10 半加器的波形分析图

(3) 输入"异或门"的分析波形是否有问题。

注意 500 ns 时,x,y = 0,sum = 1,carry = 0;

505 ns 时,全为 0;

550 ns 时,x,y 全为 1,sum = 0,carry = 0;

555 ns 时,x,y 全为 1,sum = 0,carry = 1。

3.6 基本逻辑电路的 VHDL 实现

逻辑设计主要分为组合逻辑设计和时序逻辑设计。组合逻辑设计的应用可简单地分成:基本逻辑门、编码器和译码器、多路选择器、多路分配器、比较器和加法器等;组合逻辑电路没有记忆元件,当输入信号发生变化时,输出信号随之变化。时序电路中含有记忆元件,输出信号与时钟有关,当时钟脉冲到来之前,输出保持原来状态,只有在时钟脉冲到来之时,输出信号才发生变化,而输出信号值取决于时钟有效沿来临之时激励端的输入信号值。在时序电路中,记忆器件为寄存器或触发器。本节主要基于 Active_VHDL 举例介绍如何将我们熟悉的组合逻辑设计和时序逻辑设计用 VHDL 来实现。

3.6.1　组合逻辑电路设计

例 3.13　2 输入"异或门"电路。

(1) 基本逻辑门有:与门(AND)、或门(OR)、与非门(NAND)、或非门(NOR)和异或门(XOR)。这些门都是简单的组合电路,用布尔方程描述其逻辑功能很方便。例如,2 输入"异或门"电路的逻辑表达式为:$y = a \oplus b$。

(2) Active_VHDL 下编写的 2 输入"异或门"源代码。

```
library IEEE;
use IEEE.std_logic_1164.all;

entity XOR2 is
    port (
        A:in STD_LOGIC;
        B:in STD_LOGIC;
        Z:out STD_LOGIC);
end XOR2;

architecture XOR2 of XOR2 is
begin
  process (a,b)
    begin
      Z <= A xor B;
    end process;
  end XOR2;
```

(3) 2 输入"异或门"的仿真波形如图 3.11 所示。

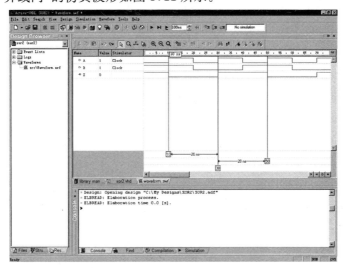

图 3.11　2 输入"异或门"仿真波形

从图 3.11 中可看出 2 输入"异或门"的波形情况,该仿真没考虑延时,所以在 10 ns 时,AB 输入同为"1"则 Z 输出为"0",而在 30 ns 时,A 输入为"1",B 输入为"0"则 Z 输出为"1"。

例 3.14 3-8 译码器。

(1) 查看有关集成电路手册,3-8 译码器(74LS138)由 3 输入"与非门",4 个反相器和一个 3 输入"或非门"构成。如果采用 VHDL 来描述和编写测试基准,其逻辑设计变得非常容易,阅读起来也非常方便。

(2) Active_VHDL 下编写的 3-8 译码器源代码。

```
library IEEE;
use IEEE.std_logic_1164.all;

entity e_decode is
    port(
        inputs: in STD_LOGIC_VECTOR (0 to 2);
        enables: in STD_LOGIC_VECTOR (0 to 2);
        outputs: out STD_LOGIC_VECTOR (7 downto 0)
    );
end e_decode;

architecture e_decode of e_decode is
    constant enables: std_logic_vector(0 to 2):="100";
    constant y0: std_logic_vector(7 downto 0):="00000001";
    constant y1: std_logic_vector(7 downto 0):="00000010";
    constant y2: std_logic_vector(7 downto 0):="00000100";
    constant y3: std_logic_vector(7 downto 0):="00001000";
    constant y4: std_logic_vector(7 downto 0):="00010000";
    constant y5: std_logic_vector(7 downto 0):="00100000";
    constant y6: std_logic_vector(7 downto 0):="01000000";
    constant y7: std_logic_vector(7 downto 0):="10000000";
    constant zero: std_logic_vector(0 to 2):="000";
    constant one: std_logic_vector(0 to 2):="001";
    constant two: std_logic_vector(0 to 2):="010";
    constant three: std_logic_vector(0 to 2):="011";
    constant four: std_logic_vector(0 to 2):="100";
    constant five: std_logic_vector(0 to 2):="101";
    constant six: std_logic_vector(0 to 2):="110";
    constant seven: std_logic_vector(0 to 2):="111";
begin
    process(inputs, enables)
```

```
      begin
          if enables = enabled then
      case inputs is
          when zero =>outputs <= y0；
          when one =>outputs <= y1；
          when twooutputs <= y2；
          when three =>outputs <= y3；
          when four =>outputs <= y4；
          when five =>outputs <= y5；
          when six =>outputs <= y6；
          when seven =>outputs <= y7；
          when others =>null；
          end case；
      end if；
      end process；
  end e_decode；
```

（3）Active_VHDL 下编写的 3-8 译码器测试基准源代码。

```
library IEEE；
use IEEE. std_logic_1164. all；

-- Add your library and packages declaration here…

entity e_decode_tb is
end e_decode_tb；

architecture TB_ARCHITECTURE of e_decode_tb is
-- Component declaration of the tested unit
component e_decode
  port(
    inputs：in std_logic_vector(0 to 2)；
    enables：in std_logic_vector(0 to 2)；
    outputs：out std_logic_vector(7 downto 0))；
end component；

-- Stimulus signals - signals mapped to the input and inout ports of tested entity
signal inputs：std_logic_vector(0 to 2)；
signal enables：std_logic_vector(0 to 2)；
-- Observed signals - signals mapped to the output ports of tested entity
signal outputs：std_logic_vector(7 downto 0)；

-- Add your code here …

begin

-- Unit Under Test port map
```

UUT：e_decode

  port map

    （inputs => inputs，

    enables => enables，

    outputs => outputs ）；

  enables <= "000"，"100" after 10 ns；

    inputs <= "000"，"001" after 50 ns，"100" after 100 ns，"010" after 150 ns，

    "101" after 200 ns，"111" after 250 ns，"011"after 300 ns，"110" after 350 ns；

end TB_ARCHITECTURE；

configuration TESTBENCH_FOR_e_decode of e_decode_tb is

  for TB_ARCHITECTURE

    for UUT：e_decode

      use entity work.e_decode(e_decode)；

    end for；

  end for；

end TESTBENCH_FOR_e_decode；

（4）3-8 译码器的仿真波形如图 3.12 所示。

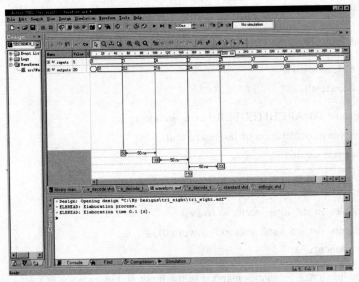

图 3.12 3-8 译码器仿真波形

结合本例中测试基准语句：

  enables <= "000"，"100" after 10 ns；

    inputs <= "000"，"001" after 50 ns，"100" after 100 ns，"010" after 150 ns，

    "101" after 200 ns，"111" after 250 ns，"011"after 300 ns，"110" after 350 ns；

  本例子所写的激励中，inputs 输入端依次是"0"（对应 000，下同）、"1"、"4"、"2"、"5"、"7"、"3" 和 "6"。其输出 outputs 按 3-8 译码器的要求应为："00000001""00000010""000100000""00000100""00100000""10000000""00001000""010000000"。其在图3.12中对

应的值为："01"(y0)、"02"(y1)、"10"(y4)、"04"(y2)、"20"(y7)、"80"(y3)、"08"(y3)和"40"(y6)。

注意　outputs 输出"01"(y0)时,有 10 ns 的延迟。

3.6.2　时序逻辑电路设计

时续电路可分为同步电路、异步电路。在同步电路中,所有触发器(或寄存器)的时钟都接在一根时钟线上;而异步电路的各触发器(或寄存器)的时钟不接在一起。在本书第 6 章将要介绍的 FPGA、CPLD 器件中,常用的触发器为 D 触发器,其他类型的触发器(T、JK)都可由 D 触发器构成。

例 3.15　D 触发器。

(1) D 触发器源代码:

```
library IEEE;
use IEEE.std_logic_1164.all;

entity e_dff is
    port (
        d:in BIT;
        clk:in BIT;
        q:out BIT);
end e_dff;

architecture e_dff of e_dff is
    begin
    process(clk ,d)
    begin
        if clk'event and clk = '1' then
            q <= d;
        end if;
    end process;
end e_dff;
```

(2) D 触发器测试基准源代码:

```
entity e_dff_tb is
end e_dff_tb;

architecture TB_ARCHITECTURE of e_dff_tb is
-- Component declaration of the tested unit
component e_dff
port(
    d:in BIT;
    clk:in BIT;
    q:out BIT );
end component;
```

-- Stimulus signals - signals mapped to the input and inout ports of tested entity

signal d：BIT；

signal clk：BIT；

-- Observed signals - signals mapped to the output ports of tested entity

signal q：BIT；

-- Add your code here …

begin

-- Unit Under Test port map

UUT：e_dff

  port map

    （d => d，

     clk => clk，

      q => q ）；

  clk <= '0'，'1' after 50 ns；

  d <= '0'，'1' after 50 ns，'0' after 100 ns，'1'after 150 ns，'0' after 200 ns；

-- Add your stimulus here …

end TB_ARCHITECTURE；

configuration TESTBENCH_FOR_e_dff of e_dff_tb is

    for TB_ARCHITECTURE

      for UUT：e_dff

        use entity work.e_dff(e_dff)；

      end for；

    end for；

end TESTBENCH_FOR_e_dff；

（3）D 触发器仿真波形如图 3.13 所示。

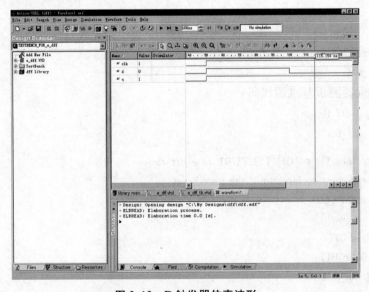

图 3.13　D触发器仿真波形

请对照 D 触发器的真值表,重新编写测试基准中有关语句,得出新的仿真波形。

例 3.16　可逆计数器。

在时序应用电路中,计数器的应用十分普遍,如加法计数器、减法计数器、可逆计数器等。Active-VHDL 提供了一个 8 位计数器范例,很值得学习研究。

(1) 计数器源程序:

```
library IEEE;
use IEEE. std_logic_1164. all;

entity counter8 is
    port (
        CLK:in STD_LOGIC;
        RESET:in STD_LOGIC;
        CE,LOAD,DIR:in STD_LOGIC;
        DIN:in INTEGER range 0 to 255;
        COUNT:out INTEGER range 0 to 255);
end counter8;

architecture counter8_arch of counter8 is
begin
process (CLK, RESET)
-- auxiliary variable COUNTER declaration
-- the output port "COUNT" cannot appear on the right side of assignment
-- statements
variable COUNTER:INTEGER range 0 to 255;
begin
  if RESET = '1' then
      COUNTER:= 0;
  elsif CLK = '1' and CLK'event then
      if LOAD = '1' then
          COUNTER:= DIN;
      else
        if CE = '1' then
          if DIR = '1' then
            if COUNTER = 255 then
                COUNTER:= 0;
            else
                COUNTER:= COUNTER + 1;
            end if;
          else
            if COUNTER = 0 then
              COUNTER:= 255;
            else
```

```
                    COUNTER:= COUNTER - 1;
                 end if;
            end if;
          end if;
         end if;
       end if;
       COUNT <= COUNTER;
    end process;
    end counter8_arch;
```

（2）测试基准源程序

```
    library IEEE;
    use IEEE. std_logic_1164. all;
    use IEEE. STD_LOGIC_TEXTIO. all;
    use STD. TEXTIO. all;

    entity testbench is end testbench;

    architecture testbench_arch of testbench is
    file RESULTS:TEXT open WRITE_MODE is "results. txt";
    component counter8
      port (
        CLK: in STD_LOGIC;
        RESET: in STD_LOGIC;
        CE, LOAD, DIR: in STD_LOGIC;
        DIN: in INTEGER range 0 to 255;
        COUNT: out INTEGER range 0 to 255);
    end component;

    shared variable end_sim: BOOLEAN:= false;
    signal CLK, RESET, CE, LOAD, DIR:STD_LOGIC;
    signal DIN: INTEGER range 0 to 255;
    signal COUNT: INTEGER range 0 to 255;

    procedure WRITE_RESULTS(
            CLK             :STD_LOGIC;
            RESET           :STD_LOGIC;
            CE              :STD_LOGIC;
            LOAD            :STD_LOGIC;
            DIR             :STD_LOGIC;
            DIN             :INTEGER;
            COUNT           :INTEGER
                            ) is
    variable V_OUT:LINE;
    begin
```

```
-- write time;
write(V_OUT, now, right, 16, ps);
-- write inputs;
write(V_OUT, CLK, right, 2);
write(V_OUT, RESET, right, 2);
write(V_OUT, CE, right, 2);
write(V_OUT, LOAD, right, 2);
write(V_OUT, DIR, right, 2);
write(V_OUT, DIN, right, 257);
-- write outputs;
write(V_OUT, COUNT, right, 257);
writeline(RESULTS, V_OUT);
...
end WRITE_RESULTS;
begin
        UUT:COUNTER8
        port map (
                CLK => CLK,
                RESET => RESET,
                CE => CE,
                LOAD => LOAD,
                DIR => DIR,
                DIN => DIN,
                COUNT => COUNT);
CLK_IN:process
begin
    if end_sim = false then
        CLK <= '0';
        wait for 15 ns;
        11CLK <= '1';
        wait for 15 ns;
    else
        wait;
        end if;
end process;

STIMULUS:process
    begin
            RESET <= '1';
            CE <= '1';       -- count enable;
            DIR <= '1';       -- count up;
            DIN <= 250;       -- input value;
```

```
       LOAD <= '0';        -- doesn't load input value;
wait for 15 ns;

       RESET <= '0';
wait for 1 us;

       CE <= '0';          -- don't count;
wait for 200 ns;
       CE <= '1';
wait for 200 ns;
       DIR <= '0';
wait for 500 ns;
       LOAD <= '1';
wait for 60 ns;
       LOAD <= '0';
wait for 500 ns;
       DIN <= 60;
       DIR <= '1';
       LOAD <= '1';
wait for 60 ns;
       LOAD <= '0';
wait for 1 us;
       CE <= '0';
wait for 500 ns;
       CE <= '1';
wait for 500 ns;
       end_sim := true;
   wait;
end process;
WRITE_TO_FILE: WRITE_RESULTS(CLK,RESET,CE,LOAD,DIR,DIN,COUNT);
end testbench_arch;
```

(3) 计数器仿真波形如图 3.14 所示。

(4) 提示。结合计数器 VHDL 的源程序和仿真波形,需要特别理解和注意以下几个方面。

① 一个 8 位计数器,它能计数的范围是 $0\sim255(2^8-1)$。同理,n 位的计数器所能计数的范围是 $0\sim2^n-1$。

② 减法计数器,计数方式除了和加法计数器的方向不同外,其余是完全一样的。本例中,由 COUNTER := COUNTER + 1;变为 COUNTER := COUNTER - 1。可逆计数器的计数方式是可加也可减。

③ 编写可逆计数器 VHDL 程序时,在语法上,就是把加法和减法计数器合并,使用一个控制信号决定计数器作加法或减法的动作。本例中,利用"控制信号 DIR"可以让计数器的计数动作加 1 或减 1。

④ 本例中,"控制信号 DIR"在时间轴为 1415 ns 时,由状态"1"切换到状态"0",但由于此时并非时钟脉冲信号的上升沿,所以必须等到 1425 ns 之时,计数器开始改变成减法的动作。这意味着由于芯片的传输延迟效应,计数器在延迟了 10 ns 后,才输出减法的结果。

⑤ 为了防止信号超过一个时钟周期时,造成计数器误操作、多计数。可利用微分电路加上计数器的结果构成了同步计数器,从而避免引起系统不稳定的状况。

⑥ 本例中"CE"信号对波形的影响,如在 1015～1215 ns 和 3535～4035 ns 期间,"CE"＝0,导致计数暂停。

⑦ 如果在仿真时,计数值到"FF"(即 255)后,有看似噪声的现象出现,这就是出现计数值等于"100"(即 FF＋1 的值)的瞬间,由于该时间十分短暂,不致引起系统不稳定的状况。

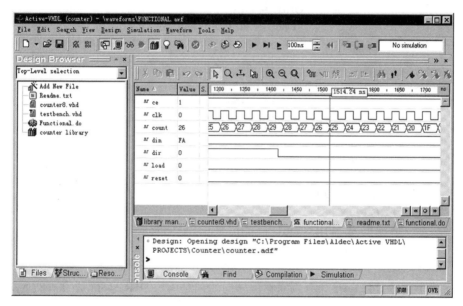

图 3.14　计数器仿真波形

例 3.17　移位寄存器。

在微处理器的算术或逻辑运算中,移位寄存器是一个基本的组件。移位寄存器的移位方式可以向左或向右移位,其主要由 D 触发器构成。下面是 8 位移位寄存器的 VHDL 源程序:

```
LIBRARY IEEE;
USE IEEE. STD_LOGIC_1164. ALL;
USE IEEE. STD_LOGIC_ARITH. ALL;
USE IEEE. STD_LOGIC_UNSIGNED. ALL;

ENTITY Shift8 is
    PORT(
        CP      :INSTD_LOGIC;    -- Clock
        DIN     :INSTD_LOGIC;    -- I/P Signal
```

```
        DIR        :INSTD_LOGIC；  -- Shift Control
        OP         :OUT STD_LOGIC  -- Shift Result
        );
END Shift8；

ARCHITECTURE shifter OF Shift8 IS
    SIGNALQ:STD_LOGIC_VECTOR(7 DOWNTO 0)；          -- Shift Register
BEGIN
    PROCESS（CP）
    BEGIN
            IF CP′event AND CP='1' THEN
                IF DIR = '0' THEN        -- 8位左移
                    Q(0) <= DIN；
                    FOR I IN 1 TO 7 LOOP
                        Q(I) <=  Q(I-1)；
                    END LOOP；
                ELSE                        -- 8位右移
                    Q(7) <= DIN；
                    FOR I IN 7 DOWNTO 1 LOOP
                        Q(I-1) <=  Q(I)；
                    END LOOP；
                END IF；
            END IF；
        END PROCESS；
        OP <=  Q(7) WHEN DIR = '0' ELSE        -- 移位输出
            Q(0)；
END shifter；
```

上述程序通过 IF-ELSE 命令判断移位方向的控制信号 DIR 是"0"或"1"，然后决定是右移或左移的动作。

3.7　Active_VHDL 上机实践

硬件描述语言 VHDL/Verilog 的学习需要不断上机实践，从 3.5 小节介绍的上机准备开始，我们需要规范上机实践行为，本小节将重点介绍经典的状态机（交通灯）设计步骤。

3.7.1　VHDL 数字电路的文本描述、编译与仿真上机实验

1. 实验内容要求

熟悉 VHDL 的基本语法，熟悉 Active-VHDL 工具的使用。用 VHDL 文本描述语句

输入一个 8 位全加器,编译仿真通过后将其加入库中。本实验结果要求以文档的方式传递。

2．实验原理指导

实验原理指导框图如图 3.15 所示,填写的作业模板参见附录 2。

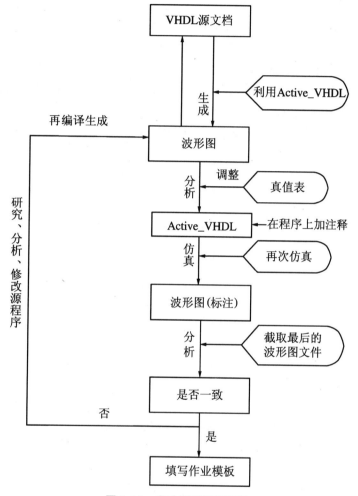

图 3.15　实验原理指导框图

3．实验内容

8 位全加器、8 位全减器、译码器、计数器、触发器(D 、JK 、T)、移位寄存器、八选一选通器等基本器件任选一个。

4．实验步骤指导

(1) 输入。例如输入一位全减器的电路描述,并保存该文件。

(2) 仿真电路并修正错误,分析波形、修改测试基准中部分内容,分析波形变化情况。

3.7.2　交通灯控制器

交通灯控制器是典型的有限状态机(Finite_State Machine,FSM)问题,设计的意图是在高速公路和乡村小路十字路口处实现交通灯无人自动管理。此例最早见之于由 C. Mead 和 L. Conway 合著的《超大规模集成电路系统导论》中的 PLA 设计举例。数字系统的控制单元通常使用 FSM 或时钟模式时序电路来建模。每个控制步可以看做一种状态,与每一控制步相关的转移条件指定了下一状态和输出。有限状态机有两种类型:Moore 型和 Mealy 型。对 Moore 型有限状态机,输出只为有限状态机当前状态的函数;而对于 Mealy 型有限状态机,输出为有限状态机当前值和有限状态机输入值的函数。在实践应用中,有许多以控制为主的结构都可以模型化为行为综合期间有限状态机的通信网络。

1. 交通灯控制器分析和 VHDL 编程

设计一个如图 3.16 所示的控制交叉路口的交通灯控制器。在乡间小路的每一靠右边路面上都有探测器 C 来监测汽车出现的情况。只有在小路上发现有车时高速公路上的交通灯才有可能为红灯,一般情况下,高速公路上的交通灯为绿色。

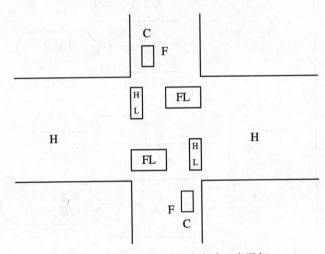

图 3.16 公路和小路的十字路口交通灯

图 3.16 中,F(farmroad)为乡间小路,H(highway)为高速公路,C 为探测器,HL 为高速公路上的交通灯,FL 为乡间小路上的交通灯。本节以交通灯控制器的行为级设计为例,说明 VHDL 程序的设计方法。设计交通灯控制器按以下步骤进行。

(1) 规格设计、产生详细说明。首先要确定设计问题的特性。本例中,交通灯控制器需要经历四个状态:

① (稳态)HL = 绿,FL = 红;当小路上有汽车,且公路上的交通灯为绿的时间达到了限定时间(long_time),则 HL = 黄,FL 不变,仍为红色。

② HL = 黄,FL = 红;当公路灯为黄色的时间达到了限定时间(short_time),则系统转到 FL = 绿,HL = 红的状态;

③ FL = 绿,HL = 红;当小路上没有汽车或小路上的交通灯为绿的时间达到了限定时间(long_time),则转到 FL = 黄,HL = 红的状态;

④ FL = 黄,HL = 红;当小路上的交通灯为黄的时间达到了限定时间,则转到第一个状态;如此循环下去。

(2) 定义系统类型。经以上分析,可知系统有四种状态。为了将这些信息编码化,应该定义一个拥有灯的颜色类型和系统状态类型的包。

```
package traffic_package is
    type color is (GREEN,YELLOW,RED);  -- 枚举类型定义颜色
    type state is (highway_light_green,highway_light_yellow,
                   farmroad_light_green,farmroad_light_yellow);
end Traffic_Package;
```

注意　state 类型定义了系统的每个状态。可以注意到公路灯为绿时,FL = 红;反之,FL = 绿时,HL = 红,所以不需要单独设置交通灯为红色的状态。

（3）产生接口,完成实体说明。这一步用于在设计实体的实体说明部分中定义系统的输入输出。

因为系统要控制四条路上的灯,所以需要两个输出信号分别控制公路灯和小路灯,称作 Highway_light 和 Farmroad_light,其值由 Color 类型决定。

因为当发现小路上有车时,系统就作出反应,所以系统需要一个输入,称 Car_on_farmroad,它是布尔量。

系统中还有两个外部环境决定的常数:交通灯保持绿色的允许持续时间 long_time 和交通灯保持黄色所应持续的时间 short_time。VHDL 中允许通过类属从外界输入这些值。这样便可以定义实体:

```
use work. Traffic_package.all
entity Traffic_light_controller is
    generic(long_time:Time; short_time:Time);
    port( car_on_farmload:in boolean;
          Highway_light:out Color;
          Farmroad_light:out Color;
end Traffic_light_controller
```

（4）结构体描述。如前所述可得到输入输出名称和状态转换表,见表 3.5;由此可以拟出交通灯控制器的行为描述。

表 3.5　交通灯控制器状态转换表

状　态	输　出 highway_light	输　出 farmroad_light	输　入 （time_out 表示超过限定的延迟时间）	后继状态
highway_light_green	green	red	car_on_farmroad = 1 and time _ out _ long = 1	highway _ light _yellow
highway_light_yellow	yellow	red	time_out_short = 1	farmroad _ light _green
farmroad_light_green	red	green	car_on_farmroad = 0 or time_out_long = 1	farmroad _ light _yellow
farmroad_light_yellow	red	yellow	time_out_short = 1	highway _ light _green

为了确定一个新状态应保持多长时间,系统必须包含一个时间指示器(见结构体中最后一个进程)。每进入一个新状态,相应的定时器就开始工作,当超过 long_time 和 short_time 时,将修改状态。所以需要三个信号为计数器提供输入输出,它们在结构体中命名为 start_timer、time_out_long 和 time_out_short。

由表 3.5 和以上分析,可以得到交通灯控制器的行为描述:

```
architecture behavior of Traffic_light_controller is
    signal present_state:state:= highway_light_green;
    -- present_state 用于保存系统当前所处的状态,初始化为
    -- highway_light_green
    signal time_out_long:boolean:= false;
    signal time_out_short:boolean:= false;
    signal start_timer:boolean:= false;
begin
control_process:-- 状态转换进程
process(car_on_farmroad, time_out_long, time_out_short)
    begin
    case present_state is
        when highway_light_green =>
        if car_on_farmroad and time_out_long then
            start_timer:= not start_timer;
        present_state <= highway_light_yellow;
        end if;
        when highway_light_yellow =>
        if time_out_short then
            start_timer:= not start_timer;
        present_state <= farmroad_light_green;
        end if;
        when farmroad_light_green =>
        if not car_on_farmroad or time_out_long then
            start_timer:= not start_timer;
        present_state <= farmroad_light_yellow;
        end if;
        when farmload_light_yellow =>
        if time_out_short then
            start_timer:= not start_timer;
        present_state <= highway_light_green;
        end if;
    end case;
end process;
    -- 选择信号赋值语句完成所有状态对输出信号的控制
```

highway_light_set：
　　with present_state select
　　　highway_light <= green when highway_light_green；
　　　　　　　　　　　yellow when highway_light_yellow；
　　　　　　　　　　　red when farmroad_light_green or farmroad_light_yellow；
farmroad_light_set：
　　with present_state select
　　　farmroad_light <= green when farmroad_light_green；
　　　　　　　　　　　yellow when farmload_light_yellow；
　　　　　　　　　　　red when highway_light_green or
　　　　　　　　　　　highway_light_yellow；
-- 时间指示器
timer_process：
　　process（start_timer）
　　　begin
　　　　time_out_long <= false，true after long_time；
　　　　-- 先关闭超时信号，并在类属延时后激活它们
　　　　time_out_short <= false，true after short_time；
　　end process；
end behavior；

注意　用不同方法可以得出不同的程序，如果根据以上分析方法来设计的交通灯控制器的源代码如下：

（1）交通灯源文件名：e_traffic_con. VHD

```
package traffic_package is
    type color is(green，yellow，red)；-- numerical type defines colors
    type state is(highway_light_green，highway_light_yellow，farmroad_light_green，farmroad_
    light_yellow)；
end traffic_package；
use work. traffic_package. all；

        entity e_traffic_con is
    generic (long_time：time：= 80 ns；
            short_time：time：= 40 ns)；
    port (
        car_on_farmroad：in BOOLEAN；
        highway_light：out color；
        farmroad_light：out color
    )；
end e_traffic_con；

architecture e_traffic_con of e_traffic_con is
    signal present_state：state：= highway_light_green；
```

```vhdl
        signal time_out_long: boolean:= false;
        signal time_out_short: boolean:= false;
        signal start_timer: boolean:= false;
    begin
        control_process:
            process(car_on_farmroad, time_out_long, time_out_short)
                begin
                    case present_state is
                        when highway_light_green =>
                            if car_on_farmroad and time_out_long then
                                start_timer <= not start_timer;
                                present_state <= highway_light_yellow;
                            end if;
                        when highway_light_yellow =>
                            if time_out_short then
                                start_timer <= not start_timer;
                                present_state <= farmroad_light_green;
                            end if;
                        when farmroad_light_green =>
                        if not car_on_farmroad or time_out_long then
                        start_timer <= not start_timer;
                        present_state <= farmroad_light_yellow;
                    end if;
                when farmroad_light_yellow =>
                    if time_out_short then
                        start_timer <= not start_timer;
                        present_state <= highway_light_green;
                    end if;
                end case;
            end process;
    -- select signal to control all state
    highway_light_set:
        with present_state select
        highway_light <= green when highway_light_green,
                         yellow when highway_light_yellow,
                         red when farmroad_light_green | farmroad_light_yellow;
    farmroad_light_set:
        with present_state select
        farmroad_light <= green when farmroad_light_green,
                          yellow when farmroad_light_yellow,
                          red when highway_light_green | highway_light_yellow;
```

```
-- timer;
timer_process:
    process(start_timer)
        begin
            time_out_long <= false,true after long_time;
            time_out_short <= false,true after short_time;
        end process;
-- <<enter your statements here>>

end e_traffic_con;
```

(2) 交通灯测试基准文件名:e_traffic_con_TB. VHD

```
use work. traffic_package. all;

    -- Add your library and packages declaration here …

        entity e_traffic_con_tb is
    -- Generic declarations of the tested unit
            generic(
                LONG_TIME:TIME := 80. 0 ns;
                SHORT_TIME:TIME := 40. 0 ns );
            end e_traffic_con_tb;

        architecture TB_ARCHITECTURE of e_traffic_con_tb is
    -- Component declaration of the tested unit
            component e_traffic_con
            generic(
                LONG_TIME:TIME := 80. 0 ns;
                SHORT_TIME:TIME := 40. 0 ns );
            port(
                car_on_farmroad:in BOOLEAN;
                highway_light:out color;
                farmroad_light:out color );
            end component;

    -- Stimulus signals - signals mapped to the input and inout ports of tested entity
            signal car_on_farmroad:BOOLEAN;
    -- Observed signals - signals mapped to the output ports of tested entity
            signal highway_light:color;
            signal farmroad_light:color;
    -- Add your code here …
            begin
    -- Unit Under Test port map
            UUT:e_traffic_con
```

```
              port map
                  （car_on_farmroad => car_on_farmroad，
                  highway_light => highway_light，
                  farmroad_light => farmroad_light ）；
      -- Add your stimulus here …
              car_on_farmroad <= false，true after 50 ns，false after 300 ns，true after 400 ns，
              false after 600 ns；

          end TB_ARCHITECTURE；

          configuration TESTBENCH_FOR_e_traffic_con of e_traffic_con_tb is
              for TB_ARCHITECTURE
                  for UUT：e_traffic_con
                      use entity work. e_traffic_con(e_traffic_con)；
                  end for；
              end for；
          end TESTBENCH_FOR_e_traffic_con；
```

交通灯的测试基准文件调试如图 3.17 所示。

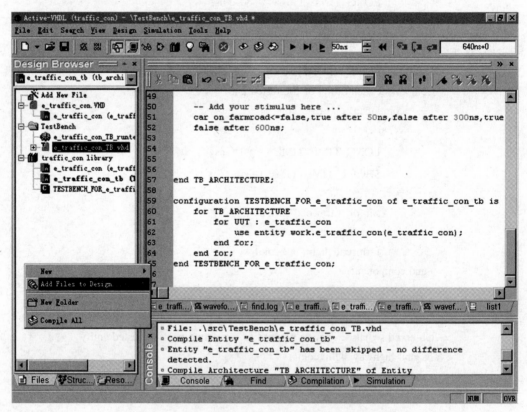

图 3.17　Active_VHDL 下的测试基准文件调试

交通灯控制器调试通过后的波形图如图 3.18 所示。

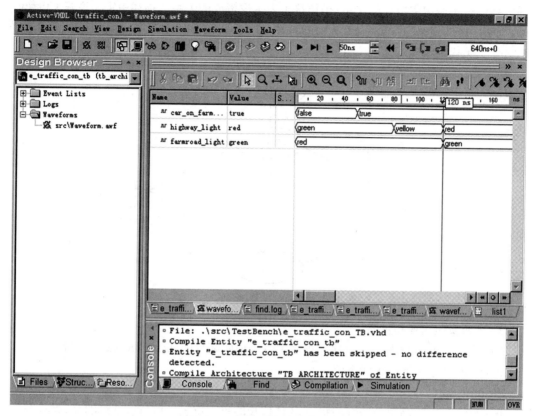

图 3.18　交通灯控制器波形图

2．交通灯控制器状态表和状态图

设计一个如图 3.16 所示的控制交叉路口交通灯控制器。在乡间小路的每一面上都有探测器来监测汽车出现的情况。只有在小路上发现有车时高速公路上的交通灯才有可能为红灯。一般情况下，高速公路上的交通灯为绿色。

交通灯控制器状态表如表 3.6 所示，其中状态 4 为初始状态（实际上该状态为冗余状态），剩下四个稳定的状态分别是：① 高速公路绿灯，乡村公路红灯；② 高速公路黄灯；③ 高速公路红灯，乡村公路绿灯；④ 乡村公路黄灯。其状态转换图如图 3.19 所示。

表 3.6　交通灯控制器状态表

	HL	FL	值
状态 0	绿	红	000
状态 1	黄	红	001
状态 2	红	绿	010
状态 3	红	黄	011
状态 4	红	红	111

图 3.19 中表示:C 表示小路上有车;L 表示过了一段长的时间;S 表示已过了一段短的时间;操作符 * 表示逻辑与的关系;操作符 + 表示逻辑或的关系。描述中定义变量 Current_state 表示当前状态,其类型为 BIT_VECTOR(2 downto 0),5 种状态分别由它的 5 个值来代表,如 111 代表状态 4。

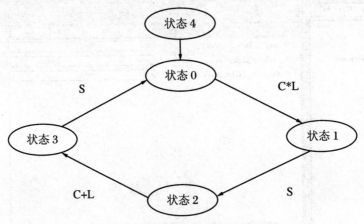

图 3.19　交通灯控制器状态转换图

3. 上机实验内容和步骤

调通并分析源程序和激励程序。程序中进程说明部分的几个变量的意义如下:

newstate	下一个状态值
current_state	当前状态值
newHL	高速公路灯的状态,3 位位长的每一位表示绿、黄、红灯的亮、灭状态
newFL	乡间公路灯
NewST	用于启动外部计时器的输出位

实验步骤指导如下:

(1) 将源程序输入到 Active-VHDL。

(2) 将激励程序输入到 Active-VHDL。

(3) 编译、仿真该电路。

(4) 对波形结果进行分析。

(5) 填写作业模板。参见附录中给出上机作业模板范例。

3.7.3　基于 CPLD 实现交通灯控制器

在这小节中,我们将按照 Top-Down 的设计流程,利用 MAXPLUS Ⅱ(同 Quartus Ⅱ),在 CPLD 器件 EPM7128SLC84-15 上实现交通灯系统。由于交通灯系统是一个非常具有代表性的时序逻辑数字系统,时序明确,容易模块化,对提高系统设计能力有很大帮助。

1. 系统功能要求分析和设计方案论证

按照 Top-Down 设计流程,首先要进行系统的功能要求分析。

我们假设为某乡村公路(以下简称为 f)和高速公路(以下简称为 h)十字路口设置交通灯。要求两公路均有红黄绿三色灯。保证 h 绝对优先,初状态 h 绿灯,f 红灯。正常状态下,当监测 f 上有车时,整个系统启动,经过 t1 时间以后,h 转为黄灯,再经过 t2 时间以后,h 转为红灯,f 转为绿灯。如在以上时间段内,f 上的车绕其他道行驶,则直接跳变回初状态。在 h 红灯、f 绿灯状态下,如果监测到 f 上没车,或者已达到最长通行时间 t3,则 f 转为黄灯,再经过 t2 时间以后,h 转为绿灯、f 转为红灯;紧急状态下紧急状态显示灯开启,只允许 h 通车。

根据系统功能要求,确定系统的输入信号和输出信号。

输入信号有:系统时钟信号 clk,系统复位信号 reset,紧急状态信号 sp,乡村公路有车信号 car_on_farm。

输出信号有:乡村公路状态信号 farmroad_light[1..0],高速公路状态信号 highway_light[1..0]以及紧急状态显示信号 special_light。

根据以上设定的输入输出信号关系和对系统功能要求的分析,可建立如图 3.20 所示的系统的状态转换图(ASM)。

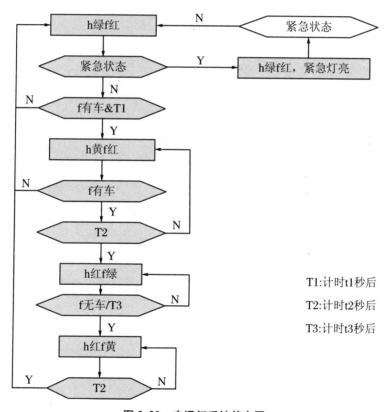

图 3.20 交通灯系统状态图

由系统的状态图可以看出,交通灯包含了四个正常状态,一个紧急状态。在一定条件下实现状态转换。

2. 系统顶层的 VHDL 描述和仿真

状态图分析完毕以后,就可以根据它编写最顶层的 VHDL 源程序,并进行编译仿真。具体过程如下:

(1) 启动 MAXPLUS Ⅱ，建立新文件，进入文字编译。

(2) 保存文件：保存为 traffic_con. vhd。

(3) 选定项目名与文件名相同(Set Project To Current File)。

(4) 输入 VHDL 源程序。源程序如下：

```vhdl
library IEEE;
use IEEE. std_logic_1164. all;
use IEEE. std_logic_unsigned. all;

entity traffic_con is
port (car_on_farm          :in        boolean;
    clk,reset,sp             :in        std_logic;
    highway_light  :out  std_logic_vector(1 downto 0);
    farmroad_light  :out  std_logic_vector(1 downto 0);
    special_light    :out      std_logic
    );
end traffic_con;

architecture    a    of      traffic_con    is
signal    high_state        :std_logic_vector(1 downto 0):="0";
signal    farm_state        :std_logic_vector(1 downto 0):="10";
signal    present_state      :std_logic_vector(1 downto 0):="00";
begin
  process   (clk)
    variable   m ,g  :integer range 0 to 30 :=30;
    variable   n  :integer range 0 to 10 :=10;      begin
    if reset='1'   then
      present_state<="00";    high_state<="00";
      farm_state<="10";m:=30;n:=10;
    elsif clk'event and clk='1' then
        case present_state is
          when "00"  =>
            if SP='1' then
              special_light<='1';
          else
            special_light<='0';
            if car_on_farm then
              m:=m-1;
            end if;
            if m=0 then
            present_state<="01";high_state<="01";m:=30;
            end if;
```

```
      end if;
        when "01" =>
    if not car_on_farm then
      present_state <= "00"; high_state <= "00"; n := 10;
    else
      n := n - 1;
    end if;
    if n = 0 then
      present_state <= "10"; high_state <= "10";
      farm_state <= "00"; n := 10;
    END IF;

  when "10" =>

  m := m - 1;
  if not car_on_farm or m = 0 then
    present_state <= "11"; farm_state <= "01"; m := 30;
  end if;
  when others =>
  n := n - 1;
  if n = 0 then
    present_state <= "00"; high_state <= "00";
    farm_state <= "10"; n := 10;
  end if;
  END CASE;
    end if;
    end process;
    highway_light <= high_state;
    farmroad_light <= farm_state;
  end a;
```

源程序输入完毕之后就可进行编译了。

(5) 指定设计器件:选取窗口菜单"Assign—〉Device",出现对话框,选择"MAX7000S系列 EPM7128SLC84-7"。

(6) 保存并检查:选取窗口菜单"File—〉Project—〉Save & check",即可对电路设计文件进行检查。如有错误,会自动指示错误位置,以便修改。

(7) 保存并编译:选取"File—〉Project—〉Save & compile",即可进行编译。图 3.21 中有"compiler"对话框即为编译框。

(8) 编译通过后,就可进行仿真了。从 Top-Down 设计方法来看,各个层次上的仿真波形分析必须保持一致。

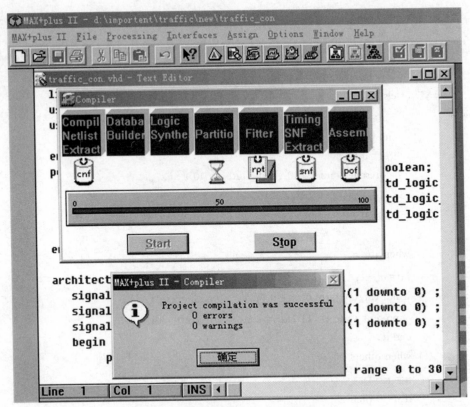

图 3.21 MAXPLUS Ⅱ 编译图示

3. 8 MHz 分频程序

由于本次试验板上提供的时钟是 16 MHz 的,所以我们还需要一个 8 MHz 分频。其 VHDL 源程序如下:

```
LIBRARY IEEE;
USE ieee. std_logic_1164. all;
USE ieee. std_logic_unsigned. all;

ENTITY div8M_v IS
    PORT(CLKI: INSTD_LOGIC;
        CLKO: OUTSTD_LOGIC
        );
END div8M_v ;

ARCHITECTURE a OF div8M_v IS
SIGNAL cou:       STD_LOGIC_VECTOR(22 DOWNTO 0);
BEGIN
PROCESS
    BEGIN
        WAIT UNTIL CLKI = '1';
        cou <= cou + 1;
```

```
END PROCESS；
    CLKO <= cou(22)；
END a；
```

同样需要编译、仿真通过。

4. 交通灯控制器的顶层模块

在主程序中调用上两个模块,就构成了交通灯控制器的顶层模块。

主程序(traffic. VHD)用 VHDL 描述如下:

```
library ieee；
use ieee.std_logic_1164.all；
use ieee.std_logic_unsigned.all；

entity traffic  is
port (car_on_farm        :in        boolean；
    clk,reset,sp          :in        std_logic；
    highway_light         :out      std_logic_vector(1 downto 0)；
    farmroad_light        :out      std_logic_vector(1 downto 0)；
    special_light         :out      std_logic )；
end traffic；

architecture a of traffic is
signal    clka            :std_logic；
    COMPONENT div8m_v
        PORT(
                clki      :IN STD_LOGIC；
                clko      :OUT STD_LOGIC)；
    END COMPONENT；
    component traffic_con
        port(car_on_farm:in    boolean；
        clk,reset,sp          :in    std_logic；
        highway_light         :out   std_logic_vector(1 downto 0)；
        farmroad_light        :out   std_logic_vector(1 downto 0)；
        special_light         :out       std_logic)；
    end component；
begin
n1:div8m_v
        port map (clki =>clk,clko =>clka)；
    n2:traffic_con
    port map (car_on_farm =>car_on_farm,clk =>clka,
    reset =>reset,sp =>sp,special_light =>special_light,
    highway_light =>highway_light,
    farmroad_light =>farmroad_light)；
end a；
```

然后再编译和仿真,生成顶层模块。图 3.22 为顶层模块示意图。

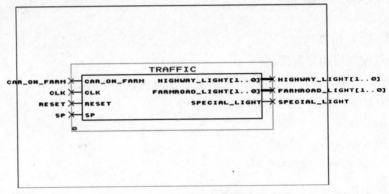

图 3.22　交通灯系统顶层模块示意图

5. 系统的模块划分及实现

按照自上而下层次化设计要求,我们需要对顶层系统进行模块划分。详见图 3.23。

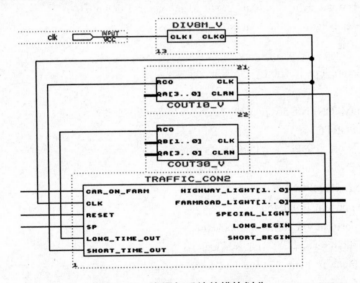

图 3.23　交通灯系统的模块划分

从图 3.23 可见,交通灯系统具体分为以下几个部分:交通灯控制部——TRAFFIC_CON2,一个 8 MHz 分频器——DIV8M_V,两个减法计数器(十、三十进制)——COUNT10_V 和 COUNT30_V。划分好模块以后,我们就可以将各个具体模块分别编译仿真,具体过程和上边顶层模块大同小异,在此不再赘述。

6. 主要部分的 VHDL 源程序

(1) 十进制减法计数器 COUNT10_V

```
library ieee;
USE ieee. std_logic_1164. all;
USE ieee. std_logic_unsigned. all;

ENTITY count10_v IS
```

```
      PORT(CLRN,CLK:IN  STD_LOGIC;
          Qa    :OUT  STD_LOGIC_VECTOR(3 downto 0);
          RCO  :OUT  STD_LOGIC  );
      END count10_v;

      ARCHITECTURE a OF count10_v IS
      BEGIN
        PROCESS (Clk)
          VARIABLE tmpa ,tmpb:STD_LOGIC_VECTOR(3 downto 0);
      BEGIN
            tmpb:= not tmpa;
          IF CLRN = '0' THEN    tmpa := "1010";
          ELSIF (Clk'event AND Clk = '1') THEN
            IF tmpa = "0000" THEN
              tmpa:="1001";
          ELSE
            tmpa := tmpa - 1;
          END IF;
        END IF;
          Qa <= tmpa;
        RCO <= tmpb(0)and tmpb(1) and tmpb(2) and tmpb(3) ;
        END PROCESS ;
      END a;
```

(2) 三十进制减法计数器(COUNT30_V)

```
      library ieee;
      USE ieee. std_logic_1164. all;
      USE ieee. std_logic_unsigned. all;

      ENTITY count30_v IS
          PORT(CLRN,CLK:IN  STD_LOGIC;
              Qa    :OUT  STD_LOGIC_VECTOR(3 downto 0);
              Qb    :OUT  STD_LOGIC_VECTOR(1 downto 0);
              RCO    :OUT  STD_LOGIC);
      END count30_v;

      ARCHITECTURE a OF count30_v IS
        BEGIN
          PROCESS (Clk)
          VARIABLE tmpa,tmpc:STD_LOGIC_VECTOR(3 downto 0);
          VARIABLE tmpb,tmpd:STD_LOGIC_VECTOR(1 downto 0);
          BEGIN
              tmpc:= not tmpa;      tmpd:= not tmpb;
            IF CLRN = '0' THEN    tmpb := "11"; tmpa := "1010";
```

```
          ELSIF (Clk′event AND Clk = ′1′) THEN
               IF tmpa = ″0000″ THEN
               tmpa := ″1001″;
               IF tmpb = ″00″ THEN tmpb := ″10″;
               ELSE tmpb := tmpb − 1;
               END IF;
          ELSE  tmpa := tmpa − 1;
               END IF;
          END IF;
          Qa <= tmpa; Qb <= tmpb;
          RCO <= tmpd(1) and tmpd(0) AND tmpc(0) AND tmpc(3) and tmpc(1) and tmpc(2);
          END PROCESS;
     END a;
```

(3) 交通灯控制模块程序

```
     TRAFFIC_CON2. VHD
     use ieee. std_logic_1164. all;
     use ieee. std_logic_unsigned. all;

     entity traffic_con2  is
          port (car_on_farm          :in          boolean;
               clk, reset, sp, long_time_out, short_time_out :in  std_logic;
               highway_light      :out      std_logic_vector(1 downto 0);
               farmroad_light     :out      std_logic_vector(1 downto 0);
               special_light, long_begin, short_begin :out  std_logic );
     end traffic_con2;
     architecture   a   of      traffic_con2  is
       signal high_state, farm_state  :std_logic_vector(1 downto 0)     ;
       signal   present_state  :std_logic_vector(1 downto 0)    ;
       begin
         process  (clk)
          begin
            if reset = ′1′   then
              present_state <= ″00″; high_state <= ″00″; farm_state <= ″10″;
              elsif clk′event and clk = ′1′ then
                 case present_state is
                 WHEN ″00″ =>
                 if SP = ′1′ then
                   special_light <= ′1′;
                 else   special_light <= ′0′;
                   if car_on_farm then
                     long_begin <= ′1′;
                   else     long_begin <= ′0′;
```

```
                    end if;
                if long_time_out = '1'    then
                    present_state <= "01";    high_state <= "01"; long_begin <= '0';
                end if;
            end if;
        when "01" =>
            if not car_on_farm then
                present_state <= "00"; high_state <= "00";
            else    short_begin <= '1';
            end if;
            if short_time_out = '1' then
                present_state <= "10";
                high_state <= "10";farm_state <= "00";
                short_begin <= '0';
            end if;
        when "10"  =>
            long_begin <= '1';
            if not car_on_farm or long_time_out = '1' then
                present_state <= "11";
                    farm_state <= "01"; long_begin <= '0';
            end if;
        when others =>
            short_begin <= '1';
            if short_time_out = '1' then
                present_state <= "00";
                high_state <= "00"; farm_state <= "10";
                short_begin <= '0';
            end if;
        end case;
    end if;
    end process;
    highway_light <= high_state;
        farmroad_light <= farm_state;
    end a;
```

（4）包文件源程序

各模块编译完成之后，就需要在交通灯系统主程序中调用，所以需要创建一个包文件（traffic_package1.vhd）。源程序如下：

```
    library ieee;
    use ieee. std_logic_1164. all;
    use ieee. std_logic_unsigned. all;

    PACKAGE traffic_package1 IS
```

```
COMPONENT count30_v
    PORT(CLRN,CLK                          :IN   STD_LOGIC;
         RCO                               :OUT STD_LOGIC );
    END COMPONENT;
COMPONENT count10_v
    PORT(CLRN,CLK                          :IN   STD_LOGIC;
         RCO                               :OUT STD_LOGIC );
    END COMPONENT;
COMPONENT DIV8M_V
    PORT(CLKI                              :INSTD_LOGIC;
         CLKO                              :OUTSTD_LOGIC);
    END COMPONENT;
Component traffic_con2
port(car_on_farm                           :in        boolean;
clk,reset,sp,long_time_out,short_time_out  :in std_logic;
highway_light,farmroad_light               :out      std_logic_vector(1 downto 0);
special_light,long_begin,short_begin       :out std_logic   );
end component;
END traffic_package1;
```

（5）主程序

主程序（traffic2.vhd）如下：

```
library ieee;use ieee.std_logic_1164.all;
use ieee.std_logic_unsigned.all;use   work.traffic_package1.all;

entity traffic2  is
    port (car_on_farm                     :in        boolean;
          clka,reset,sp                    :in        std_logic;
          highway_light,farmroad_light     :out       std_logic_vector(1 downto 0);
          special_light                    :out       std_logic         );
end traffic2;

architecture contain of traffic2 is
signal   lb,sb,lto,sto ,clk               :std_logic;
begin
    div8m                                  :          div8m_v
        port map (clki=>clka,clko=>clk);
        contrall                           :          traffic_con2
        port map (car_on_farm=>car_on_farm,clk=>clk, sp=>sp,
        reset=>reset, long_time_out=>lto,short_time_out=>sto
        highway_light=>highway_light,
        farmroad_light=>farmroad_light, long_begin=>lb,
        special_light=>special_light, short_begin=>sb);
```

count30: count30_v

port map (clrn =>lb, clk =>clk, rco =>lto);

count10: count10_v

port map (clrn =>sb, clk =>clk, rco =>sto);

end contain;

7. 烧写文件

将以上文件再次进行完全编译,产生烧写文件(.pof)、电路包含文件(.inc)等。

选择"MAXPLUS Ⅱ"菜单(在 Quartus Ⅱ 中操作也一样)中的"Hierarchy Display"项,我们可以以层次树的方式显示整个项目和电路的设计文件。交通灯控制器的层次树如图3.24 所示。

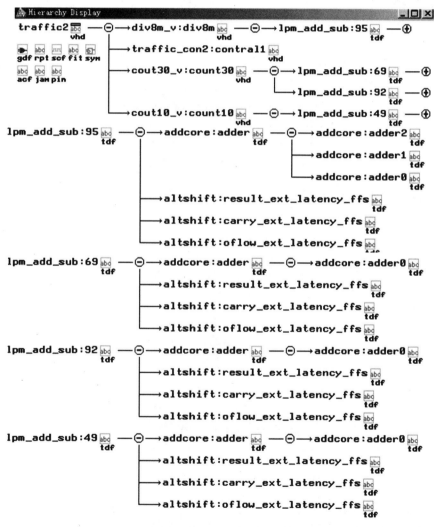

图 3.24 交通灯系统的层次显示

8. 系统的时间分析和仿真

编译无误之后就可进行系统的时间分析和仿真。

(1) 电路的时间分析。

选取窗口菜单"utilities—〉Timing Analyzer",即可看到如图 3.25 所示的延时矩阵。

从延时矩阵上看,延时 10.1 ns,时间较长。这是由于时钟先通过 8 MHz 的分频器,将会产生 4 ns 的延时,再通过后续模块,又延时 4 ns,模块组合传输线路延时 2 ns 左右,相加为 10 ns 左右。

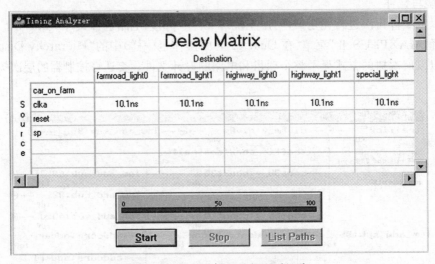

图 3.25　交通灯时间分析延时矩阵

在"Analysis"菜单中选择"Register Performance"项,点击"start"即可进行时序逻辑电路性能分析,如图 3.26 所示。

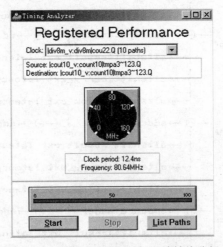

图 3.26　模块化后的交通灯系统性能分析

在图 3.26 中,Source 显示被分析的时钟信号的名称,Destination 显示制约性能的目标节点的名称,Clock period 显示给定时钟下时序逻辑电路要求的最小时钟信号,交通灯系统的最小周期是 12.4 ns,Frequence 显示给定的时钟信号的最高频率,交通灯系统的最高频率是 80.64 MHz,List paths 可打开信息处理窗口并显示延迟路径。

实际上,我们再次观察图 3.21,可以发现,在顶层模块进行编译的过程中,已经有适配过程 Fitter,并产生了报告文件(.rpt)和烧写文件(.pof),说明在顶层编译时已经由 MAXPLUS II 自动配置出一个系统。但是用时间分析器可以看出性能上的差别。图 3.27 为顶层模块的系统性能分析。

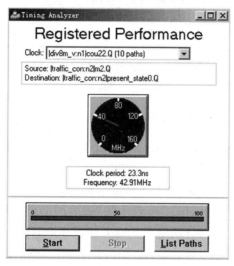

图 3.27　自动生成的交通灯系统性能分析

可以很清楚地看到,经过模块化设计后的交通灯系统,在性能上有较大提升。

(2) 仿真过程

我们可以自己用 VHDL 编写仿真激励文件,也可用波形编辑器,后者更直观一些,下面加以重点介绍。

① 首先进入波形编辑窗口:选取窗口菜单"MAXPLUS II —〉Waveform editor"。

② 引入输入输出脚:选取"Node—〉Enter Nodes from SNF",出现对话框,点击"List"按钮,将需要观察的信号拖入右边,并单击"OK"出现如图 3.28 所示的仿真管脚选择对话框。

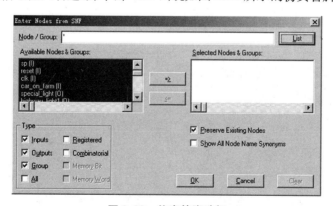

图 3.28　仿真管脚选择

③ 管脚选定后就可仿真。我们可以在波形编辑器中设定输入的变化情况,设定好以后保存文件,选取"MAXPLUS II —〉Simulator",出现"Time Simulation"对话框,单击"start",

出现"Simulator"框,单击"确定",即可完成仿真。仿真结果如图 3.29 所示。

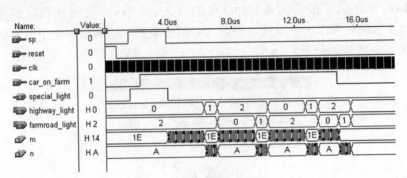

图 3.29　仿真结果示意图

在图 3.29 中,highway_light 和 farmroad_light 行上的数字"0"代表绿灯,"1"代表黄灯,"2"代表红灯。可以看到当 sp 有效时("1"电平),不论小道上有没有车,两路上的灯都不变。当 sp"0"电平时,special_light 变为"0",m 开始计时,过一段时间后灯会有变化。从图 3.29 中还可以看到 farmroad_light 的第二个"0"值时间明显比第一个短,这是因为第一个"0"值(即第一个 farmroad 的绿灯期结束是因为超过一定时间),而第二个绿灯期结束是因为 car_on_farm 变为"0"电平了。从上边分析可以看到,系统的仿真是完全正确的。仿真正确以后,就可以进行下一步的工作——系统烧写。

9. 系统烧写和演示验证

系统烧写又叫系统下载,是指将编写好的程序通过计算机并行口接到 Altera 专用编程电缆上,再接到器件的编程接口,利用应用软件提供的编程软件 Programmer 即可对器件进行配置。

具体过程如下:

(1) 首先打开"MAXPLUS Ⅱ"菜单中的"Floorplan Editor",选择"layout"菜单中的"Device View",我们可以看到和实物器件相对应的管脚分配。选择"Current Assignments Floorplan"可以自定义管脚位置。将屏幕右上角"Unassigned Nodes"框里的管脚拉到器件上再编译一次就可以了。详见图 3.30。

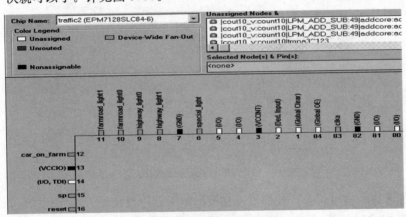

图 3.30　器件管脚配置示意图

如在"layout"中选择"Lab View"格式,我们还可以看到器件被利用的情况。

(2) 器件管脚分配好并编译以后,就可以进行烧写了。首先,连接好并行电缆,给实验板上接 5 V 电压,然后,选择"MAXPLUS Ⅱ"菜单中的"Programmer"选项,出现"Hardware Setup"框和"Programmer"框,分别如图 3.31、图 3.32 所示。

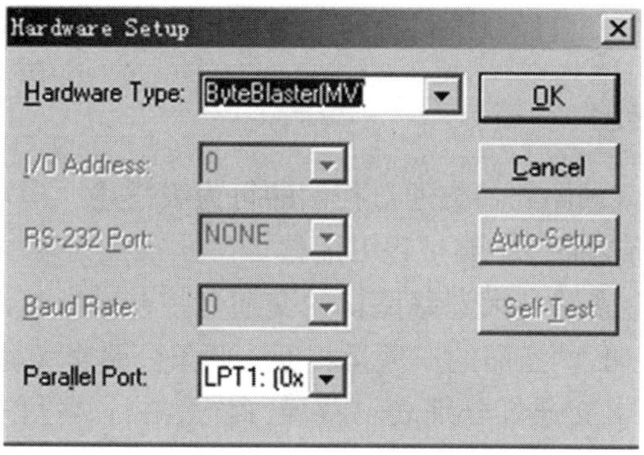

图 3.31　"Hardware Setup"对话框

在"Hardware Type"中选择"ByteBlaster[MV]"即可。

图 3.32　"Programmer"对话框

选好以后,在"Programmer"对话框中,点击"Program"进行烧写。烧写成功后,即可施加外部信号,进行演示验证了。

去掉电缆,保留电源,即可以看到随着外部条件的变化,交通灯系统的输出信号也在进行相应变化。至此整个设计结束。

本小节介绍了交通灯经典 VHDL/CPLD 系统,但现在的交通灯系统在应用时,情况会变得异常复杂,需要用十几个甚至几十个状态来描述相关规则,随后的 3.8 小节中将介绍一个真实路口系统的交通灯自动管理,适合作为课程学习时的大作业。

3.8　交通灯控制器开发实例

3.8.1　设计规范和步骤

例 3.18　金寨路与太湖路路口交通灯控制的行为级描述。

（1）自然语言描述将交通灯控制过程书面化

设计的目标是控制金寨路与太湖路路口的交通灯控制。自然语言的书面描述：金寨路南北走向，太湖路东西走向，两条路的车流量相近。两条公路交叉处各个方向上的交通灯的结构相同，从左至右有三盏交通灯分别表示左行、直行、右行，各灯有绿色、绿色闪烁、黄灯、红灯四种状态，分别表示通行、准备、准备、禁行。公路两边的人行通道上的交通灯是上下结构，上灯为红色，下灯是绿色，故一共有上灯亮下灯熄灭表示红灯（禁行），上灯熄灭下灯亮表示绿灯（通行）和上灯熄灭下灯闪烁表示绿灯闪烁（准备）三种状态。

（2）设计分解

交通灯能保证金寨路和太湖路车流的周期通行，在一个周期内依次完成金寨路直行右行、金寨路左行、太湖路直行右行、太湖路左行。对应的交通灯状态顺序是：

S_1：金寨路红色、绿色、绿色；太湖路红色、红色、红色；人行路（金寨路）红；人行路（太湖路）绿。

S_2：金寨路绿色、绿闪、绿闪；太湖路红色、红色、红色；人行路（金寨路）红；人行路（太湖路）绿闪。

S_3：金寨路绿色、黄色、黄色；太湖路红色、红色、红色；人行路（金寨路）红；人行路（太湖路）绿闪。

S_4：金寨路绿色、红色、红色；太湖路红色、红色、红色；人行路（金寨路）红；人行路（太湖路）红。

S_5：金寨路绿闪、红色、红色；太湖路红色、红色、红色；人行路（金寨路）红；人行路（太湖路）红。

S_6：金寨路黄色、红色、红色；太湖路红色、红色、红色；人行路（金寨路）红；人行路（太湖路）红。

S_7：金寨路红色、红色、红色；太湖路红色、绿色、绿色；人行路（金寨路）绿；人行路（太湖路）红。

S_8：金寨路红色、红色、红色；太湖路绿色、绿闪、绿闪；人行路（金寨路）绿闪；人行路（太湖路）红。

S_9：金寨路红色、红色、红色；太湖路绿色、黄色、黄色；人行路（金寨路）绿闪；人行路（太湖路）红。

S_{10}：金寨路红色、红色、红色；太湖路绿色、红色、红色；人行路（金寨路）红；人行路（太湖路)红。

S_{11}：金寨路红色、红色、红色；太湖路绿闪、红色、红色；人行路(金寨路)红；人行路(太湖路)红。

S_{12}：金寨路红色、红色、红色；太湖路黄色、红色、红色；人行路(金寨路)红；人行路(太湖路)红。

从上面可以看出整个交通灯按照上述十二个顺序依次进行来保证交通的正常运行。这里引出了四个需要考虑的时间,分别是:直行右行的时间、左行的时间、绿色闪烁准备时间、黄灯准备时间,它们是由外部环境决定的参数。

结合具体设计:

a. 定义顶层接口(尽可能少)(I/O);b. 底层的行为描述(功能);c. 设计验证方案。

(3) 交通灯设计步骤和规范

a. 包;b. 顶层符号的接口(Port Generic);c. 行为能力的实现和解剖(分解);d. 激励程序;e. 定时系统;f. 映射(半定制芯片的下载)。

3.8.2　设计描述

按 3.7.2 小节介绍方法,当进行行为级设计描述时,会出现一些实际运行中需要解决的问题。

例 3.19　设计描述问题解决。

当公路同时开始直行右行时,右行方向车辆会与同方向人行路上的行人相冲突。这里提出一个解决这个矛盾的方法,即右行在直行通行一段时间后开始通行,这样可以通过这段延迟时间使右行车辆避过人流高峰,减少出现事故的几率。

解　具体到本设计中是在 1 和 12 状态之间、6 和 7 状态之间再添加两个状态,即下文中的 S_0 和 S_7。新的交通灯正常工作的状态是:

S_0：金寨路红色、绿色、红色;太湖路红色、红色、红色;人行路(金寨路)红;人行路(太湖路)绿。

S_1：金寨路红色、绿色、绿色;太湖路红色、红色、红色;人行路(金寨路)红;人行路(太湖路)绿。

S_2：金寨路绿色、绿闪、绿闪;太湖路红色、红色、红色;人行路(金寨路)红;人行路(太湖路)绿闪。

S_3：金寨路绿色、黄色、黄色;太湖路红色、红色、红色;人行路(金寨路)红;人行路(太湖路)绿闪。

S_4：金寨路绿色、红色、红色;太湖路红色、红色、红色;人行路(金寨路)红;人行路(太湖路)红。

S_5：金寨路绿闪、红色、红色;太湖路红色、红色、红色;人行路(金寨路)红;人行路(太湖路)红。

S_6：金寨路黄色、红色、红色;太湖路红色、红色、红色;人行路(金寨路)红;人行路(太湖路)红。

S_7：金寨路红色、红色、红色;太湖路红色、绿色、红色;人行路(金寨路)绿;人行路(太湖路)红。

S_8：金寨路红色、红色、红色；太湖路红色、绿色、绿色；人行路（金寨路）绿；人行路（太湖路）红。

S_9：金寨路红色、红色、红色；太湖路绿色、绿闪、绿闪；人行路（金寨路）绿闪；人行路（太湖路）红。

S_{10}：金寨路红色、红色、红色；太湖路绿色、黄色、黄色；人行路（金寨路）绿闪；人行路（太湖路）红。

S_{11}：金寨路红色、红色、红色；太湖路绿色、红色、红色；人行路（金寨路）红；人行路（太湖路）红。

S_{12}：金寨路红色、红色、红色；太湖路绿闪、红色、红色；人行路（金寨路）红；人行路（太湖路）红。

S_{13}：金寨路红色、红色、红色；太湖路黄色、红色、红色；人行路（金寨路）红；人行路（太湖路）红。

上述为系统工作的**正常模式**（regular_mode），考虑到整个系统的测试与维护，设计中添加测试模式（test_mode）和检修模式（standby_mode）。**测试模式**指通过手动开关，允许使用很短的时间来覆盖先前设定的时间参数，以便于在设备维护时进行快速的测试。**检修模式**指一旦进入这个模式（如传感器发现错误或通过手动开关进入），系统在公路各个方向上必须亮黄灯，人行路上不亮灯，并能够在相应控制信号有效的情况下保持此状态。由表 3.7 可知各个模式的转换关系。

由此系统引入了一个短的测试时间（test_time）和一个新的状态即"检修状态（standby_mode）"，该状态下所有公路灯为黄色、人行道灯不亮。

表 3.7　各模式的转换关系

模式	测试信号 test	维护信号 standby	后继模式
正常模式	0	0	正常模式
	0	1	维护模式
	1	0	测试模式
	1	1	维护模式
测试模式	0	0	正常模式
	0	1	维护模式
	1	0	测试模式
	1	1	维护模式
维护模式	0	0	正常模式
	0	1	维护模式
	1	0	测试模式
	1	1	维护模式

3.8.3　VHDL 描述

VHDL 描述包括：① 包中含颜色类型和系统状态的枚举等；② 顶层符号实体说明；

③ 结构体。

（1）包描述如下

```
package traffic_package is
    type color is (green，greenslight，yellow，red)；
    type light_mode is (bright_unbright，unbright_bright，unbright_brightslight，unbright_un-
    bright)；
    type color_vector is array (0 to 2) of color；
    type state is (jinzhairoad_R_G_R,jinzhairoad_R_G_G,jinzhairoad_G_GS_GS,
        jinzhairoad_G_Y_Y,jinzhairoad_G_R_R,jinzhairoad_GS_R_R,
        jinzhairoad_Y_R_R,taihuroad_R_G_R,taihuroad_R_G_G,
        taihuroad_G_GS_GS,taihuroad_G_Y_Y,taihuroad_G_R_R,
        taihuroad_GS_R_R,taihuroad_Y_R_R,standby_mode)；
end traffic_package；
```

（2）实体说明

因为系统要控制四条公路上的灯和四段人行路上的灯,所以要有四个输出信号分别控制金寨路和太湖路上的公路交通灯、人行道灯。因为灯的结构不同,定义公路交通灯（jinzhairoad_light，taihuroad_light）的类型是 color_vector,人行道交通灯（jinzhaimanroad_light，taihumanroad_light）的类型是 light_mode。另外要控制交通灯在不同模式下的切换,系统需要两个输入,分别为 standby 和 test,它们是布尔量。系统还有六个由外部环境决定的常量:公路单直行的时间 straight_time、公路直行右行同时进行的时间 right_time、公路左行的时间 left_time、绿灯闪烁的时间 greenslight_time、黄灯时间 yellow_time、测试覆盖时间 test_time。根据上述说明定义的实体如下:

```
use work..traffic_package.all；
entity traffic_light_controller is
    generic (straight_time：time；right_time：time；
            left_time：time；greenslight_time：time；
            yellow_time：time；test_time：time)；
    port (standby，test：in Boolean；
        jinzhairoad_light              :out color_vector；
        taihuroad_light                :out color_vector；
        jinzhaimanroad_light           :out light_mode；
        taihumanroad_light             :out light_mode)；
end traffic_light_controller；
```

（3）结构体描述。

由前所述,得到输入输出名称和状态转换关系,由此可给出交通灯控制器的行为描述。

为了确定一个新状态应保持多长时间,系统必须包含一个时间指示器(见结构体中最后一个进程)。每进入一个新状态,相应的计时器开始工作,当超过计时器里面的时间时,将修改状态。所以需要七个信号为计数器提供输入输出,它们在结构体中命名为 start_time、time_out_straight、time_out_right、time_out_left、time_out_greenslight、time_out_yellow、time_out_test。

交通灯控制器的行为描述（源程序）：

```
architecture traffic_light_controller of traffic_light_controller is
    signal present_state : state := jinzhairoad_R_G_R;
-- present_state 用于保存系统当前状态,初值是 jinzhairoad_R_G_R
    signal time_out_straight        : boolean := false;
    signal time_out_right           : boolean := false;
    signal time_out_left            : boolean := false;
    signal time_out_greenslight     : boolean := false;
    signal time_out_yellow          : boolean := false;
    signal time_out_test            : boolean := false;
    signal start_time               : boolean := false;
begin
process ( standby, test, time_out_straight, time_out_right,
            time_out_left, time_out_greenslight, time_out_yellow,
            time_out_test)
--状态转换进程
    begin
        case present_state is
            when jinzhairoad_R_G_R =>
                if standby then
                    present_state <= standby_mode;
                elsif test and time_out_test then
                    start_time <= not start_time;
                    present_state <= jinzhairoad_R_G_G;
                elsif (not test) and time_out_straight then
                    start_time <= not start_time;
                    present_state <= jinzhairoad_R_G_G;
                end if;
            when jinzhairoad_R_G_G =>
                if standby then
                    present_state <= standby_mode;
                elsif test and time_out_test then
                    start_time <= not start_time;
                    present_state <= jinzhairoad_G_GS_GS;
                elsif (not test) and time_out_right then
                    start_time <= not start_time;
                    present_state <= jinzhairoad_G_GS_GS;
                end if;
            when jinzhairoad_G_GS_GS =>
                if standby then
```

```
                present_state <= standby_mode;
            elsif test and time_out_test then
                start_time <= not start_time;
                present_state <= jinzhairoad_G_Y_Y;
            elsif (not test) and time_out_greenslight then
                start_time <= not start_time;
                present_state <= jinzhairoad_G_Y_Y;
            end if;
        when jinzhairoad_G_Y_Y =>
            if standby then
                present_state <= standby_mode;
            elsif test and time_out_test then
                start_time <= not start_time;
                present_state <= jinzhairoad_G_R_R;
            elsif (not test) and time_out_yellow then
                start_time <= not start_time;
                present_state <= jinzhairoad_G_R_R;
            end if;
        when jinzhairoad_G_R_R =>
            if standby then
                present_state <= standby_mode;
            elsif test and time_out_test then
                start_time <= not start_time;
                present_state <= jinzhairoad_GS_R_R;
            elsif (not test) and time_out_left then
                start_time <= not start_time;
                present_state <= jinzhairoad_GS_R_R;
            end if;
        when jinzhairoad_GS_R_R =>
            if standby then
                present_state <= standby_mode;
            elsif test and time_out_test then
                start_time <= not start_time;
                present_state <= jinzhairoad_Y_R_R;
            elsif (not test) and time_out_greenslight then
                start_time <= not start_time;
                present_state <= jinzhairoad_Y_R_R;
            end if;
        when jinzhairoad_Y_R_R =>
            if standby then
                present_state <= standby_mode;
            elsif test and time_out_test then
```

```
                    start_time <= not start_time;
                    present_state <= taihuroad_R_G_R;
                elsif (not test) and time_out_yellow then
                    start_time <= not start_time;
                    present_state <= taihuroad_R_G_R;
                end if;
            when taihuroad_R_G_R =>
                if standby then
                    present_state <= standby_mode;
                elsif test and time_out_test then
                    start_time <= not start_time;
                    present_state <= taihuroad_R_G_G;
                elsif (not test) and time_out_straight then
                    start_time <= not start_time;
                    present_state <= taihuroad_R_G_G;
                end if;
            when taihuroad_R_G_G =>
                if standby then
                    present_state <= standby_mode;
                elsif test and time_out_test then
                    start_time <= not start_time;
                    present_state <= taihuroad_G_GS_GS;
                elsif (not test) and time_out_right then
                    start_time <= not start_time;
                    present_state <= taihuroad_G_GS_GS;
                end if;
            when taihuroad_G_GS_GS =>
                if standby then
                    present_state <= standby_mode;
                elsif test and time_out_test then
                    start_time <= not start_time;
                    present_state <= taihuroad_G_Y_Y;
                elsif (not test) and time_out_greenslight then
                    start_time <= not start_time;
                    present_state <= taihuroad_G_Y_Y;
                end if;
            when taihuroad_G_Y_Y =>
                if standby then
                    present_state <= standby_mode;
                elsif test and time_out_test then
                    start_time <= not start_time;
                    present_state <= taihuroad_G_R_R;
```

```
        elsif (not test) and time_out_yellow then
            start_time <= not start_time;
            present_state <= taihuroad_G_R_R;
        end if;
    when taihuroad_G_R_R =>
        if standby then
            present_state <= standby_mode;
        elsif test and time_out_test then
            start_time <= not start_time;
            present_state <= taihuroad_GS_R_R;
        elsif (not test) and time_out_left then
            start_time <= not start_time;
            present_state <= taihuroad_GS_R_R;
        end if;
    when taihuroad_GS_R_R =>
        if standby then
            present_state <= standby_mode;
        elsif test and time_out_test then
            start_time <= not start_time;
            present_state <= taihuroad_Y_R_R;
        elsif (not test) and time_out_greenslight then
            start_time <= not start_time;
            present_state <= taihuroad_Y_R_R;
        end if;
    when taihuroad_Y_R_R =>
        if standby then
            present_state <= standby_mode;
        elsif test and time_out_test then
            start_time <= not start_time;
            present_state <= jinzhairoad_R_G_R;
        elsif (not test) and time_out_yellow then
            start_time <= not start_time;
            present_state <= jinzhairoad_R_G_R;
        end if;
    when standby_mode =>
        if not standby then
            start_time <= not start_time;
            present_state <= jinzhairoad_R_G_R;
        end if;
    end case;
end process;
```

--信号赋值语句,对输出信号赋值

jinzhairoad_light_set :

    with present_state select

        jinzhairoad_light <= (yellow, yellow, yellow)when standby_mode,

                  (red, green, red)when jinzhairoad_R_G_R,

                  (red, green, green)when jinzhairoad_R_G_G,

                  (green, greenslight, greenslight)when jinzhairoad_G_GS_GS,

                  (green, yellow, yellow) when jinzhairoad_G_Y_Y,

                  (green, red, red)when jinzhairoad_G_R_R,

                  (greenslight, red, red)when jinzhairoad_GS_R_R,

                  (yellow, red, red) when jinzhairoad_Y_R_R,

                  (red, red, red) when others;

    taihuroad_light_set :

    with present_state select

        taihuroad_light <= (yellow, yellow, yellow)when standby_mode,

                  (red, green, red) when taihuroad_R_G_R,

                  (red, green, green) when taihuroad_R_G_G,

                  (green, greenslight, greenslight)when taihuroad_G_GS_GS,

                  (green, yellow, yellow)when taihuroad_G_Y_Y,

                  (green, red, red) when taihuroad_G_R_R,

                  (greenslight, red, red)when taihuroad_GS_R_R,

                  (yellow, red, red) when taihuroad_Y_R_R,

                  (red, red, red) when others;

jinzhaimanroad_light_set :

    with present_state select

        jinzhaimanroad_light <= unbright_unbrightwhen standby_mode,

                  unbright_bright when taihuroad_R_G_R |

                        taihuroad_R_G_G,

      unbright_bright slight when taihuroad_G_GS_GS |

                        taihuroad_G_Y_Y,

                bright_unbrightwhen others;

    taihumanroad_light_set :

    with present_state select

        taihumanroad_light <= unbright_unbright when standby_mode,

                  unbright_bright when jinzhairoad_R_G_R |

                        jinzhairoad_R_G_G,

                unbright_bright slight when jinzhairoad_G_GS_GS |

                        jinzhairoad_G_Y_Y,

                bright_unbright when others;

--时间指示器

```
time_process：
    process（start_time）
        begin
            time_out_straight <= false，true after straight_time；
            time_out_right <= false，true after right_time；
            time_out_left <= false，true after left_time；
            time_out_greenslight <= false，true after greenslight_time；
            time_out_yellow <= false，true after yellow_time；
            time_out_test <= false，true after test_time；
    end process；

        end traffic_light_controller；
```

3.8.4　验证方案

编写测试基准,在测试信号的驱动下验证设计的交通灯系统的功能。为了验证系统的正确性,测试基准要包含各种输入情况使系统的各个状态、功能、模式全部翻转,完成各种情况的测试。

考虑本设计的行为部分,写出两个信号 standby 和 test 的波形即可,测试波形用 VHDL 描述如下:

```
standby <= false，true after 2300 ns，false after 2800 ns，true after 3300 ns，
              false after 3800 ns，true after 4200 ns，false after 4250 ns；
test <= false，true after 1500 ns，false after 1800 ns，true after 3400 ns，
              false after 3700 ns，true after 3900 ns，false after 4500 ns；
```

这段波形反映了系统的各种模式下的翻转情况,具体分析如下:

(a) 正常模式的整个周期 0~1500 ns；

(b) 正常模式进入测试模式 1500 ns；

(c) 测试模式整个周期 1500~1800 ns；

(d) 测试模式进入正常模式 1800 ns；

(e) 正常模式进入维护模式 2300 ns；

(f) 维护模式维持 500 ns 进入正常模式 2800 ns；

(g) 正常模式维持 500 ns 后进入维护模式 3300 ns；

(h) 维护模式下 100 ns 后测试信号进入 3400 ns；

(i) 维护模式下测试信号为真保持 300 ns,即 3400~3700 ns；

(j) 维护模式下测试信号为假 3700 ns；

(k) 维护模式维持 100 ns 进入正常模式,即 3800 ns；

(l) 100 ns 后正常模式进入测试模式,时间轴发展到 3900 ns；

(m) 测试模式进行 300 ns 后,加入维护信号,即 4200 ns；

(n) 维护信号和测试信号都为真保持 50 ns,即 4200~4250 ns；

(o) 维护模式保持 250 ns,即 4250~4500 ns；

(p) 维护模式进入正常模式 4500 ns。

3.8.5 把 TLC 和 TLC_Test 配置在一起

当我们把交通灯程序 TLC 和测试基准 TLC_Test 结合在一起后,就可以按正常模式、测试模式等分别仿真波形。

(1)正常模式波形图

图 3.33 的波形为 0~900 ns 部分,图 3.34 波形为 800~1600 ns 部分。一个周期是在 0~1500 ns 的范围内,我们可以看到 14 个状态按顺序依次翻转。

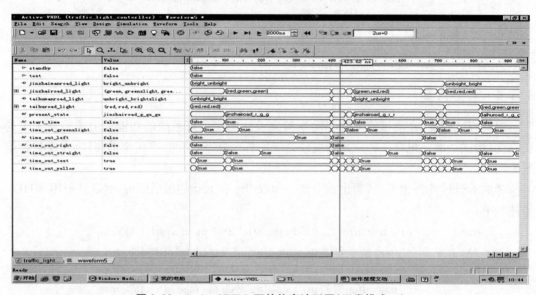

图 3.33　Active-VHDL 下的仿真波形图(正常模式一)

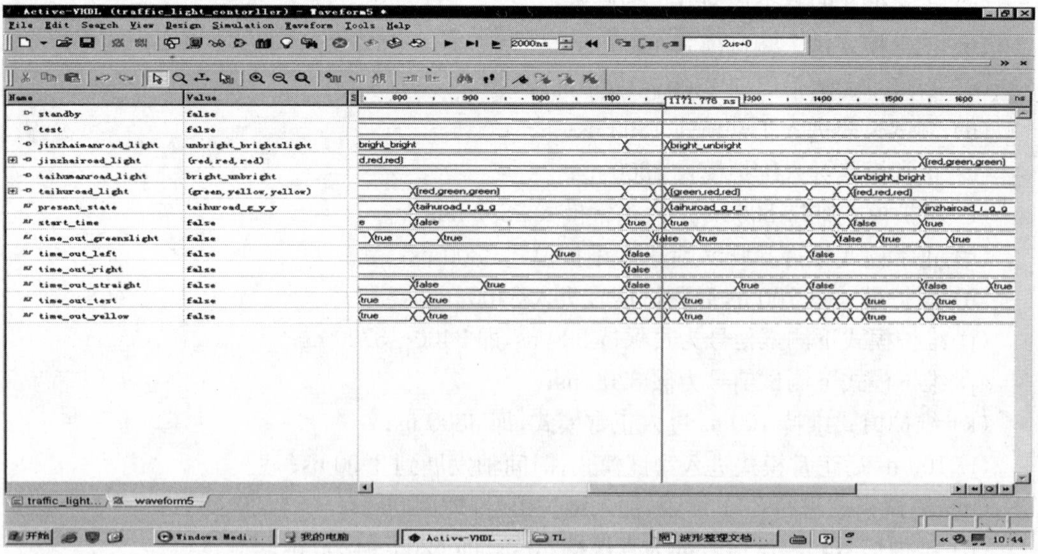

图 3.34　Active-VHDL 下的仿真波形图(正常模式二)

（2）正常模式进入测试模式

在图 3.35 中我们可以看到，在 1500 ns 之前处于金寨路直行的状态，1500 ns 之后进入金寨路直行右行同时进行的状态。状态改变的原因不是前一个状态的时间达到了可以改变的时刻，而是因为测试信号的进入触发过程进行，导致状态的翻转。测试信号的目的是为了使过程更快地进行，所以设计中的这个情况不违背初衷。

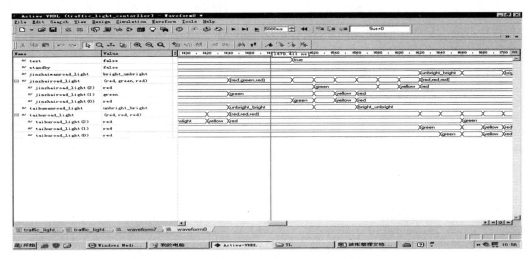

图 3.35　Active-VHDL 下的仿真波形图（正常模式进入测试模式）

（3）测试模式下的一个周期的状态翻转情况

各个状态在短时间正常翻转，然后系统进入正常模式。进入正常模式 1800 ns 前后交通灯的状态未变化，并且该状态的持续时间是正常模式下的时间（包含了测试状态下的时间）从如图 3.36 的波形图可以看出。

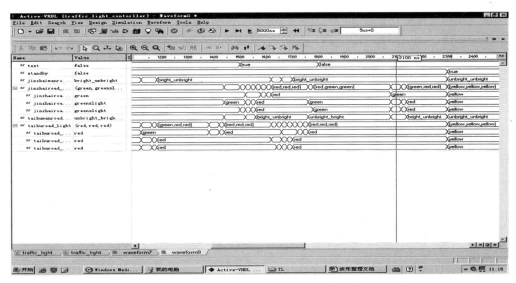

图 3.36　Active-VHDL 下的仿真波形图测试模式进入正常模式

（4）同理，系统进出维修状态、维护下测试信号等的影响均可以通过波形调试正常，不再赘述。

3.8.6 预定义数据类型 BIT

把数据转换成 IEEE system 1076 和 1164 支持的类型在 TLC 中是把可枚举的数据类型转换为预定义的 BIT 的数据类型，此时会产生一个新的程序包。在包中要重写内部信号的各种操作，并把从端口传给电路的类型转换成 BIT 数据类型，反过来把经端口输出的值从 BIT 数据类型还原为原来的数据类型。

（1）位类型改写后的实体

```
entity traffic_light_con is
    port (
        reset : in std_logic;
        clk : in std_logic;
        standby : in std_logic;
        test : in std_logic;
        jinzhairoad_light          : out std_logic_vector (3 downto 0);
        taihuroad_light            : out std_logic_vector (3 downto 0);
        jinzhaimanroad_light       : out std_logic_vector (1 downto 0);
        taihumanroad_light         : out std_logic_vector (1 downto 0)
        );
    end traffic_light_con;
```

（2）各状态类型与 BIT 类型的对应

```
"0000"    state jinzhairoad_red_green_red
"0001"    state jinzhairoad_red_green_green
"0010"    state jinzhairoad_green_greenslight_greenslight
"0011"    state jinzhairoad_green_yellow_yellow
"0100"    state jinzhairoad_green_red_red
"0101"    state jinzhairoad_greenslight_red_red
"0110"    state jinzhairoad_yellow_red_red
"0111"    state taihuroad_red_green_red
"1000"    state taihuroad_red_green_green
"1001"    state taihuroad_green_greenslight_slight
"1010"    state taihuroad_green_yellow_yellow
"1011"    state taihuroad_green_red_red
"1100"    state taihuroad_greenslight_red_red
"1101"    state taihuroad_yellow_red_red
"1110"    state standby
```

（3）公路交通灯输出类型与 BIT 类型的对应

```
"0000"    light red_green_red
"0001"    light red_green_green
```

"0010"　light green_greenslight_greenslight

"0011"　light green_yellow_yellow

"0100"　light green_red_red

"0101"　light greenslight_red_red

"0110"　light yellow_red_red

"0111"　light red_red_red

"1000"　light yellow_yellow_yellow

（4）人行路交通定输出类型与 BIT 类型的对应

"00"　light bright_unbright(red)

"01"　light unbright_bright(green)

"10"　light unbright_brightslight(greenslight)

"11"　light unbright_unbright(standby)

3.8.7　用新的数据类型改写成 TLC 的电路描述

将 TLC 实体允许有不同的结构体定时系统（定时器）都转换为 BIT。

（1）结构体的底层部分

结构体的底层部分是时间计数部分，包括复位信号、维护信号的控制。程序如下：

```
-- Lower section of state machine
process (reset,standby,clk)
    variable count : integer range 0 to time_max;
    variable change : std_logic;
begin
    if change = '1' then count := 0;
    elsif( clk'event and clk = '1') then
        count := count + 1;
        if (count = time) then
        present_state <= next_state;
        count := 0;
        end if;
    end if;
    if reset = '1' then
        present_state <= "0000"; change := '1';
    elsif standby = '1' then
        present_state <= "1110"; change := '1';
    else change := '0';
    end if;
end process;
```

初始状态是"0000"即金寨路单直行。time 是时间信号，用于记录时间；count 是计数变量，用于计量时间；change 是状态变量，用于模式的切换；时钟上升沿计数。

（2）结构体的顶层部分

结构体的顶层部分就是状态翻转部分，记录了各个状态的持续时间、输出以及后继状态。15 个状态结构相似，由于篇幅限制下面仅取一段讨论：

```
when ″0011″ =>
        jinzhai_state <= ″0011″；
        taihu_state <= ″0111″；
        jinzhaiman_state <= ″00″；
        taihuman_state <= ″10″；
        next_state <= ″0100″；
        if（test = ′0′）then time_2 := time_yellow；
        else time_2 := time_test；
        end if；
```

第一行即是入口，第二行到第五行为输出的状态，第六行为出口，第七行到第九行为持续时间，时间由 test 信号控制，分为测试模式和正常模式。

3.8.8 其他综合调试工作

（1）定时器的改造

将行为级的描述改为 BIT 类型就可以综合了，本设计使用的 EDA 工具，仿真部分使用的是 Active-VHDL 软件，综合部分采用 Altera 公司的 Quartus Ⅱ 软件。

项目名：traffic_light_con。

器件：MAX7000S 系列的 EPM7128SLC84-7。

系统模块：交通灯控制器的层次结构如图 3.37 所示。

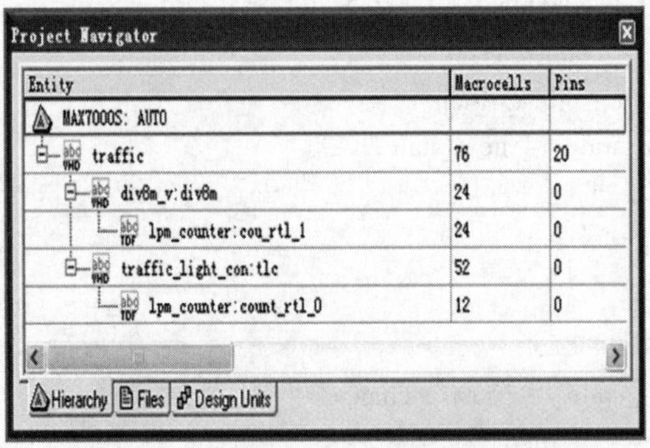

图 3.37　交通灯控制器的层次结构

定时器：本设计实验板提供的时钟是 16 MHz，所以我们需要一个 8 MHz 分频。

交通灯控制部分：仿真过程的 BIT 描述的电路文件。

主程序：traffic。

（2）控制元件的细化

可安装元件底层状态图：①控制实体 VHDL 的调整；②器件方式的适配结合 Altera 的 MAX7000S 看。

（3）器件下载实现

下载方式（JTAG 并口）及连线，参见本书第 6 章。

（4）定时器控制器设计适配

根据开发板的具体情况对程序作调整。如需要增加分频电路等，参见本书第 6 章。

（5）测试总结

从行为级算法高层次领域入手，通过最先进的 EDA 工具转换成结构化 RTL 代码，再将烧写程序下载到 CPLD/FPGA 开发板上（设计细化约束因素利用现有结果）进行时序分析，参见本书第 6 章。

第4章 硬件描述语言 Verilog HDL

Verilog HDL 是一种硬件描述语言,在各类设计公司中,它越来越多地用于从算法级、门级到开关级的多种抽象设计层次的数字集成电路系统建模与设计。本章从 Verilog HDL 和 VHDL 的差异入手,进一步介绍了该语言的特点、词法、语句以及一些实例程序。

4.1 Verilog HDL 和 VHDL 的比较

Verilog 最初只是一家普通的民间公司的产品,后被当今第一大 EDA 公司 Cadence 收购,并推出了现今广为流传的 Verilog HDL,它是一种类似 C 语言风格的硬件描述语言,1995 年正式成为 IEEE 标准,在工业界使用很普遍。而 VHDL 是类似 Pascal(脱胎于 Ada 语言)的硬件描述语言,严谨得有点呆板,但绝对不出错,所以在国内外教学上用得非常多。现在大部分仿真器都支持 Verilog HDL、VHDL 混合仿真,同时使用两种语言也没有什么问题,它们也正在向对方的优势学习,相互靠拢。

Verilog HDL 和 VHDL 作为描述硬件电路设计的语言,二者的不同点在于:Verilog HDL 在行为级抽象建模的覆盖范围方面比 VHDL 稍差一些,而在门级描述方面比 VHDL 强一些,二者之间的建模能力比较如图 4.1 所示。

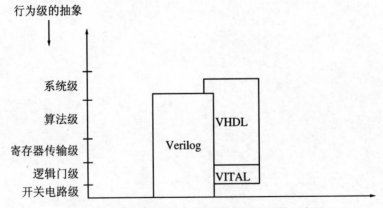

图 4.1 Verilog HDL 与 VHDL 建模能力比较示意图

Verilog HDL 和 VHDL 的共同特点在于：都能形式化地抽象表示电路的结构和行为，都支持逻辑设计中层次与领域的描述，具有电路仿真和验证机制以保证设计的正确性，支持电路描述由高层到低层的综合转换，便于文档管理，易于理解与设计重用。从设计流程看，都利用层次化、结构化的设计方法，自顶向下进行设计，其 HDL 设计流程图如图 4.2 所示。

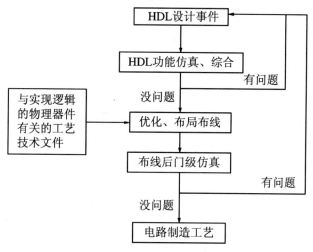

图 4.2　HDL 设计流程图

4.2　Verilog HDL 简介

Verilog HDL 是由 GDA（Gateway Design Automation）公司的 Phil Moorby 在 1983 年末首创的，最初只设计了一个仿真与验证工具，之后又陆续开发了相关的故障模拟与时序分析工具。1985 年 Moorby 推出他的第三个商用仿真器 Verilog-XL，获得了巨大的成功，从而使得 Verilog HDL 迅速得到推广应用。1989 年 Cadence 公司收购了 GDA 公司，使得 Verilog HDL 成为了该公司的独家专利。1990 年 Cadence 公司公开发表了 Verilog HDL，并成立 LVI 组织以促进 Verilog HDL 成为 IEEE 标准，即 IEEE 1364－1995。自 1995 年以后，根据使用者的建议和需求，Verilog HDL 做了许多增补，这些增补都归入新的 Verilog HDL 标准，即 IEEE1364－2001。VHDL 更多用于教学，Verilog HDL 更多用于工业界，二者可以在一定程度上互相转换。

4.2.1　Verilog HDL 的特点

Verilog HDL 新标准（IEEE1364－2001）的特点如下：

（1）Verilog 是一种通用的硬件描述语言，易学易用。在语法上，与 C 语言相似，具有 C

语言编程经验的设计人员会感到 Verilog 很容易学。

（2）Verilog 允许不同的抽象层次混合在相同的模型内,设计人员可以根据开关、门、寄存器传输或行为代码定义硬件模型。此外,设计人员仅需要学习一门语言用于激励和层次化设计。

（3）大多数流行的逻辑综合工具都支持 Verilog,这使它成为供设计人员选择的一种语言。

（4）所有制造厂商都提供用于后逻辑综合模拟的 Verilog 库。因此,用 Verilog 进行芯片设计时允许厂商进行更宽范围的选择。

（5）提供的编程语言接口（Program Language Interface,PLI）是一个强大的功能单元。用户可以写入定制的 C 语言代码与 Verilog 内部数据结构相结合,设计人员也可以通过 PLI 定制一个 Verilog 模拟器以满足开发需要。

Verilog 从诞生起就与生产实际紧密结合在一起,全世界近 90% 的半导体公司都使用 Verilog 进行设计,全球有 70 多家公司提供基于 Verilog 的模拟器、综合器及其他工具。Verilog 支持 250 多种 ASIC、FPGA 和其他类型的库。

4.2.2　Verilog HDL 模块组成单元

模块是 Verilog 的基本单元,它表示某些逻辑实体,这些逻辑实体即通常在设计中常用的硬件部件。模块描述了实体完成某个设计的功能或结构及其与其他模块通信的外部端口。一个设计的结构可使用开关级原语、门级原语和用户定义的原语方式来描述;设计的数据流行为使用连续赋值语句进行描述;时序行为使用过程结构来描述。一个模块可以在另一个模块中被调用。例如,一个模块可以表示一个简单的门、一个 32 位计数器、一个存储子系统、一个计算机系统或者一个网络计算机等。一个 Verilog 模块由如图 4.3 所示的几个部分组成,每个模块必须以关键词 module 开始,以 endmodule 结束,其他组成部分——端口表、端口说明、参数说明、变量和信号说明、数据流语句、行为模块、抽象层次较低模块的例示以及函数和任务都是可选项,可以根据设计的需要来选择。

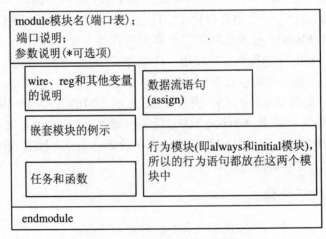

图 4.3　Verilog 模块的组成

详细的 Verilog 各模块组成单元如图 4.4 所示。

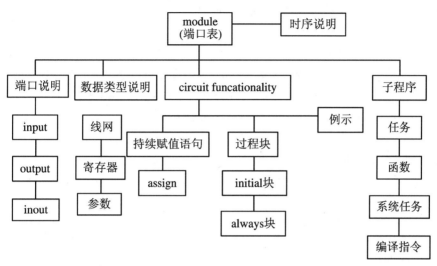

图 4.4　Verilog 各模块的组成单元

一个模块的基本语法如下:

module module_name（port_list）;

declarations:

reg,wire,parameter,

input,output,inout,

function,task,…

statements:

initial statement

always statement

module instantiation

Gate instantiation

UDP instantiation

continuous assignment

endmodule

模块的定义从关键字 module 开始,到关键字 endmodule 结束,每条 Verilog HDL 语句以";"作为结束(块语句、编译向导、endmodule 等少数除外)。

一个完整的 Verilog 模块由以下五个部分组成:

(1) 模块定义行。

module module_name（port_list）

(2) 说明部分用于定义不同的项,例如模块描述中使用的寄存器和参数。语句定义设计的功能和结构。说明部分和语句可以散布在模块中的任何地方;但是变量、寄存器、线网和参数等的说明部分必须在使用前出现。为了使模块描述清晰以及具有良好的可读性,最好将所有的说明部分放在语句前。

(3) 说明部分包括:

寄存器、线网、参数:reg,wire,parameter

端口类型说明行:input,output,inout

函数、任务:function,task 等

(4) 描述体部分:这是一个模块中最重要的部分,在这里描述模块的行为和功能,子模块的调用和连接,逻辑门的调用,用户自定义部件的调用,初始态赋值,always 块,连续赋值语句等。

(5) 结束行:以 endmodule 结束,注意后面没有分号了。

以下给出一个半加器电路模块的建模实例。

```
module HalfAdder (A, B, Sum, Carry);
input A, B;
output Sum, Carry;
    assign #2 Sum = A ^ B;
    assign #3 Carry = A & B;
endmodule
```

模块的名字是 HalfAdder。模块有 4 个端口:两个输入端口 A 和 B,两个输出端口 Sum 和 Carry。由于没有定义端口的位数,故所有端口大小都为 1 位;同时,由于没有各端口的数据类型说明,所以这四个端口都是线网数据类型。

模块包含两条描述半加器数据流行为的连续赋值语句。从这种意义上讲,这些语句在模块中出现的顺序无关紧要,因为这些语句是并发的。每条语句的执行顺序依赖于发生在变量 A 和 B 上的事件。

4.2.3 Verilog-2001 标准加入的内容

1. Verilog-2001 的由来

Verilog HDL 虽然得到了广泛应用,但是人们在应用过程中也发现了 Verilog 的不少缺陷。在 2001 年,OVI(Open Verilog Initiative)向 IEEE 提交了新的标准,这一扩展版本成为了 IEEE1364-2001 标准,也就是 Verilog-2001。Verilog-2001 是 Verilog-1995 的增补,现在所有的工具都支持 Verilog-2001。Verilog-2001 也被称作 Verilog 2.0。应该说,作为一个 Verilog 的使用者,懂 Verilog 的语法是必须的。对于大多数人来讲,在使用 Verilog 的过程中,总是不知不觉地将 Verilog-2001 和 Verilog-1995 混用。

2. Verilog-2001 的模块定义

相比于 Verilog-1995,Verilog-2001 允许更加灵活的模块定义方式,语法如下:

```
module module_name
#(parameter_declaration, parameter_declaration,…)
(port_declaration port_name, port_name,…, port_declaration port_name, port_name,…);
module items
endmodule
```

而 Verilog-1995 的语法如下:

```
module module_name（port_name，port_name，…）；
port_declaration port_name，port_name，…；
port_declaration port_name，port_name，…；
module items
endmodule
```

（port_declaration port_name，port_name）的一个实例如下：

```
parameter SIZE = 4096；
input [log2(SIZE) - 1:0] addr；
```

Verilog-2001 风格的模块示例如下：

```
module reg4（output wire [3:0] q，input wire [3:0] d，clk）；
input clk；
…
endmodule
```

用户可以继续使用 Verilog-1995 的风格，也可以采用 Verilog-2001 的风格。

3．Verilog-2001 端口定义

Verilog-2001 允许更加灵活的端口定义方式，允许数据类型和端口方向同时定义，语法如下：

```
port_direction data_type signed range port_name，port_name，… ；
```

其中，signed 是 Verilog-2001 的一个新增关键字，表示有符号数据类型，以 2 的补码方式表示。

端口定义的实例如下：

```
output signed [31:0] result；
input signed [15:0] a，b；
input [15:12] addr；
inout [0:15] data_bus；
```

4．Reg 的定义

在 Verilog-1995 中定义和初始化 reg 需要两条语句，而在 Verilog-2001 中可以合成一条语句。

实例如下：

在 Verilog-1995 中有

```
reg clock；
initial
clk = 0；
```

而在 Verilog-2001 中有

```
reg clock = 0；
```

5．Verilog-2001 的缺省位扩展

在 Verilog-1995 中，在不指定基数的情况下为大于 32 位的变量赋高阻值，只能使其低 32 位为高阻值，其他高位会被设置为 0，此时需要指定基数值才能将高位赋值为高阻。而在 Verilog-2001 中则没有这个限制了。

6. Verilog-2001 使用逗号隔开敏感信号

Verilog-2001 中可以用逗号来代替 or 以隔开敏感信号。

实例如下：

在 Verilog-1995 中有

  always @(a or b or c or d or sel)

而在 Verilog-2001 中有

  always @(a, b, c, d, sel)

7. Verilog-2001 组合逻辑敏感信号通配符

在组合逻辑设计中，需要在敏感信号列表中包含所有组合逻辑输入信号，以免产生锁存器。在大型的组合逻辑中比较容易遗忘一些敏感信号，因此在 Verilog-2001 中可以使用 @ * 包含所有的输入信号作为敏感信号。

实例如下：

  always @ * //combinational logic sensitivity

  if（sel）

  y = a;

  else

  y = b;

这样做的好处是避免敏感向量表不完整导致的锁定 latch（锁存器）。

8. Verilog-2001 指数运算

Verilog-2001 中增加了指数运算操作，操作符为 **。

实例如下：

  always @(posedge clock)

  result = base **exponent

9. Verilog-2001 递归函数和任务

在 Verilog-2001 中增加了一个新的关键字：automatic。该关键字可以让任务或函数在运行中重新调用启用 automatic 关键字的任务和函数。

实例如下：

  function automatic [63:0] factorial;

  input [31:0] n;

  if (n == 1)

  factorial = 1;

  else

  factorial = n * factorial(n − 1);

  endfunction

10. Verilog-2001 有符号运算

在 Verilog-1995 中，integer 数据类型为有符号类型，而 reg 和 wire 类型为无符号类型；而且 integer 大小固定，即为 32 位数据。在 Verilog-2001 中对符号运算进行了如下扩展：

Reg 和 wire 变量可以定义为有符号类型。例如：

  reg signed [63:0] data;

```
wire signed [7:0] vector;
input signed [31:0] a;
function signed [128:0] alu;
```

函数返回类型可以定义为有符号类型。

带有基数的整数也可以定义为有符号数,即在基数符号前加入 s 符号。例如:

```
16′hC501    //an unsigned 16 - bit hex value
16′shC501   //a signed 16 - bit hex value
```

操作数可以在无符号和有符号之间转变,通过系统函数 $ signed 和 $ unsigned 实现。例如:

```
reg [63:0] a;                //unsigned data type
always @(a) begin
result1 = a / 2;             //unsigned arithmetic
result2 = $ signed(a) / 2;   //signed arithmetic
end
```

11．Verilog-2001 算术移位操作

Verilog-2001 增加了算术移位操作,在 Verilog-1995 中只有逻辑移位操作。比如 D 的初始值为 8′b10100011,则:

```
D >> 3      //logical shift yields 8′b00010100
D >>> 3     //arithmetic shift yields 8′b11110100
```

12．Verilog-2001 多维数组

Verilog-1995 只允许一维数组,而 Verilog-2001 允许多维数组。

```
//1 - dimensional array of 8 - bit reg variables
//(allowed in Verilog - 1995 and Verilog - 2001)
reg [7:0] array1 [0:255];
wire [7:0] out1 = array1[address];
//3 - dimensional array of 8 - bit wire nets
//(new for Verilog - 2001)
wire [7:0] array3 [0:255][0:255][0:15];
wire [7:0] out3 = array3[addr1][addr2][addr3];
```

而且在 Verilog-1995 中不能从一维数组中取出其中的一位,比如要取出 array1[7][5],需要将 array1[7]赋给一个 reg 变量,比如 arrayreg <= array1[7],再从 arrayreg 中取出 bit5,即 arrayreg[5]。而在 Verilog-2001 中,可以任意取出多维数组中的一位或连续几位。例如:

```
//select the high-order byte of one word in a
//2 - dimensional array of 32 - bit reg variables
reg [31:0] array2 [0:255][0:15];
wire [7:0] out2 = array2[100][7][31:24];
```

13．Verilog-2001 向量部分选择

在 Verilog-1995 中,可以选择向量的任一位输出,也可以选择向量的连续几位输出,不过此时连续几位的始末数值的 index 需要是常量。而在 Verilog-2001 中,可以用变量作为

index,进行部分选择。

> [base_expr＋：width_expr]　　//positive offset
>
> [base_expr－：width_expr]　　//negative offset

其中 base_expr 可以是变量,而 width_expr 必须是常量。＋：表示由 base_expr 向上增长 width_expr 位,－：表示由 base_expr 向上递减 width_expr 位。例如：

> reg [63:0] word;
>
> reg [3:0] byte_num; //a value from 0 to 7
>
> wire [7:0] byteN = word[byte_num * 8＋: 8];

如果 byte_num 的值为 4,则 word[39:32]赋值给 byteN。

14. Verilog-2001 常量函数

Verilog 的语法要求定义向量的宽度或数组大小时其值必须是一个确定的数字或一个常量表达式。例如：

> parameter WIDTH = 8;
>
> wire [WIDTH－1:0] data;

在 Verilog-1995 标准中,常量表达式只能是基于一些常量的算术操作。而在 Verilog-2001 中增加了 constant function,其定义与普通的 function 一样,不过 constant function 只允许操作常量。下面是一个使用 constant function 的例子,clogb2 函数返回输入值 2 次方的次数。

```
module ram (address_bus, write, select, data);
parameter SIZE = 1024;
input [clogb2(SIZE)－1:0] address_bus;
...
function integer clogb2 (input integer depth);
begin
    for(clogb2 = 0; depth > 0; clogb2 = clogb2 + 1)
    depth = depth >> 1;
end
endfunction
...
endmodule
```

15. Verilog-2001 Generate 语句

Verilog-2001 添加了 generate 循环,允许产生 module 和 primitive 的多个实例化,同时也可以产生多个 variable,net,task,function,continous assignment,initial 和 always。在 generate 语句中可以引入 if-else 和 case 语句,根据条件不同产生不同的实例化。

为此,Verilog-2001 还增加了以下关键字:generate,endgenerate,genvar,localparam。genvar 为新增数据类型,存储正的 integer。在 generate 语句中使用的 index 必须定义成 genvar 类型。localparam 与 parameter 有些类似,不过其不能通过 redefinition 改变值。除了可以在 generate 语句中使用 if-else,case 外,还能使用 for 语句进行循环。下面是一个使用 generate 的例子,根据 a_width 和 b_width 的不同,实例化不同的 multiplier。

```
module multiplier (a, b, product);
parameter a_width = 8, b_width = 8;
localparam product_width = a_width + b_width;
input [a_width−1:0] a;
input [b_width−1:0] b;
output[product_width−1:0]product;
generate
   if((a_width <8) || (b_width <8))
     CLA_multiplier #(a_width, b_width)
     u1 (a, b, product);
   else
     WALLACE_multiplier #(a_width, b_width)
     u1 (a, b, product);
endgenerate
endmodule
```

在下面的例子中,在 generate 语句中使用了 for 语句。

```
module Nbit_adder (co, sum, a, b, ci);
parameter SIZE = 4;
output [SIZE−1:0] sum;
output co;
input [SIZE−1:0] a, b;
input ci;
wire [SIZE:0] c;
genvar i;
assign c[0] = ci;
assign co = c[SIZE];
generate
   for(i=0; i<SIZE; i="i"+1)
begin:addbit
   wire n1,n2,n3; //internal nets
   xor g1 ( n1, a[i], b[i]);
   xor g2 (sum[i],n1, c[i]);
   and g3 ( n2, a[i], b[i]);
   and g4 ( n3, n1, c[i]);
   or g5 (c[i+1],n2, n3);
end
endgenerate
endmodule
```

generate 执行过程中,每一个 generated net 在每次循环中有唯一的名字,比如 n1 在 4 次循环中会产生如下名字:

```
addbit[0].n1
```

addbit[1].n1

addbit[2].n1

addbit[3].n1

这也是为什么在 begin-end 块语句中需要名字的一个原因。同样,实例化的 module, gate 等在每次循环中也有不同的名字。

addbit[0].g1

addbit[1].g1

addbit[2].g1

addbit[3].g1

16. Verilog-2001 的其他特性

除上面讲的内容外,Verilog-2001 还增加了其他一些有用特性,如类似 VHDL 的 Configuration 功能、增强的 SDF(Standard Delay File)支持、扩展的 VCD 文件、PLI 增强等,感兴趣的读者可以阅读与 Verilog-2001 有关的 3 个 IEEE 标准规范。

4.3 Verilog HDL 的词法

本小节介绍 Verilog HDL 的一些词法,准确无误地理解和掌握这些词法的规则和用法,是运用 Verilog HDL 进行设计的基础。

4.3.1 空白符和注释

1. 空白符

Verilog HDL 中的空白符包括空格、tab 符号、换页、换行。空白符用来分割各种不同的词法符号,空白符如果不是出现在字符串中,编译源程序时将被忽略。合理地按书写规范要求使用空白符,可以使源程序具有良好的可读性。

2. 注释

Verilog HDL 语言中有两种注释的方式,一种是以"/ ∗ "符号开始、" ∗ /"结束,在两个符号之间的语句都是注释语句,因此可扩展到多行。比如:

/ ∗ statement1,

statement2,

...

statement*n* ∗ /

以上 *n* 个语句都是注释语句。

另一种是以//开头的语句,它表示以//开始到本行结束只能写在一行中。

4.3.2 常数

Verilog HDL 语言中的常数包括数字、未知 x 和高阻 z 三种。数字可以用二进制、十进

制、八进制和十六进制四种不同数制来表示,完整的数字格式为

      <位宽>'<进制符号><数字>

其中,位宽表示数字对应的二进制数的位数宽度;进制符号包括 b 和 B(表示二进制数)、d 和 D(表示十进制数)、o 和 O(表示八进制数)、h 和 H(表示十六进制数)。数字的位宽可以默认,十进制数的位宽和进制符号可以默认。

下面是一些实例:

256,7	//非定长的十进制数
4'b10_11,8'h0A	//定长的整型常量
'b1,'hFBA	//非定长的整数常量
90.00006	//实数型常量
"BOND"	//串常量;每个字符作为 8 位 ASCII 值存储

表达式中的整数值可被解释为有符号数或无符号数。如果表达式中是十进制整数,例如,12 被解释为有符号数。如果整数是基数型整数(定长或非定长),那么该整数作为无符号数对待。下面举例说明:

12	//01100 的 5 位向量形式(有符号)
−12	//10100 的 5 位向量形式(有符号)
5'b 01100	//十进制数 12(无符号)用 5 位二进制表示
5'b10100	//十进制数 20(无符号)用 5 位二进制表示
4'd12	//十进制数 12(无符号)

更为重要的是对基数表示或非基数表示的负整数处理方式不同。非基数表示形式的负整数作为有符号数处理,而基数表示形式的负整数值作为无符号数。因此 −44 和 −6'o54 (十进制的 44 等于八进制的 54)在下例中处理不同。

      integer Cone;

      …

      Cone = −44/4;

      Cone = −6'o54/4;

注意 −44 和 −6'o54 以相同的位模式求值;但是 −44 作为有符号数处理,而 −6'o54 作为无符号数处理。因此第一个字符中 Cone 的值为 −11,而在第二个赋值中 Cone 的值为 1073741813(补码且 integer 型数据默认为 32 位,整形除法截断并舍去任何小数部分)。

4.3.3 字符串

字符串是双引号内的字符序列。字符串不能分成多行书写。例如:

      "INTERNAL ERROR"

      " REACHED —〉HERE"

用 8 位 ASCII 值表示的字符可看作是无符号整数。因此字符串是 8 位 ASCII 值的序列。为存储字符串"INTERNAL ERROR",变量需要 8 * 14 位。

      reg [1:8 * 14] Message;

      …

      Message = "INTERNAL ERROR"

4.3.4 关键词

Verilog HDL 定义了一系列保留字,叫做关键词,表 4.1 列出了 Verilog HDL-2001 中的所有保留字,共 102 个,比 Verilog HDL-1995 增加了 5 个。注意只有小写的关键词才是保留字。例如,标识符 always(这是个关键词)与标识符 ALWAYS(非关键词)是不同的。

表 4.1　Verilog HDL 的关键词

always	and	assign	automatic	begin
buf	bufif0	bufif1	case	casex
casez	cell	cmos	config	deassign
default	defparam	design	disable	edge
else	end	endcase	endconfig	endfunction
endgenerate	endmodule	endprimitive	endspecify	endtable
endtask	event	for	force	forever
fork	function	generate	genvar	highz0
highz1	if	ifnone	incdir	include
initial	inout	input	instance	integer
join	large	liblist	library	localparam
macromodule	medium	module	nand	negedge
nmos	nor	noshowcancelled	not	notif0
notif1	or	output	parameter	pmos
posedge	primitive	pull0	pull1	pulldown
pullup	pulsestyle_onevent	pulsestyle_ondetect	rcmos	real
realtime	reg	release	repeat	rnmos
rpmos	rtran	rtranif0	rtranif1	scalared
showcancelled	signed	small	specify	specparam
strong0	strong1	supply0	supply1	table
task	time	tran	tranif0	tranif1
tri	tri0	tri1	triand	trior
trireg	unsigned	use	vectored	wait
wand	weak0	weak1	while	wire
wor	xnor	xor		

4.3.5 标识符

Verilog HDL 中的标识符(identifier)可以是任意一组字母、数字、$ 符号和_(下划线)符号的组合,但标识符的第一个字符必须是字母或者下划线。另外,标识符是区分大小写的。以下是标识符的几个例子:

Count

COUNT　//与 Count 不同

_R1_D2

R56_68

FIVE $

转义标识符(escaped identifier)可以在一条标识符中包含任何可打印字符。转义标识符以\(反斜线)符号开头,以空白结尾(空白可以是一个空格、一个制表字符或换行符)。下面例举了几个转义标识符:

\7400

\.*.$

\{******}

\~Q

\OutGate //与 OutGate 相同

最后这个例子解释了在一条转义标识符中,反斜线和结束空白并不是转义标识符的一部分,也就是说,标识符\OutGate 和标识符 OutGate 恒等。

4.3.6　操作符

Verilog HDL 中的操作符可以分为下述类型:

1．算术操作符

算术操作符有

+	一元加和二元加
−	一元减和二元减
*	乘
/	除
%	取模

整数除法截断任何小数部分。例如:

7/4 结果为 1

取模操作符求出与第一个操作符符号相同的余数。例如:

7%4 结果为 3

而

−7%4 结果为 −3

如果算术操作符中的任意操作数是 X 或 Z,那么整个结果为 X。例如:

′b10x1 + ′b01111 结果为不确定数 ′bxxxxx

(1) 算术操作结果的长度。算术表达式结果的长度由最长的操作数决定。在赋值语句下,算术操作结果的长度由操作符左端目标长度决定。考虑如下实例:

reg[0:3] Arc，Bar，Crt;

reg[0:5] Frx;

...

Arc = Bar + Crt;

Frx = Bar + Crt;

第一个加的结果长度由 Bar, Crt 和 Arc 长度决定, 长度为 4 位。第二个加法操作的长度同样由 Frx 的长度决定(Frx、Bat 和 Crt 中的最长长度), 长度为 6 位。在第一个赋值中, 加法操作的溢出部分被丢弃; 而在第二个赋值中, 任何溢出的位都存储在结果位 Frx [1]中。

在较大的表达式中, 中间结果的长度如何确定? 在 Verilog HDL 中定义了如下规则: 表达式中的所有中间结果应取最大操作数的长度(赋值时, 此规则也包括左端目标)。考虑另一个实例:

```
wire[4:1] Box, Drt;
wire[1:5] Cfg;
wire[1:6] Peg;
wire[1:8] Adt;
...
assign Adt = (Box + Cfg) + (Drt + Peg);
```

表达式左端的操作数最长为 6, 但是将左端包含在内时, 最大长度为 8, 所以所有的加操作使用 8 位进行。例如: Box 和 Cfg 相加的结果长度为 8 位。

(2) 无符号数和有符号数。执行算术操作和赋值时, 注意哪些操作数为无符号数、哪些操作数为有符号数非常重要。

无符号数存储在:

- 线网
- 一般寄存器
- 基数格式表示形式的整数

有符号数存储在:

- 整数寄存器
- 十进制形式的整数

下面是一些赋值语句的实例:

```
reg[0:5] Bar;
integer Tab;
...
Bar = -4'd12;          //寄存器变量 Bar 的十进制数为 52, 向量值为 110100
Tab = -4'd12;          //整数 Tab 的十进制数为 -12, 位形式为 110100
-4'd12/4               //结果是 1073741821
-12/4                  //结果是 -3
```

因为 Bar 是普通寄存器类型变量, 只存储无符号数。右端表达式的值为'b110100(12 的二进制补码)。因此在赋值后, Bar 存储十进制值 52。在第二个赋值中, 右端表达式相同, 值为'b110100, 但此时被赋值为存储有符号数的整数寄存器。Tab 存储十进制值 -12(位向量为 110100)。注意在两种情况下, 位向量存储内容都相同, 但是在第一种情况下, 向量被解释为无符号数, 而在第二种情况下, 向量被解释为有符号数。

下面为具体实例:

```
Bar = -4'd12/4;
```

Tab= - 4′d12/4;
Bar= -12/4
Tab= -12/4

在第一次赋值中,Bar 被赋予十进制值 61(位向量为 111101)。而在第二个赋值中,Tab 被赋予十进制值 1073741821(位值为 0011…11101)。Bar 在第三个赋值中被赋予与第一个赋值相同的值。这是因为 Bar 只存储无符号数。在第四个赋值中,Bar 被赋予十进制值 -3。

下面是另一个实例:

Bar = 4 - 6;
Tab = 4 - 6;

Bar 被赋予十进制值 62(-2 的二进制补码),而 Tab 被赋予十进制值 -2(位向量为 111110)。

下面为另一个实例:

Bar = -2+(-4);
Tab = -2+(-4);

Bar 被赋予十进制值 58(位向量为 111010),而 Tab 被赋予十进制值 -6(位向量为 111010)。

2. 关系操作符

关系操作符有

>	大于
<	小于
>=	不小于
<=	不大于

关系操作符的结果为真(1)或假(0)。如果操作数中有一位为 X 或 Z,那么结果为 X。例如:

23 > 45

结果为假(0),而

52 < 8′hxFF

结果为 x。如果操作数长度不同,长度较短的操作数在最重要的位方向(左方)添 0 补齐。例如:

′b1000 >= ′b01110

等价于

′b01000 >= ′b01110

结果为假(0)。

3. 相等操作符

相等关系操作符有

==	逻辑相等
!=	逻辑不等
===	全等
!==	非全等

如果比较结果为假,则结果为 0;否则结果为 1。在全等比较中,值 x 和 z 严格按位比较。也就是说,不进行解释,并且结果一定可知。而在逻辑比较中,值 x 和 z 具有通常的意义,且结果可以不为 x。也就是说,在逻辑比较中,如果两个操作数之一包含 x 或 z,结果为未知的值(x)。如下例,假定

    Data = ′b11x0;
    Addr = ′b11x0;

那么

    Data == Addr

不定,也就是说值为 x,但

    Data === Addr

为真,也就是说值为 1。如果操作数的长度不相等,长度较小的操作数在左侧添 0 补位,例如:

    2′b10 == 4′b0010

与下面的表达式相同

    4′b0010 == 4′b0010

结果为真(1)。

4. 逻辑操作符

逻辑操作符有

$$&& \quad 逻辑与$$
$$|| \quad 逻辑或$$
$$! \quad 逻辑非$$

这些操作符在逻辑值 0 或 1 上操作。逻辑操作的结果为 0 或 1。例如,假定

    Crd = ′b0;   //0 为假
    Dgs = ′b1;   //1 为真

那么

    Crd && Dgs 结果为 0(假)
    Crd || Dgs 结果为 1(真)
    ! Dgs 结果为 0(假)

对于向量操作,非 0 向量作为 1 处理。例如,假定

    A_Bus = ′b0110;
    B_Bus = ′b0100;

那么

    A_Bus||B_Bus 结果为 1
    A_Bus && B_Bus 结果为 1

并且

    ! A_Bus 与! B_Bus 的结果相同

结果为假(0)。

如果任意一个操作数包含 x,结果也为 x。

    ! x 结果为 x

5．按位操作符

按位操作符有

～	一元非
＆	二元与
∣	二元或）
^	二元异或
～^，^～	二元异或非

这些操作符在输入操作数的对应位上按位操作,并产生向量结果。下面显示对于不同操作符按步操作的结果。

例如,假定

A=′b0110；

B=′b0100；

那么

A∣B 结果为 0110

A＆B 结果为 0100

如果操作数长度不相等,长度较小的操作数在最左侧添 0 补位。例如：

′b0110 ^ ′b10000

与如下式的操作相同

′b00110 ^ ′b10000

结果为′b10110。

6．归约操作符

归约操作符为一元操作符,对操作数的各位进行逻辑操作,结果为二进制数。归约操作符在单一操作数的所有位上操作,并产生 1 位结果。归约操作符有

＆	归约与(如果存在位值为 0,那么结果为 0；如果存在位值为 x 或 z,那么结果为 x；否则结果为 1)
～＆	归约与非(与归约操作符＆相反)
∣	归约或(如果存在位值为 1,那么结果为 1；如果存在位 x 或 z,那么结果为 x；否则结果为 0)
～∣	归约或非(与归约操作符∣相反)
^	归约异或(如果存在位值为 x 或 z,那么结果为 x；如果操作数中有偶数个 1,那么结果为 0；否则结果为 1)
～^	归约异或非(与归约操作符^正好相反)

例如,假定

A= ′b0110；

B= ′b0100；

那么

∣B 结果为 1

＆B 结果为 0

～A 结果为 1

归约异或操作符用于决定向量中是否有位为 x。假定

MyReg = 4′b01x0；

那么

^MyReg 结果为 x

上述功能使用如下的 if 语句检测：

if(^MyReg === 1′bx)

$ display(″There is an unknown in the vector MyReg !″)

注意　逻辑相等(==)操作符不能用于比较；逻辑相等操作符比较将只会产生结果 x。全等操作符期望的结果为值 1。

7. 移位操作符

移位操作符有

$$\ll \qquad 左移$$

$$\gg \qquad 右移$$

将操作符"<<"或">>"左边的操作数相应地"左移"或"右移"操作数所表示的次数。空闲位添 0 补位。如果右侧操作数的值为 x 或 z，移位操作的结果为 x。假定

reg[0:7] Qreg；

…

Qreg = 4′b0111；

那么

Qreg >> 2 是 8′b0000_0001

Verilog HDL 中没有指数操作符。但是，移位操作符可用于支持部分指数操作。例如，如果要计算 $Z^{NumBits}$ 的值，可以使用移位操作实现，如

32′b1 ≪ NumBits //NumBits 必须小于 32

同理，可使用移位操作为 2-4 解码器建模，如

wire[0:3]DecodeOut = 4′b1 ≪ Address[0:1] ；

其中，Address[0:1]可取值 0、1、2 和 3。与之相应，DecodeOut 可以取值 4′b0001、4′b0010、4′b0100 和 4′b1000，从而为解码器建模。

8. 条件操作符

条件操作符根据条件表达式的值选择表达式，形式如下：

cond_expr? expr1:expr2

如果 cond_expr 为真(即值为 1)，选择 expr1；如果 cond_expr 为假(值为 0)，选择 expr2。如果 cond_expr 为 x 或 z，结果将是按以下逻辑 expr1 和 expr2 按位操作的值：0 与 0 得 0,1 与 1 得 1，其余情况为 x。如下所示：

wire[0:2]Student = Marks > 18? Grade_A:Grade_C；

计算表达式 Marks > 18；如果真，Grade_A 赋值为 Student；如果 Marks <= 18，Grade_C 赋值为 Student。下面为另一实例：

always

♯5Ctr＝(Ctr!＝25)？(Ctr＋1)∶5；

过程赋值中的表达式表明如果 Ctr 不等于 25,则加 1;否则如果 Ctr 值为 25 时,将 Ctr 值重新置为 5。

9. 连接和复制操作符

表 4.2 给出了所有操作符的优先级和名称。操作符从最高优先级(顶行)到最低优先级(底行)排列。同一行中的操作符优先级相同。

表 4.2 Verilog HDL 操作符

+	一元加	>>	右移
−	一元减	<	小于
!	一元逻辑非	<=	小于等于
～	一元按位求反	>	大于
&	归约与	>=	大于等于
～&	归约与非	==	逻辑相等
^	归约异或	!=	逻辑不等
^～或～^	归约异或非	===	全等
|	归约或	!==	非全等
～|	归约或非	&	按位与
*	乘	^	按位异或
/	除	^～或～^	按位异或非
%	取模	|	按位或
+	二元加	&&	逻辑与
−	二元减	||	逻辑或
<<	左移	?∶	条件操作符

除条件操作符从右向左关联外,其余所有操作符自左向右关联。下面的表达式:

A＋B−C

等价于

(A＋B)−C   //自左向右

而表达式:

A？B∶C？D∶F

等价于

A？B∶(C？D∶F)   //从右向左

圆扩号能够用来改变优先级的顺序,如以下表达式:

(A？B∶C)？D∶F

4.3.7 数据类型

1. 常量

Verilog HDL 中有三种常量:整型、实型、字符串型。

下划线符号"_"可以随意用在整数或实数中,它们就数量本身没有意义。它们能用来提高易读性;唯一的限制是下划线符号不能作为首字符。

下面主要介绍整型和字符串型。

(1) 整型

整型数可以按如下两种方式书写:

① 简单的十进制数格式

这种形式的整数定义为带有一个可选的"＋"(一元)或"－"(一元)操作符的数字序列。下面是这种简易十进制形式整数的例子。

    32   //十进制数 32
    －15   //十进制数－15

② 基数格式

这种形式的整数格式为

    [size] 'base value

size 定义常量的位长;base 为 o 或 O(表示八进制),b 或 B(表示二进制),d 或 D(表示十进制),h 或 H(表示十六进制)之一;value 是基于 base 的值的数字序列。值 x 和 z 以及十六进制中的 a 到 f 不区分大小写。

下面是一些具体实例:

    5 'O37   //5 位八进制数(二进制 11111)
    4 'D2   //4 位十进制数 (二进制 0011)
    4 'B1x_01   //4 位二进制数
    7 'Hx   //7 位 x(扩展的 x),即 xxxxxxx
    4 'hZ   //4 位 z(扩展的 z),即 zzzz
    4 'd－4   //非法:数值不能为负
    8 'h 2A   //在位长和字符之间,以及基数和数值之间允许出现空格
    3 ' b 001   //非法:" ' "和基数 b 之间不允许出现空格
    (2＋3)'b10   //非法:位长不能够为表达式

注意 x(或 z)在十六进制值中代表 4 位 x(或 z),在八进制中代表 3 位 x(或 z),在二进制中代表 1 位 x(或 z)。基数格式计数形式的数通常为无符号数。这种形式的整型数的长度定义是可选的。如果没有定义一个整数型的长度,数的长度为相应值中定义的位数。下面是两个例子:

    'o 721   //9 位八进制数
    'h AF   //8 位十六进制数

如果定义的长度比为常量指定的长度长,通常在左边填 0 补位。但是如果数最左边一位为 x 或 z,就相应地用 x 或 z 在左边补位。例如:

    10'b   //10 左边添 0 占位,0000000010
    10'bx0x1   //左边添 x 占位,xxxxxxx0x1

如果长度定义得更小,那么最左边的位相应地被截断。例如:

    3'b1001_0011 与 3'b011 相等
    5'H0FFF 与 5'H1F 相等

（2）字符串型

字符串是双引号内的字符序列。字符串不能分成多行书写。例如：

　　″INTERNAL ERROR″

　　″REACHED–>HERE″

用 8 位 ASCII 值表示的字符可看作是无符号整数。因此字符串是 8 位 ASCII 值的序列。为存储字符串“INTERNAL ERROR”，变量需要 8 * 14 位。

　　reg[1:8 * 14] Message;

　　…

　　Message = ″INTERNAL ERROR″

2. 变量

变量是在程序运行时其值可以变的量。Verilog HDL 主要包括两种数据类型，即线网类型（Net Type）和寄存器类型（Reg Type）两种变量。

（1）线网类型。线网类型主要有 wire 和 tri 两种。线网类型用于对结构化器件之间的物理连线的建模。如器件的管脚，内部器件如与门的输出等。以上面的加法器为例，输入信号 A、B 是由外部器件所驱动，异或门 X1 的输出 S1 是与异或门 X2 输入脚相连的物理连接线，它由异或门 X1 所驱动。由于线网类型代表的是物理连接线，因此它不存贮逻辑值。必须由器件所驱动。

通常由 assign 进行赋值。如 assign A = B ^ C；当一个 wire 类型的信号没有被驱动时，缺省值为 Z（高阻）。信号没有定义数据类型时，缺省为 wire 类型。如上面一位全加器的端口信号 A、B、SUM 等，没有定义类型，故缺省为 wire 线网类型。两者区别是 tri 主要用于定义三态的线网。

（2）reg。reg 是最常用的寄存器类型，寄存器类型通常用于对存储单元的描述，如 D 型触发器、ROM 等。存储器类型的信号当在某种触发机制下分配了一个值，在分配下一个值之时保留原值。但必须注意的是，reg 类型的变量，不一定是存储单元，如在 always 语句中进行描述的必须用 reg 类型的变量。

reg 类型定义语法如下：

　　reg[msb:lsb] reg 1, reg 2, …, reg n;

msb 和 lsb 定义了范围，并且均为常数值表达式。范围定义是可选的；如果没有定义范围，缺省值为 1 位寄存器。例如：

　　reg[3:0] Sat;　　　　　　　　// Sat 为 4 位寄存器。

　　reg Cnt;　　　　　　　　　　//1 位寄存器。

　　reg[1:32] Kisp, Pisp, Lisp;

寄存器类型的值可取负数，但若该变量用于表达式的运算中，则按无符号类型处理。例如：

　　reg A;

　　　…

　　　A = -1;

　　　…

则 A 的二进制为 1111，在运算中，A 总按无符号数 15 来看待。

（3）数组。若干相同宽度的向量构成数组，对数组类型，按降序方式，如[7:0]。

4.4　Verilog HDL 的语句

Verilog HDL 的语句包括声明类语句、赋值语句、条件语句、循环语句等类型,在这些语句中,有的属于顺序执行语句,有的属于并行执行语句。

4.4.1　声明类语句

Verilog HDL 的任何过程模块都是放在结构声明语句中,结构声明语句包括 always、initial、task、function 4 种结构。

1. always

在一个 Verilog HDL 的模块中,always 块语句的使用次数是不受限制的,块内的语句也是不断重复执行的。

(1) always 块语句的语法结构为

　　always @(敏感信号表达式)
　　　begin
　　　　//过程赋值语句;
　　　　//if 语句,case 语句;
　　　　//for 语句,while 语句,repeat 语句;
　　　　//tast 语句,function 语句;
　　　end

在 always 块语句中,敏感信号表达式应该列出影响块内取值的所有变量,多个变量之间用"or"连接或用","分割。当表达式中任何变量发生变化时,就会执行一遍块内的语句。

(2) always <时序控制> <语句>

always 语句由于其不断活动的特性,只有和一定的时序控制结合在一起才有用。如果一个 always 语句没有时序控制,则这个 always 语句将会使仿真器产生死锁。例如:

　　always areg = ～areg;

但如果加上时序控制,则这个 always 语句将变为一条非常有用的描述语句。例如:

　　always ♯half_period areg = ～areg;

上述语句生成了一个周期为:period(＝2 * half_period)的无限延续的信号波形,常用这种方法来描述时钟信号,可作为激励信号来测试所设计的电路。

(3) always 的时间控制可以是边沿触发也可以是电平触发;可以是单个信号也可以是多个信号,中间用 or 连接。

① or 事件控制(敏感列表)

　　//有异步复位的电平敏感锁存器

```
always @（reset or clock or d）
//等待复位信号 reset 或时钟信号 clock 或输入信号 d 的改变
begin
    if（reset）//若 reset 信号为高,把 q 置零
        q = 1 ′b0；
    else if（ clock ）//若 clock 信号为高,锁存输入信号 d
        q = d ；
end
```

例 4.1　使用逗号的敏感列表。

```
//有异步复位的电平敏感锁存器
always @（reset , clock , d ）

//等待复位信号 reset 或时钟信号 clock 或输入信号 d 的改变
begin
    if（reset）//若 reset 信号为高,把 q 置零
        q = 1 ′b0；
    else if（ clock ）// 若 clock 信号为高,锁存输入信号 d
        q = d；
end

//用 reset 异步下降沿复位,clk 正跳变沿触发的 D 寄存器
always @（ posedge clk , negedge reset ）    //注意:使用逗号来代替关键字 or
    if（! reset）
        q <= 0 ；
    else
        q <= d ；
```

例 4.2　@ * 操作符的使用。

```
//用 or 操作符的组合逻辑块
//编写敏感列表很繁琐并且容易漏掉一个输入
always @（ a or b or c or d or e or f or g or h or p or m ）
begin
        out1 = a? b + c:d + e；
        out2 = f? g + h:p + m；
end
//不用上述方法,用符号@（ * ）来代替,可以把所有输入变量都自动包括进敏感列表
always@（ * ）
begin
        out1 = a? b + c:d + e；
        out2 = f? g + h:p + m；
end
```

② 电平敏感时序控制

verilog 同时也允许使用另外一种形式表示电平敏感时序控制(即后面的语句和语句块

需要等待某个条件为真才能执行）。

```
always
        Wait(count_enable)                    #20    count = count + 1;
```

以上例子仿真器连续监视 count_enable 的值。如果为 0，则不执行后面的语句，如果为 1，则 20 个时间单位之后执行这条语句。

2. initial

initial 语句的语法格式为

```
initial
    begin
        语句1;
        语句2;
        …
        语句 n;
    end
```

例4.3 用 initial 块对存储器变量赋初始值。

```
initial
    begin
        areg = 0;        //初始化寄存器 areg
        for(index = 0; index < size; index = index + 1)
            memory[index] = 0;        //初始化一个 memory
    end
```

例4.4 用 initial 语句来生成激励波形。

```
initial
    begin
        inputs = 'b000000;        //初始时刻为 0
        #10 inputs = 'b011001;
        #10 inputs = 'b011011;
        #10 inputs = 'b011000;
        #10 inputs = 'b001000;
    end
```

3. task

在 Verilog HDL 模块中，task 语句用来定义任务。任务类似高级语言中的子程序，用来单独完成某项具体任务，并可以被模块或其他任务调用。利用任务可以把一个大的程序模块分解成为若干小的任务，使程序清晰易懂，而且便于调试。

（1）任务的定义

```
task <任务名>;
    <端口及数据类型的声明语句>
    <语句1>;
    <语句2>;
        …
```

<语句 n >;

　　endtask

(2)任务的调用及变量的传递

　　调用:<任务名>(端口 1,端口 2,端口 3,…,端口 n);

例如:

任务定义:

```
task my_task;
   input a, b;
   inout c;
   output d, e;
   …
   <语句>;        //执行任务工作相应的语句
   …
   c = foo1;     //赋初始值
   d = foo2;     //对任务的输出变量赋值
   e = foo3;
endtask
```

任务调用:

```
my_task(v,w,x,y,z);
```

任务调用的变量和任务定义的 I/O 变量之间是一一对应的。

例 4.5 描述红绿黄交通灯行为的 Verilog 模块,其中使用了任务。

```
module traffic_lights;
    reg clock, red, amber, green;
    parameter on = 1, off = 0, red_tics = 350,
    amber_tics = 30, green_tics = 200;
//交通灯初始化
        initial    red = off;
        initial    amber = off;
        initial    green = off;
//交通灯控制时序
        always
        begin
                red = on;                      //开红灯
                light(red,red_tics);           //调用等待任务
                green = on;                     //开绿灯
                light(green,green_tics);        //等待
                amber = on;                     //开黄灯
                light(amber,amber_tics);        //等待
        end
//定义交通灯开启时间的任务
```

```
        task light；
        output color；
        input[31：0] tics；
        begin
        repeat(tics)
        @(posedge clock)； //等待 tics 个时钟的上升沿
        color = off；//关灯
        end
        endtask
    //产生时钟脉冲的 always 块
        always
        begin
            ♯100 clock = 0；
            ♯100 clock = 1；
        end
    endmodule
```

4．function

在 Verilog HDL 模块中，function 语句用来定义函数。函数类似高级语言中的函数，用来单独完成某项具体操作，并可以作为表达式中的一个操作数，被模块或任务及其他函数调用，函数调用时返回一个用于表达式的值。

（1）定义函数的语法

```
    function <返回值的类型或范围>（函数名）；
        <端口说明语句>；
        <变量类型说明语句>；
            begin
            <语句>；
            ……
            end
        end function
```

（2）函数的调用

<函数名>（<表达式 1 >，…，<表达式 n >）

在这里返回值的类型或范围这一项是可选的，如默认则返回为一位寄存器型数局。

```
    //定义说明：
    function [7：0] getbyte；
    input [15：0] address；
    begin
        <说明语句>；                //从地址字中提取低字节的程序
        getbyte = result_expression；  //把结果赋予函数的返回字节
        end
    endfunction
```

```
//调用
getbyte(lsbyte)
```

（3）函数的使用规则

① 函数的定义不能包含任何的时间控制语句。

② 函数不能启动任务。

③ 定义函数时至少要有一个输入参量。

④ 在函数的定义中必须有一条赋值语句给函数中的内部变量赋以函数结果值,该内部变量具有和函数名相同的名字。

4.4.2　赋值语句

在 Verilog HDL 中,赋值语句常用于描述硬件设计电路输出和输入之间的信息传送,改变输出结果。Verilog HDL 有门基元赋值语句、过程赋值信号、阻塞赋值语句、非阻塞赋值语句 4 种方式。

1. 门基元赋值语句

门基元赋值语句的格式为

　　　基本逻辑门关键词（门输出,门输出 1,门输出 2,…,门输出 n）;

其中,基本逻辑门关键词是 Verilog HDL 预定义的逻辑门,包括 and、or、not、xor、nand、nor 等;圆括号中的内容是被描述门的输出和输入信号。

2. 连续赋值语句

数据流的描述是采用连续赋值语句(assign)语句来实现的。语法如下：

　　　assign net_type = 表达式;

连续赋值语句用于组合逻辑的建模。等式左边是 wire 类型的变量。等式右边可以是常量,运算符如逻辑运算符、算术运算符参与的表达。如下几个实例：

```
wire [3:0] Z, Preset, Clear; //线网说明
assign Z = Preset & Clear; //连续赋值语句
wire Cout, Cin;
wire [3:0] Sum, A, B;
...
assign {Cout, Sum} = A + B + Cin;
assign Mux = (S == 3)? D: 'bz;
```

注意如下几个方面：

（1）连续赋值语句执行:只要右边表达式任一个变量有变化,表达式立即被计算,计算的结果立即赋给左边信号。

（2）连续赋值语句之间是并行语句,因此与位置顺序无关。

（3）连续过程赋值:在过程(procedure)控制下给变量类型强制赋值,主要用于调试,不推荐仿真程序使用。① assign/deassign,用于变量,优先级高于过程赋值。② force/release,除变量还可用于连线,优先级最高。③ deassign 和 release 作用后的变量值仍要保持直到下一次赋值发生。

3. 过程赋值语句

过程赋值语句出现在 initial 和 always 块语句中,赋值符号是"="，它是顺序语句,语句格式为

        赋值变量 = 表达式;

在过程赋值语句中,赋值号"="左边的赋值变量必须是 reg 型变量,其值在该语句结束即可得到。如果一个块语句中包含若干条过程赋值语句,那么这些过程赋值语句按照语句编写的顺序由上至下逐条执行,前面的语句没有完成,后面语句就不能执行,就同被阻塞了一样,因此,过程赋值语句又称为阻塞赋值语句。

4. 非阻塞赋值语句

"="用于阻塞的赋值,凡是在组合逻辑(如在 assign 语句中)赋值的请用阻塞赋值。非阻塞(Non_Blocking)赋值方式(如 b <= a;),在描述时序逻辑的 always 块中用非阻塞赋值,则综合成时序逻辑的电路结构。要注意的是:① 块结束后才完成赋值操作;② b 的值并不是立刻就改变的;③ 这是一种比较常用的赋值方法(特别在编写可综合模块时)。

阻塞(Blocking)赋值方式(如 b = a;),在描述组合逻辑的 always 块中用阻塞赋值,则综合成组合逻辑的电路结构。注意:① 赋值语句执行完后,块才结束;② b 的值在赋值语句执行完后立刻就改变的;③ 可能会产生意想不到的结果。

例 4.6

        always @(posedge clk)

        begin

            b <= a;

            c <= b;

        end

例 4.6 中的"always"块中用了非阻塞赋值方式,定义了两个 reg 型信号 b 和 c,clk 信号的上升沿到来时,b 就等于 a,c 就等于 b,这里应该用到了两个触发器。请注意:赋值是在"always"块结束后执行的,c 应为原来 b 的值。这个"always"块实际描述的电路功能如图 4.5 所示。

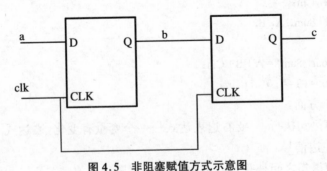

图 4.5　非阻塞赋值方式示意图

例 4.7

        always @(posedge clk)

        begin

            b = a;

```
        c = b;
    end
```

例 4.7 中的"always"块用了阻塞赋值方式。clk 信号的上升沿到来时,将发生如下的变化:b 马上取 a 的值,c 马上取 b 的值(即等于 a),生成的电路图如图 4.6 所示,只用了一个触发器来寄存器 a 的值,又输出给 b 和 c。这不是设计者的初衷,如果采用例 4.6 所示的非阻塞赋值方式就可以避免这种错误。

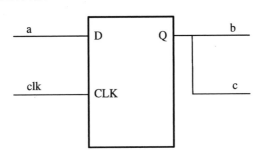

图 4.6 阻塞赋值方式示意图

关于赋值语句的编写规则:

(1) 时序电路建模时,用非阻塞赋值。

(2) 锁存器电路建模时,用非阻塞赋值。

(3) 用 always 块建立组合逻辑模型时,用阻塞赋值。

(4) 在同一个 always 块中建立时序和组合逻辑电路时,用非阻塞赋值。

(5) 在同一个 always 块中不要既用非阻塞赋值又用阻塞赋值。

(6) 不要在一个以上的 always 块中为同一个变量赋值。

(7) 用 $ strobe 系统任务来显示用非阻塞赋值的变量值。

(8) 在赋值时不要使用 #0 延迟。

4.4.3 条件语句

条件语句有 if 语句和 case 语句,它们都是顺序语句,应放在 always 和 initial 块语句中。

1. if 语句

if 语句的语法如下:

```
if(condition_1)
    procedural_statement_1
{else if(condition_2)
    procedural_statement_2}
{else
    procedural_statement_3}
```

如果对 condition_1 求值的结果为非零值,那么 procedural_statement_1 被执行,如果 condition_1 的值为 0、x 或 z,那么 procedural_statement_1 不执行。如果存在一个 else 分支,那么这个分支被执行。以下是一个例子。

```
if(Sum < 60)
begin
    Grade = C;
    Total_C = Total_c + 1;
end
else if(Sum < 75)
begin
    Grade = B;
    Total_B = Total_B + 1;
end
else
begin
    Grade = A;
    Total_A = Total_A + 1;
end
```

注意 条件表达式必须总是被括起来，如果使用 if-if-else 格式,那么可能会有二义性,如下例所示：

```
if(Clk)
    if(Reset)
        Q = 0;
    else
        Q = D;
```

问题是最后一个 else 属于哪一个 if？它是属于第一个 if 的条件(Clk)还是属于第二个 if 的条件(Reset)？这在 Verilog HDL 中已通过将 else 与最近的没有 else 的 if 相关联来解决。在这个例子中,else 与内层 if 语句相关联。

以下是另一些 if 语句的例子。

```
if(Sum < 100)
    Sum = Sum + 10;
if(Nickel_In)
    Deposit = 5;
elseif (Dime_In)
    Deposit = 10;
else if(Quarter_In)
    Deposit = 25;
else
    Deposit = ERROR;
```

书写建议：

(1) 条件表达式需用括号括起来。

(2) 若为 if-if 语句,请使用块语句 begin…end：

```
if(Clk)
begin
```

```
        if(Reset)
            Q = 0；
        else
            Q = D；
    end
```

以上两点建议是为了使代码更加清晰,防止出错。

（3）对 if 语句,除非在时序逻辑中,if 语句需要有 else 语句。若没有缺省语句,设计将产生一个锁存器,锁存器在 ASIC 设计中有诸多的弊端。如下例:

```
    if(T)
    Q = D；
```

没有 else 语句,当 T 为 1(真)时,D 被赋值给 Q,当 T 为 0(假)时,因为没有 else 语句,电路保持 Q 以前的值,这就形成一个不需要的锁存器。

2. case 语句

case 语句是一个多路条件分支形式,其语法如下:

```
    case(case_expr)
        case_item_expr{,case_item_expr}: procedural_statement
        …
        …
        [default: procedural_statement；]
    end case
```

case 语句首先对条件表达式 case_expr 求值,然后依次对各分支项求值并进行比较,第一个与条件表达式值相匹配的分支中的语句被执行。可以在 1 个分支中定义多个分支项;这些值不需要互斥。缺省分支覆盖所有没有被分支表达式覆盖的其他分支。

例 4.8

```
    case（HEX）
        4′b0001:LED = 7′b1111001；    // 1
        4′b0010:LED = 7′b0100100；    // 2
        4′b0011:LED = 7′b0110000；    // 3
        4′b0100:LED = 7′b0011001；    // 4
        4′b0101:LED = 7′b0010010；    // 5
        4′b0110:LED = 7′b0000010；    // 6
        4′b0111:LED = 7′b1111000；    // 7
        4′b1000:LED = 7′b0000000；    // 8
        4′b1001:LED = 7′b0010000；    // 9
        4′b1010:LED = 7′b0001000；    // A
        4′b1011:LED = 7′b0000011；    // B
        4′b1100:LED = 7′b1000110；    // C
        4′b1101:LED = 7′b0100001；    // D
        4′b1110:LED = 7′b0000110；    // E
        4′b1111:LED = 7′b0001110；    // F
```

```
        default：LED = 7′b1000000；    // 0
    endcase
```
书写建议：case 的缺省项必须写，防止产生锁存器。

4.4.4　循环语句

循环语句包括 for 语句、forever 语句、repeat 语句、while 语句 4 种。

（1）forever 语句：一直重复，仅用于仿真。

（2）repeat(size)语句：重复多次，可综合编码不推荐且有些 EDA 工具软件中不支持，把 repeat 语句视为非法语句。

（3）while 语句：重复多次，可综合编码不推荐。

（4）for 语句：也可以用于 RTL 编码或配合 generate，不推荐使用。

4.4.5　语句的顺序执行与并行执行

Verilog HDL 中有顺序执行语句与并行执行语句之分。Verilog HDL 的 always 块语句与 VHDL 中的 Process(进程)语句类似，块中的语句是顺序语句，按照程序书写的顺序执行。而 always 块本身却是并行语句，它于其他 always 语句及 assign 语句、例化语句和 initial 语句都是同时执行的。由于 always 语句的并行行为和顺序行为的双重特性，所以使它成为 Verilog HDL 中使用最频繁和最能体现 Verilog HDL 风格的一种语句。

always 语句中有一个敏感变量表，表中列出的任何变量的改变，都将启动 always 块语句，使 always 块语句内相应顺序语句被执行一次。实际上，用 Verilog HDL 描述的硬件电路的全部输入变量都是敏感变量，为了使 Verilog HDL 的软件仿真对应起来，应当把always 块语句中所有输入变量都列入敏感变量表中。在时序逻辑电路的编程中，由于时钟变量 clk 和 clr 是电路变化的主要条件，因此在敏感变量表中，仅列出 clk 或 clr 就可以了。

4.5　不同抽象级别的 Verilog HDL 模型

Verilog HDL 具有行为描述和结构描述功能。所谓不同级别的抽象是指同一个物理电路，可以在不同的层次上用 Verilog 语言来描述它。如果只从行为和功能的角度来描述一个电路模块，就称为是行为描述模块，行为描述包括系统级、算法级和寄存器传输级三种抽象级别；如果从电路结构的角度来描述该电路模块，就称为结构描述模块，在 Verilog HDL 中，结构描述包括门级和开关级两种级别。

Verilog 语法支持数字电路系统的五种不同描述方法，在 Verilog HDL 的学习中，应先按"自顶向下"模式设计电路，重点掌握高层次的行为描述方法，在进行库单元设计时，再按"自底向上"模式学习结构描述。Verilog HDL 提供了从设计描述到模型的调用，以及模拟时的控制和交互调试的所有必须的信息，你可以在各种抽象级上进行模拟。这包括：结构级、行为级、RTL 级、功能级、门级和开关级。Verilog HDL 提供了一整套操作,包括算术操作、布尔操作等等;寄存器的定义不受位数的限制;语法格式的可读性极强。

4.5.1　Verilog HDL 的门级描述

Verilog HDL 中有关门类型的关键字共有 26 个之多,最基本的八个门类型(GATE-TYPE)关键字和它们所表示的门的类型:

and	与门
nand	与非门
nor	或非门
or	或门
xor	异或门
xnor	异或非门
buf	缓冲器
not	非门

门级描述语句格式为

　　　门类型关键词<例化门的名称>　(端口列表);

其中,"例化门的名称"是用户定义的标识符号,属于可选项;端口列表按(输出、输入、使能控制端)的顺序列出。

4.5.2　Verilog HDL 的行为级描述

Verilog HDL 的行为级描述是最能体现 EDA 风格的硬件描述方式,它既可以描述简单的逻辑门,也可以描述复杂的数字系统及至微处理器。对于 Cadence 的设计环境来说,输入方式有以下四种方式。

(1) 行为级(Behavioral Level)将电路的行为特性描述出来。

(2) 功能级(Functional Level)将电路的功能描述出来。

(3) 寄存器级(RTL Level)利用 Verilog 提供的基本库函数(nor、or、and、nand、xor……)来建立电路。

(4) 门级(Gate Level)利用厂家提供的符号库进行输入,完成电路建立。

下面举一个与非门(NAND2)的各种输入方式的例子:包括真值表、行为级、功能级、寄存器级、门级的描述以及相应的 Verilog 源程序。

例 4.9　NAND2 的真值表:

A	B	Z
0	0	1
0	1	1
1	0	1
1	1	0

/ * 行为级的 NAND2 的描述(BehavIoral　Level) * /

```
module  NAND2  (Z,  A,  B);
output  Z;
input  A,  B;
reg  Z;
always  @  (A  or  B)
    begin
        if (A==1) && (B==1)
            Z = 1'b0;
        else
            Z = 1'b1;
    end
endmodule
/* 功能级的 NAND2 的描述(Functional Level) */
module  NAND2 (Z,  A,  B);
output  Z;
wire  Z, A, B;
assign  Z = -(A & B);
endmodule
/* 寄存器级 NAND2 的描述(RTL  Level) */
module  NAND2(Z,A,B);
output  Z;
input  A, B;
nand  nand2  (Z,  A,  B);
/* 门级 NAND2 的描述 */
module  NAND2  (Z,  A,  B);
output  Z;
input  A,  B;
ND2  nand2  (Z,  A,  B);
endmodule
```

Verilog 源程序：

```
'timescale  10 ps/10 ps
module  CDS;
  reg  A,B;
  wire  Z;

NAND2  top (Z,  A,  B);
  initial  begin
    {A,  B} = 2'b00;
#4000
    {A,  B} = 2'b01;
#4000
    {A,  B} = 2'b10;
#4000
    {A,  B} = 2'b11;
#4000
```

$$\{A,\quad B\} = 2'b01;$$

　　♯4000 \$ stop;
　　　　　　end
　　　　initial　begin
　　　　　\$ gr_waves (″Z″,top. Z,″A″,top. A,″B″,top);
　　　　　　　end
　　　　endmodule

注意　timescale　Xps/Yps

X 表示仿真的时间单位,指一个模拟单位代表 X(ps)。X 的单位还有秒(s)、纳秒(ns)、毫秒(ms)、微秒(μs)等。

Y 表示仿真的时间精度。

例如:CPU 主频是 F = 25 MHz,则它一个周期是

$$T = 1/25\ MHz = 40\ ns$$

如果定义 timescale = 10 ps/10 ps,则表示一个模拟单位代表 10 ps,也就是说在激励源中,一个时间单位代表 10 ps。那么多少个时间点代表一周期 40 ns 呢? 只要用 40 ns/10 ps = 40000 ps/10 ps = 4000 unit。

也就是说 4000 个点代表一个周期 T = 40 ns。由于精度是 10 ps,所以,仿真的精度是精确到小数点后面一位,即为:4000. X。

4.5.3　用结构描述实现更大的电路系统

我们要设计的电路系统是由许多逻辑门和开关所组成,因此用逻辑门的模型来描述逻辑网络是最直观的。Verilog HDL 提供了一些门类型的关键字,可以用于门级结构建模。

1. 与非门、或门和反向器等及其说明语法

门与开关的说明语法可以用标准的声明语句格式和一个简单的实例引用加以说明。门声明语句的格式如下:

　　　　<门的类型>[<驱动能力><延时>][<门实例 1 >,<门实例 2 >,…,<门实例 n >];

门的类型是门声明语句所必需的,它可以是 Verilog HDL 语法规定的 26 种门类型中的任意一种。驱动能力和延时是可选项,可根据不同的情况选不同的值或不选。门实例 1 是在本模块中引用的第一个这种类型的门,而门实例 n 是引用的第 n 个这种类型的门。有关驱动能力的选项我们在以后的章节里再加以介绍。最后我们用一个具体的例子来说明门类型的引用:

　　　　nand ♯10 nd1(a,data,clock,clear);

这说明在模块中引用了一个名为 nd1 的与非门(nand),输入为 data、clock 和 clear,输出为 a,输出与输入的延时为 10 个单位时间。

2. 用门级结构描述 D 触发器

例 4.10　是用 Verilog HDL 语言描述的 D 型主从触发器模块,通过这个例子,我们可以学习门级结构建模的基本技术。

　　　　module　　　　flop(data,clock,clear,q,qb);
　　　　　input　　　　data,clock,clear;

```
    output          q,qb;
    nand#10 nd1(a,data,clock,clear),
            nd2(b,ndata,clock),
            nd4(d,c,b,clear),
            nd5(e,c,nclock),
            nd6(f,d,nclock),
            nd8(qb,q,f,clear);
    nand#9nd3(c,a,d),
       nd7(q,e,qb);
    not#10iv1(ndata,data),
       iv2(nclock,clock);

endmodule
```

在这个 Verilog HDL 结构描述的模块中,flop 定义了模块名,设计上层模块时可以用这个名(flop)调用这个模块;module,input,output,endmodule 等都是关键字;nand 表示与非门;#10 表示 10 个单位时间的延时;nd1,nd2,…,nd8,iv1,iv2 分别为图 4.7 中的各个基本部件,而其后面括号中的参数分别为图 4.7 中各基本部件的输入输出信号。

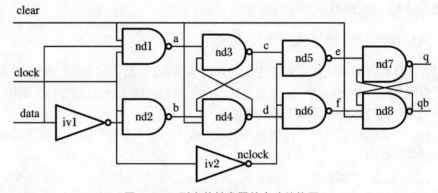

图 4.7　D 型主从触发器的电路结构图

3. 由已经设计成的模块来构成更高一层的模块

如果已经设计了一个模块,如图 4.7 中的 flop,我们可以在另外的模块中引用这个模块,引用的方法与门类型的实例引用非常类似。只需在前面写上已编的模块名,紧跟着写上引用的实例名,按顺序写上实例的端口名即可,也可以用已编模块的端口名按对应的原则逐一填入,见下面的两个例子:

例 4.11

```
    flop   flop_d(d1,clk,clrb,q,qn);
```

例 4.12

```
    flop   flop_d(.clock(clk),.q(q),.clear(clrb),.qb(qn),.data(d1));
```

这两个例子都表示实例 flop_d 引用已编模块 flop。从上面的两个例子可以看出引用时 flop_d 的端口信号与 flop 的端口对应有两种不同的表示方法。模块的端口名可以按序排列也可以不必按序排列,如果模块的端口名按序排列,只需按序列出实例的端口名(见例 4.11)。如果模块的端口名不按序排列,则实例的端口信号和被引用模块的端口信号必需一一列出(见例 4.11)。

例 4.13　引用了已设计的模块"flop",用它构成一个四位寄存器。

```
module hardreg(d,clk,clrb,q);
input      clk,clrb;
input[3:0] d;
output[3:0] q;
flop f1(d[0],clk,clrb,q[0],),
     f2(d[1],clk,clrb,q[1],),
     f3(d[2],clk,clrb,q[2],),
     f4(d[3],clk,clrb,q[3],);
endmodule
```

在上面这个结构描述的模块中,hardreg 定义了模块名;f1,f2,f3,f4 分别为图 4.9 中的各个基本部件,而其后面括号中的参数分别为图 4.8 中各基本部件的输入输出信号。请注意当 f1 到 f4 实例引用已编模块 flop 时,由于不需要 flop 端口中的 qb 口,故在引用时把它省去,但逗号仍需要留着。

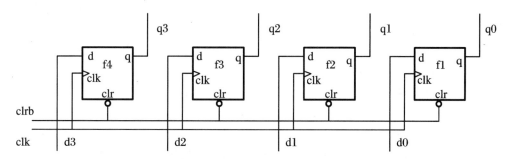

图 4.8　4 位寄存器电路结构图

显而易见,通过 Verilog HDL 模块的调用,可以构成任何复杂结构的电路。这种以结构方式所建立的硬件模型不仅是可以仿真的,也是可综合的,这就是以门级为基础的结构描述建模的基本思路。

4. 用户定义的原语

使用用户定义的原语 UDP(User Defined Primitives),我们可以定义自己设计的基本逻辑元件的功能,也就是说,可以利用 UDP 来定义有自己特色的用于仿真的基本逻辑元件模块并建立相应的原语库。这样,我们就可以与调用 Verilog HDL 基本逻辑元件同样的方法来调用原语库中相应的元件模块来进行仿真。由于 UDP 是用查表的方法来确定其输出的,用仿真器进行仿真时,对它的处理速度较对一般用户编写的模块快得多。与一般的用户模块比较,UDP 更为基本,它只能描述简单的能用真值表表示的组合或时序逻辑。UDP 模块的结构与一般模块类似,只是不用 module 而改用 primitive 关键词开始,不用 endmodule 而改用 endprimitive 关键词结束。

定义 UDP 的语法：

primitive 元件名(输出端口名,输入端口名1,输入端口名2,…)

    output 输出端口名；

    input   输入端口名1,输入端口名2,…；

    reg 输出端口名；

    initial   begin

           输出端口寄存器或时序逻辑内部寄存器赋初值(0,1,或 X)；

        end

    table

      //输入1   输入2   输入3   …   ：   输出

      逻辑值   逻辑值   逻辑值…   ：逻辑值；

      逻辑值   逻辑值   逻辑值…   ：逻辑值；

      逻辑值   逻辑值   逻辑值…   ：逻辑值；

      …   …   …   …   ：…   ；

    endtable

    endprimitive

注意　(1) UDP 只能有一个输出端,而且必定是端口说明列表的第一项。

(2) UDP 可以有多个输入端,最多允许有 10 个输入端。

(3) UDP 所有端口变量必须是标量,也就是必须是 1 位的。

(4) 在 UDP 的真值表项中,只允许出现 0、1、X 三种逻辑值,高阻值状态 Z 是不允许出现的。

(5) 只有输出端才可以被定义为寄存器类型变量。

(6) initial 语句用于为时序电路内部寄存器赋初值,只允许赋予 0、1、X 三种逻辑值,缺省值为 X。

对于数字集成电路系统的设计人员来说,只要了解 UDP 的作用就可以了,而对微电子行业的基本逻辑元器件设计工程师,必须深入了解 UDP 的描述,才能把所设计的基本逻辑元件,通过 EDA 工具呈现给系统设计工程师。

4.6　浮点处理单元的 Verilog HDL 设计

FPU(浮点处理单元)是高性能处理器的重要组成部分,它的设计好坏直接决定了处理器浮点运算性能的高低。如何设计出高性能、低功耗并且符合国际标准的浮点处理单元已经成为 IC 设计师们关注的焦点。

4.6.1　浮点处理单元简介

这里所实现的 FPU 是一个 32 位单精度符合 IEEE-754 标准的浮点数处理单元。它是以 Verilog HDL 描述的软 IP 核。整个项目是取自开源知识产权核组织,所有设计都是公开的,可以通过网络自由获取。其特点如下:

(1) 32 位单精度浮点数运算输入输出。

(2) 完全符合 IEEE-754 标准。

(3) 支持加法、减法、乘法和除法运算,且每次运算能够在单个周期内完成。

(4) 支持四种凑整模式。

(5) 四级流水线。

1. FPU 的外部端口描述

FPU 的外部端口描述如图 4.9 所示。

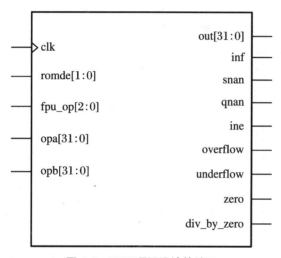

图 4.9　FPU 顶层设计的端口

在图 4.10 中,输入端口有

clk	系统时钟输入
rmode[1:0]	四种凑整模式选择
fpu_op[2:0]	运算指令,共有 Add、Sub、Mul、Div 四类运算
opa[31:0]	源操作数 a,格式应为符合 IEEE-754 标准的 32 位浮点数
opb[31:0]	源操作数 b,格式应为符合 IEEE-754 标准的 32 位浮点数

在图 4.10 中,输出端口有

out[31:0]	运算的输出结果。
inf	值为′1′指示运算结果为无穷大
snan	值为′1′指示运算结果为 SNAN*
qnan	值为′1′指示运算结果为 QNAN*

---

* 如果指数全为 1,尾数非零,则表示这个值不是一个真正的值,即 NAN(Not a Number)。NAN 分为 QNAN(Quiet NAN)和 SNAN(Singaling NAN),QNAN 一般表示未定义的算术运算结果,例如除 0 运算;SNAN 一般被用来标记未初始化的值,以此来捕获异常。

ine	值为′1′指示运算结果不精确
overflow	值为′1′指示运算结果上溢
underflow	值为′1′指示运算结果下溢
zero	值为′1′指示运算结果为0
div_by_zero	值为′1′说明除法运算时除数为0

2. FPU 总体结构

FPU 是由七个模块组成的：except、pre_norm、pre_norm_fmul、add_sub27、mul_r2、div_r2 和 post_norm。

except	异常处理单元，对输入数进行分析，控制 inf，snan，qnan 等信号的输出
pre_norm	对原始输入数据进行规则化，提供给 add_sub27 模块
pre_norm_fmul	对原始输入数据进行规则化，提供给 mul_r2 和 div_r2 模块
add_sub27	加减运算单元。
mul_r2	乘法单元。
div_r2	除法单元。
post_norm	将 add_sub27，mul_r2，div_r2 模块的输出恢复成 IEEE-754 格式的 32 位浮点数。

这 7 个模块的连接关系如图 4.10 所示：

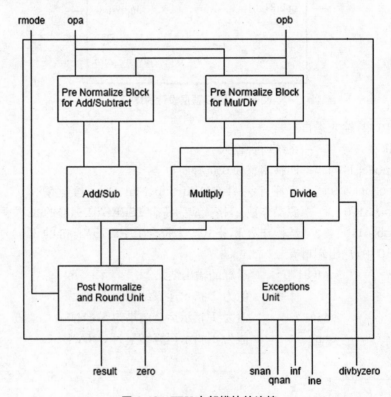

图 4.10 FPU 内部模块的连接

4.6.2　功能模块的分析

该 FPU 的设计是模块化的,总共有 8 个模块。顶层模块 fpu,下面有 7 个子模块分别是 except,add_sub27,mul_r2,div_r2,pre_norm,pre_norm_fmul,post_norm。下面将以 2 个模块为例详细分析。

例 4.14　Except 模块。

Except 模块如图 4.11 所示,它主要用来处理 FPU 运算过程中产生的各种异常。

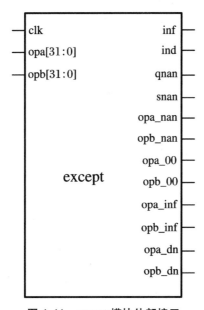

图 4.11　except 模块外部接口

操作数 a,b 输入 FPU 后,经过寄存器 opa_r 和 opb_r 在一个周期之后到达 except 模块的数据输入端 opa[31:0]和 opb[31:0]。Except 模块对输入数进行分析,主要过程和步骤如下:

(1) inf:只要 opa,opb 当中有一个是无穷大数,则 inf 输出。

按照 IEEE-754 标准,当一个 32 位的浮点数的指数部分全为 1,尾数部分全为 0,则该浮点数为无穷大。在 Verilog 设计文件 except.v 中是这样实现的:

```
assign    expa = opa[30:23];
assign    expb = opb[30:23];
assign fracta = opa[22:0];
assign fractb = opb[22:0];

always @(posedge clk)
   expa_ff <=& expa;

always @(posedge clk)
   expb_ff <=& expb;

always @(posedge clk)
```

```
        infa_f_r <=! (|fracta);

    always @(posedge clk)
        infb_f_r <=! (|fractb);

    always @(posedge clk)
    //opa or opb is infinity
        inf   <= (expa_ff & infa_f_r) | (expb_ff & infb_f_r);
```

（2）ind：opa，opb 同时为无穷大数则 ind 输出。

```
    always @(posedge clk)
    //both opa and opb are infinity.
        ind   <= (expa_ff & infa_f_r) & (expb_ff & infb_f_r);
```

（3）qnan：opa，opb 当中只要有一个是 QNAN 则 qnan 输出。

IEEE-754 标准规定当浮点数的指数部分全为 1，尾数的第一个比特位为 1 时，则该浮点数为 QNAN。

```
    always @(posedge clk)
        qnan_r_a <= fracta[22];

    always @(posedge clk)
        qnan_r_b <= fractb[22];

    always @(posedge clk)
    //opa or opb is qnan.
        qnan <= (expa_ff & qnan_r_a) | (expb_ff & qnan_r_b);
```

（4）snan：opa，opb 当中只要有一个是 SNAN 则 snan 输出。

```
    always @(posedge clk)
        snan_r_a <=! fracta[22] & |fracta[21:0];

    always @(posedge clk)
        snan_r_b <=! fractb[22] & |fractb[21:0];

    always @(posedge clk)
    //opa or opb is snan
        snan <= (expa_ff & snan_r_a) | (expb_ff & snan_r_b);
```

（5）opa_nan，opb_nan：opa 是 NAN 时，opa_nan 输出；opb 是 NAN 时，opb_nan 输出。

```
    always @(posedge clk)
        opa_nan <= &expa & (|fracta[22:0]);

    always @(posedge clk)
        opb_nan <= &expb & (|fractb[22:0]);
```

（6）opa_inf，opb_inf：opa，opb 是无穷大数时，opa_inf，opb_inf 分别输出。

```
    always @(posedge clk)
        opa_inf <= (expa_ff & infa_f_r);
```

```
always @(posedge clk)
    opb_inf <= (expb_ff & infb_f_r);
```

（7）opa_dn，opb_dn:opa,opb 的指数部分全为 0 时,opa_dn,opb_dn 分别输出。这包含了两种情况:opa,opb 为 0 或者未经规则化。

```
always @(posedge clk)
    expa_00 <=!（|expa）;

    always @(posedge clk
    expb_00 <=!（|expb）;

    always @(posedge clk)
    opa_dn <= expa_00;

    always @(posedge clk)
    opb_dn <= expb_00;
```

（8）opa_00，opb_00：opa，opb 为 0 时,opa_00,opb_00 分别输出。

```
always @(posedge clk)
    expa_00 <=!（|expa）;

always @(posedge clk)
    expb_00 <=!（|expb）;

always @(posedge clk)
    fracta_00 <=!（|fracta）;

always @(posedge clk)
    fractb_00 <=!（|fractb）;

always @(posedge clk)
    opa_00 <= expa_00 & fracta_00;

always @(posedge clk)
    opb_00 <= expb_00 & fractb_00;
```

例 4.15　Pre_norm 模块。

如图 4.12 所示的 Pre_norm 模块主要负责对 opa,opb 进行预处理,为后续的加减运算作准备。Pre_norm 模块根据 expa 和 expb 之间的差来调整 fracta 和 fractb,恢复隐含位,并将其扩展成 27 位;还给出加减结果的 sign,nan_sign,result_zero_sign,以及最后真正进行的操作是加还是减。

（1）rmode[1:0]:凑整模式。

$$rmode[1:0]=00 \qquad 凑为最近的偶数$$
$$rmode[1:0]=01 \qquad 凑 0 取整$$
$$rmode[1:0]=10 \qquad 取值为 + INF$$
$$rmode[1:0]=11 \qquad 取值为 - INF$$

（2）opa[31:0], opb[31:0]:32 位浮点数输入。

（3）opa_nan,opb_nan:分别指示 opa,opb 为 NAN。

（4）add：add 为′1′则为加运算，′0′则为减运算。

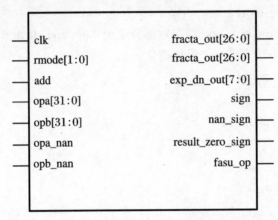

图 4.12　pre_norm 模块外部接口

（5）fracta_out[26：0]，fractb_out[26：0]：调整过后的 opa，opb 的尾数。它恢复了 opa，opb 中的隐含位，并在低位添加三个 0。按照 opa，opb 的指数差进行了一位调整。

```
assign fracta_n = expa_lt_expb? {~expa_dn,fracta,3′b0}：adj_op_out；
assign fractb_n = expa_lt_expb? adj_op_out：{~expb_dn,fractb,3′b0}；
assign fractb_lt_fracta = fractb_n > fracta_n；
assign fracta_s = fractb_lt_fracta? fractb_n：fracta_n；
assign fractb_s = fractb_lt_fracta? fracta_n：fractb_n；
always @(posedge clk)
    fracta_out <= fracta_s；
always @(posedge clk)
    fractb_out <= fractb_s；
```

（6）exp_dn_out[7：0]：opa，opb 中指数较大的一个指数。但如果做减法运算，且 opa，opb 相等，则 exp_dn_out 输出八位全为 0。

```
assign exp_large = expa_lt_expb? expa：expb；
always @(posedge clk)        // If numbers are equal we should return zero
exp_dn_out <= (! add_d & expa == expb & fracta == fractb) ? 8′h0：exp_large；
```

（7）sign：最终操作的符号。

```
always @(signa or signb or add or fractb_lt_fracta)
    case({signa, signb, add})        //synopsys full_case parallel_case
//Add
        3′b0_0_1：sign_d = 0；
        3′b0_1_1：sign_d = fractb_lt_fracta；
        3′b1_0_1：sign_d =! fractb_lt_fracta；
        3′b1_1_1：sign_d = 1；
// Sub
        3′b0_0_0：sign_d = fractb_lt_fracta；
        3′b0_1_0：sign_d = 0；
```

```
            3′b1_0_0:sign_d = 1;
            3′b1_1_0:sign_d =! fractb_lt_fracta;
                endcase
            always @(posedge clk)
                sign <= sign_d;
```

（8）nan_sign：当 opa，opb 中有 NAN 时，判断结果的符号。若 opa，opb 都不是 NAN，nan_sign = sign，此时没有什么意义。

（9）result_zero_sign：运算结果接近 0 时，所应得的符号。它是受凑整模式的影响的。

```
            always @(posedge clk)
                result_zero_sign <= ( add_r &  signa_r &  signb_r) |
                        (! add_r &  signa_r &! signb_r) |
                        ( add_r & (signa_r |  signb_r) & (rmode == 3)) |
                        (! add_r & (signa_r == signb_r) & (rmode == 3));
```

（10）fasu_op：指示下一步 add_sub27 模块所要做的操作是加还是减，其中 1 为加，0 为减。

```
            always @(signa or signb or add)
                case({signa, signb, add})   //   synopsys full_case parallel_case
// Add
            3′b0_0_1:add_d = 1;
            3′b0_1_1:add_d = 0;
            3′b1_0_1:add_d = 0;
            3′b1_1_1:add_d = 1;
// Sub
            3′b0_0_0:add_d = 0;
            3′b0_1_0:add_d = 1;
            3′b1_0_0:add_d = 1;
            3′b1_1_0:add_d = 0;
                endcase
            always @(posedge clk)
                fasu_op <= add_d;
```

4.6.3　FPU 内部四级流水线的实现

该 FPU 拥有四级流水线，平均能够在单个时钟周期内实现一次加法、减法、乘法或除法运算。

在 FPU 内部，每一次运算都要经过四个周期，即取数取指令，将浮点数调整为合适的定点数，做定点加法、减法、乘法或除法，将定点结果转换为浮点数输出。为了能够并发四步操作，FPU 内带有专门的寄存器，来维持每一步操作所需记录的指令和凑整模式。

```
            reg[1:0]rmode_r1, rmode_r2, // Pipeline registers for rounding mode
            rmode_r3;
            reg[2:0]fpu_op_r1, fpu_op_r2,// Pipeline registers for fp opration
```

```
fpu_op_r3；
always @（posedge clk）
    opa_r <= opa；
always @（posedge clk）
    opb_r <= opb；
always @（posedge clk）
    rmode_r1 <= rmode；
always @（posedge clk）
    rmode_r2 <= rmode_r1；
always @（posedge clk）
    rmode_r3 <= rmode_r2；
always @（posedge clk）
    fpu_op_r1 <= fpu_op；
always @（posedge clk）
    fpu_op_r2 <= fpu_op_r1；
always @（posedge clk）
    fpu_op_r3 <= fpu_op_r2；
```

可以从如图 4.13 所示的波形图清楚地看见 FPU 四级流水线并发执行带来的效果。

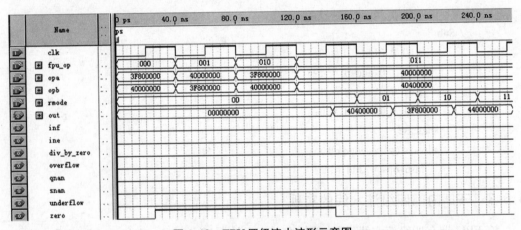

图 4.13　FPU 四级流水波形示意图

取数取指令是在第一个时钟周期的上升沿完成的,到第四个时钟周期的上升沿运算结果输出。同时在第二个时钟周期的上升沿,第二条指令和操作数输入 FPU,到第五个时钟周期的上升沿运算结果输出。这样平均每个时钟周期都会有一个结果输出,四级流水的作用就显示出来了。

在整个 FPU 的实现过程中,流水线的实现主要是按照模块衔接来划分的,但也有交错的部分。下面给出四级流水的详细实现。

第一个时钟周期主要是取操作数和指令：

```
always @(posedge clk)
    opa_r <= opa；

always @(posedge clk)
    opb_r <= opb；

always @(posedge clk)
    rmode_r1 <= rmode；

always @(posedge clk)
    fpu_op_r1 <= fpu_op；
```

　　第二个时钟周期所做的工作是将上一周期取出的数和指令向下传递，except 模块判断异常，pre_norm 模块和 pre_norm_fmul 模块对浮点操作数进行预处理，并由 mul_r2 模块和 div_r2 模块完成部分运算。

```
always @(posedge clk)
    div_opa_ldz_r1 <= div_opa_ldz_d；

always @(posedge clk)
    opa_r1 <= opa_r[30:0]；

always @(posedge clk)
    opas_r1 <= opa_r[31]；

always @(posedge clk)
    expa_ff <= &expa；

always @(posedge clk)
    expb_ff <= &expb；

always @(posedge clk)
    infa_f_r <=！(|fracta)；

always @(posedge clk)
    infb_f_r <=！(|fractb)；

always @(posedge clk)
    qnan_r_a <= fracta[22]；

always @(posedge clk)
    snan_r_a <=！fracta[22] & |fracta[21:0]；

always @(posedge clk)
    qnan_r_b <= fractb[22]；

always @(posedge clk)
    snan_r_b <=！fractb[22] & |fractb[21:0]；

always @(posedge clk)
```

```
        opa_nan <= & expa & (|fracta[22:0]);

always @(posedge clk)
        opb_nan <= & expb & (|fractb[22:0]);

always @(posedge clk)
        expa_00 <=! (|expa);

always @(posedge clk)
        expb_00 <=! (|expb);

always @(posedge clk)
        fracta_00 <=! (|fracta);

always @(posedge clk)
        fractb_00 <=! (|fractb);

always @(posedge clk)
        rmode_r2 <= rmode_r1;

always @(posedge clk)
        fasu_op <= add_d;

always @(posedge clk)       // If numbers are equal we should return zero
        exp_dn_out <= (! add_d & expa == expb & fracta == fractb) ? 8'h0 : exp_large;

always @(posedge clk)
        fracta_out <= fracta_s;

always @(posedge clk)
        fractb_out <= fractb_s;

always @(posedge clk)
        sign <= sign_d;

always @(posedge clk)
        signa_r <= signa;

always @(posedge clk)
        signb_r <= signb;

always @(posedge clk)
        add_r <= add;

always @(posedge clk)
        fracta_lt_fractb <= fracta > fractb;

always @(posedge clk)
        fracta_eq_fractb <= fracta == fractb;

always @(posedge clk)
        fasu_op <= add_d;
```

```
    always@(posedge clk)
        exp_out <= op_div ? exp_out_div：exp_out_mul；
    always @(posedge clk)
        exp_ovf <= exp_ovf_d；
    always @(posedge clk)
        underflow <= underflow_d；
    always @(posedge clk)
        inf <= op_div ? (expb_dn & ! expa[7])：({co1,exp_tmp1} >9'h17e)；
    always @(posedge clk)
        sign <= sign_d；
    always @(posedge clk)
        sign_exe <= signa & signb；
    always @(posedge clk)
        prod1 <= opa * opb；
    always @(posedge clk)
        quo1 <= opa / opb；
    always @(posedge clk)
        remainder <= opa % opb；
```

第三个时钟周期内主要是完成定点数的加减乘除运算。

```
    always @(posedge clk)
        sign_fasu_r <= sign_fasu；
    always @(posedge clk)
        sign_mul_r <= sign_mul；
    always @(posedge clk)
        sign_exe_r <= sign_exe；
    always @(posedge clk)
        inf_mul_r <= inf_mul；
    always @(posedge clk)
        exp_ovf_r <= exp_ovf；
    always @(posedge clk)
        fract_out_q <= {co_d, fract_out_d}；
    always @(posedge clk)
        div_opa_ldz_r2 <= div_opa_ldz_r1；
    always @(posedge clk)// Exponent must be once cycle delayed
        case(fpu_op_r2)
            0,1：exp_r <= exp_fasu；
```

```verilog
        2,3:exp_r <= exp_mul;
        4:exp_r <= 0;
        5:exp_r <= opa_r1[30:23];
    endcase

always @(posedge clk)
fract_i2f <= (fpu_op_r2 == 5)? (sign_d? 1 - {24'h00,(|opa_r1[30:23]),opa_r1[22:0]} - 1
:{24'h0,(|opa_r1[30:23]), opa_r1[22:0]}) : (sign_d? 1 - {opa_r1, 17'h01}:{opa_r1, 17'
h0}));

always @(fpu_op_r3 or fract_out_q or prod or fract_div or fract_i2f)
    case(fpu_op_r3)
        0,1:fract_denorm = {fract_out_q, 20'h0};
        2:fract_denorm = prod;
        3:fract_denorm = fract_div;
        4,5:fract_denorm = fract_i2f;
    endcase

always @(posedge clk)
    opas_r2 <= opas_r1;

always @(posedge clk)
    sign <= (rmode_r2 == 2'h3) ? ! sign_d:sign_d;

always @(posedge clk)
    fasu_op_r1 <= fasu_op;

always @(posedge clk)
    inf_mul2 <= exp_mul == 8'hff;

always @(posedge clk)
    underflow_fmul_r <= underflow_fmul_d;

always @(posedge clk)
    opa_nan_r <=! opa_nan & fpu_op_r2 == 3'b011;

always @(posedge clk)
    ind  <= (expa_ff & infa_f_r) & (expb_ff & infb_f_r);

always @(posedge clk)
    inf  <= (expa_ff & infa_f_r) | (expb_ff & infb_f_r);

always @(posedge clk)
    qnan <= (expa_ff & qnan_r_a) | (expb_ff & qnan_r_b);

always @(posedge clk)
    snan <= (expa_ff & snan_r_a) | (expb_ff & snan_r_b);

always @(posedge clk)
```

```
        opa_inf <= （expa_ff & infa_f_r）；
always @（posedge clk）
        opb_inf <= （expb_ff & infb_f_r）；
always @（posedge clk）
        opa_00 <= expa_00 & fracta_00；
always @（posedge clk）
        opb_00 <= expb_00 & fractb_00；
always @（posedge clk）
        opa_dn <= expa_00；
always @（posedge clk）
        opb_dn <= expb_00；
always @（posedge clk）
        result_zero_sign <= （ add_r &  signa_r &  signb_r）|
                 （! add_r &  signa_r & ! signb_r）|
                 （ add_r &（signa_r |  signb_r）&（rmode == 3））|
                 （! add_r &（signa_r == signb_r）&（rmode == 3））；
always @（posedge clk）
        nan_sign <= （opa_nan & opb_nan）? nan_sign1：opb_nan ? signb_r：signa_r；
always @（posedge clk）
        prod <= prod1；
always @（posedge clk）
        quo <= quo1；
always @（posedge clk）
        rem <= remainder；
```

第四个时钟周期内，FPU 主要完成运算数据的格式化，将其重新变为 32 位的浮点数。

```
always @（posedge clk）
        fasu_op_r2 <= fasu_op_r1；

always @（posedge clk）
out[30：0] <= （mul_inf | div_inf |（inf_d &（fpu_op_r3 != 3′b011）&（fpu_op_r3 != 3′b101））|
snan_d | qnan_d）& fpu_op_r3 != 3′b100 ? out_fixed：out_d；

always @（posedge clk）
        out[31] <= （（fpu_op_r3 == 3′b101）& out_d_00）?（f2i_out_sign & !（qnan_d | snan_d））：
                 （（fpu_op_r3 == 3′b010）& !（snan_d | qnan_d））?
sign_mul_final ：
                 （（fpu_op_r3 == 3′b011）& !（snan_d | qnan_d））?
sign_div_final ：
```

```verilog
                (snan_d | qnan_d | ind_d) ? nan_sign_d:
                output_zero_fasu ? result_zero_sign_d:
                                    sign_fasu_r;

    always @(posedge  clk)
            ine <= fpu_op_r3[2] ? ine_d:
                ! fpu_op_r3[1] ? ine_fasu:
                fpu_op_r3[0] ? ine_div:ine_mul;

    always @(posedge clk)
            overflow <= fpu_op_r3[2] ? 0:
                    ! fpu_op_r3[1] ? overflow_fasu:
                      fpu_op_r3[0] ? overflow_fdiv:overflow_fmul;

    always @(posedge clk)
            underflow <= fpu_op_r3[2] ? 0:
                    ! fpu_op_r3[1] ? underflow_fasu:
                    fpu_op_r3[0] ? underflow_fdiv:underflow_fmul;

    always @(posedge clk)
            snan <= snan_d;

    always @(posedge clk)
            qnan <= fpu_op_r3[2] ? 0:(
                        snan_d | qnan_d | (ind_d & ! fasu_op_r2) |
                        (opa_00 & opb_00 & fpu_op_r3 == 3'b011) |
                        (((opa_inf & opb_00) | (opb_inf & opa_00 )) & fpu_op_r3 ==
3'b010));

    always @(posedge clk)
            inf <= fpu_op_r3[2] ? 0:
                (! (qnan_d | snan_d) & (
((& out_d[30:23]) & ! (|out_d[220]) & ! (opb_00 & fpu_op_r3 == 3'b011)) |
                        (inf_d & ! (ind_d & ! fasu_op_r2) & ! fpu_op_r3[1]) |
                        inf_fmul |
                        (! opa_00 & opb_00 & fpu_op_r3 == 3'b011) |
                        (fpu_op_r3 == 3'b011 & opa_inf & ! opb_inf)));

    always @(posedge clk)
            zero <= fpu_op_r3 == 3'b101 ? out_d_00 & ! (snan_d | qnan_d):
            fpu_op_r3 == 3'b011 ? output_zero_fdiv:
            fpu_op_r3 == 3'b010 ? output_zero_fmul:
                        output_zero_fasu ;

    always @(posedge clk)
            div_by_zero <= opa_nan_r & ! opa_00 & ! opa_inf & opb_00;
```

设计实现的整个流水线如图 4.14 所示。

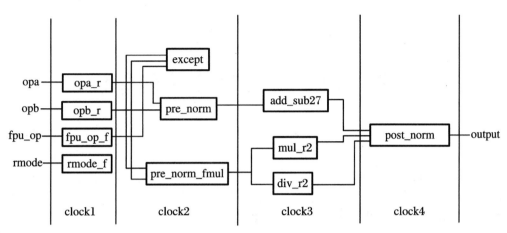

图 4.14　四级流水线工作原理图

CPU 的性能越来越高,但是在浮点处理方面一直没有突破性的进展,而浮点处理又是从事高速、高精度数据处理的核心技术,因此对浮点处理单元(即 FPU)的研究与设计尤为重要。本书第 5.4 小节将介绍 VFP-A 前端设计的入门内容,一般来说,对一个十万门级别的向量浮点处理器,其设计文档和测试文档为 600 页左右 A4 纸。

第 5 章　数字集成电路的前端设计

数字集成电路设计流程从概念上可分为前期设计、前端设计、后端设计、物理设计等四个阶段：① 前期设计是根据客户需要，提出功能需求，并建立项目设计文档；② 前端设计是依据设计文档，完成电路设计、仿真综合、网表文件；③ 后端设计是对设计电路进行布局布线、时序分析、逻辑优化等；④ 物理设计是指工艺设计、硅片生产等。也可以简单地将与工艺无关、设计出网表文件的设计统称为"前端设计"；反之，与工艺相关、设计出 GDS Ⅱ 文件的设计称为"后端设计"。本章将以 RSA 算法、64 位 MIPS 流水线、8 位 RISC CPU、VFP-A 等前端设计为实例来介绍数字集成电路前端设计（含高层次建模及用到的工具软件）。

5.1　高层次建模

在前端设计阶段，用户与设计工程师一起确定设计需求、逐步仿真和综合出符合规范的功能与时序正确的逻辑网表，如果能先从较为抽象的系统级开始建模和描述，将有效地缩短设计时间和减少成本。本节将以在 SystemC 语言（以下简称 SystemC）下快速实现 RSA 算法为例进行讲解。

5.1.1　SystemC 简介

随着 SoC 时代的到来，IC 设计领域面临了新的挑战。在系统级设计方面，工程师们在重新考虑怎样描述设计思想、划分和验证。目前，很多系统和软件设计工程师都在使用 C/C++ 语言来实现系统的模型和应用软件，而系统的硬件部分则用硬件描述语言 VHDL 和 Verilog 来实现。不同的设计语言和工具不仅给他们带来了许多不便，还导致了因设计工具不同而引起的不兼容性。SystemC 渐渐向标准建模语言的方向发展，可以从不同的抽象层次实现系统级设计和 IP 转换，其中包括软硬件协同的系统。

1. SystemC 与其他高级语言的比较

SystemC 是在 C++ 语言的基础上通过类库的扩展实现的，它可以用来有效地实现硬件系统的周期精确模型、体系结构、SoC 端口以及系统级建模。你可以利用 SystemC 和标准 C++ 语言开发工具很快地仿真有效而优化的设计，开发多种算法，还可以给软硬件开发组提供系统的可执行描述。那么,SystemC 与一般高级编程语言(C/C++ 及 HDL)有什么区别呢?

C/C++ 语言适用于软件算法和端口描述,因为它们可以提供开发协议和有效系统描述所需的控制和数据提取,一般来说,这两种语言可支持相当多的开发工具。虽然 C/C++ 语言在系统的软件组件建模方面显得游刃有余,但在硬件组件的建模中却显得有些力不从心了。它的不足之处主要体现在以下三个方面:① C/C++ 语言缺乏事件的时间序列概念;② C/C++ 语言中没有事件并发性的概念,然而硬件系统总是并行操作;③ C/C++ 语言自带的数据类型在建立硬件模型的时候是不够的,如它没有数据类型可以描述逻辑三态门的高阻态 Z。

面对 C/C++ 语言遇到的上述问题,SystemC 相应地提出了解决方法:① 引入和运用了时间的概念;② 定义了可并发执行的进程(process);③ 引进了用于硬件描述的数据类型,例如定点数和多值逻辑。

SystemC 类库为系统体系结构建模提供了必要的支持,包括标准 C++ 语言里没有的硬件时间调配、并发性和交互行为。要把这些概念添加到 C 语言中,需要对它进行语言扩展,但这种做法在商业上是不允许的。但面向对象的 C++ 编程语言可以通过类实现对语言的扩展,且不需要加入新的语法概念。SystemC 不仅提供了必要的类,而且还允许设计者们继续用自己熟悉的 C++ 语言和开发工具。

硬件描述语言(HDL)是一种用形式化方法来描述数字电路和设计数字逻辑系统的语言。设计者利用这种语言来描述自己的设计思想,然后利用 EDA 工具进行仿真,自动综合到门级电路,再用 ASIC 或 FPGA 实现其功能。它的硬件描述功能是相当强大的,但在软件设计方面就远不如 C/C++ 语言。显然,涉及软硬件协同设计系统时,HDL 就显得捉襟见肘了。

SystemC 由于兼备了 C/C++ 语言和 HDL 的性能,故非常适合软硬件协同系统的设计。

2. 目前常用的系统设计方法学

目前最普遍的方法是:先用 C/C++ 语言建立系统模型,为的是在系统级模型上验证概念和算法;等概念和算法清楚了以后,C/C++ 语言模型中需要在硬件中实现的部分用人工手段转换成 VHDL 或 Verilog 描述。这一流程可以在图 5.1 中清楚地看到。

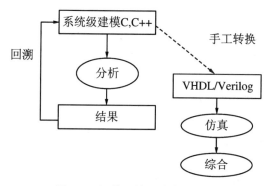

图 5.1　目前系统设计方法流程

上述方法存在一系列问题:

(1) 用人工手段把 C 语言转换成 HDL 的过程中会出现错误：设计者按照预计的设计思想用 C 语言建立模型，然后把模型设计人工地转换成 HDL，这一过程不仅十分枯燥，而且很容易发生错误。

(2) 系统模型和 HDL 模型之间的联系性问题：C 语言转换成 HDL 后，HDL 成为开发重心，同时 C 语言模型很快地显得不那么重要。当对 HDL 模型进行比较大的改动时，C 模型就不能反映其系统模型的变动。

(3) 多次的系统测试问题：为验证 C 语言系统模型而建立起来的测试程序未经过转换是不能用于 HDL 模型中的。即设计者不仅要把模型转换成 HDL，还要把测试组件转换成 HDL 环境下的组件。

3. SystemC 的特性

SystemC 支持软-硬件协同设计和由软硬件组件构成的复杂系统的体系结构的描述。硬件、软件和 C++ 语言环境下的端口描述都可以用它来实现。下面是 SystemC 的特性介绍。

(1) 模块(modules)。SystemC 具有一个叫 container class 的模块。它是一个可以容纳别的模块和进程的层次化实体。

(2) 进程(processes)。进程是用来描述功能的，它位于模块中。SystemC 为软硬件设计者提供了三种不同的进程抽象。

(3) 端口(ports)。为了与别的模块取得联系，每个模块都有自己的端口。SystemC 支持单向和双向的端口。

(4) 信号。SystemC 支持 resolved(判决)和 unresolved(非判决)信号类。resolved 信号可以拥有多个信号源驱动(例如总线)，而 unresolved 信号只能有一个信号源驱动。

(5) 丰富的端口和信号类型。为了支持不同抽象层次上的建模(从功能级到 RTL 级)，SystemC 提供了丰富的端口和信号类型。这点与别的语言有所不同，例如 Verilog，它只能支持 bits 和 bit-vectors 型的端口和信号类型，SystemC 支持二值和四值逻辑信号类型。

(6) 丰富的数据类型。SystemC 拥有的数据类型相当丰富，它可以支持多种设计领域中的多种抽象层次。

(7) 时钟。时钟的概念作为特殊的信号引入到 SystemC 中。

(8) 基于周期的仿真(cycle-based simulation)。SystemC 包含非常高效的基于周期的仿真内核，它可以使仿真高速进行。

(9) 多个抽象层次(multiple abstraction levels)。从高层次的功能级到时钟周期精确化的 RTL 级的多个抽象层次上，SystemC 都有它支持的模型。它可以反复地对高层次模型进行细化到低层次的抽象模型。

(10) 通信协议(communication protocols)。SystemC 提供的多层次通信协议可以实现多个层次上的 SoC 和系统 I/O 协议的描述。

(11) 调试支持(debugging support)。SystemC 类中附带运行中的错误检查，可以用编辑标记找到出错的地方。

(12) 波形追踪(waveform tracing)。SystemC 支持 VCD、WIF 和 ISDB 格式的波形显示。

4. SystemC 的设计流程

图 5.2 为 SystemC 的设计流程，SystemC 的设计方法与传统的设计方法(见图 5.1)相

比,在系统级设计方面有很多优点。

(1) 逐步细化的设计方法。用 SystemC 设计方法不用进行 C 语言模型设计的 HDL 转换,这给设计者省下了不少工夫。对设计进行小部分的逐步细化,添加必要的硬件和时钟,最终产生一个优秀的设计。使用这种逐步细化方法,设计者可以更容易地实现对设计的改动,并在细化过程中发现缺陷。

(2) 单一描述语言的使用。SystemC 方法的使用不需要设计者精通好几种语言。SystemC 允许从系统级到 RTL 级的建模。

(3) 设计者使用 SystemC 可以在更高的层次上进行建模。高层次建模会产生更少的编码,这种编码使程序的书写比在传统的建模环境下进行得更加容易,仿真更快。

在系统级模型中使用的测试激励(testbench),在 RTL 模型中可以重新使用,而且不用经过转换。两次同样的测试激励的使用,可以确保实现系统级和 RTL 级模型功能的一致性。

在如图 5.3 所示,SystemC 的设计环境表明,工程师需要的一个系统级设计公共基础平台要具有较高的抽象能力,但同时也要能体现出硬件设计中的信号同步、时间延迟、状态转换等物理信息语言。在我们常用的设计语言中,C、C++ 和 Java 等高级编程语言有较高的抽象能力,

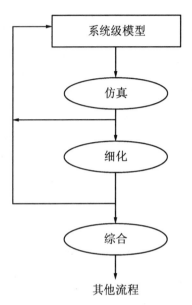

图 5.2 SystemC 的设计流程

但由于不能体现硬件设计的物理特性,硬件模块部分需重新用硬件描述语言设计,使得后续设计缺乏连贯性;而 VHDL、Verilog 最初目的并不是进行电路设计,前者是用来描述电路的,而后者起源于板级系统仿真,因此它们并不适合进行系统级的软件和算法设计,特别是现在系统中的功能越来越多地由软件来完成的时候。

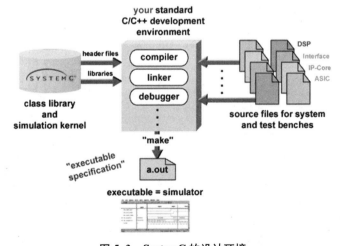

图 5.3 SystemC 的设计环境

SystemC 是在 C++ 语言的基础上扩展了硬件类和仿真核形成的,由于结合了面向对象

编程和硬件建模机制原理两方面的优点,SystemC 可以在抽象层次的不同级进行系统设计。系统硬件部分可以用 SystemC 类来描述,其基本单元是模块(module),模块内可包含子模块、端口和过程,模块之间通过端口和信号进行连接和通信。

随着通信系统复杂性的不断增加,工程师将更多地面对使用单一的语言来描述复杂的 IP 和系统,而 SystemC 拥有良好的软硬件协同设计能力这一最大特点会使其应用更加广泛。

5.1.2 芯片快速成型实现流程

本设计采用的设计流程是基于系统级算法的芯片快速成型实现流程,所谓快速成型(Rapid Prototyping)即要求从一个好的构想到芯片的诞生,其中的研发过程刻不容缓,否则相同概念的产品很可能如雨后春笋般接踵而至。利用这种设计流程可以大大节省设计周期,使设计者的想法很快地得到验证和实现。具体内容为:首先进行高层次的系统级建模、仿真和优化,再实现行为级、RTL 级的设计描述的转化和验证,然后进行综合并在自行设计的 FPGA 开发板上验证,当有较大市场需求时再最后实现专用集成电路流片。芯片快速成型实现流程如图 5.4 所示。

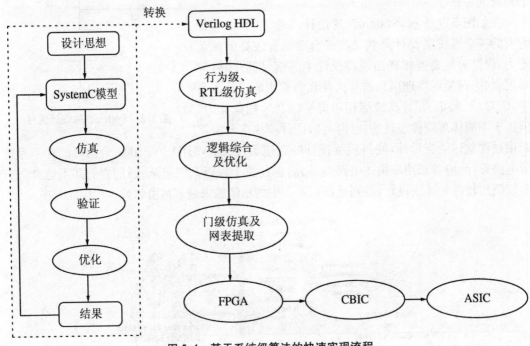

图 5.4 基于系统级算法的快速实现流程

例 5.1 RSA 算法的快速实现。

解 求解两个大素数的乘积在计算上非常容易,而要分解两个大素数的积以求出它的因子则是世界上公认的数学难题。RSA 算法正是一种基于大数因子分解的算法。RSA 算法在以数据加密和数字签名技术领域作为保证信息安全的重要手段已得到了广泛的应用。从 1978 年开始,对 RSA 算法的研究十分繁多,已取得的成果主要集中在 Montgomery 模乘算法的改进方面。但随着 SoC 设计方法的兴起,将 RSA 算法融入 SoC 中将是一个非常有益的尝试。本节给出了 RSA 算法从系统级建模、RTL 级实现、FPGA 验证到易于转换成 ASIC 的设计综合的完整流程,为相关的设计提供了宝贵经验。RSA 算法数字集成电路具体的实现流程如图 5.5 所示。

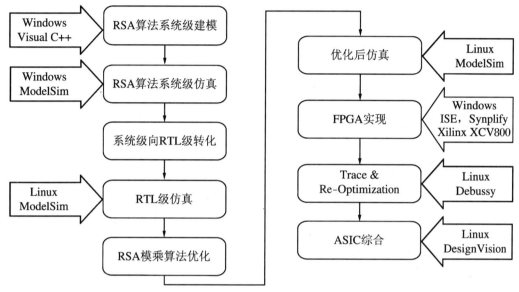

图 5.5　RSA 算法 VLSI 实现具体流程

设计前期主要在 Windows 操作系统下工作,后期工作转移到 Linux 操作系统中,具体硬件环境和软件环境如表 5.1 所示。

表 5.1　RSA 算法设计环境

硬件环境	笔记本电脑	1.9 GHz CPU、512 MB 内存
	Xilinx Vertex PCB 开发板	80 万门,4 层板设计
软件环境	Windows	XP/ Windows 7
	Linux	RedHat AS3U4
	Visual C++	6.0 版本(Windows)
	ModelSim	6.0 版本(Windows & Linux)
	ISE	7.1 版本(Windows)
	Synplify	8.1 版本(Windows)
	Debussy	6.0 版本(Linux)
	DesignVision	2004.06-SP1 版本(Linux)

5.1.3　RSA 运算的 SystemC 实现

例 5.2　SystemC 实现的 RSA 运算。

1. RSA 运算模块的接口信号

RSA 加解密模块是可以进行加密和解密操作的,因此,当输入端是明文和加密密钥时,输出的就是密文;当输入端是密文和解密密钥时,输出的就是明文。如表 5.2 所示。

表 5.2　RSA 运算模块接口信号

信号	类型	位宽(bit)	描述
clk	input	1	时钟信号
reset	input	1	复位信号
ld	input	1	数据 load 信号
data_in	input	1024	明文或密文
key	input	1024	加密密钥或解密密钥
n	input	1024	模数
data_out	output	1024	密文或明文
done	output	1	运算完毕信号

2. 接口信号的时序关系

reset 信号置 1 时不动作；reset 信号置 0，若 ld 为 1，即 load 信号有效，加载数据，在下一个 clk 上升沿到来时进行模乘运算，此时 done 信号为 0；当完成运算时，在 clk 上升沿将结果送出，并置 done 为 1。

3. RSA 运算的部分 SystemC 代码

rsa.h

```
#include "systemc.h"
template < intN = 1024 >
class rsa_module;

SC_MODULE(rsa) {
  public:
    sc_in < bool > clk;
    sc_in < bool > ds;
    sc_in < bool > reset;
    sc_out < bool > done;
    sc_in < sc_bv < N >> data_in;
    sc_in < sc_bv < N >> key;
    sc_in < sc_bv < N >> n;
    sc_out < sc_bv < N >> data_out;
    ...
    charVpadToAlign1[7];
    rsa_module * VlSymsp;
    boolinhibitSim;
    boolactivity;
    booldidInit;
    charpadToAlign2[6];

  public:
    SC_CTOR(Vrsa);
```

```
    inline boolgetClearActivity() { bool r = activity; activity = false; return r;}

        void final();
    private:
        void eval();
        voideval_initial_loop();
    IData change_request();
...
```

```
    rsa.cpp

    #define VlSym rsa__Syms::s_thisp

    SC_CTOR_IMP(rsa)

    {

        VlSymsp = new rsa__Syms(this);
        SC_METHOD(eval);
        sensitive(data_in);
        sensitive(key);
        sensitive(n);
        sensitive(clk);
        sensitive(ds);
        sensitive(reset);
        inhibitSim = false;
        activity = false;
        didInit = false;

    ...
```

4．RSA 运算模块的编译和仿真结果

RSA 运算模块的编译操作同模乘模块,操作很简单。由于 RSA 的软件实现比较成熟,而且,前面已经提到,软件实现 RSA 算法(大多用 C/C++ 语言代码实现)时,是将随机大素数的生成以及判素性等一并实现的,这样一来,在设计过程中就可以利用软件实现过程中产生的密钥对作为测试程序的密钥对(参见表 5.3),并且根据软件实现的结果来判断 SystemC 仿真结果是否正确(参见图 5.6)。

我们采用了一个网上流传的比较优秀的用 C++ 语言编写的 RSA 计算程序作为密钥对生成工具和结果的判定依据,并用 Maple 软件中的相关函数对结果进行了验证。

表 5.3　1024 位 RSA 加密解密密钥对

e	109CA091D8BDC2431368E7B87F454335E713749564BEF54BB955F9D0C103D D65E3A20FFAC8A6B6A8D772B3292E2E2EC0A4B2E908D52460DCB1D7598 B19BB9438161DF54ACD96AFB14C4971BA2FA54D0CB0FD702FF5791646A9 4C370FCB2E35CFC0BC7E03FEAB702D8C2B6CD9290BF2870077745AD99B0 1C12109A4F9FC316D71
n	2F4B0E59DECFAE291392847C73CF18A2637AAE34813A297CF00CAB1155D BF379AC31815DBB9A0983B17B78311FCC5D944CE7FF98C76E571C194FB4 F099CEC76B15F61AF60857594AA3D068FAD3A42CE8AB21562040F81C6E0

续表

n	025ECE22F9FF4E7712C6D9D09F980131A3516BFAB00D1CE3586E66EF2E4F C3620D796EEE2188F69
m	5448259031384907282842852083490 7
c	272A24EE8512F282C628E6D7808D0B313AF09AB9CAD3745EC46BFF4CBE8 C3DB0692CB289F89AB63E2CE9F988A2070A123387456067A656CDE027E1E 5E531C1DD02E200FC402ED364CEF77A04FABDD7F16D105EA3734100999A 36A8F85D7C599BD96F49DF1AD94718BBBF04127B2240C7AC90F2BB0EBD D1B82CAB0A362F1AA678

图 5.6 是 RSA 运算模块的仿真波形。

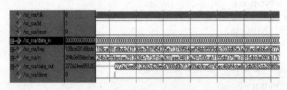

图 5.6 系统级 RSA 运算模块仿真波形

可见,仿真结果与事先计算的结果完全相同,RSA 的系统级设计是成功的。

5.1.4 64 位 MIPS 流水线系统级建模

例 5.3 64 位 MIPS 流水线建模。

1. SystemC 环境的建立

前面已经提到过,SystemC 是在 C++ 语言的基础上通过类库的扩展来实现的。SystemC 可以在多种环境下建立,例如 GCC、Borland C++、VC++,在这里我选择了 MicroSoft Visual C++ 6.0。在 VC 环境下,首先对 SystemC 类库进行编译,生成一个名为 systemc.lib 的库文件,然后将这个库文件加入到新建的工程中去,这样 SystemC 的开发环境就建立好了。建立好的开发环境如图 5.7 所示。

SystemC 源文件和相关帮助文档可以从 SystemC 的网站 www.systemc.org 获得。

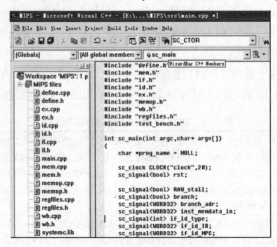

图 5.7 SystemC 开发环境

2. 模型的组成

从设计方法学的角度来看,64 位微处理器流水线是一个比较复杂的系统,对于这种复杂系统,最好的设计方案就是模块化设计。从系统的组成角度来看,采用模块化设计更能体现整个系统的结构层次。

这里所建立的 64 位微处理器模型 MIPS64 采用了模块化设计的思想。系统模块的划分就是在流水线级为基础再添加一些功能模块。系统的组成情况如下:

宏定义模块:	define. h	define. cpp
存储器模块:	mem. h	mem. cpp
IF 模块:	if. h	if. cpp
ID 模块:	id. h	id. cpp
EX 模块:	ex. h	ex. cpp
MEMOP 模块:	memop. h	memop. cpp
WB 模块:	wb. h	wb. cpp
寄存器模块:	regfiles. h	regfiles. cpp

其中模块 IF,ID,EX,MEMOP 和 WB 表示同名的流水级,是实现流水线功能的主体。宏定义模块中定义了所有模型中用到的宏和一些公用函数。寄存器模块实现了用 32 个通用寄存器来寄存指令的处理结果,并且为避免结构竞争(Structural Hazard)而提供了三个访问端口。存储器模块为处理器提供了存储空间,并采用了程序指令存储器和数据存储器分离的哈佛结构。

3. 模块功能实现和模型的建立

模块划分完成以后,就要考虑每个模块的功能实现了。

(1) 宏定义模块。define. h 文件中定义了数据类型、宏定义和函数声明。其中数据类型是根据 VC 的数据类型进行选择的,支持 8 位、32 位和 64 位数据类型。宏定义大多与指令结构相关,这些宏定义用在指令译码和根据指令选择操作时,增加了代码的可读性。函数包括数据转换、指令译码以及 SystemC 支持的生成波形文件的函数的重载。define. cpp 文件包含了 define. h 中声明的函数的实现。

(2) 存储器模块。mem. h 文件中定义了微处理器的存储器,用两个 BYTE 型的数组分别表示数据存储器和指令存储器。定义了三个函数 load_mem,mem_access 和 display_mem。其中,load_mem 用来将编译器生成的机器码加载到表示存储器的数组中去。需要说明的是,编译器生成的文件有两个:一个是以 . cod 为结尾的文件,表示生成的指令或代码;另一个是以 . dat 为结尾的文件,表示生成的数据。

核心程序代码如下所示:

```
void MEM∷load_mem(char * filename)
{
        …
    strcpy(fname,filename);            //获取编译器生成的指令文件名
    strcat(fname,".cod");
    fp = fopen(fname,"r");             //打开文件
        …
```

```
        for (ptr = 0;;ptr += 4)                 //加载表示指令存储器的数组
          {
                fscanf(fp,"%08x",&codeword);
                if (feof(fp)) break;
                unpack32(codeword,&inst[ptr]);
                printf("%08x\n",codeword);
          }
        fclose(fp);                              //关闭文件
                  ...
          }
```

display_mem 函数能显示存储器的值,主要用来调试指令的运行。

mem_access 函数实现了存储器的读写操作。其他需要与存储器交换数据的模块可以通过两个读端口(数据端口和指令端口)和一个写端口对存储器进行读写。端口定义如下:

```
        sc_in < bool > inst_r_en;            //读指令端口
        sc_in < WORD32 > inst_memaddr;
        sc_out < WORD32 > inst_memdata;
        sc_in < bool > data_r_en;            //读数据端口
        sc_in < WORD32 > data_memaddr;
        sc_out < WORD32 > data_memdata_l;
        sc_out < WORD32 > data_memdata_h;
        sc_in < bool > w_en;                 //写端口
        sc_in < WORD32 > write_addr;
        sc_in < WORD32 > write_data_l;
        sc_in < WORD32 > write_data_h;
```

mem_access 函数与其他两个函数不同,它被 SystemC 的关键字 SC_METHOD 标识为进程,被标识为进程的函数能被敏感信号列表中的信号量激发,实现 SystemC 的并发性。

```
        SC_CTOR(MEM)
          {
                SC_METHOD(mem_access);
                sensitive << inst_memaddr;
                sensitive << data_memaddr;
                sensitive << w_en;
                sensitive << inst_r_en;
                sensitive << data_r_en;
          }
```

在这里 inst_memaddr、data_memaddr、w_en、inst_r_en 和 data_r_en 是敏感信号量,并且都属于电平激发。当这些信号量的值发生改变(0-1 或 1-0)时,mem_access 函数就会被激发。

(3) IF 模块。if.h 和 if.cpp 定义了一个流水线的模块 IF。IF 的主要任务是取指令并控制处理器的指令流向。IF 的功能是通过 inst_fetch 函数来实现的。inst_fetch 函数根据

PC 值从存储器中读取指令写到寄存器 if_id_∗ 中去,同时根据不同情况(分支发生和不发生的情况)完成对 PC 值的修改以控制指令流向。

下面是 IF 模块分支判断的实现代码:

```
if(branch == false)                     //分支未发生
    {
        if_id_NPC = pc + 4;
        inst_memaddr_out = pc;          //向存储器送出指令地址
        inst_r_en = true;
        pc = pc + 4;                    //PC 加 4 指向下一条指令
    }
    else                                //分支发生
    {
        if_id_NPC = branch_adr + 4;
        inst_memaddr_out = branch_adr;
        inst_r_en = true;
        pc = branch_adr + 4;            //PC 指向分支后的下一条指令
        if_id_IR = 0;
    }
```

IF 模块的操作完成后会将运行结果存到流水线寄存器 if_id_∗ 中去。

(4) ID 模块。id.h 和 id.cpp 定义了流水线的 ID 模块。在整个流水线结构中,ID 负担着指令译码的任务,同时还侦测数据相关性以决定是否进行数据直通(forwarding)和流水线的停止(stall)。由于数据相关性的侦测需要很多信号进行判断,因此此端口除包括 IF/ID 流水线寄存器和 ID/EX 流水线寄存器外,还包括从流水线寄存器 EX/MEM 和 MEM/WB 反馈过来的信号量,以及 forwarding 和 stall 控制信号。

部分端口定义如下:

```
    ...
    sc_in < int > ex_mem_rt;                // EX/MEM 的反馈信息
    sc_in < int > ex_mem_rd;
    sc_in < int > ex_mem_type;
    sc_in < int > mem_wb_rt;                // MEM/WB 的反馈信息
    sc_in < int > mem_wb_rd;
    sc_in < int > mem_wb_type;
    sc_out < bool > ex_forwarding_opA, mem_forwarding_opA, wb_forwarding_opA;
                                            //forwarding 信息输出
    sc_out < bool > ex_forwarding_opB, mem_forwarding_opB, wb_forwarding_opB;
    sc_out < bool > ex_forwarding_opA_stall;    //stall 信息输出
    sc_out < bool > ex_forwarding_opB_stall;
    ...
```

ID 模块的功能是通过 decode 函数来实现的。decode 函数首先进行数据相关性的判断,并据此产生 forwarding 和 stall 信号。核心代码如下:

```
    if((ins.rs == id_ex_rt && (id_ex_type == REG2I || id_ex_type == REG1I)) && (type!=
```

```
NOP))
{
        ex_forwarding_opA = true;
    }
if((ins. rs == id_ex_rd && (id_ex_type == REG3 || id_ex_type == REG2S)) && (type!=
NOP))
    {
        ex_forwarding_opA = true;
    }
if((ins. rs == id_ex_rt && id_ex_type == LOAD) && (type!= NOP))
    {
        RAW_stall = true;
        ex_forwarding_opA_stall = true;
    }
if((id_ex_type == REG2I || id_ex_type == REG1I) && ins. rt == id_ex_rt && type!= NOP)
    {
        ex_forwarding_opB = true;
    }
if((id_ex_type == REG3 || id_ex_type == REG2S) && type == REG3 && ins. rt == id_ex_rd
&& type!= NOP)
    {
        ex_forwarding_opB = true;
    }
if(id_ex_type == LOAD && ins. rt == id_ex_rt && type!= NOP)
    {
        RAW_stall = true;
        ex_forwarding_opB_stall = true;
    }
if((ins. rs == ex_mem_rt && ex_mem_type == REG2I) ||
(ins. rs == ex_mem_rd && ex_mem_type == REG3) ||
(ins. rs == ex_mem_rt && ex_mem_type == REG1I) ||
(ins. rs == ex_mem_rd && ex_mem_type == REG2S) ||
(ins. rs == ex_mem_rt && ex_mem_type == LOAD) && (type!= NOP))
        mem_forwarding_opA = true;
if((ins. rt == ex_mem_rt && ex_mem_type == REG2I) ||
(ins. rt == ex_mem_rd && ex_mem_type == REG3) ||
(ins. rt == ex_mem_rt && ex_mem_type == REG1I) ||
(ins. rt == ex_mem_rd && ex_mem_type == REG2S) ||
(ins. rt == ex_mem_rt && ex_mem_type == LOAD) && (type!= NOP))
        mem_forwarding_opB = true;

if((ins. rs == mem_wb_rt && mem_wb_type == REG2I) ||
```

```
    (ins. rs == mem_wb_rd && mem_wb_type == REG3) ||
    (ins. rs == mem_wb_rt && mem_wb_type == REG1I) ||
    (ins. rs == mem_wb_rd && mem_wb_type == REG2S) ||
    (ins. rs == mem_wb_rt && mem_wb_type == LOAD) && (type != NOP))
            wb_forwarding_opA = true;
    if(ins. rt == mem_wb_rt && mem_wb_type == REG2I && ins. type == REG3)
        {
            wb_forwarding_opB = true;
        }
    if(ins. rt == mem_wb_rd && mem_wb_type == REG3 && ins. type == REG3)
        {
            wb_forwarding_opB = true;
        }
    if(ins. rt == mem_wb_rt && mem_wb_type == LOAD && ins. type == REG3)
        {
            wb_forwarding_opB = true;
        }
    if(ins. rt == mem_wb_rt && mem_wb_type == REG1I && ins. type == REG3)
        {
            wb_forwarding_opB = true;
        }
    if(ins. rt == mem_wb_rd && mem_wb_type == REG2S && ins. type == REG3)
        {
            wb_forwarding_opB = true;
        }
```

从中可以看出 stall 的情况只有一种,而 forwarding 则根据 forward 数据源的位置分为很多种情况。下面以两个代码片断来说明这一点。

代码片断 1:需要 stall 的情况

```
…
ld      r1,u(r0)
addi    r2,r1,1
…
```

Load 指令中需要把数据从存储器中读取加载到寄存器 r1 中,Load 指令的结果是等到 WB 阶段才出来的,即 r1 的数据是在 WB 阶段产生的。而 r1 在下一条加法指令中作为源操作数在 ID 阶段就要用到,但在这个时候 Load 指令才进行到 EX 阶段,这样流水线只能 stall 才能避免错误结果的产生。

代码片断 2:需要 forwarding 的情况

```
…
add      r3,r2,r1
add      r5,r4,r3
sub      r6,r3,r1
…
```

在第一个 add 指令中 r3 作为目的寄存器,而在第二个 add 指令中它却将作为源寄存器被用到。这个时候我们不需要等到第一个 add 指令的 WB 阶段,而直接从 EX/MEM 流水线寄存器中读取 r3 的数据,即 EX/MEM 的 forwarding。在 sub 指令中我们也需要 forwarding,而它是 MEM/WB 的 forwarding。

接下来 decode 函数进行指令译码和准备操作数。指令译码是通过调用在宏定义模块里定义的 parse 函数来实现的。然后这里使用了一个 switch 语句根据不同的指令 type 进行操作数的准备。

```
switch(type)
{
...
case STORE:
case REG2I:
case REG3:
case FSTORE:
case REG3F:
    regfiles_addr1 = ins. rs;
    regfiles_addr2 = ins. rt;
    r1 = true;
    r2 = true;
    break;
case JREG:
case JREGN:
    regfiles_addr2 = ins. rt;
    r2 = true;
    break;
    ...
}
```

最后,decode 函数将执行结果保存到 id_ex_ * 存储器中。

(5) EX 模块。ex. h 和 ex. cpp 定义了流水线的 EX 模块。EX 模块实现了指令的运算,针对不同的指令可以分为三种运算:ALU 运算、load/store 地址计算和分支地址计算。同时,EX 模块还实现了分支的判断。所有的这些功能都在函数 execution 中实现。下面来分析一下 execution 的结构。

首先要做的是操作数的选择。根据在 ID 阶段得到的 forwarding 控制信号从不同的途径加载操作数。

```
tmp = WORD64(regfiles_data1_h);
opA = WORD64(regfiles_data1_l)|tmp << 32;
tmp = WORD64(regfiles_data2_h);
opB = WORD64(regfiles_data2_l)|tmp << 32;
if(wb_forwarding_opA == true)
{
```

```
        tmp = WORD64(wb_forwarding_h);
        opA = WORD64(wb_forwarding_l) | tmp << 32;
    }
    if(wb_forwarding_opB == true)
    {
        tmp = WORD64(wb_forwarding_h);
        opB = WORD64(wb_forwarding_l) | tmp << 32;
    }
    if(mem_forwarding_opA == true)
    {
        tmp = WORD64(mem_wb_forwarding_h);
        opA = WORD64(mem_wb_forwarding_l) | tmp << 32;
    }
    if(mem_forwarding_opB == true)
    {
        tmp = WORD64(mem_wb_forwarding_h);
        opB = WORD64(mem_wb_forwarding_l) | tmp << 32;
    }
    if(ex_forwarding_opA == true)
    {
        opA = EX_tmp;
    }
    if(ex_forwarding_opB == true)
    {
        opB = EX_tmp;
    }
```

接下来根据指令的类型进行不同的操作,这里也是用了一个 switch 语句来实现的。最后将运算结果存入流水线寄存器 ex_mem_ * 中。

(6) MEMOP 模块。memop. h 和 memop. cpp 定义了流水线的 MEMOP 模块。MEMOP 模块是用来处理 load/store 指令与存储器的数据交换,其他指令只是简单地经过这个模块并不做任何处理。MEMOP 模块的功能是通过 memop 函数来实现的。对 load 指令来说,所做的操作是从存储器中读取需要加载的数据;对 store 指令来说,是将要写的数据以及在 EX 阶段得到的地址值传给存储器。

(7) WB 模块。wb. h 和 wb. cpp 定义了流水线的 WB 模块。WB 模块是用来将指令的运算结果写回寄存器组,WB 模块的功能通过函数 write_back 来实现。

需要注意的是两种跳转指令 jal 和 jalr 的处理。一般的分支指令到 EX 阶段就已经完成,但是这两条指令需要将当前的 PC 值保存到寄存器中去,因此在 WB 阶段才能完成。下面是这两条指令的处理代码:

```
        ...
    case JUMP:
                if (mem_wb_opcode == I_JAL)
```

```
                           {
                               regfiles_addr4 = 31；
                               wb_data_l = mem_wb_NPC + 4；
                               wb_data_h = 0；
                               w_en = true；
                               wb_forwarding_l = mem_wb_NPC + 4；
                               wb_forwarding_h = 0；
                           }
                           break；
                   case JREG：
                           if (mem_wb_opcode == I_SPECIAL && mem_wb_function == R_JALR)
                           {
                               regfiles_addr4 = mem_wb_rd；
                               wb_data_l = mem_wb_NPC + 4；
                               wb_data_h = 0；
                               w_en = true；
                               wb_forwarding_l = mem_wb_NPC + 4；
                               wb_forwarding_h = 0；
                           }
                           break；
           ...
```

最后,还需要一个 main.cpp 文件将这些模块组合起来形成一个完整的系统。在 main.cpp 中首先要进行信号的定义,这些信号用来连接各个模块。

```
    ...
    sc_signal < int > if_id_type；
    sc_signal < WORD32 > if_id_IR；
    ...
```

接下来要进行模块例化和端口连接。

```
    MEM m1("mem")；              //模块例化
    ...                          //端口连接
    m1.write_data_l(write_data_l)；
    m1.write_data_h(write_data_h)；
    m1.inst_memaddr(inst_memaddr_out)；
    m1.data_memaddr(data_memaddr)；
    ...
```

为了便于调试,SystemC 支持波形追踪,以显示系统的每一个信号的变化情况。

```
    sc_trace_file * tf =
    sc_create_vcd_trace_file("mips_vcd")；       //建立 VCD 格式的波形文件
    sc_trace(tf, CLOCK.signal(), "clock")；       //向文件加入信号
    ...
    sc_trace(tf, rst, "rst")；
```

sc_trace(tf,if_id_type,"if_id_type");

sc_trace(tf,RAW_stall,"RAW_stall");

...

这样,整个模型的建立就完成了。

5.2 前端设计常用软件介绍

在第 1 章中,我们介绍了提供 EDA 工具的四家著名公司,但对于大学生、研究生等初学者,我们建议尽量选择常用且排名第一或第二的、能在 PC 机上顺畅运行的前端和后端设计 EDA 软件。本节将简介 PC 机上能顺畅运行的常用 EDA 工具软件的使用。

5.2.1 工具软件版本配套问题

前端设计的流程及建议选用的 EDA 工具如下:

(1) 架构的设计与验证:按照要求,对整体的设计划分模块。架构模型的仿真可以使用 Synopsys 公司的 CoCentric 软件,它是基于 System C 的仿真工具;同时 Cadence 提供的集成了新式存储器编译器并支持 C/C++ 语言的 C-to-Silicon Compiler,具有事物级建模 TLM/RTL 指标驱动式验证和可视化源码级调试功能的 Incisive® Enterprise Simulator、Calypto 时序逻辑等效性检查工具等。建议学好 5.1 小节就可以打好基础了。

(2) HDL 设计输入:HDL(Verilog 或 VHDL)输入、电路图输入、状态转移图输入。使用的工具有 Active-HDL,而 RTL 分析检查工具有 Synopsys 的 LEDA,建议使用 HDL (Verilog 或 VHDL)输入方法,工具软件选 Active-HDL。

(3) 前仿真工具(功能仿真):初步验证设计是否满足规格要求。常用的工具有:Mentor 的 ModelSim,Synopsys 的 VCS,Altera 的 Quartus Ⅱ,Cadence 的 NC-Verilog,建议选用 ModelSim 和 Quartus Ⅱ。

(4) 逻辑综合:将 HDL 转换成门级网表 Netlist。综合需要设定的约束条件,就是希望综合出来的电路在面积、时序等目标参数上达到的标准;逻辑综合需要指定基于的库,使用不同的综合库,在时序和面积上会有差异。逻辑综合之前的仿真为前仿真,之后的仿真为后仿真。常用的工具有:Synopsys 的 Design Compiler、Cadence 的 PKS、Synplicity 的 Synplify 等,建议选用 Synplify。

(5) 静态时序分析工具(STA):在时序上,检查电路的建立时间(Setup time)和保持时间(Hold time)是否有违例(Violation)。建议选用工具是 Synopsys 的 Prime Time。

(6) 形式验证工具:在功能上,对综合后的网表进行验证。常用的就是等价性检查 (Equivalence Check)方法,即以功能验证后的 HDL 设计为参考,对比综合后的网表功能,他们是否在功能上存在等价性。这样做是为了保证在逻辑综合过程中没有改变原先 HDL 描述的电路功能,建议选用工具是 Synopsys 的 Formality。

以上常用 EDA 工具软件都有不同版本,也有 license 的问题,建立适合自己的学习、设计环境(例如有 Windows、Linux 安装环境的分别),需要综合考虑各版本之间差异,也要考虑 EDA 工具软件间调用和数据接口等问题,有关软件的安装在网络上都可找到相应的解答和说明。

5.2.2 事务级模型 TLM

SystemC 由 C++ 语言衍生而来,在 C++ 语言基础上添加硬件扩展库和仿真库构成,从而使 SystemC 可以建模不同抽象级别的包括软件和硬件的复杂电子系统,既可以描述纯功能模型和系统体系结构,也可以描述软硬件的具体实现。在使用 SystemC 进行高层次建模时,引出一个新的概念——事务级模型(Transaction-Level Model,TLM),该建模方法创建一可执行平台模型,对系统进行仿真,但其不仅仅是功能级描述,仿真也具有一定时序。

电子系统级(Electronic System Level,ESL)自 20 世纪 90 年代开始,已越来越多地被用在高层次设计中,ESL 设计流程如图 5.8 所示。

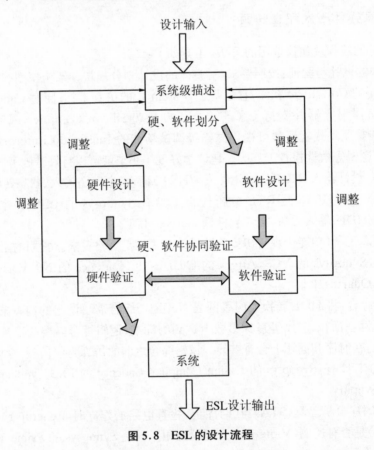

图 5.8 ESL 的设计流程

系统级芯片平台有各种不同类型的实体,它们通常包含至少一个处理单元(如微处理器或 DSP)及外设、随机逻辑、嵌入式存储器、通信架构以及诸如传感器和执行机构等外部接口元件。这些不同的设计平台正在促使设计重点和折衷分析向通信方向发展。

因为 SoC 中的功能单元经常需要通过几种标准和专用总线协议进行通信,因此理解模块间的通信已经成为验证的关键要素。这种向通信架构设计重心的转移也加大了混合级建模和调试技术的普及程度。这些技术承诺能让设计师完全接受从 RTL 到更高事务处理级的转移,并且不会影响目前的功能验证方法。

基于现代协议的复杂性,在详细的信号层理解同步交互是非常困难的,需要耗费很多时间;而且在从规格要求到实现的不断调整过程中会有不同的团队和个人参与进来,因此需要在不同设计团队之间和团队之中定义共同的参考框架。

描述必须要灵活,以适应多种应用领域。在自顶到下的开发或自底到上的配置过程中,描述必须满足抽象和改进的要求,与设计协调发展。提供这种服务的事务级建模要求中间的建模抽象层提供顶层和底层的平滑衔接。

什么是事务处理,为什么采用事务处理? 目前的 SoC 设计流程既有从规格要求到实现的自顶向下创建过程,又有对来自外部提供商或内部复用模块的设计和验证知识产权(IP)进行自底向上的集成过程。而事务处理可以看做是确认改进规范,用以桥接不同的设计建模层。涉及范围从一般用高级语言完成的无时序纯功能建模,根据架构估计提供的带逼近时序的功能层,一直到实现层的循环精确 RTL。

另外,TLM 可以作为系统工程师和专用模拟开发人员之间的公共描述手段。它涵盖了适合任何特殊设计或验证活动的不同语言。此时事务处理变成了架构开发和折衷分析都可以执行的一种形式。通过分析系统功能有效性和诸如整体吞吐量和模块及存储器交互等待时间等性能标尺,TLM 将成为自动化设计理解和调试过程的一种途径。图 5.9 所示的设计方法可以从已有的事务级模型库中选取硬件结构,或选用甚至重新设计模型库中没有的事务级模型,创建系统虚拟平台,在此基础上将任务并行化,映射到硬件结构上,然后进行验证和分析。

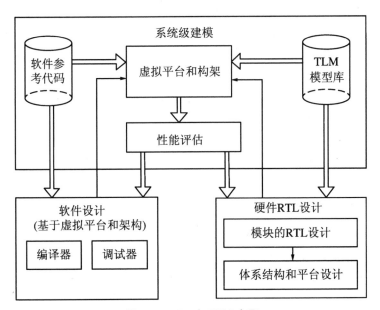

图 5.9 ESL 中 TLM 应用

TLM 是一种非常自然的运作过程。它接收设计的每个功能线程,并进行描述。描述的重点是怎样做,特别是通信交互,而不是功能的内容。事务处理提供了对实现细节的临时抽象和空间封装,直接体现了通信架构而不是功能元件这个初始重点。执行这种抽象建模的优势表现为验证效率。事实上,事务处理的使用正变得越来越广泛,变化也越来越多,也越来越主流。

捕捉模块间同步传送的事务处理也将成为折衷分析的主力。因此,为了充分利用基于事务处理的高级验证和调试技术,提高开发效率和设计质量,建模和记录事务处理将变得至关重要。

事务处理级建模高级语言也称为 HLL(如 SystemC)、许多其他硬件验证语言也称为HVL(如 OpenVera,e)以及测试平台和设计语言(如 SystemVerilog)都对事务处理提供了不同程度的支持。其中 SystemC 对事务处理的支持最好,它支持在建模语言中创建用户为主导的事务处理,并记录进与 sc_trace()相同数据库。SCV 收集了预先定义好的许多有用类,包括以下三种主要的记录工具类:

scv_tr_db:事务处理数据库对象,它允许用户对记录进行控制。该对象是通用的,独立于数据库格式。第三方记录 API 提供商可以将当前的服务映射到他们自己的数据库方案中去。

scv_tr_stream:事务处理流建模对象。流是一种抽象的通信媒体,上面可以进行包括重叠在内的事务处理,例如,带读写事务处理的存储器流。因此流也可以看作是一种抽象信号,其中事务处理是可以被信号接收的抽象值,比如一条总线的一个地址或一个数据流。

scv_tr_generator:环绕特殊事务处理类型的对象,涉及属性的创建和累积,可以是从设计信号和消息到一般负载数据的任何对象。

从下面的一小段代码可以看到如何使用 SCV 以相对直接的方式创建事务处理。每段语句前的注释说明了后面语句的用途。事务处理可以被无缝地记录进数据库,不需要人工直接干预。为了实现这一功能,工具供应商可以通过前面所述的三种类中各自提供的注册机制注册回调来实现记录功能,用户只需要增加一些初始化调用。

```
// Inside sc_main() or some other context (在 sc_main()或一些其他内容里面)
// SCV startup (SCV 启动)
scv_startup();
// Initialization (初始化)
API_vendor_initialization(); // set SCV callbacks here
scv_tr_db db("my_db");
scv_tr_db::set_default_db(&db);
// Define a stream and a generator (定义流和发生器)
scv_tr_stream mem_stream("memory", "transactor");
scv_tr_generator read_gen("read", mem_stream, "mem");
scv_tr_handle tr_handle;
// Modeling code here (在这里建模代码)
// Transaction begin with a tr_data attribute (以 tr_data 属性开头的事务处理)
```

tr_data. addr = addr_signal;

tr_data. data = data_signal;

tr_handle = write_gen. begin_transaction(tr_data);

// Transaction end（事务处理结束）

tr_handle. end_transaction();

// Other modeling code here（这里开始其他建模代码）

SCV 还有许多其他的类，比如用来创建不同事务处理之间关系的 scv_tr_relation。在分析和调试中关系类非常有用，特别是在确定前-后因果关系、父子层次关系以及分析组合成分的集合关系的时候。

OCP-IP（Open Core Protocol-International Partnership）是推动 IP 核接口标准化的国际组织。OCP-IP 提出了如表 5.4 所示的四层通信模型，除 RTL 层之外的三层属于事务层。

表 5.4　四层通信模型

Massage Layer（L-3）	资源共享，时序
Transaction Layer（L-2）	时钟和协议
Transfer Layer（L-1）	线网和寄存器
RTL Layer（L-0）	门、门延时、线间延时

表 5.4 中，消息层（Massage Layer）用来做功能划分和系统级的结构分析，它没有时间信息，是由事件驱动的。事务层（Transaction Layer）进行体系结构分析，详细的硬件性能分析，软硬件划分，软硬件协同开发，周期性能评估。事务层有时间信息，但不是周期精确的。传输层（Transfer Layer）用来详细建模任务，建立精确到周期的测试平台和精确到周期的性能仿真，传输层是周期精确的。

目前，SystemC 2.1 可以将硬件和软件建模功能扩展至更高的抽象级层次上。

5.2.3　Quartus Ⅱ

Altera Quartus Ⅱ 设计软件提供完整的多平台设计环境，能够直接满足特定设计需要，为可编程芯片系统（SoPC）提供全面的设计环境。Quartus Ⅱ 软件含有 FPGA 和 CPLD 设计所有阶段的解决方案。有关 Quartus Ⅱ 设计流程的图示说明，请参见图 5.10。Quartus Ⅱ 有很多版本，官方提供在线的帮助文档和可下载的软件使用手册，Quartus Ⅱ 11.0 的使用手册 PDF 版本有 718 页，内容丰富而权威。对于 Quartus Ⅱ 的初学者可上网下载 250 页 Quartus Ⅱ 中文手册，如果以前学习过 MAXPLUS Ⅱ 的用户，安装后启动时还可以选择类似 MAXPLUS Ⅱ 风格的页面，从而更易于操作。

在图 5.11 中，Quartus Ⅱ 软件允许在设计流程的不同阶段使用您熟悉的 EDA 工具。可以与 Quartus Ⅱ 图形用户界面或者 Quartus Ⅱ 命令行可执行文件一起使用这些工具。

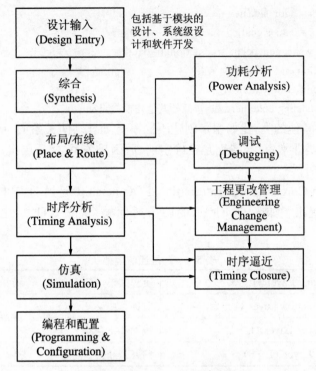

图 5.10　Quartus Ⅱ 设计流程

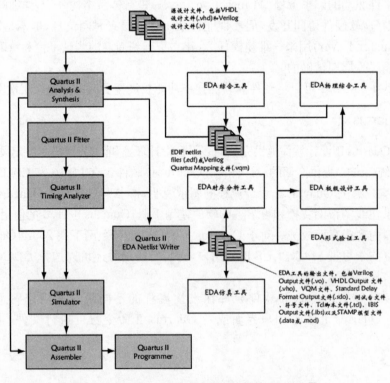

图 5.11　Quartus Ⅱ 不同阶段可使用的 EDA 工具

Quartus Ⅱ可获取在线帮助,Quartus Ⅱ软件提供全面的文档和 Quartus Ⅱ软件生成的特定消息的详细内容。可以使用以下方法之一查看帮助:

(1) 通过帮助主题列表关键词搜索。选择 Index(Help 菜单),使用 Index 标签选项进行搜索。

(2) 通过帮助系统的全文进行搜索。选择 Search(Help 菜单),使用 Search 标签选项进行搜索。

(3) 搜索帮助主题类的概要。选择 Contents(Help 菜单),查看 Contents 标签选项。

(4) 在您的 Favorites 列表中添加主题。打开要将您偏好的主题列表添加进去的 Quartus Ⅱ帮助主题,单击 Favorites 选项标签,然后单击 Add,将主题添加到您的 Favorites 列表中。

(5) 查看有关消息的帮助。选择要获得帮助的消息,并选择 Help(右键弹出菜单);还可以选择 Messages(Help 菜单),查看所有消息的滚动列表。

(6) 获取菜单命令或对话框的帮助菜单命令高亮显示时,或者在活动对话框中按 F1,即可获取该项的上下文相关帮助。

(7) 查找术语的定义。选择 Glossary(Help 菜单),可以看到 Glossary 列表。

5.2.4　ModelSim

Mentor 公司的 ModelSim 是业界最优秀的 HDL 语言仿真软件,它能提供友好的仿真环境,是业界唯一的单内核支持 VHDL 和 Verilog 混合仿真的仿真器。它采用直接优化的编译技术、Tcl/Tk 技术和单一内核仿真技术,编译仿真速度快,编译的代码与平台无关,便于保护 IP 核,个性化的图形界面和用户接口,为用户加快调错提供强有力的手段,是初学 FPGA/ASIC 设计的首选仿真软件。

主要特点:

① RTL 和门级优化,本地编译结构,编译仿真速度快,跨平台跨版本仿真;

② 单内核 VHDL 和 Verilog 混合仿真;

③ 源代码模板和助手,项目管理;

④ 集成了性能分析、波形比较、代码覆盖、数据流 ChaseX、Signal Spy、虚拟对象 Virtual Object、Memory 窗口、Assertion 窗口、源码窗口显示信号值、信号条件断点等众多调试功能;

⑤ C 语言和 Tcl/Tk 接口,C 语言调试;

⑥ 对 SystemC 的直接支持,和 HDL 任意混合;

⑦ 支持 SystemVerilog 的设计功能;

⑧ 对系统级描述语言的最全面支持,SystemVerilog,SystemC,PSL;

⑨ ASIC Sign off。

ModelSim 有几种不同的版本:SE、PE、LE 和 OEM 等,其中 SE 是最高级的版本,而集成在 Actel、Atmel、Altera、Xilinx 以及 Lattice 等 FPGA 厂商设计工具中的均是其 OEM 版本。SE 版和 OEM 版在功能和性能方面有较大差别,比如对于大家都关心的仿真速度问题,以 Xilinx 公司提供的 OEM 版本 ModelSim XE 为例:对于代码少于 40000 行的设计,ModelSim SE 比 ModelSim XE 要快 10 倍;对于代码超过 40000 行的设计,ModelSim SE 要比 ModelSim XE 快近 40 倍。ModelSim SE 支持 PC、UNIX 和 LINUX 混合平台;提供全面完善以及高性能的验证功能;全面支持业界广泛的标准;Mentor 公司提供业界最好的技术支持与服务。

5.2.5 Synplify

Synplify、Synplify Pro 和 Synplify Premier 是 Synplicity(Synopsys 公司于 2008 年收购了 Synplicity 公司)公司提供的专门针对 FPGA 和 CPLD 实现的逻辑综合工具,Synplicity 的工具涵盖了可编程逻辑器件(FPGA、PLD 和 CPLD)的综合、验证、调试、物理综合及原型验证等领域。

Synplify Premier 是功能超强的 FPGA 综合环境。Synplify Premier 不仅集成了 Synplify Pro 所有的优化选项,包括 BEST 算法、Resource Sharing、Retiming 和 Cross-Probing 等等;更集成了专利的 Graph-Based Physical Synthesis 综合技术,并提供 Floor Plan 选项,是业界领先的 FPGA 物理综合解决方案,能把高端 FPGA 性能发挥到最好,从而可以轻松应对复杂的高端 FPGA 设计和单芯片 ASIC 原型验证。这些特有的功能包括:全面兼容 ASIC 代码,支持 Gated Clock 的转换,支持 Design Ware 的转换;同时,因为整合了在线调试工具 Identify,极大地方便了用户进行软硬件协同仿真,确保设计一次成功,从而大大缩短了整个软硬件开发和调试的周期。Identify 是唯一的 RTL 级调试工具,能够在 FPGA 运行时对其进行实时调试,加快整个 FPGA 验证的速度。

Identify 软件有 Instrumentor 和 Debugger 两部分。在调试前,通过 Instrumentor 设定需要观测的信号和断点信息,然后进行综合,布局布线,最后,通过 Debugger 进行在线调试。Synplify Premier HDL Analyst 提供优秀的代码优化和图形化分析调试界面;Certify 确保客户在使用多片 FPGA 进行 ASIC/SoC 验证时快速而高效地完成工作;现在 Synopsys 又推出了基于 DSP 算法的代码产生和综合工具 Synplify DSP,架起了算法验证和 RTL 代码实现之间的桥梁;HAPS 是高性能的 ASIC 原型验证系统,大大减少了一次流片成功的风险及节省了产品推向市场时间。

5.2.6 MATLAB、Debussy 与 ModelSim 协同仿真

MATLAB 是由美国 Mathworks 公司发布的主要面对科学计算、可视化以及交互式程序设计的高科技计算环境。它将数值分析、矩阵计算、科学数据可视化以及非线性动态系统的建模和仿真等诸多强大功能集成在一个易于使用的视窗环境中,为科学研究、工程设计以及必须进行有效数值计算的众多科学领域提供了一种全面的解决方案,并在很大程度上摆脱了传统非交互式程序设计语言(如 C、Fortran)的编辑模式,代表了当今国际科学计算软件的先进水平。

MATLAB 和 Mathematica、Maple 并称为三大数学软件。它在数学类科技应用软件中的数值计算方面首屈一指。MATLAB 可以进行矩阵运算、绘制函数和数据、实现算法、创建用户界面、连接其他编程语言的程序等,主要应用于工程计算、控制设计、信号处理与通信、图像处理、信号检测、金融建模设计与分析等领域。

MATLAB 2012a 版功能(与数字集成电路有关)简介:

Release 2012a 包括 MATLAB、Simulink 和 Polyspace 产品的新功能,以及对 77 种其他

产品的更新和补丁修复。

代码生成产品：

（1）HDL Coder：可替代 Simulink HDL Coder 的新产品，添加了直接从 MATLAB 生成 HDL 代码功能。

（2）HDL Verifier：可替代 EDA Simulator Link 的新产品，添加了对 Altera FPGA 支持。

（3）Communications System Toolbox：USRP 无线电支持，LTE MIMO 信道模型以及 LDPC，Turbo 解码器和其他算法的 GPU 支持。

Debussy 是思源科技（NOVAS Software，Inc）开发的一款 HDL 调试和分析工具软件，这套软件主要不是用来跑模拟或看波形，它最强大的功能是能够在 HDL 源代码、原理图、波形、状态机图之间，即时跟踪（trace）以及协助工程师调试（debug）。

Debussy 可以与 ModelSim 协同仿真，方法如下：

（1）编辑 modelsim 根目录下的 modelsim. ini 文件，将；Veriuser = veriuser. sl 更换为 Veriuser = $ \ novas. dll。如（c：\ novas \ debussy \ share \ pli \ modelsim_pli54 \ winnt \ novas. dll）注意 Veriuser 前面的分号要去掉。

（2）在 testbench 中加入：

```
initial
begin
  $ fsdbDumpfile("filename_you_want. fsdb");
  $ fsdbDumpvars;
end
```

这样如果还不行的话，就建一个系统环境变量 PLIOBJS

PLIOBJS = C：\Novas\Debussy\share\PLI\modelsim_pli54\WINNT\novas. dll

这样 modelsim 仿真下就可以产生. fsdb 文件了。至此 modelsim 的任务就完成了，关闭 modelsim。

接着，打开 debussy 主程序：

File—>import design 把工程中用到的 source code 和 testbench 文件全加进来，New Waveform 后，打开之前产生的. fsdb 文件，通过 get signals 把需要观察的信号添加进来，就可以观察到波形了。

5.3 8 位 RISC 微处理器的前端设计

本节介绍 8 位 RISC 微处理器的教学设计实例，该设计所采用的 IP Core 与 MicroChip 公司生产的 Pic16C5x 系列微处理器指令完全兼容，是采用 VHDL 实现的参考软核。

5.3.1 8 位 RISC 微处理器

本设计的特点如下：

① 33 条单字指令;

② 指令长度为 12 位;

③ 2K 的内部程序内存(Synchronous Output Data ROM);

④ 72 个内部数据寄存器;

⑤ 8 位数据宽度;

⑥ 3 对 8 位 I/O 端口;

⑦ 6 个特殊功能寄存器;

⑧ 两级堆栈。

该 IP Core 可以从网上免费得到并可用于非商业行为的教学中,它包含一个用 VHDL 描述的 risc_8 软核,一个汇编语言编译器,还有一个描述性文档。

5.3.2　8 位 RISC 微处理器的结构

1. risc_8 的端口描述

risc_8 的端口描述如图 5.12 所示。

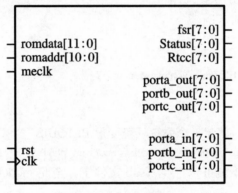

图 5.12　risc_8 的端口

在图 5.12 中,输入端口为:romdata,meclk,rst,clk,porta_in,portb_in,portc_in;输出端口为:romaddr,fsr,status,rtcc,porta_out,portb_out,portc_out。

2. risc_8 的总体结构

risc_8 由三个大的模块组成:控制单元 EU、算术逻辑单元 ALU、寄存器单元 REG。其中 EU 是控制器,主要用来实现微型处理器本身运行过程的自动化,即实现程序的自动执行。在程序运行过程中,由控制器产生控制信号指挥各个部件协同工作。ALU 是运算器的核心部分,用来完成二进制编码的算术或逻辑运算。REG 单元其实就是固化在 CPU 内部的数据内存。上述三个模块之间的连接关系如图 5.13 所示。

3. risc_8 的内部数据传输

在图 5.14 中,对 risc_8 内部数据流进行描述。首先由控制模块 EU 的子模块 program counter 产生的 address 信号传给外部的存储器 program memory,program memory 根据输入的 address 信号向 EU 的另一个子模块指令译码器(instruction decoder)输出数据 inst。指令译码器产生控制信息 opcode_func 和指令中的立即操作数 k 并输入算术逻辑运算单元 ALU。与此同时,ALU 还接受由寄存器模块输出的 w,f 作为指令操作数。数据经 ALU 处理后,运算结果由 f_{in}、w_{in} 反馈给寄存器模块,并由寄存器模块向外进行输出。

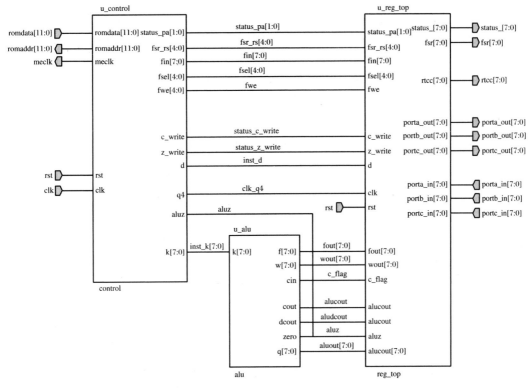

图 5.13　risc_8 内部模块基本连接

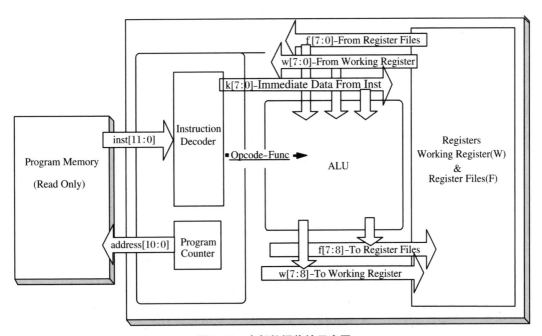

图 5.14　内部数据传输示意图

4．risc_8 的内部时序

各种微处理器的工作过程实际上就是指令执行的过程，它们的操作是周期性的，即取指令、执行指令、再取指令、再执行指令等。Risc_8 的总线周期包含如图 5.15 所示的 4 个时钟周期（Q1、Q2、Q3、Q4），其中 Q1、Q2 为取指令周期，Q3、Q4 为指令执行周期。

（1）risc_8 取指令周期

在 Q1 时钟的上升沿，程序计数器（Program counter）加 1。在 Q2 的上升沿，从程序寄存器中将指令取出。

（2）risc_8 指令执行周期

在 Q3 期间，指令被锁存在指令寄存器中，Q4 期间指令被执行。

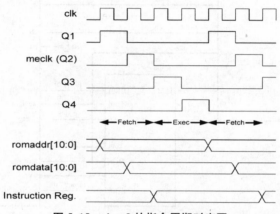

图 5.15　risc_8 的指令周期时序图

（3）指令的 pipeline 技术

由上所述，一个指令周期包含 4 个时钟周期，但是若采用 pipeline 的话，实际的指令周期会缩短。图 5.16 所示的指令 pipeline 是指取指令周期与指令执行周期的重叠。

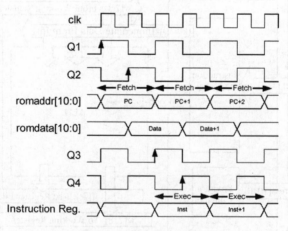

图 5.16　指令的 pipeline

具体来说，Q1 时程序计数器加 1，Q2 时从 ROM 中取指令，Q3 进行指令锁存，Q4 执行指令并把结果送入寄存器。若在 Q3 时指令计数器加 1，且 Q4 时从 ROM 中取指令，这样就实现了 Q1、Q3、Q2、Q4 的重叠。这样做的效果使实际的指令周期只包含两个时钟周期,加速了指令执行速度,提高了系统的工作效率。

5. risc_8 的具体模块介绍

1) EU 模块

Execution Unit(简称 EU)由指令寄存器(Instruction register)、译码器(decoder)、程序计数器(program counter)、分频器(clock divder)组成,参见图 5.17。其作用是根据不同的指令产生各种控制信号使系统协调的工作。

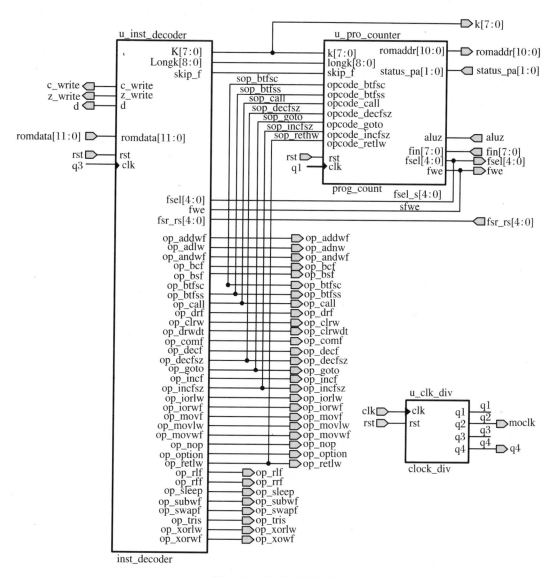

图 5.17 EU 的内部连接

下面结合图 5.18 描述 EU 的工作过程。

在时钟信号 Q3 的控制下,IR(Instruction Register)接受由总线传入的数据 ROM Data,然后 IR 将根据输入控制信号 skip 和 fsr 输出数据。IR 的输出分为几部分:OP field(指令区),k 和 longk(指令中的操作数),d[5](目的寄存器判断信号),fsel(寄存器寻址值)。控制信号 skip(注:skip 其实是 EU 的一个内部信号,从根本上说,skip 还是由指令控制)的作用是将 IR 初始化为零,这时 IR 的所有输出也都被初始化。fsr 的作用是提供间接寻址的地址值, fsr 和 f 通过一个 MUX(多路选择器)输出 fsel。当 f 为零时,fsel 输出 fsr 的值,这时系统的 寻址方式是间接寻址。当 f 不为零时,fsel 输出 f 的值,这时系统的寻址方式是直接寻址。 由 IR 输出的 OP field 作为译码器(decoder)的输入,经由译码器翻译,形成指令控制信号。 同时,由译码器输出的指令控制信号除直接输出外,又作为子模块 mux_cz_write 和 mux_ fwe 的输入信号。子模块 mux_cz_write 和 mux_fwe 都是译码器的一个低级模块,其中 mux_cz_write 是用来产生两个标识位(进位借位标识位(C flag)和零标识位(Z flag))的写 控制信号,mux_fwe 是用来产生寄存器写控制信号。

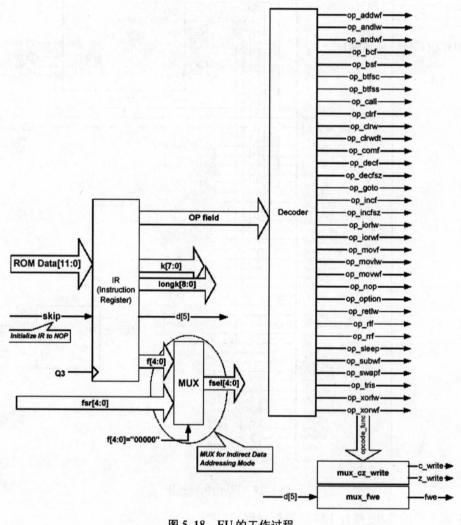

图 5.18 EU 的工作过程

2) 算术逻辑单元(ALU)

如图 5.19 所示的 ALU 内部结构中,ALU 由两个多路选择器(mux_alua,mux_alub)、ALU 指令译码器(aluop_gen)和算术逻辑运算模块(alu_dp)组成。其中多路选择器(mux_a,mux_b)产生两个操作数 a,b;ALU 指令译码器(aluop_gen)将系统指令进一步翻译成直接控制 ALU 的指令;算术逻辑模块(alu_dp)在经过翻译的指令控制下,对操作数进行算术逻辑运算。

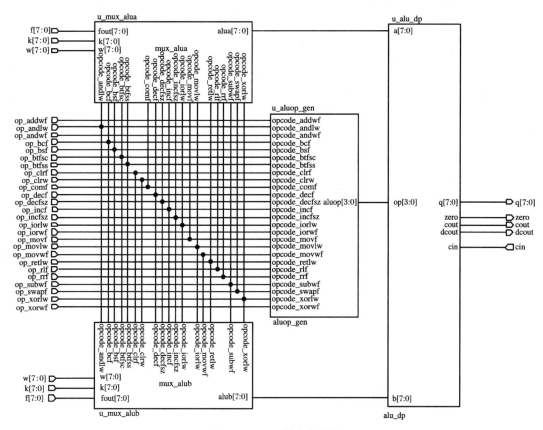

图 5.19　ALU 的内部结构

3) 寄存器模块(reg_top)

寄存器模块(reg_top)由两个多路选择器(mux_win、mux_fin)、通用寄存器组(reg_files)、fsr 寄存器(reg_fsr)、状态寄存器(reg_status)、输入输出寄存器组(reg_ioport)、w 寄存器(reg-w)组成。

其内部连接如图 5.20 所示。

如图 5.21 所示描述了寄存器模块的内部数据流。寄存器模块的主要数据交换是与 ALU 进行的,数据的交换要受到由控制模块产生的控制信号的控制。由图 5.21 可以看出,交换的数据为:q[7:0]、w[7:0]、f[7:0]、status[7:0] 和 fsr[7:0]。控制信号为:opcode_func、fsel[4:0]、fsr[6:5]、fsr[4:0](其中 fsr 是直接内部反馈信号,fsel 是经由 EU 的反馈信号)。此外,寄存器模块还有 3 对输入输出端口。

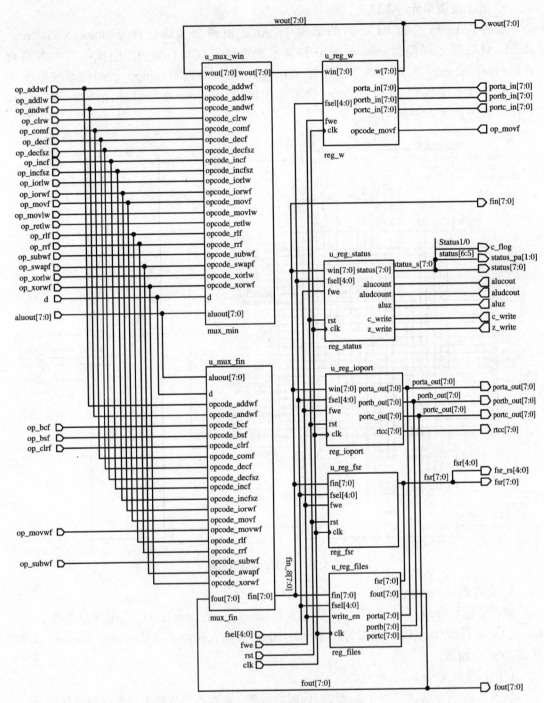

图 5.20　寄存器模块内部结构

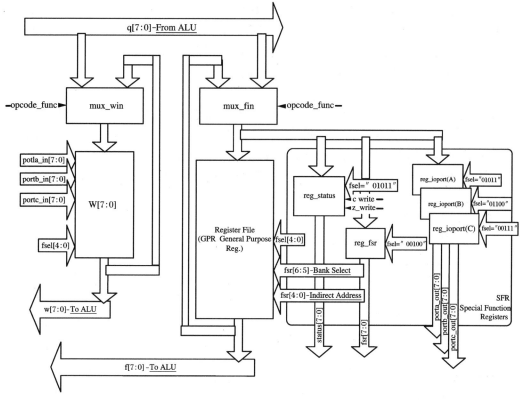

图 5.21　寄存器模块的内部数据流

总体上看,寄存器模块的内部数据主要有两个流通途径:一是经过 w 寄存器,另一个是经过通用寄存器组(register file)。首先介绍第一个途径。w 寄存器其实是工作寄存器,又可叫做累加器。它主要是用来寄存算术逻辑运算的中间结果,因此它与 ALU 模块关系紧密,两者之间存在着频繁的数据交换,这一点可从图 5.21 上轻易看出。应该注意的是:在 w 寄存器中存在着一个自身的反馈。下面介绍第二条途径。首先,从 ALU 出来的结果 q 和从通用寄存器组反馈的 f 经过多路选择模块(mux_fin)输出 fin,输出受控制信号 op_func 控制。然后 fin 作为其他模块的输入数据流在此又有许多分支。

(1) 通过通用寄存器组。受到三个控制信号:fsel[4:0]、fsr[6:5]、fsr[4:0]控制,其中fsel[4:0]是寄存器直接寻址地址,fsr[4:0]是寄存器间接寻址地址,fsr[6:5]是寄存器 bank选择信号。输出的 f 直接输出寄存器模块,同时又作为 register file 的反馈输入。

(2) 通过状态寄存器(reg_status)。受到三个信号 fsel[4:0]、c_write、z_write 的控制。其中只有 fsel 的值为"00011"(这是状态寄存器在寄存器组中的地址)时才能对该寄存器进行操作。c_write 和 z_write 信号是状态寄存器中两个标识位进位借位标识位(C_flag)和零标识位(Z_flag)的写控制信号,只有当写控制信号为 1 时才可对状态寄存器中的相应位进行写操作。最后,该模块直接对外输出一个 status[7:0]信号。

(3) 经过 reg_fsr 寄存器。受到一个信号 fsel[4:0]的控制。只有 fsel 的值为"00100"(这是 fsr 寄存器在寄存器组中的地址)时才能对该寄存器进行操作。该模块输出信号为 fsr[7:0],除直接向外输出外,fsr 信号还作为内部反馈控制信号对 register file 模块进行控制。

(4) 经过输入输出端口寄存器(reg_ioport(A), reg_ioport(B), reg_ioport(C))。受到一个信号 fsel[4:0]的控制。只有 fsel 的值为"01011"(A)、"01100"(B)、"00111"(C)(这是输入输出寄存器在寄存器组中的地址)时才能对该寄存器进行操作。输出信号为 porta_out[7:0]、portb_out[7:0]和 portc_out[7:0],直接向外输出。

6. risc_8 的存储结构

risc_8 的内存分为程序内存和数据内存。risc_8 的程序内存总共有 2 K×12,且采用了页表的寻址方法,整个内存被分为 4 页,每一页的大小为 512 K×12。在进行内存寻址时,页的信息从状态寄存器中的两位获得。risc_8 的数据内存由 80 个寄存器组成(每个寄存器为8 位),且采用了 bank(寄存器体)的寻址方法,整个数据内存分为 4 个 bank。在进行寻址时,bank 的信息可从 fsr 寄存器中的两位获得。

(1) risc_8 程序内存组织

图 5.22 描述了 risc_8 程序内存组织。

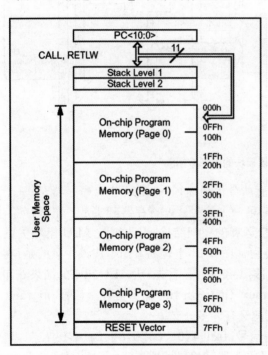

图 5.22 risc_8 的程序内存图

risc_8 有一个 11 位的程序计数器 pc,总共可寻址 2 K×12 的内存空间。整个内存空间被分为 4 页(page 0, page 1, page 2, page 3),每页的地址范围如图5.22所示。在进行寻址时,pc 的高两位从状态寄存器获得页信息,其余 9 位进行页内寻址。应注意的是,在内存的最后有一个复位向量(Reset Vector),它的作用是使系统复位,即程序计数器 pc 的值为000。另外,risc_8 还具有两级堆栈,这种堆栈属于硬件堆栈。这种堆栈速度高,但由于栈深度有限,所以容易溢出。与之对应还有一种堆栈的实现方法——软件堆栈。软件堆栈是利用系统中的随机存取存储器 RAM 实现,需要在内存中开辟专门的堆栈区。

(2) risc_8 数据内存组织

数据内存由寄存器组成,并且寄存器分为两种:特殊功能寄存器(SFR)和通用寄存器(GPR)。

如图 5.23 所示,特殊功能寄存器由 8 个寄存器组成。包括:INDF(数据寄存器间接寻址地址)、TMR0(定时器寄存器)(注:该寄存器在 risc_8 IP core 中没有实现)、PCL(程序计数器 PC 的低 8 位)、STATUS(状态寄存器)、FSR(数据寄存器选择寄存器)、PORTA、PORTB、PORTC(端口寄存器)。其余的寄存器为通用寄存器。

由图 5.23 可看出,数据内存采用了 bank 表的模式,整个内存空间分为 4 个 bank(bank 0,bank 1,bank 2,bank 3)。bank 的信息存储在 fsr[6:5]中。在对数据内存进行寻址时,若地址在 20h-2Fh,40h-4Fh,60h-6Fh 范围内,则实际的寻址值是 bank 0 中的相对位置,即 x0hxFh 等效于 00h-0Fh。

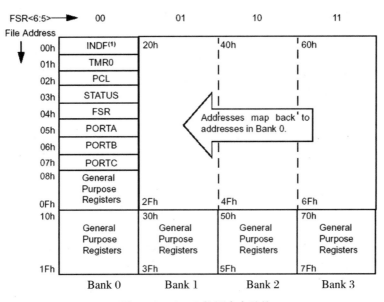

图 5.23　risc_8 数据内存结构

7. risc_8 的指令系统

risc_8 的指令系统由 33 条指令构成,根据指令的执行方式的不同将指令分为三类:Byte-oriented(针对字节)、Bit-oriented(针对位)和 Literal and control(常数和控制)。每种类型的结构参见图 5.24。

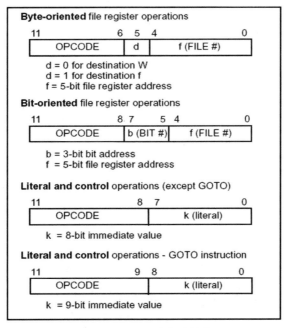

图 5.24　risc_8 的指令结构

(1) risc_8 的指令结构

每个指令长度都为 12 位,并且每个指令中都有一个 OPCODE 区,它是每个指令的标志,用来进行指令识别。

对于 Byte-oriented 指令,其第 6 位 d 是目的寄存器选择标识位,当其值为 0 时指令操作结果放入 w 寄存器,否则放入 f 寄存器。指令的低 5 位给出了 f 寄存器的地址。

对于 Bit-oriented 指令低 5 位给出了 f 寄存器的地址,6~8 位给出了一个位地址,用来指向 f 寄存器的某一位。

对于 Literal and control 指令又分为两种情况,一种是(除 GOTO)指令的低 8 位给出了一个立即数值 k,另一种是 GOTO 指令,其低 9 位给出了一个立即数值 k。

(2) risc_8 的指令设置

通过图 5.25 可以了解 risc_8 指令的总体设置情况。指令的具体情况的了解可结合图 5.24 中的指令结构描述。

助记符,操作数		说明	周期数	12位指令符		受影响的状态位	注
				Msb	Lsb		
ADDWF	f,d	Add W and f	1	0001	11df ffff	C,DC,Z	1,2,4
ANDWF	f,d	AND W with f	1	0001	01df ffff	Z	2,4
CLRF	f	Clear f	1	0000	011f ffff	Z	4
CLRW	–	Clear W	1	0000	0100 0000	Z	
COMF	f, d	Complement f	1	0010	01df ffff	Z	
DECF	f, d	Decrement f	1	0000	11df ffff	Z	2,4
DECFSZ	f, d	Decrement f, Skip if 0	1(2)	0010	11df ffff	None	2,4
INCF	f, d	Increment f	1	0010	10df ffff	Z	2,4
INCFSZ	f, d	Increment f, Skip if 0	1(2)	0011	11df ffff	None	2,4
IORWF	f, d	Inclusive OR W with f	1	0001	00df ffff	Z	2,4
MOVF	f, d	Move f	1	0010	00df ffff	Z	2,4
MOVWF	f	Move W to f	1	0000	001f ffff	None	1,4
NOP	–	No Operation	1	0000	0000 0000	None	
RLF	f, d	Rotate left f through Carry	1	0011	01df ffff	C	2,4
RRF	f, d	Rotate right f through Carry	1	0011	00df ffff	C	2,4
SUBWF	f, d	Subtract W from f	1	0000	10df ffff	C,DC,Z	1,2,4
SWAPF	f, d	Swap f	1	0011	10df ffff	None	2,4
XORWF	f, d	Exclusive OR W with f	1	0001	10df ffff	Z	2,4
针对位的操作类指令							
BCF	f, b	Bit Clear f	1	0100	bbbf ffff	None	2,4
BSF	f, b	Bit Set f	1	0101	bbbf ffff	None	2,4
BTFSC	f, b	Bit Test f, Skip if Clear	1 (2)	0110	bbbf ffff	None	
BTFSS	f, b	Bit Test f, Skip if Set	1 (2)	0111	bbbf ffff	None	
常数和控制类指令							
ANDLW	k	AND literal with W	1	1110	kkkk kkkk	Z	
CALL	k	Call subroutine	2	1001	kkkk kkkk	None	1
CLRWDT	k	Clear Watchdog Timer	1	0000	0000 0100	TO̅,PD̅	
GOTO	k	Unconditional branch	2	101k	kkkk kkkk	None	
IORLW	k	Inclusive OR Literal with W	1	1101	kkkk kkkk	Z	
MOVLW	k	Move Literal to W	1	1100	kkkk kkkk	None	
OPTION	k	Load OPTION register	1	0000	0000 0010	None	
RETLW	k	Return, place Literal in W	2	1000	kkkk kkkk	None	
SLEEP	–	Go into standby mode	1	0000	0000 0011	TO̅,PD̅	
TRIS	f	Load TRIS register	1	0000	0000 0fff	None	3
XORLW	k	Exclusive OR Literal to W	1	1111	kkkk kkkk	Z	

图 5.25　risc_8 指令设置总览

注:1. 当 PORT 寄存器修改自身时(例如,MOVF PORTB,1,0),修改时使用的值是引脚上的当前值。例如,如果将一引脚配置为输入,其对应数据锁存器中的值将为 1,但此时若有外部器件将该引脚驱动为低电平,则被写

回数据锁存器的数值将是 0。

2. 当对 TMR0 寄存器执行该指令(并且 d=1)时,如果已为其分配了预分频器,则将该预分频器清零。

3. 如果程序计数器(PC)被修改或者条件检测为真,则该指令需要两个周期。第二个周期执行一条 NOP 指令。

4. 某些指令是双字指令。除非指令的第一个字获取这 16 位中包含的信息,否则第二个字将作为 NOP 指令执行。这将确保所有程序存储单元内存储的都是合法指令。

5.3.3　8 位 RISC 微处理器的前端设计

risc_8 是一个免费提供的软核,在其软件声明中也明确指出该 IP core 并不十分完善,在应用它的时候可能要根据教学需要进行修改。关于 risc_8 的验证,IP core 提供者给出了几个用汇编语言编写的测试程序和一个汇编编译器(将汇编语言翻译成机器码)。但是,这些测试软件仅能对 risc_8 的行为级功能进行验证,这对于在 Xilinx 的 ISE X. Xi (X. Xi 代表版本号,对于 risc_8 来说,只要能在 PC 运行的 ISE 都能胜任,下同)开发环境下利用 FPGA 实现 risc_8 是不够的。因为利用 FPGA 实现数字系统还要经过综合、布局、布图布线以及相应的仿真。为了解决这个问题,我们对源程序做了一些修改。首先,我们加入了一个 ROM 模块,用来加载测试程序;其次,还修改了 risc_8 的顶层模块(ans_risc8_top),用以将 ROM 模块和其他模块连接起来;最后,还写了几个测试激励,这些激励都是机器码,是从 IP core 提供的汇编测试程序翻译过来的。

下面详细描述测试过程。

(1) 在 ISE X. Xi 中建立一个新的工程,并加入 risc_8 的源文件。

首先,启动 ISE X. Xi,选择"file"菜单中的"new project",在弹出的"new project"对话框中输入 project name 为 risc_cpu,选择 device family 为 sparten2,device 为 xc2s200-5pq208,design flow 为 xst VHDL,接下来单击"ok"。接下来选择"project"菜单中的 add source,将 risc_8 的源文件加入,要注意的是 pic_pak. vhd 加入时要选择 VHDL Package,其余的都选择 VHDL Module,加入的顺序无所谓,ISE X. Xi 会自动识别文件间的层次关系。文件添加完毕后,在程序的左上 source in project 窗口点击 ans_risc8_top,然后在 processes for current source 窗口展开 synthesize 目录,依次双击按钮"analyze hierarchy"和"check syntax"进行层次和语法的检查。Risc_8 的语法是没有问题的。

(2) 添加 ROM 模块,修改 ans_risc8_top. vhd 使 ROM 模块和其他模块能协同工作。

选择 project 菜单中的"new source",在弹出的"new source"对话框中选择 VHDL Module 并且输入文件名 ROM ,单击"下一步",进入"define VHDL Source"对话框,可以选择对文件的实体进行描述,也可以单击"下一步"直接跳过,单击"完成",ROM 文件建立完毕。ROM 模块的源文件如下:

```
library IEEE;
use IEEE. STD_LOGIC_1164. ALL;
use IEEE. STD_LOGIC_ARITH. ALL;
use IEEE. STD_LOGIC_UNSIGNED. ALL;

entity rom is
    Port (addr：in std_logic_vector(10 downto 0);
        enter：in std_logic;
```

```
                read：in std_logic；
                write_en：in std_logic；
                data_in：in std_logic_vector(11 downto 0)；
                dataout：out std_logic_vector(11 downto 0))；
        end rom；

        architecture Behavioral of rom is

        subtype rom_word is std_logic_vector(11 downto 0)；
        subtype rom_range is integer range 0 to 63；
        type rom_type is array(rom_range)of rom_word；
        signal rom1：rom_type；

        begin
        process(enter，rom1，read，write_en)
        variable j：integer range 0 to 63；
        begin
            if   read′event and read=′1′ then
            if addr=″11111111111″then
                dataout<=″101000000000″；
              else
                dataout<= rom1(conv_integer(addr))；
              end if；
              end if；
              if write_en=′1′then
              if enter′event and enter=′0′ then
                rom1(j)<= data_in；
              if j=63 then
                j:=0；
              else
                j:=j + 1；
              end if；
              end if；
              end if；
            end process；
            end Behavioral；
```

双击"Sources in project"窗口中的 ans_risc8_top,在右侧窗口会显示 ans_risc8_top 的源文件。对其进行如下修改：

```
        library IEEE；
        use IEEE.std_logic_1164.all；

        entity Ans_RISC8_Top is
          port(
```

```vhdl
        clk:in STD_LOGIC;
        rst:in STD_LOGIC;
        enter:in std_logic;
        write_en:in std_logic;
        data_in:in std_logic_vector(11 downto 0);
        porta_in:in STD_LOGIC_VECTOR (7 downto 0);
        portb_in:in STD_LOGIC_VECTOR (7 downto 0);
        portc_in:in STD_LOGIC_VECTOR (7 downto 0);
        fsr:out STD_LOGIC_VECTOR (7 downto 0);
        porta_out:out STD_LOGIC_VECTOR (7 downto 0);
        portb_out:out STD_LOGIC_VECTOR (7 downto 0);
        portc_out:out STD_LOGIC_VECTOR (7 downto 0);
        rtcc:out STD_LOGIC_VECTOR (7 downto 0);
        status:out STD_LOGIC_VECTOR (7 downto 0)
    );
end Ans_RISC8_Top;

architecture STRUCT_ANS_RISC8_TOP of Ans_RISC8_Top is
-- Constants;
constant VCC_CONSTANT  :STD_LOGIC := '1';
-- Signal declarations used on the diagram;
signal ROMADDR:STD_LOGIC_VECTOR (10 downto 0);
signal ROMCLK:STD_LOGIC;
signal ROMDATA:STD_LOGIC_VECTOR (11 downto 0);
-- Power signals declarations;
signal VCC:STD_LOGIC;
-- Component declarations;
component ans_risc8
  port (
        clk:in STD_LOGIC;
        porta_in:in STD_LOGIC_VECTOR (7 downto 0);
        portb_in:in STD_LOGIC_VECTOR (7 downto 0);
        portc_in:in STD_LOGIC_VECTOR (7 downto 0);
        romdata:in STD_LOGIC_VECTOR (11 downto 0);
        rst:in STD_LOGIC;
        fsr:out STD_LOGIC_VECTOR (7 downto 0);
        meclk:out STD_LOGIC;
        porta_out:out STD_LOGIC_VECTOR (7 downto 0);
        portb_out:out STD_LOGIC_VECTOR (7 downto 0);
        portc_out:out STD_LOGIC_VECTOR (7 downto 0);
        romaddr:out STD_LOGIC_VECTOR (10 downto 0);
        rtcc:out STD_LOGIC_VECTOR (7 downto 0);
```

```vhdl
        status: out STD_LOGIC_VECTOR (7 downto 0)
    );
end component;
-- component syn_rom_2048x12
--    generic(
--            LPM_FILE: STRING := "e:/src/testbench/romfile.hex"
--            );
--    port ( Address: in STD_LOGIC_VECTOR (10 downto 0);
--         MemEnab: in STD_LOGIC;
--         Outclock: in STD_LOGIC;
--         Q: out STD_LOGIC_VECTOR (11 downto 0)
--    );
-- end component;
component rom
port(      addr: in std_logic_vector(10 downto 0);
           enter: in std_logic;
           read: in std_logic;
           write_en: in std_logic;
           data_in: in std_logic_vector(11 downto 0);
           dataout: out std_logic_vector(11 downto 0)
           );
end component;
begin
-- Component instantiations;
u_ans_risc8: ans_risc8
    port map(
        clk =>clk,
        fsr  =>fsr,
        meclk  =>romclk,
        porta_in =>porta_in,
        porta_out => porta_out,
        portb_in => portb_in,
        portb_out => portb_out,
        portc_in =>portc_in,
        portc_out =>portc_out,
        romaddr =>romaddr,
        romdata =>romdata,
        rst =>rst,
        rtcc =>rtcc,
        status =>status
    );
```

```
--  u_prog_rom:syn_rom_2048x12
--  port map(
--          Address  => romaddr,
--          MemEnab  =>VCC,
--          Outclock =>romclk,
--          Q =>romdata
--          );
u_rom:rom
      port map(
                    addr =>romaddr,
                    enter =>enter,
                    read =>romclk,
                    write_en =>write_en,
                    data_in =>data_in,
                    dataout =>romdata);
---- Power,ground assignment ----
VCC <= VCC_CONSTANT;
end STRUCT_ANS_RISC8_TOP;
```

（3）测试激励文件。测试激励文件是由汇编语言测试程序翻译而得,翻译要参考 risc_8 的指令设置。

汇编语言测试程序有 6 个,具体如下:test1 测试加一减一,test2 测试一般加减,test3 测试循环移位,test5 测试逻辑操作指令,test6 测试子程序,test8 测试端口。

test1 汇编程序:

```
movlw   H′FD′                      ;  W <= FD
movwf   x                          ;  X <= FD
incf    x,f                        ;  X <= FE
incf    x,f                        ;  X <= FF
incf    x,f                        ;  X <= 00
incf    x,f                        ;  X <= 01
decf    x,f                        ;  X <= 00
decf    x,f                        ;  X <= FF
decf    x,f                        ;  X <= FE
movf    x,W                        ;  W <= FE
xorlw   H′FE′                      ;  Dose W == FE
btfss   STATUS,ZERO
goto    fail1
goto    pass1
fail1       movlw   H′F1′
            movwf   portb          ;  PORTB <= F1
            goto    test2
```

```
pass1      movlw   H'01'
           movwf   portb          ;  PORTB <= 01
           goto    next
```

test2 汇编程序：

```
clrf    x                         ;  X <= 0
movlw   H'A0'                      ;  W <= A0
addwf   x,f                       ;  X <= A0
addwf   x,f                       ;  X <= 40
btfss   STATUS,CARRY              ;  carry should be set,if not then fail
goto    fail2
addwf   x,f                       ;  X <= E0
btfsc   STATUS,CARRY              ;  carry should be clear,if not then fail
goto    fail2                     ;
goto    pass2                     ;
fail2      movlw   H'F2'
           movwf   portb          ;  PORTB <= F2
           goto    test3
pass2      movlw   H'02'
           movwf   portb          ;  PORTB <= 02
           goto    next
```

test3 汇编程序：

```
bsf     STATUS,CARRY              ;  CARRY <= 1
movlw   H'A0'                     ;  W <= 0
movwf   x                         ;  X <= A0
rrf     x,f                       ;  X <= D0
bsf     STATUS,CARRY              ;  CARRY <= 1
rrf     x,f                       ;  X <= E8
bcf     STATUS,CARRY              ;  CARRY <= 0
rrf     x,f                       ;  X <= 74
bcf     STATUS,CARRY              ;  CARRY <= 0
rrf     x,f                       ;  X <= 3A
movf    x,w                       ;  W <= 3A
xorlw   H'3A'                     ;  Dose W == 3A ?
btfss   STATUS,CARRY
goto    fail3                     ;  Do same sort of thing using rlf
bsf     STATUS,CARRY              ;  CARRY <= 1
movlw   H'A0'                     ;  W <= 0
movwf   x                         ;  X <= A0
rlf     x,f                       ;  X <= 41
bsf     STATUS,CARRY              ;  CARRY <= 1
rlf     x,f                       ;  X <= 83
```

```
bcf     STATUS,CARRY          ;  CARRY <= 0
rlf     x,f                   ;  X <= 06
bcf     STATUS,CARRY          ;  CARRY <= 0
rlf     x,f                   ;  X <= 0C
movf    x,w                   ;  W <= 0C
xorlw   H'3A'                 ;  Dose W == 0C ?
btfss   STATUS,CARRY
goto    fail3
goto    pass3
fali3       movlw       H'F3'
            movwf       portb     ;  PORTB <= F3
            goto        test5
pass3       movlw       H'03'
            movwf       portb     ;  PORTB <= 03
            goto        next
```

test4 汇编程序:

```
clrf     x                ;  X <= 00
movlw    B'00000101'      ;  W <= 00000101
iorwf    x,f              ;  X <= 00000101
comf     x,f              ;  X <= 11111010
movlw    B'01110011'      ;  W <= 01110011
andwf    x,w              ;  X <= 01110010
movlw    B'11110000'      ;  W <= 11110000
x,f          xorwf       ;  X <= 10000010
x,f          swapf       ;  X <= 00101000
;Check result up to now:
movf     x,w              ;  W <= 00101000
xorlw    B'00101000'      ;  Dose W == 00101000
btfss    STATUS,ZERO
goto     fail4            ;  Check some bit test and clear. Invert all the bits of X
                          ;  whitch is now:00101000
bsf      x,7
bsf      x,6
bcf      x,5
bsf      x,4
bcf      x,3
bsf      x,2
bsf      x,1
bsf      x,0              ;  X <= 11010111
movf     x,w              ;  W <= 11010111
xorlw    B'11010111'      ;  Dose W == 11010111
```

```
        btfss    STATUS, ZERO
        goto     fail4
        goto     pass4
        fail4    movlw    H′F4′
                 movwf    portb        ;  PORTB <= F4
                 goto     next
        pass4    movlw    H′05′
                 movwf    portb        ;  PORTB <= 04
                 goto     next
```

test5 汇编程序：

```
        clrf     x                     ;  X <= 00
        call     sub5c                 ;  X <= 2
        call     sub5c                 ;  X <= 4
        goto     cont5
        sub5a    movlw    5            ;  Add 5 to X
                 addwf    x, f
                 retlw    0
        sub5b    movlw    3            ;  Sub 3 from X
                 subwf    x, f
                 retlw    0
        sub5c    call     sub5a        ;  Add 2 to X(by call others)
                 call     sub5b
                 retlw    0
        cont5    movwf    x            ;  W <= 6
                 xorlw    6            ;  Dose w == 6 ?
                 btfss    STATUS, ZERO
                 goto     fail5
                 goto     pass5
        fail5    movlw    H′F5′
                 movf     portb        ;  PORTB <= F5
                 goto     next
        pass5    movlw    H′05′
                 movf     portb        ;  PORTB <= 05
                 goto     next
```

test6 汇编程序：

```
                 nop
        test6scan1
                 movf     porta, W     ;  Read PORTA
                 xorlw    H′55′        ;  Is it H′55′
                 btfsc    STATUS, ZERO
                 goto     test6scan2   ;  Saw the H′55′
```

	goto	test6scan1	;	Keep scanning
test6scan2				
	movf	porta, W	;	Read PORTA
	xorlw	H′AA′	;	Is it H′AA′
	btfsc	STATUS, ZERO		
	goto	pass6	;	Saw the H′AA′
	goto	test6scan2	;	Keep scanning
fail6	movlw	H′F6′		
	movwf	portb	;	PORTB <= F6
	goto	done		
pass6	movlw	H′06′		
	movwf	portb	;	PORTB <= 06
	goto	done		
done	goto	done		

测试激励程序的加载：

选择 project 菜单中的"New Source"选项，在弹出的"New Source"对话框左侧选择文件类型为"Test Bench Waveform"，填入文件名，单击"下一步"，在弹出的"Select"对话框中选择关联的源为"ans_risc8_top"，单击"下一步"，然后单击"完成"，这时会启动 HDL Bencher，在这个软件环境中可以输入激励信号。最后，将由汇编测试程序翻译得来的机器码信息作为激励信号输入、保存，输入测试时间后退出 HDL Bencher。如图 5.26 所示为在 HDL Bencher 中编辑测试文件，按照上述方法加入所有的测试激励程序。

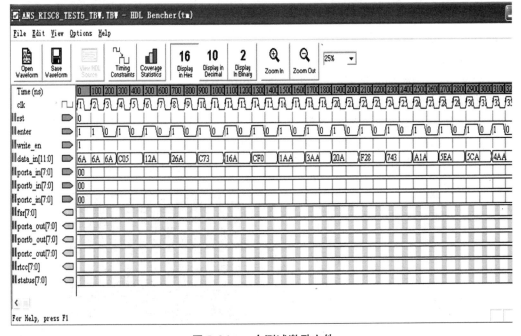

图 5.26　一个测试激励文件

（4）使用 ModelSim 进行仿真

对系统进行测试，单击"source in project"中的一个激励文件（如 ans_risc8_top_tbw. tbw），然后双击"processes for current source"中的"simulate Behavior VHDL model"，这时 ISE X. Xi 会自动启动 ModelSim 仿真环境。如图 5.27 所示。

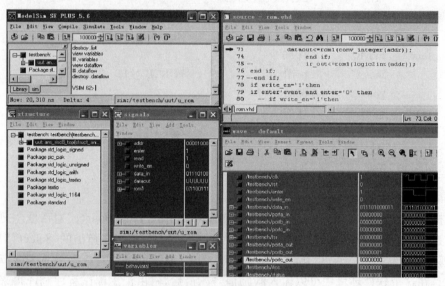

图 5.27　ModelSim 仿真环境

其中 ModelSim SE PLUS 5.6 窗口是主控窗口，对整个仿真环境进行控制；source 窗口显示进行仿真测试的源文件；structure 窗口显示了仿真的层次结构；signals 显示了每个层次中的信号，wave 窗口显示了仿真过程中信号的变化情况。

测试可大致分为五个步骤：

① 给 wave 窗口添加信号

一般来说，首先添加的是 risc8 的整体 structure 信号。

② 行为级仿真初步测试

在初步测试中，要注意如图 5.28 所示的信号 portb。看一下 portb 的输出是′0X′或′FX′。其中′0X′代表正确的输出，′FX′代表错误的输出。应该注意的是，若输出的为′FX′说明系统必然存在问题，若输出为′0X′并不一定说明系统没有问题，还要进行进一步的测试。

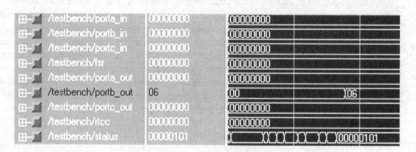

图 5.28　portb 的波形仿真

③ 行为级仿真进一步测试

在如图 5.29 所示的进一步测试中,要注意的信号是 romaddr、romdata 以及各种指令控制信号。

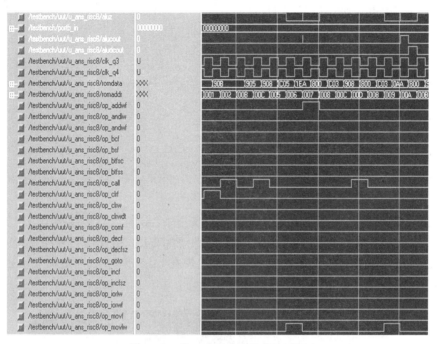

图 5.29　进一步测试的仿真波形图

在这个步骤中,要测试的是上述信号是否按照测试程序进行变化。具体来说,就是要对这些信号进行各个时间点的监控,看在某一时刻这些信号的值是否与测试程序的要求一致。如果在初步的测试中 portb 输出为′0X′,而这一步的测试没有问题,则可进行第五步(布图布线后的仿真)。如果在初步的测试中 portb 输出为′FX′,这一步必然会遇到问题,定位第一个出现问题的地方,并进入第四步(源程序修改,然后再仿真)。

④ 源程序修改、再仿真

在上一步中,定位到出错的地方,然后回到源程序中找到所有出错信号出现的地方,仔细分析,并结合波形图进行修改。修改过后可重复上述步骤,进行再仿真。

⑤ 布图布线后的仿真(后仿真)

在行为级仿真与后仿真之间还有三个仿真过程,当然可以按照顺序将每个仿真都进行一下,但一般来说,只要后仿真通过其他的也就没有问题。进行后仿真测试:单击"source in project"中的 ans_risc8_top_tbw. tbw,然后双击"processes for current source"中的 simulate Post-Place&Route VHDL model,启动后的 ModelSim 仿真环境表面上看与行为级仿真的界面相似,但实际上,二者大不相同。行为级仿真仅仅是对设计思想的一种验证,没有考虑延迟情况和具体器件的特性,而后仿真则是进行过器件参数提取和延迟分析的,因此后仿真是对实际情况的一种验证。在后仿真过程中,看一下 portb 的输出是否与行为级仿真一致,若一致则测试通过。如果不一致,则必须返回源程序和行为级仿真,对时序进行仔细分析(因为这种情况大都是因为加入延迟后原来的时序发生改变)。

(5) 程序的测试

① 测试程序一

test1 是测试 incf 和 decf 指令的,行为级初步测试中,portb 输出为′01′。如上所述,这并不能说明没有问题,继续进行行为级进一步测试。

在进一步测试中也没有问题。然后,可将测试程序进行改变。

```
incf    x,f            ;   X <= FE
incf    x,f            ;   X <= FF
incf    x,f            ;   X <= 00
incf    x,f            ;   X <= 01
decf    x,f            ;   X <= 00
decf    x,f            ;   X <= FF
decf    x,f            ;   X <= FE
```

将上面程序中的最后一个 incf 指令改为 decf 指令。这样人为地制造了一个错误,重新进行仿真,发现 portb 的输出仍然为′01′而不是预想的′F1′。由此可见程序存在问题,仔细分析后发现 incf 和 decf 指令不存在问题,问题出现在 btfss 变为 1 时,此时 alu_z 为 1 而实际上它应该是 0。错误的仿真效果如图 5.30 所示。

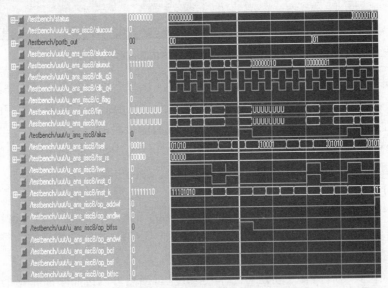

图 5.30　错误的仿真结果

由此可见,错误是算术逻辑运算模块 ALU 的一个输出 alu_z 引起的。由于 alu_z 出现在算术逻辑运算模块 ALU 的一个子模块 alu_dp 中,因此对 alu_dp 进行分析,在 wave 窗口中加入 alu_dp 模块的信号,同时在 ISE X. Xi 中打开 alu_dp 的源文件进行分析。经分析发现 alu_z 变为 1 是由于源程序中对 alu_z 的处理不完备,少考虑了一种情况。根据这种情况对原程序 alu_dp. vhd 进行修改如下:

　　a.　signal bittest,temp:std_logic_vector (7 downto 0);　　-- add signal temp

b. u_zero: process(bittest, op, longq)

begin

          if (bittest   = ZEROBYTE) and (op = ALUOP_BITTESTCLR)

            then   zero <= '1';

        elsif (bittest /= ZEROBYTE) and (op = ALUOP_BITTESTSET)

            then   zero <= '1';

        elsif longq(7 downto 0) = ZEROBYTE and(op/= ALUOP_BITTESTSET)

then   zero <= '1'; -- new add

          elsif temp = zerobyte   and op = ALUOP_BITTESTSET

then   zero <= '1';   -- new add

        else

          zero <= '0';

        end if;

      end process;

c. bittest <= bitdecoder and a;

temp <= bitdecoder or a;   -- new add

修改后存储,再进行仿真,结果是正确的,即 portb 输出为'F1'。将测试程序恢复,仿真结果也是正确的。最后进行后仿真也通过。至此,test1 程序测试完毕。

② 测试程序二

test2 测试 addwf,subwf。按照上述步骤进行测试,测试一次性通过。

③ 测试程序三

test3 测试循环移位 rrf,rlf。在第一步时,portb 输出为'F3',这说明系统存在问题,继续进行下一步测试。在进一步的测试中发现了问题,bsf 指令之后,c_flag(c 标识位)并没有置 1,状态寄存器 status 的值也不对,这造成后面的移位结果错误。

如图 5.31 所示,正常情况下在 op_bsf 变为 1 后,c_flag 应该也变为 1,并且 status 应变为 00000001。而图 5.31 说明出现了问题。

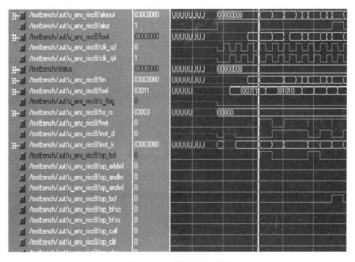

图 5.31 错误的图示

　　发现了问题,下一步就要定位错误的出处,首先考虑是否是算术逻辑单元 ALU 出错(因为指令的操作是 ALU 完成的)。打开 ALU 模块下的子模块 alu_dp,对其进行波形分析,分析发现该模块正常工作。排除了这个疑点后,应检查一下状态寄存器 Status。通过对状态寄存器模块进行波形分析后发现问题确实存在,问题是该模块的输入是正确的,但是输入没有传给输出。如图 5.32 所示,当 bsf 变为 1 时,输入 fin 为 00000001 时是正确的,但是输入没能正确传递。

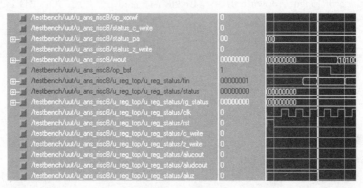

图 5.32　错误图示

　　下面进入 reg_top 模块中的 reg_status 子模块的源程序,找到如下语句:

　　　　if (fwe = '1' and fsel = "00011") then

　　　　　　rg_status <= fin_s;

　　对其进行如下修改:

　　　　if (fwe = '1' and fsel = "00011") then

　　　　　　rg_status <= fin;

　　在原来的程序中,fin_s 是一个 variable,它用来传递输入 fin 的值。修改后,fin 直接传递而不经过 fin_s。修改保存后再次对其进行仿真,问题得到解决。正确的波形如图 5.33 所示,至此,test3 测试完毕。

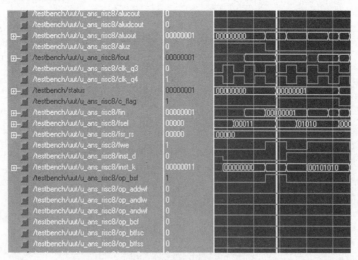

图 5.33　正确波形

④ 测试程序四

test4 测试各种逻辑指令,按上述步骤进行测试,测试一次性通过。

⑤ 测试程序五

test5 测试子程序,首先进行初步测试,portb 的输出为′F5′,这说明系统存在问题。进行进一步测试发现了问题,问题出在子程序返回指令 retlw 执行后,由于程序计数器又加了 1,则多执行了一个紧跟在 retlw 后的指令。如图 5.34 所示,当 romaddr 为 007 时,romdata 读入 retlw 指令,当 retlw 指令执行后,应接着执行地址为 00C 处的指令。但由于 romaddr 又加 1 变为 008,致使地址为 008 处的指令被执行,造成了错误。要想解决这个问题,可以考虑在 retlw 指令后插入一个空操作指令 nop,从而使 retlw 后的一个指令被忽略。

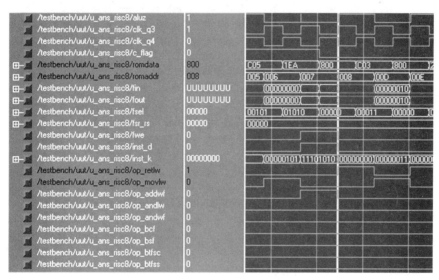

图 5.34　错误的仿真波形

依据这个思路,对控制模块 control 的子模块 prog_count 进行源程序修改。具体修改如下:

```
-- deal with all the skips;
if ((opcode_decfsz  = '1' and aluz  = '1') or
    (opcode_incfsz  = '1' and aluz  = '1') or
    (opcode_btfsc   = '1' and aluz  = '1') or
    (opcode_btfss   = '1' and aluz  = '1')
    (opcode_retlw   = '1')   -- new add
)
    then     skip_f <= '1';
else
    skip_f <= '0';
end if;
```

对修改后的程序进行仿真,仿真波形如图 5.35 所示。

由图 5.35 可见在 retlw 指令后插入了一个 nop 指令,这样就把上述问题解决了。最后进行后仿真,结果也是正确的。至此,test5 测试完毕。

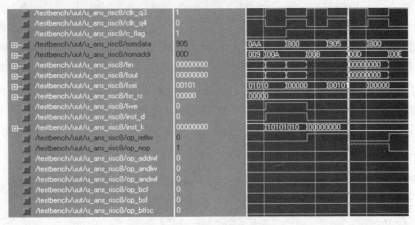

图 5.35　正确的波形仿真

⑥ 测试程序六

test6 测试端口。按上述步骤进行测试,却发现结果总是不对,对信号进行详细地分析也没有发现问题,最后怀疑是测试程序写错了,于是对测试程序作了如下修改:

```
        movf        porta,W              ; Read PORTA
```

改为:

```
        movwf       porta,W              ; Read PORTA
```

修改后重新进行仿真,测试通过。

本小节完整介绍了 8 位 RISC 设计与测试,多做练习可很好地理解微处理器的设计和测试,打下从事数字集成电路设计的基础。

5.4　VFP-A 及其寄存器的前端设计

本节以 VFP-A 向量浮点协处理器设计为实例,重点介绍了 VFP-A 中的寄存器的详细设计。

5.4.1　VFP-A 设计及验证

1. VFP-A 简介

VFP-A 通过其协处理器接口同 ARM11 处理器相连,能够完成单精度和双精度的加、减、乘、除、乘加、平方根等各种浮点算术运算,并支持 IEEE 754 标准浮点数与 ARM 整数之间的相互转换。通过兼容 ARM11 的浮点指令集,VFP-A 可以在语音处理、汽车电子、3D 图形处理、消费电子等领域获得广泛的应用,这些领域将能充分利用浮点运算更高的动态范围和计算精度。

VFP-A 的功能验证充分利用了测试 IP 的模块性,给出的验证平台可重用性好,可以很容易地移植成为相关 IP 的验证平台。验证前期采用了白盒验证策略,通过自行搭建测试环境,以代码覆盖率驱动的测试方法进行验证,提高了测试的自动化程度。中后期采用灰盒验证策略,结合 ARM 公司的 ARM11 设计仿真模型(DSM),以功能覆盖率驱动的测试方法进行验证。依靠 C 或 C++ 等高级语言生成测试用例,加快了验证的进度,提高了软硬件协同验证的可视化程度。

VFP-A 是兼容 IEEE 754 标准的浮点协处理器,通过 5 条控制队列和 2 条数据队列完成与 ARM11 的指令和数据的交互。在接收到 ARM11 处理器发送的指令后,执行该浮点指令,并根据当前的运行模式,进行相应的结果舍入。在乘法舍入的实现方面,给出了一种将单精度和双精度结合在一起,并且将舍入到无穷的部分其逻辑放在部分积压缩部分实现的方案,加快了乘法运算的速度。在寄存器堆读写控制方面,按流水线的优先级来控制读写操作,将暂时无法写入寄存器堆的数据存入到缓冲队列中,以略微降低运算速度为代价,大幅度减小了寄存器堆的功耗和面积。

2. VFP-A 结构设计

VFP-A 通过 ARM11 处理器完成从存储器的指令读取操作,经内部译码单元译码后,由发射单元进行冲突的检测和处理,并同时完成寄存器堆的读写操作。执行单元由三条完全独立的流水线组成:乘加流水线、除法开方流水线和数据传输流水线,可以并行执行乘加类、除法开方类以及数据加载类三类指令。VFP-A 结构如图 5.36 所示。

译码单元通过其内部的指令队列接收 ARM11 处理器发送的指令,根据指令的源寄存器和目标寄存器地址生成该指令的记分牌锁定信息,用于在发射单元对该指令源寄存器和目标寄存器锁定。

发射单元确定当前指令是否可以接受,并通知 ARM11 处理器,根据指令信息和记分牌内容进行指令的冲突检测,负责指令操作数在寄存器堆中进行存取以及对向量指令进行迭代操作。它使用内部的 Load/Store 迭代单元和 CDP(数据处理)迭代单元分别对 Load/Store 指令和 CDP 指令(包括乘加流水线和除法开方流水线指令)进行迭代。

Load/Store 流水线是 4 级流水线结构。所有 VFP-A 与 ARM11 的数据交换(包括对 VFP-A 中寄存器堆和系统寄存器的访问)都通过 Load/Store 流水线的专用 64 位数据总线实现的。

乘加流水线是 8 级流水线结构,可以完成单精度或双精度的乘加类操作,向量运算的最终结果等同于顺序完成的一系列等价操作。乘加流水线负责数据处理指令的异常探测,异常探测在运算之前进行,根据 VFP-A 的不同模式对异常进行相应处理。乘加流水线接收自身和除法开方流水线的指令,如果接收的是除法开方指令,则乘加流水线在执行 1 级时将指令和数据传送到除法开方流水线。

除法/开方流水线是 5 级流水线结构。通过在其执行 1 和 2 这两级之间的迭代操作完成一条单精度或双精度的除法和开方运算。除法和开方合并采用基为 4 的迭代算法,迭代周期是实际参与迭代的数据位长的 1/2。

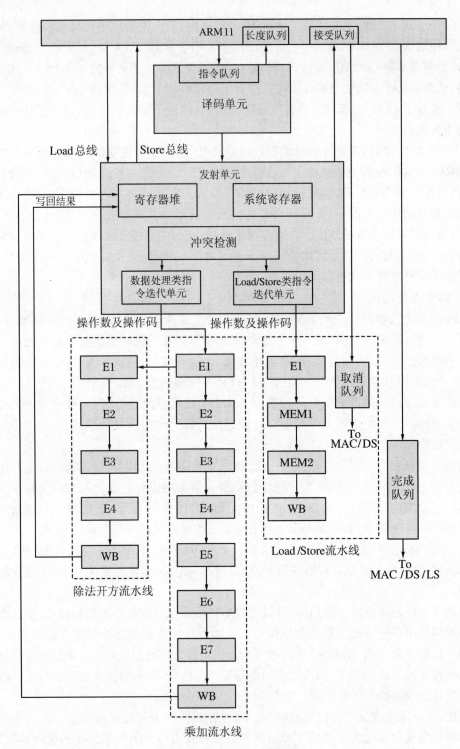

图 5.36 VFP-A 结构图

3. 乘法舍入方法的实现

由于浮点乘法是浮点运算中的重要操作,因此浮点乘法器是浮点性能的一个关键因素。

浮点乘法通常包含译码、生成部分积、部分积压缩、生成结果、将结果按规定模式进行舍入这五个步骤。浮点乘法在部分积压缩完成后得到进位保留形式（carry save）的结果，得到乘法舍入结果最快的方式是直接通过这个进位保留形式得到结果。

舍入到最近的模式分析如下：按目标精度，设保留的数值最低位为 L（Low），舍去数值最高位 R（Round）。舍入到最近总是可以通过在 R 位加 1，并在 R 右侧数均为 0 时将 L 位置零得到。乘法结果高位可能是二进制 01.xx、10.xx、11.xx 这三种情况。称后两种情况为溢出（over flow），最高位溢出用 Rv 表示。不溢出的情况下，舍入是在 R 位加 1 得到；溢出时，在原来不溢出情况下的 R 位左侧加 1。然后将结果右移一位，舍入后溢出的情况也包括在内。

对溢出和不溢出两种情况加以位置不同可以转化为选择在不溢出情况下的 R 位左侧加 1（可转化为在原 R 位加 $[10]_2$），然后将结果右移 1 位，在 R 右侧数均为 0 时将最低位 L 置零。R 位所加的 1 称为 Rin，R 位右侧进位称为 Cin。待舍入结果为进位保留形式的 sum、carry，权重为 n 的 sum[n] 和 carry[n] 对应相加。R 位需要相加的项是：Rsum、Rcarry、Rin、Rv、Cin。

说明：$[10]_2$ 表示二进制下的"10"。

对于双精度，将进位保留形式的待舍入数据分为四段并行处理，即结果高位（sum[1：−51]、carry[1：−51]）、L 位（sum[−52]、carry[−52]）、R 位（sum[−53]、carry[−53]）及黏着位（sum[−53：−107]、carry[−53：−107]）四段。结果高位通过一行半加器压缩，L 位通过一个半加器压缩，R 位上的三个数 Rs、Rc、Rin 通过一个全加器压缩成一位，黏着位通过超前进位链生成向 R 位的进位 Cin。L 位压缩得到 S、C，R 位压缩后得到 R，结果高位压缩后得到 sum1 和 carry1。将 sum1 和 carry1 送入并行前缀加法器（Parallel Prefix Adder）相加。该加法器可以一次性得到 sum1 + carry1 和 sum1 + carry1 + 1。再根据 S、C、R、Rv、Cin 的不同情况，生成 L 位向高位的不同进位（0 或者 1）。根据此进位选择高位相加的 sum1 + carry1 或 sum1 + carry1 + 1 结果来作为舍入结果的高位部分。同时经过逻辑单独算出最后一位，即最终结果的 L 位。

舍入到最近需要判断 tie 情况。tie 情况指的是：待舍入结果中丢弃的部分表示的数值是其等位长数值上限和下限的平均值，此时待舍入数值位于两个最接近数值的中间。设 sum[−54：−107] + carry[−54：−107] 为零的标志是 Z。判断 tie 情况需要依据 Rsum、Rcarry、Cin 和 Z，分为溢出和不溢出的情况。不溢出时 Rsum、Rcarry 为 sum[−53]、carry[−53]，Cin 为 R 位的 carry in 即 Cin[−53]，Z 是 sum[−54：−107] + carry[−54：−107] 为零的标志；溢出时，Rsum、Rcarry 为 sum[−52]、carry[−52]，Cin 为 R 位的 carry in 即 Cin[−52]，Z 是 sum[−53：−107] + carry[−53：−107] 为零的标志。Z 可以通过进位保留形式的 sum[−53：−107] + carry[−53：−107] 的结果快速预测得到。对结果各位是否全为零的快速预测逻辑表达式如下：

$$z[i] = \sim((a[i]\string^b[i])\string^(a[i-1]|b[i-1])) \qquad (-107 < i < -53)$$

再对结果各位的快速预测相与即可得到 Z。

tie 情况判断信号 tie_cond 如下：

$$\text{tie\_cond} = \begin{cases} \sim((\text{sum}[-53]\string^\text{carry}[-53]\string^\text{Cin}[-53])\ \&\ Z-54) & (Rv = 0) \\ \sim((\text{sum}[-52]\string^\text{carry}[-52]\string^\text{Cinc}[-52])\ \&\ Z-53) & (Rv = 1) \end{cases}$$

另外三种舍入模式做类似分析可得到舍入结果的生成表达式。

设并行前缀加法器生成的 sum1 + carry1 的结果为 A,sum1 + carry1 + 1 的结果为 B。舍入到最近的结果选择 A 或 B 与 S、C、R、Rv、Cin 有关。其中 R、Rv、Cin 是同权重的,他们的进位和 S、C 是同权重的。最终的舍入结果如表5.5所示。

表 5.5　最终舍入结果选择

Inc	Rv	结果
0	0	$\{A, dp\_lsb\}$
0	1	$\{1'b1, A\}$
1	0	$\{B, dp\_lsb\}$
1	1	$\{1'b1, B\}$

通过将单精度和双精度的实现结合在一起,重新组合已有的实现方法,使乘法的部分积译码和部分积压缩紧密结合,便于构成高速流水线乘法器,使乘法运算的速度加快、代价更小。舍入实现是浮点乘法精度及延时的保证,也是各类处理器设计的关键。

4. 寄存器堆的读写控制

由于 VFP-A 三条执行流水线均需要访问寄存器堆,使得寄存器堆的读写端口和控制逻辑都很复杂。乘加流水线(FMAC)和除法开方流水线(DS)以及数据传输流水线(LS)对寄存器的先后访问具有随机的特点。在没有冲突的情况下要保证三条流水线互不影响,同时,写寄存器堆需要考虑三条流水线将三个 64 位双精度浮点数写入寄存器堆的情况,这时就需要六个 32 位寄存器堆写端口,这将占用很大的面积并使功耗大大增加。

当寄存器堆只有一个写端口时,如果有多条流水线在同一时钟周期内写入寄存器堆就会产生冲突,需要给三条流水线分配优先级,使优先级高的流水线先写入寄存器堆,而优先级相对低的流水线先将要写入寄存器堆的数据写入缓冲队列。当缓冲队列中存在有效数据时先将缓冲队列中的数据写入到寄存器堆中,同时将流水线中的数据写入到缓冲队列中。如果有多条流水线要进行写操作,但缓冲队列中没有足够的空间进行存储,那么优先级低的流水线就要先停止工作,直到有缓冲空间可以使用。详见我们提交并由华为技术有限公司申报且获得国家发明专利的文献。(网址 http://search. cnpat. com. cn/Search/CN-ViewSearch? wd = vdkvgwkey = 200710076982 & jsk = search_gb♯)

在流水线条数增加的情况下不能通过单纯增加寄存器堆的端口来提高运算速度,而是通过简化读写控制逻辑和充分利用缓冲队列,从而将寄存器堆的功耗和面积大大降低。

5. 前期验证

VFP-A 的前期验证主要为模块的功能仿真验证。将 VFP-A 按结构和功能分为译码单元、发射单元、MAC 流水线执行单元、DS 流水线执行单元和 LS 流水线执行单元等五个模块。基于白盒验证策略对各个模块进行接口时序和内部功能的验证,以代码覆盖率作为一个衡量验证程度的标准,通过分析覆盖率不断调整激励向量以达到提高功能验证效率的目的。

验证环境通过分析设计方案中接口信号的时序,利用 Verilog 来搭建。测试激励采用人工生成和随机生成相结合的方式来产生模块功能验证的测试用例,并根据生成的代码覆盖率,实时的对测试激励进行改善,以达到最高的覆盖率。

6．集成验证及系统验证

（1）利用总线功能模型进行验证的方法

总线功能模型（BFM）提供了 ARM11 的总线读写操作时序，并没有提供精确的行为和指令级描述，具有仿真速度快、应用灵活的特点。利用 BFM 进行功能验证可以减少系统验证的复杂度，因此在集成验证阶段，采用 ARM11 BFM 进行 IP 集成的功能验证。其中 ARM11 采用 Vera 封装的总线功能模型进行仿真，并通过定义函数来生成各种事务级事件的激励。VFP-A 功能参考模型采用 SystemC 和 Verilog 混合建模，运算逻辑和接口采用 Verilog 建模，而控制逻辑采用抽象层次高的 SystemC 来建模，可以缩短验证平台的搭建时间。不但保证了参考模型的周期级仿真时序，降低了测试平台的复杂度，也提高了验证的自动化程度。

（2）利用设计仿真模型进行验证的方法

设计仿真模型（DSM）的抽象层次比 BFM 要低一些，因此对 ARM11 的行为描述更精确。DSM 能够以更具体的模型，更精确的时序模拟整个软件代码在处理器中的执行过程，包括指令的执行和异常的发生、寄存器内容变化等，因此成为 SoC 设计中软硬件联合测试的一种重要方法。

系统验证以 ARM11 的 DSM 代替 BFM 进行系统的软硬件联合测试（系统验证平台如图 5.37 所示），使用高级语言 C/C++ 实现的各种应用算法为测试用例，进行 VFP-A 的系统验证和性能测试。测试算法由 Realview 编译生成目标代码，在静态随机存储器（SRAM）仿真模型中完成初始化。ARM 处理器通过读取测试指令代码，与 VFP-A 进行指令和数据的交互，并将测试结果写入 SRAM 中一段保留的数据段。验证环境中各测试模块的良好模块性，使整个测试平台保持了很好的可重用性。测试向量以功能特性的覆盖完备性作为调整激励向量的依据，并同代码覆盖率相结合，来改善测试激励向量的覆盖率。

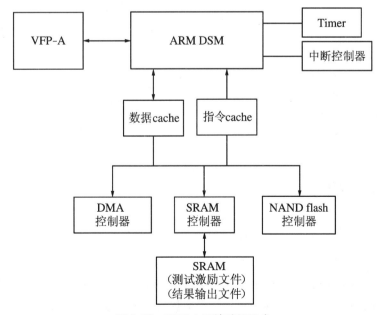

图 5.37　VFP-A 系统验证平台

在系统验证的异常测试阶段，由于 VFP-A 将根据指定的条件弹回条件产生异常的指令，并保持当前状态，直到 ARM 处理器清除当前的异常状态。ARM 处理器通过调用异常弹回的支持代码库（support code）来处理异常指令，清除 VFP-A 的异常状态，然后使 VFP-A 能继续下一条指令的执行。由于产生异常有多种条件，而弹回交给 ARM 处理的时间由异常的状态决定，一般需要上千条 ARM 指令完成。因此为加快验证的进度，在异常测试时，可以将异常弹回的中断服务程序入口改为简单的清除异常位，并在异常指令的目的寄存器写入特殊值（如 NaN 非数）。这种中断服务程序并不会改变 VFP-A 的异常处理流程，保证了异常弹回测试的时序准确性，同时节省了 ARM 处理器调用支持代码库的时间，因此可以提高异常弹回测试的验证效率。

（3）软硬件测试环境配置

在集成测试和系统测试阶段，VFP-A 需要同 ARM11 处理器进行软硬件联合测试，测试用例以可执行代码的方式通过 SRAM 初始化（如图 5.38 所示）。其中 C/C++ 语言代码的应用程序在 ARM 公司的 Realview 2.0 集成环境下编译生成可执行代码。二进制代码通过 Verilog 的初始化函数初始化到指令 SRAM 的指令段，然后调用 NC-Verilog 执行功能仿真。测试平台中内部集成了生成覆盖率报告和结果比对报告的函数，在 ARM11 执行到测试结尾时，会调用 Write_result()函数，将当前的测试结果转存到单独的文件中，并调用系统函数 diff 与 ARM11 内嵌的 VFP-A 生成的参考结果进行比对，最后生成当前测试的结果报告。

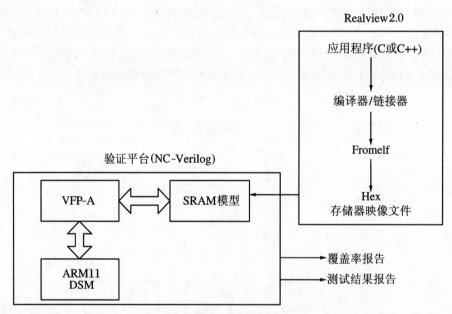

图 5.38　VFP-A 软硬件测试环境

7. 功能验证综述

在模块功能验证阶段，各模块的接口和功能实现比较简单。基于白盒验证策略可以有效地提高测试用例的针对性，分立模块的接口时序定义是本阶段验证成功与否的关键因素。在集成验证和系统验证阶段，测试的接口和功能趋于复杂，白盒验证策略已经不能满足验证的环境要求,采用抽象层次更高的 DSM 和 BFM 成为本阶段的主要验证手段。在集成验证阶段,可以不关心指令在 ARM11 处理器中的精确执行时序,处理器的接口信号时序和指令等的交互是集成验证阶段的重点。因此采用 BFM 模拟 ARM11,可以在保证测试精确性的前提下,最大限度的加快验证速度。在系统验证阶段,指令的执行精确性有了更高要求,特别是异常测试阶段,需要 ARM11 和 VFP-A 的指令执行周期级精确,而 BFM 无法满足此阶段的精确性,因此采用抽象级别较低的 DSM,可以在时钟周期级分析指令的执行时序,保证了验证的精确性和灵活性。

8. VFP-A 性能测试及分析

在系统验证的性能测试阶段,主要通过应用程序进行大数据量的性能测试。测试算法以 C/C++ 语言或 ARM 汇编语言形式实现,表 5.6 列出了浮点运算中常用算法的性能测试结果,并与 ARM11 内嵌的浮点处理器 VFP-11 进行了对比。

表 5.6 VFP-A 性能测试结果

测试算法	VFP-A 执行周期数	VFP-11 执行周期数
Viterbi 译码器	197481	197438
FFT 变换	48962	48896
ⅡR 滤波器	22074	22032
矩阵乘法	10674	10663
卷积码编码器	56852	56855

在上述性能测试的结果可以看出,VFP-11 性能与 VFP-A 相近,在 FFT 变换和卷积码编码器的测试中,所用时钟周期数比 VFP-11 还要少。在 90 nm CMOS 工艺库下,最高时钟周期频率可以达到 600 MHz,因此在手持设备、数字媒体等领域可以提供较高的性能和较好的集成性。

5.4.2 寄存器详细设计

如表 5.7 所示的 VFP-A 寄存器总表,包括 FPSID、FPSCR、FPEXC、FPINST、FPINST2、MFVFR0、MFVFR1、Register File,它们在控制单元的管理下,各部分协同完成单/双精度的浮点算术运算、寄存器文件的读写、与 ARM11 主处理器的数据交换等操作。

表 5.7 VFP-A 的寄存器总表

VFP-A 寄存器	类型	宽度(bit)	模式	复位状态	描述
浮点系统 ID 寄存器（FPSID）	只读	32	任意	待定	浮点系统 ID 寄存器,决定 VFP 类型(待定)
浮点状态控制寄存器（FPSCR）	读写	32	任意	0x00000000	浮点状态控制寄存器,提供所有用户级的状态和控制。状态位是比较运算的结果和浮点异常机制的累积标志。控制位用来进行模式控制和向量长度选择以及浮点异常操作功能

VFP-A 寄存器	类型	宽度(bit)	模式	复位状态	描述
浮点异常寄存器 (FPEXC)	读写	32	优先	0x00000000	浮点异常寄存器,提供一些系统级状态位和控制位信息
浮点指令寄存器 (FPINST)	读写	32	优先	0xEE000A00	浮点指令寄存器,存储异常指令
浮点指令寄存器 2 (FPINST2)	读写	32	优先	不可预知	浮点指令寄存器 2,存储异常发生前的一条指令,该指令退返 ARM11,不能再次被发射,需要被浮点异常处理程序执行
VFP 特征寄存器 0 (MFVFR0)	只读	32	任意	0x11111111	VFP 特征寄存器 0,存储 VFP 内部单元特征
VFP 特征寄存器 1 (MFVFR1)	只读	32	任意	0x00000000	VFP 特征寄存器 1,提供指令对媒体扩展的支持信息
寄存器堆 (Register File)	读写	32 * 32	任意	不可预知	32 个通用寄存器,每个寄存器能够寄存一个单精度浮点数或一个 32 位的整数(无符号长整型或有符号长整型的补码)。寄存器可成对使用,来寄存 16 位双精度的浮点数

对表 5.7 中各个寄存器,下面分别给出具体设计:

1. FPSID

FPSID 是一个只读寄存器,用来决定 VFP 的类型。其各 bit 的位置如图 5.39 所示。

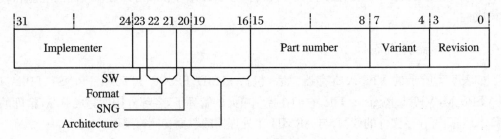

图 5.39 FPSID 各 bit 位置示意图

各 bit 位的含义如表 5.8 所示。

表 5.8 FPSID 各 bit 位定义

Bit 位	含义	值
[31:24]	Implementer	公司代码
[23]	硬件/软件	0 硬件执行
[22:21]	FSTMX/FLDMX 格式	b00 格式 1
[20]	精度支持	0 支持单、双精度数据

续表

Bit 位	含义	值
[19:16]	架构版本	b0001 VFPv2 架构
[15:8]	部分号	0x20VFP-A
[7:4]	变量	0xB ARM11 VFP 接口
[3:0]	修订版本号	——

对于该寄存器,由于其仅为可读寄存器,在使用过程中各位不可修改,故设计时先定义一个 32 bit 的寄存器,然后可以按照表 5.8 中各 bit 位的含义写入固定的值即可,其复位状态待定。

2. FPSCR

FPSCR 是一个读/写寄存器,它在特权模式和非特权模式下均可访问。图 5.40 中 SBZ 表示为以后扩展功能的保留位,初始化时为 0,为了确保各 bit 不被调整,在访问 FPSCR 时使用了读/调整/写技术,不然会引起不可预测的结果。其各 bit 的位置如图 5.40 所示。

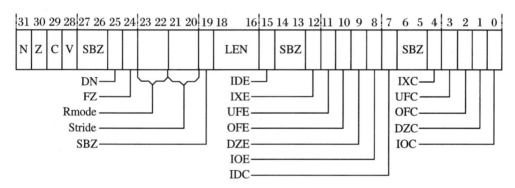

图 5.40　FPSCR 各 bit 位置示意图

各 bit 位含义如表 5.9 所示。

表 5.9　FPSCR 各 bit 位定义

Bit 位	名称	含义
[31]	N	如果对比结果是小于将会被置位
[30]	Z	如果对比结果是等于将会被置位
[29]	C	如果对比结果是等于、大于或无序将会被置位
[28]	V	如果对比结果是无序的将会被置位
[27:26]	SBZ	值为零
[25]	DN	默认的 NaN 模式使能位: 0＝默认 NaN 模式非使能 1＝默认 NaN 模式使能
[24]	FZ	快速到零模式使能位: 0＝快速到零模式非使能 1＝快速到零模式使能

Bit 位	名称	含义
[23:22]	Rmode	舍入模式控制位： b00 = 舍入到最近模式 b01 = 向正无穷舍入模式 b10 = 向负无穷舍入模式 b11 = 舍入到零模式
[21:20]	Stride	向量运算的跨度
[19]	SBZ	值为零
[18:16]	LEN	向量运算重复的次数
[15]	IDE	输入非正常异常使能位
[14:13]	SBZ	值为零
[12]	IXE	非精确异常使能位
[11]	UFE	下溢异常使能位
[10]	OFE	上溢异常使能位
[9]	DZE	被零除异常使能位
[8]	IOE	无效操作使能位
[7]	IDC	输入非正常积累标志位
[6:5]	SBZ	值为零
[4]	IXC	非精确积累标志位
[3]	UFC	下溢积累标志位
[2]	OFC	上溢积累标志位
[1]	DZC	被零除积累标志位
[0]	IOC	无效操作积累标志位

由上我们可以看到 FPSCR[18:16] 是用来控制 VFP 短向量运算的长度的。所谓向量长度就是短向量指令迭代的次数。FPSCR[21:20] 是用来控制 VFP 短向量运算的跨度的。所谓向量运算的跨度是指下一个短向量运算所使用的寄存器标号的增加值。

向量长度和步长组合列表如表 5.10 所示。

表 5.10　向量长度和步长组合列表

LEN	向量长度	跨度	向量跨度	单精度向量指令	双精度向量指令
b000	1	b00	—	所有的指令都是标量的	所有的指令都是标量的
b000	1	b11	—	无法预测	无法预测
b001	2	b00	1	正常工作	正常工作
b001	2	b11	2	正常工作	正常工作
b010	3	b00	1	正常工作	正常工作
b010	3	b11	2	正常工作	无法预测

续表

LEN	向量长度	跨度	向量跨度	单精度向量指令	双精度向量指令
b011	4	b00	1	正常工作	正常工作
b011	4	b11	2	正常工作	无法预测
b100	5	b00	1	正常工作	无法预测
b100	5	b11	2	无法预测	无法预测
b101	6	b00	1	正常工作	无法预测
b101	6	b11	2	无法预测	无法预测
b110	7	b00	1	正常工作	无法预测
b110	7	b11	2	无法预测	无法预测
b111	8	b00	1	正常工作	无法预测
b111	8	b11	2	无法预测	无法预测

设计该寄存器时,可以先定义一个 32 bit 的寄存器,然后根据程序运算的结果、译码的结果等给各 bit 位赋值。

例如,对 N、Z、C、V、Rmode、LEN、Stride 等赋值,其他各 bit 位的赋值与之类似,其中 SBZ 赋值为 0,可以设计如下:

```
Module FPSCR (clk,rst,din,dout);
input clk,rst;
input [31:0] din;
output [31:0] dout;
reg[31:0] dout;
…
if(rst)
    dout <= 0x00000000;
else
    always @(posedge clk)
    begin
    if(操作数 A-操作数 B<0)
        dout[31] <= 1;          //N 置位
    else if(操作数 A-操作数 B=0)
        dout[30] <= 1;          //Z 置位
        else dout[29] <= 1;     //C 置位
    if (操作数 A-操作数 B=无序的结果)
        dout[28]<=1;
        dout[29] <=1;
    …
    case(din[23:22])
        2'b00:       dout 给出使用舍入到最近(RN)模式;
        2'b01:       dout 给出使用向正无穷舍入(RP)模式;
```

| | 2'b10: | dout 给出使用向负无穷舍入(RM)模式; |
| | 2'b11: | dout 给出使用舍入到零(RZ)模式; |

```
            endcase
            ...
            dout[21:20] <= din[21:20];      //Stride 赋值,其值来源于译码结果
            dout[18:16] <= din[18:16];      //LEN 赋值,其值来源于译码结果
            ...
        end
    endmodule
```

3. FPEXC

在指令弹回模式下,FPEXC 用来存储异常的状态。FPEXC 中的信息辅助浮点异常处理程序用来处理异常或者用来报告系统 trap 或用户 trap 处理的情况。

任何时候,当 FPEXC 中的内容改变了都必须保存它。如果 FPEXC[31]即 EX flag 被置位,则 VFP-A 协处理器正处在异常状态,这时还必须保存 FPINST 和 FPINST2 寄存器中的内容。

这里需要注意的是为了防止异常无限的循环,浮点异常处理程序在进入中断代码后必须迅速地清除 EX 标志位,即 FPEXC[31]。所有的中断标志位必须在进程由中断代码返回用户代码前被清除。

其各 bit 的位置如图 5.41 所示。

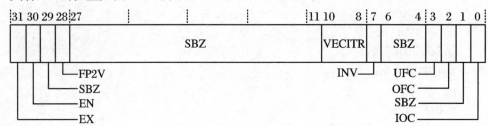

图 5.41　FPEXC 各 bit 位置示意图

其各 bit 的含义如表 5.11 所示。

表 5.11　FPEXC 各 bit 位定义

Bit 位	名称	描述
[31]	EX	异常标志位
[30]	EN	VFP 使能位
[29]	SBZ	值为零
[28]	FP2V	FPINST2 指令有效标志
[27:11]	SBZ	值为零
[10:8]	VECITR	向量运算重复次数计数位
[7]	INV	输入异常标志位
[6:4]	SBZ	值为零

续表

Bit 位	名称	描述
[3]	UFC	可能下溢的标志位
[2]	OFC	可能上溢的标志位
[1]	SBZ	值为零
[0]	IOC	可能无效操作的标志位

设计该寄存器时,可以先定义一个 32 bit 的寄存器,然后根据程序运行的过程中是否产生了异常及异常的类型来给各 bit 位赋值,该寄存器中第 30 位较为特殊,是全局 VFP 使能位,故只要一使用 VFP-A 协处理器,就应该让该位置位。

例如,对 EX、EN、FP2V、VECITR、INV 等赋值,其他各 bit 位的赋值与之类似,其中 SBZ 赋值为 0,可以设计如下:

```
Module FPEXC (clk,rst,din,dout);
input clk,rst;
input [31:0] din;
output [31:0] dout;
reg[31:0] dout;
…
if(rst)
    dout <= 0x00000000;
else
    always @(posedge clk)
    begin
    dout[30] <= 1;      //VFP-A 全局使能
    if(存在 IEEE754 标准中的五种异常之一)
    dout[31] <= 1;      //VFP 运行中出现异常,需保存 FPINST 和 FPINST2 寄存器中的内容
    if(FPINST2 中包含一条有效指令)
    dout[28] <= 1;      //FPINST2 指令有效
    …
    if(VFP 运行出现异常 & 短向量操作)
    begin
        case(din[10:8])
            3′b000:      dout 给出异常发生后还有 1 次迭代运算;
            3′b001:      dout 给出异常发生后还有 2 次迭代运算;
            3′b010:      dout 给出异常发生后还有 3 次迭代运算;
            3′b011:      dout 给出异常发生后还有 4 次迭代运算;
            3′b100:      dout 给出异常发生后还有 5 次迭代运算;
            3′b101:      dout 给出异常发生后还有 6 次迭代运算;
            3′b110:      dout 给出异常发生后还有 7 次迭代运算;
            3′b111:      dout 给出异常发生后还有 8 次迭代运算;
        endcase
```

```
end
…
if(不在 flush to zero 模式下一个操作数很小 | 不在默认的 NAN 模式下有一个操作数为
NAN 数)
dout[7] <= 1;//输入异常标志位置位
…
end
endmodule
```

4. FPINST 和 FPINST2

FPINST 和 FPINST2 是 VFP-A 的两个指令寄存器。其中,FPINST 寄存器中包含了异常指令;FPINST2 中包含了在异常被探测到之前发射给 VFP-A 协处理器的指令,这条指令在 ARM1136 处理器中会被"retire"并且不能继续被发射,它必须由浮点异常处理程序执行。

这两个寄存器仅仅在特权模式下是有效的。

(1) 指令在 FPINST 寄存器中的格式与发射过来格式是一致的,但是在某些方面也作了调整。条件码标志位 FPINST[31:28],在 AL(always)条件下将被强制置为 b1110。如果指令是短向量指令,则参考向量的源和目的寄存器将会被更新指向异常循环的源和目的寄存器。

(2) 指令在 FPINST2 寄存器中的格式与发射过来格式也是一致的,但是在某些方面也作了调整。条件码标志位 FPINST2[31:28],在 AL(always)条件下将被强制置为 b1110。

这两个寄存器的设计较为简单,且结构是相似的。其中指令的存储格式与发射过来格式是一致的,唯一不同之处是在 AL(always)条件下将 FPINST[31:28]强制置为 b1110。这里以设计 FPINST 为例:

```
Module FPINST (clk,rst,din,dout);
input clk,rst;
input [31:0] din;
output [31:0] dout;
reg[31:0] dout;
…
  if(rst)
    dout <= 0xEE000A00;
  else
always @(posedge clk)
begin
  if(存在 IEEE754 标准中的五种异常之一)
    dout 〈 = 32b′1110 + 发射过来的指令 din[27:0];
…
end
endmodule
```

5. MFVFR0 和 MFVFR1

MFVFR0 是 VFP 特征寄存器 0,它用来存储 VFP 内部单元特征,是一个 32 位的只读寄存器。一旦 VFP 使能工作后,它可以在任意模式下被访问;而如果 VFP 没有使能工作,它只能在特权模式下被访问。

MFVFR0 是在 rev1(r1p0)版本后的 ARM1136JF-S 中增加的,其各个 bit 的位置如图 5.42 所示。

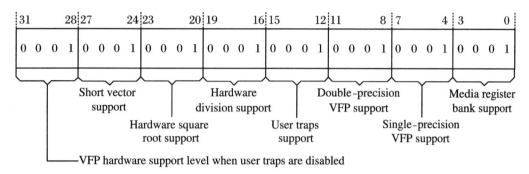

图 5.42　MFVFR0 各 bit 位置示意图

其各个 bit 的含义如表 5.12 所示。

表 5.12　MFVFR0 各 bit 位定义

Bit 位	功能
[31:28]	当用户 traps 非使能时给出 VFP 硬件支持的水平
[27:24]	是否支持短向量
[23:20]	是否支持硬件开方
[19:16]	是否支持硬件除法
[15:12]	是否支持用户 traps
[11:8]	VFP 是否支持双精度
[7:4]	VFP 是否支持单精度
[3:0]	是否支持媒体寄存器组

MFVFR1 也是在 rev1(r1p0)版本后的 ARM1136JF-S 中增加的,其各个 bit 的位置如图 5.43 所示。

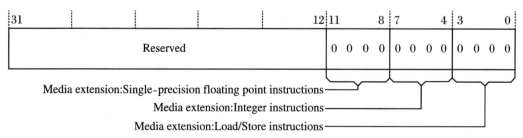

图 5.43　MFVFR1 各 bit 位置示意图

其各个 bit 的含义如表 5.13 所示。

表 5.13　MFVFR1 各 bit 位定义

Bit 位	功能
[31:12]	保留位,读为零
[11:8]	是否支持媒体扩展,单精度浮点指令
[7:4]	是否支持媒体扩展,整数指令
[3:0]	是否支持媒体扩展,load/store 指令

对于这两个寄存器,由于其仅为可读寄存器,在使用过程中各位不可修改,故设计时先定义两个 32 bit 的寄存器,然后可以按照表 5.13 中各 bit 的含义,结合 VFP 支持的功能写入固定的值即可,同时复位时 MFVFR0 值为 0x11111111,MFVFR1 值为 0x00000000。

5.4.3　寄存器堆

VFP-A 有 32 个单精度的寄存器被分为 4 组(bank),每组 8 个寄存器。每一个 32 bit 的寄存器能够存储一个单精度的浮点数或一个整数,任何一个连续的寄存器对[Reven + 1]：[Reven]都能够存储一个双精度浮点数,所以 VFP-A 有 16 个双精度的寄存器被分为 4 组(bank),每组 4 个寄存器。

当在短向量应用中,由于需要较大的数据吞吐量,寄存器堆能够被配置成四个循环的缓冲队列。对于短向量指令,在每一组内寄存器寻址是能够循环的。由于 load/store 操作并不循环,所以 load/store 能够对多个组进行直到整个寄存器堆。

短向量操作寻址是遵循某些特殊的规则的。FPSCR 寄存器中的 LEN 位和 STRIDE 位决定了寄存器堆中短向量操作的循环次数和每次循环的增量。

1. 寄存器堆寻址方式

VFP-A 有 5 种寄存器堆寻址方式：① 单精度向量(非单源操作数)；② 双精度向量(非单源操作数)；③ 单精度向量(单源操作数)；④ 双精度向量(单源操作数)；⑤ Load/Store 多数据。

本书仅介绍单精度向量(非单源操作数)的有关设计：

31		28 27 26 25 24	23	22 21 20	19		16 15		12 11 10 9 8	7	6 5	4 3		0
cond		1 1 1 0	Op	D Op	Fn		Fd		1 0 1 0	N	Op M	0	Fm	

当 FPSCR 中指定的向量长度大于 1 时,单精度双操作数指令 FADDS、FDIVS、FMULS、FNMULS、和 FSUBS 可以分为 3 种操作类型：

① ScalarA op ScalarB → ScalarD(源操作数 A、B 和目标操作数均为标量)

这种情况下只有一次操作,而不用管 FPSCR 中的向量长度是多少,这使得标量操作和向量操作混合在一起而不用在这两者之间改编 FPSCR。

② VecterA op ScalarB → VecterD(源操作数 A 和目标操作数为向量,源操作数 B 为标量)

③ VecterA op VecterB → VecterD(源操作数 A、B 和目标操作数均为向量)

单精度三操作数指令 FMACS、FMSCS、FNMACS 和 FNMSCS 的加/减操作数和目标共用同一寄存器。它们有 3 种形式：

① ±(ScalarA * ScalarB) ± ScalarD → ScalarD

② ±(VecterA * ScalarB) ± VecterD → VecterD

③ ±(VecterA * VecterB) ± VecterD → VecterD

(1) 寄存器堆

VFP-A 有 32 个单精度的寄存器被分为 4 组，每组 8 个寄存器。采用哪种方式使用这些寄存器取决于哪些操作数在第一组内，一般的规则是第一组用于标量操作数，其他三组用于保存向量操作数。所有的目标寄存器写操作和大多源寄存器的读操作遵守此规则，但有些源寄存器的读操作不遵守此规则。

一个向量操作数占据了一个寄存器组的 2 到 8 个寄存器，个数由 FPSCR 中的向量长度来决定。指令中的寄存器号表示的是向量的第一个单元数，其余的由增加寄存器号来产生。如果这种增加导致一个寄存器组的寄存器号溢出，寄存器号则循环到该组的底部。如图 5.44 所示。

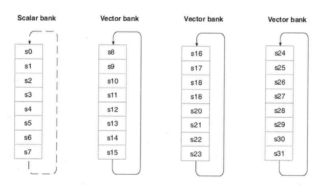

图 5.44　VFP-A 的寄存器堆

(2) 操作

有 3 种可能的寄存器寻址方式：

① 标量操作

② 混合的标量/向量操作

③ 向量操作

每一种情况都包含 vec_len（向量长度）、Sd[vec_len−1:0]（目标寄存器）、Sn[vec_len−1:0]（第一源操作数寄存器）和 Sm[vec_len−1:0]（第二源操作数寄存器）。

(3) 标量操作

如果目标寄存器在第一组的 8 个寄存器中，则指令为一个标量操作。源操作数经常是标量，而不管它在寄存器堆的哪一个组，这使得向量的单元可以像标量那样使用。

(4) 混合的标量/向量操作

如果指令中指定的目标寄存器不在第一寄存器组的 8 个寄存器中，但第二源寄存器在第一寄存器组中，那么目标寄存器和第一源寄存器为向量，第二源寄存器为标量。向量长度由 FPSCR 决定。

第一操作数经常为向量，不管它在哪一组，这使得在第一组中连续的几个寄存器可以像向量那样处理。一个向量操作数不许使用组内循环(wrap around),这样可以重复使用它的第一个单元,否则指令的结果是不可预知的。当 FPSCR 指定向量的步长为 1 时,向量长度最大为 8;当 FPSCR 指定向量的步长为 2 时,向量长度最大为 4。

当两个操作数重叠时,他们访问的寄存器和访问寄存器的顺序必须相同;否则,指令的结果是不可预知的。这意味着:

① 如果 Sd[i]产生的一组寄存器号与 Sn[i]产生的一组寄存器号重叠,那么 d_num 和 n_num(目标和第一源寄存器号)必须相同(两者公用相同的几个寄存器)。

② 如果 Sn[i]产生的一组寄存器号包含了 m_num(第二源寄存器号),那么矢量的长度必须为 1,因为第二源操作数是标量。

③ Sd[i]产生的一组寄存器号不可能包含 m_num,因为它们在不同的寄存器组中。

(5) 向量操作

如果目标寄存器和第二源寄存器都不在第一个寄存器组的 8 个寄存器中,则所有的寄存器操作为向量操作。

一个向量操作数不许使用组内循环(wrap around),这样可以重复使用它的第一个单元,否则指令的结果是不可预知的。当 FPSCR 指定向量的步长为 1 时,向量长度最大为 8;当 FPSCR 指定向量的步长为 2 时,向量长度最大为 4。

当两个操作数重叠时,他们访问的寄存器和访问寄存器的顺序必须相同;否则,指令的结果是不可预知的。这意味着:

① 如果 Sd[i]产生的一组寄存器号与 Sn[i]产生的一组寄存器号重叠,那么 d_num 和 n_num(目标和第一源寄存器号)必须相同(两者公用相同的几个寄存器)。

② 如果 Sd[i]产生的一组寄存器号与 Sm[i]产生的一组寄存器号重叠,那么 d_num 和 m_num(目标和第二源寄存器号)必须相同(两者公用相同的几个寄存器)。

③ 如果 Sn[i]产生的一组寄存器号与 Sm[i]产生的一组寄存器号重叠,那么 n_num 和 m_num(第一和第二源寄存器号)必须相同(两者公用相同的几个寄存器)。

2. 对外接口

第零组(BANK)寄存器堆的接口信号如表 5.14 所示。

表 5.14 第零组寄存器堆的接口信号

接口	位数	意　义
Addr_out0	3	第 0 组读取第一个寄存器的地址
Addr_out1	3	第 0 组读取第二个寄存器的地址
Data_out0	32	第 0 组读出的第一个 32 位数据
Data_out1	32	第 0 组读出的第二个 32 位数据
Addr_in0	3	第 0 组写第一个寄存器的地址
Addr_in1	3	第 0 组写第二个寄存器的地址
Data_in0	32	第 0 组写入的第一个 32 位数据
Data_in1	32	第 0 组写入的第二个 32 位数据

其余的三组寄存器堆的端口类似。寄存器的地址为五位,高两位为片选控制信号,用来

选择寄存器组,然后由低三位来选择组内寄存器。

3. 数据在寄存器堆内的存储格式

数据在寄存器堆内的存储格式与外部是不一致的。在 VFP-A 的使用过程中,内存中的数据格式是与寄存器堆中的数据格式一致的。单精度、双精度和整数的 Load/store 操作在转换过程中并不调整数据格式,但是为了确保 VFP 运行的兼容性,当存储内容时,必须使用 FLDMX/FSTMX 指令。

在使用过程中,编程者必须知道每一个寄存器中数据的类型。硬件并不会检查源寄存器中数据和指令所期望的数据类型的一致性,硬件总是根据指令中要求的精度来解释数据。

访问没有初始化的或者是 load 无效的数据所造成的结果都是不可预测的。一个用来探测没有初始化的寄存器的方法是:用 Signaling NANs(SNANs)以初始化访问寄存器的精度 load 所有的寄存器,并且使能无效操作异常。

(1) 整数的数据格式

VFP-A 支持有符号的和无符号的 32 bit 整数。有符号整数以二进制补码形式存储。整数在 load/store 和传输时形式不发生变化。整数在 VFP-A 寄存器中的格式与其在 ARM11 通用寄存器中的格式相同。

(2) 浮点数

VFP-A 支持单精度和双精度浮点数,其和 IEEE-754 标准是一致的。

① 单精度的数据格式如图 5.45 所示。

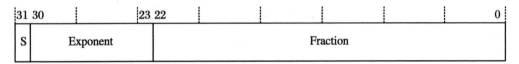

图 5.45 VFP-A 单精度数据格式

其各 bit 的含义如表 5.15 所示。

表 5.15 VFP-A 单精度数据各 bit 位定义

Bit 位	名称	描述
[31]	S	符号位
[30:23]	Exponent	指数位
[22:0]	Fraction	尾数位

② 双精度数据格式,它由 Most Significant Word(MSW)和 Least Significant Word(LSW)构成,如图 5.46 所示。

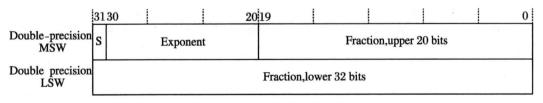

图 5.46 VFP-A 双精度数据格式

其中 MSW 各 bit 含义如表 5.16 所示。

表 5.16 VFP-A 双精度数据中 MSW 各 bit 位定义

Bit 位	名称	描述
[31]	S	符号位
[30:20]	Exponent	指数位
[19:0]	Fraction	尾数的高 20 位

而 LSW 包含了低 32 bits 的尾数位。

4. 寄存器堆的译码

对寄存器堆中的具体哪一个寄存器进行访问是由指令字中 5 bits 的寄存器号码来决定的,参见图 5.47。对于单精度和整数访问的指令中,最重要的 4 bits 位于 Fm、Fn 或 Fd 中;最不重要的 bit 是 M、N 和 D。对于双精度的源或目标操作,bit 位 M,N 或 D 必须是零。

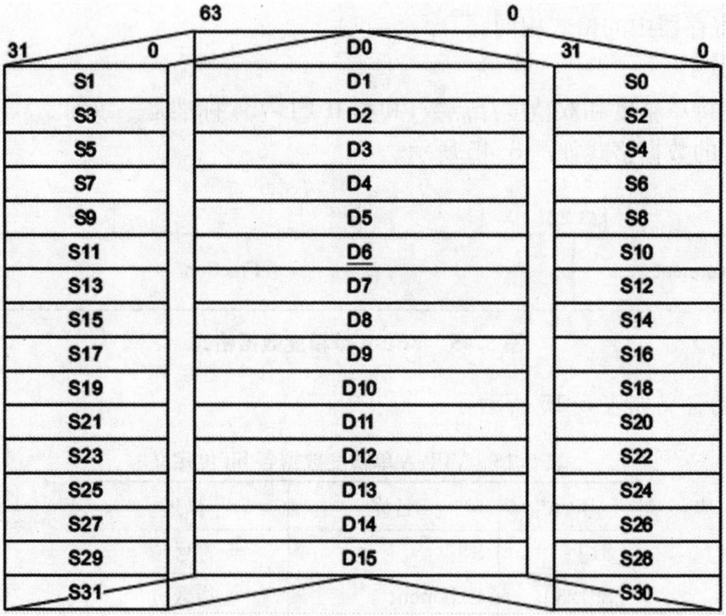

图 5.47 对寄存器堆的访问示意图

5. 从 ARM11 中 load 操作数

通过使用 MCR、MRC、MCRR 和 MRRC 指令,浮点数能够在 ARM 和 VFP 之间进行转换,并且在转换中不可能出现异常。

MCR 指令将 32 bit 的值从 ARM11 寄存器转换到 VFP-A 的寄存器。如表 5.17 所示。

表 5.17　MCR 指令相关操作一览表

指令	操作	描述
FMXR	VFP-A 系统寄存器 = Rd	从 ARM11 寄存器 Rd 移动到 VFP-A 系统寄存器 FPSID、FPSCR、FPEXC、FPINST 或 FPINST2
FMDLR	Dn[31:0] = Rd	从 ARM11 寄存器 Rd 移动到 VFP-A 双精度寄存器 Dn 的低 32 位
FMDHR	Dn[63:32] = Rd	从 ARM11 寄存器 Rd 移动到 VFP-A 双精度寄存器 Dn 的高 32 位
FMSR	Sn = Rd	从 ARM11 寄存器 Rd 移动到 VFP-A 单精度或整数寄存器 Sn

MRC 指令将 32 bit 的值从 VFP-A 寄存器中转换到 ARM11 的寄存器。如表 5.18 所示。

表 5.18　MRC 指令相关操作一览表

指令	操作	描述
FMRX	Rd = VFP-A 系统寄存器	从 VFP-A 系统寄存器 FPSID、FPSCR、FPEXC、FPINST 或 FPINST2 移动到 ARM11 寄存器 Rd
FMRDL	Rd = Dn[31:0]	从 VFP-A 双精度寄存器 Dn 的低 32 位移动到 ARM11 寄存器 Rd
FMRDH	Rd = Dn[63:32]	从 VFP-A 双精度寄存器 Dn 的高 32 位移动到 ARM11 寄存器 Rd
FMRS	Rd = Sn	从 VFP-A 单精度或整数寄存器 Sn 移动到 ARM11 寄存器 Rd 移动

MCRR 指令将 64 bit 的值从 ARM11 寄存器中转换到 VFP-A 的寄存器。如表 5.19 所示。

表 5.19　MCRR 指令相关操作一览表

指令	操作	描述
FMDRR	Dm[31:0] = Rd Dm[63:32] = Rn	从 ARM11 寄存器 Rn 和 Rd 分别移动到 11VFP-A 双精度寄存器 Dm 的高、低 32 位
FMSRR	Sm = Rd S(m+1) = Rn	从 ARM11 寄存器 Rd 和 Rn 分别移动到 VFP-A 连续的两个单精度寄存器 Sm 和 S(m+1)

MRRC 指令将 64 bit 的值从 VFP-A 寄存器中转换到 ARM11 的寄存器。如表 5.20 所示。

表 5.20　MRRC 指令相关操作一览表

指令	操作	描述
FMRRD	Rd = Dm[31:0] Rn = Dm[63:32]	从 VFP-A 双精度寄存器 Dm 的高、低 32 位分别移动到 ARM11 寄存器 Rd 和 Rn
FMRRS	Rd = Sm Rn = S(m+1)	从 VFP-A 连续的两个单精度的寄存器 Sm 和 S(m+1) 分别移动到 ARM11 寄存器 Rd 和 Rn

6. 存储器和 VFP-A 之间数据的转换

CP15c1 控制寄存器的 B bit 决定了访问存储器是"大端模式 Big-endian"还是"小端模式 Little-endian"。ARM 处理器对存储器的访问既支持大端模式又支持小端模式。

ARM 在存储器中以 Least Significant Byte（LSB）存储 32 位而不考虑模式的选择。Most Significant Byte（MSB）在低两位置位的目标地址。为了更好的执行,所有存储器中的单精度数据必须对准 4-byte 边界,而双精度的数据必须对准 8-byte 边界。

下面给出了单精度数据在存储器中的存储情况,以及在大端模式和小端模式下访问每一个 byte 的地址。表 5.21 中的目标地址是 0x40000000。

表 5.21　单精度数据存储情况一览表

Single-precision data bytes	Address in memory	Little-endian byte address	Big-endian byte address
MSB, bits[31:24]	0x40000003	0x40000003	0x40000000
Bits[23:16]	0x40000002	0x40000002	0x40000001
Bits[15:8]	0x40000001	0x40000001	0x40000002
LSB, bits[7:0]	0x40000000	0x40000000	0x40000003

对于双精度数据,两个字的存储位置在大端模式和小端模式下是不同的。下面给出了双精度数据在存储器中的存储情况,以及在大端模式和小端模式下访问每一个 byte 的地址。表 5.22 中的目标地址是 0x40000000。

表 5.22　双精度数据存储情况一览表

Double-precision data bytes	Little-endian address in memory	Little-endian byte address	Big-endian address in memory	Big-endian byte address
MSB, bits[63:56]	0x40000007	0x40000007	0x40000003	0x40000000
Bits[55:48]	0x40000006	0x40000006	0x40000002	0x40000001
Bits[47:40]	0x40000005	0x40000005	0x40000001	0x40000002
Bits[39:32]	0x40000004	0x40000004	0x40000000	0x40000003
Bits[31:24]	0x40000003	0x40000003	0x40000007	0x40000004
Bit[23:16]	0x40000002	0x40000002	0x40000006	0x40000005
Bit[15:8]	0x40000001	0x40000001	0x40000005	0x40000006
LSB, bits[7:0]	0x40000000	0x40000000	0x40000004	0x40000007

数据在存储器中的映像对大端模式和小端模式来说是一样的。ARM 硬件执行地址的转换是为了给编程器提供大端和小端寻址的。

7. 单精度和双精度在寄存器中的存储

VFP-A 结构不会指定一个双精度寄存器是如何由与它对应的一对单精度寄存器交叠（overlap）而成的,不同的执行（implementations）结构会指定相应不同的交叠方式。

同时,当装载数据（从 ARM 中传送数据）执行时,可以自由地从两种精度转换到内部寄存器格式;当所有的结果都正确后,进行存储操作（将数据传送到 ARM 中）时将他们转变为原来的格式。

软件不能依赖寄存器之间任何的交叠(overlap)类型,更多形式上它的规则如下:

当一个单精度的值或是一个 32 位的整型数被写入到单精度寄存器 Si 时,和它交叠的双精度寄存器 D(i≫1)中的值变为不可预知的(UNPREDICTABLE)。

当一个双精度的值被写入到双精度寄存器 Di 时,和它交叠的单精度寄存器 S(2×i)和 S(2×i+1)中的值变为不可预知的。

任何指令读取一个或多个含有不可预知值时都会产生不可预知的结果。所以,大多数 VFP 指令必须在当它们知道自己源寄存器中值的精度时才可以使用。

8. 存储和重装载未知精度的值

程序调用(Procedure-calling)标准经常指定寄存器为被调用者保存(callee-save)寄存器(被调用的程序必须保存它们)。如果被调用程序需要用某个被调用者保存寄存器,它必须按进入顺序将寄存器的值存储到堆栈中,之后程序必须按返回的顺序从堆栈中重装载已达到重存储源寄存器的值。

但是,寄存器中的值存储到堆栈中取决于它们是如何被调用的,不同的调用会使用不同的寄存器。所以被调用程序的进入顺序必须将被调用保存寄存器中的值作为未知精度处理。

进行代码操作时需要将寄存器中的值存储,之后将它们重下载。因为不同的处理过程一般采用不同的方式来使用寄存器,进行交换(swap)操作需要将 VFP 寄存器中的值当作未知精度来处理。

在这种情况下,用两条 VFP 指令来实现:FLDMX 和 FSTMX。一般的指令规则是源精度必须和指令的精度相匹配,而这两条指令是异常,不遵守这个规则。

FSTMX:存储一个或多个双精度寄存器,使用执行定义(IMPLEMENTATION DEFINED)存储器格式。

FLDMX:重下载(reload)以相同形式存储在寄存器中的值。

对 FSTMX/FLDMX 格式唯一的结构约束为:N 个双精度寄存器最多存储 2N + 1 个字。

一个匹配的 FLDMX 指令正确的重装载最初寄存器中的值,而不管最初寄存器中的值是单精度还是双精度。为了达到这个目的,一个匹配的 FLDMX 指令意味着它装载的和 FSTMX 指令存储的寄存器完全相同,并且 FLDMX 指令和 FSTMX 指令在存储器中产生的地址也相同。

9. 短向量在寄存器中的存储

单精度寄存器可以用来存放最多 8 个单精度的短向量。这样的一个算术向量操作可以把每个单元当做一个独立的单精度算术指令来运算。

同样的双精度寄存器可以用来存放最多 4 个双精度的短向量。这样的一个算术向量操作可以把每个单元当做一个独立的双精度算术指令来运算。

(1) 单精度寄存器中包含整型数据

每一个单精度寄存器可以存储一个 32 位的整型数据来代替一个单精度的浮点数据。同一个寄存器中的值,不论是一个 32 位的整型数据还是一个单精度的浮点数据,其表现的形式是相同的。这意味着 FMRS、FMSR 和单精度的 load/store 指令可以用来传递整型或是单精度的值。

一个单精度的浮点值和一个 32 位整型数的表现形式相同,但是通常它俩的值是不同的。例如:整数 2 和 −1 表示为 0x00000002 和 0xFFFFFFFF;在单精度的浮点值中这两个值分别表示未规格化的数 2^{-148} 和一个静态非数(QNAN)。

在一个浮点寄存器中包含一个整数时不能直接用作单精度值,同样一个单精度浮点值也不能直接用作一个整数。

(2) 浮点数转换为整型数

将浮点数转换为整型数需要使用两条指令。第一条指令是 FTOSID、FTOSIS、FTOUID 或 FTOUIS,它们的使用是由浮点操作数是双精度还是单精度、转换结果是有符号还是无符号整数来决定。这条指令之后,需要的整数结果存储在一个单精度寄存器中。特殊格式的指令,诸如 FTOSIZD、FTOSIZS、FTOUIZD 和 FTOUIZS,允许在 Round towards Zero 模式下实现转换。将浮点数转换为整型数的形式时需要 C、C++ 和相关的语言。第二条指令是具有代表性的 FMRS 指令,它将整型的结果传送到 ARM 的寄存器中,当然也可以使用其他不同的指令。

(3) 整型数转换为浮点数

同样的,将整型数转换为浮点数需要使用两条指令。第一条指令是具有代表性的 FM-SR 指令,它将整型的操作数传送到一个单精度寄存器中,当然也可以使用其他不同的指令。第二条指令可以是 FSITOD、FSITOS、FUITOD 或 FUITOS,它们的使用是由整型操作数是有符号还是无符号、转换的结果是单精度还是双精度来决定。

10. 寄存器堆写入操作的特殊设计

显而易见,当三条流水线中只有一条对一个具有两个 32 位宽度的写端口的寄存器 R 某一单元写入一个 64 位数据,或三条流水线中只有两条对寄存器 R 某两个不同单元写入两个 32 位数据的情况不成立时,寄存器 R 不具有充足的写端口可用。

具体来说,当寄存器堆只有一个写端口时,有多条流水线在同一时钟周期内写寄存器堆就会产生冲突。这时我们需要给三条流水线分配优先级,使优先级高的流水线先写寄存器堆,而优先级相对低的流水线先将要写入寄存器堆的数据写入缓冲队列,而不影响该流水线中后续指令的执行。当缓冲队列为空时,三条流水线优先级由高到低的顺序为 Load/Store 流水线、乘加流水线、除/开方流水线。这样的优先级分配是根据三条流水线写寄存器堆的频率多少确定的。当缓冲队列中存在有效数据时先将队列中的数据写入到寄存器堆中,同时流水线中的数据写入到缓冲队列中。如果有多条流水线要进行写操作,但缓冲队列中没有足够的空间进行存储(两种情况:有两条流水线将要进行写寄存器堆操作而缓冲队列已满;三条流水线将要进行写寄存器堆操作而缓冲队列已满或只有一个空闲单元),那么优先级低的流水线就要先停止工作,直到有缓冲空间可以使用。图 5.48 中的控制单元产生的控制信号对多路选择器进行控制。

如图 5.48 所示,三个缓冲队列单元 A、B、C 中都有一个标志位 V 来表示 A、B、C 中的数据是否有效。A、B、C 中包含了所要存储的数据、存储数据的精度和存储寄存器堆地址。它的数据宽度为 64 位,当存储的数据为双精度时将其占满,当存储单精度数据时将占用其低 32 位。

如果流水线中的数据可以直接写入到寄存器堆时则无需写入到缓冲队列中,否则按照优先级顺序写入到缓冲队列。将缓冲队列中的数据写入寄存器堆时,按先进先出的原则,即优先级为 C>B>A,写入的顺序也按此顺序进行:当 A、B、C 均为空或 C 将为空时将需要写入的数据写入到 C 中,如要写入两个数据则将数据写入到 C 与 B 中,如果优先级高的缓冲单元出现空闲状态,优先级低的单元中的数据将顺次前移。

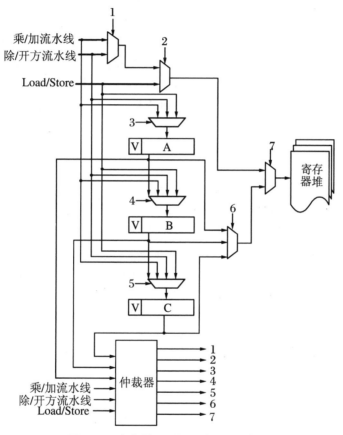

图 5.48 寄存器写入操作的结构示意图

控制单元(仲裁器)有六个输入端口分别检测三条流水线和缓冲队列的三个单元的状态。输出的控制信号控制数据的流向。控制信号 7 决定了是将流水线中的数据还是缓冲队列中的数据写入到寄存器堆中。如果是将流水线中的数据写入寄存器堆,控制信号 1 和 2 决定了哪条流水线中的数据写入到寄存器堆中。如果是将缓冲队列中的数据写入到寄存器堆,控制信号 6 决定了哪个基本单元中的数据写入到寄存器堆中。控制信号 3、4 和 5 决定了哪些数据将写入到缓冲队列的基本单元 A、B、C 中。

这样的设计就可以减少寄存器端口,同时减少寄存器堆占用面积。而且能在减少寄存器端口的同时不影响指令在流水线中的运行速度,提高系统性价比。

5.5 ALU 的前端设计

Microchip Technology 的 PIC16F5X 是一系列低成本、高性能、8 位、全静态和基于闪存的 CMOS 单片机。它采用的哈佛架构仅有 33 条简单指令,除需要两个周期的程序跳转指令之外,所有指令都是单周期指令。PIC16F5X 的性能大大高于同等价位的其他产品。12 位的指令具有高度的对称性,与同类的 8 位单片机相比,其代码压缩了两倍。易于使用和记忆的指令集,大大缩短了开发时间,学习 PIC16F5X 的设计会起到事半功倍的效果。本书 5.3 小节已经从行为级入手给出了设计该系列芯片的方法,本小节将重点介绍 PIC16F5X 的 ALU 结构化设计。

5.5.1 ALU 简介

ALU 为算数逻辑单元,CPU 中的绝大部分指令由 ALU 完成。由于 ALU 是 CPU 中最核心的部件,学习数字集成电路设计时,往往被要求设计 32 位的 ALU。根据本书第 3 章中元件例化的内容,我们可以先考虑 1 位 ALU 的设计,然后才是多位 ALU 的设计。而本小节介绍的 8 位 ALU 也是构建 32 位 ALU 的一个重要参考,鉴于 Microchip 公司提供了完备技术手册,我们更容易深入学习这种设计技术。ALU 包括下面的几个运算:加、减、与、同或、异或、非、循环左移、循环右移、SWAP、赋值。

PIC16F5X 器件包含一个 8 位 ALU 和工作寄存器。ALU 是一个通用算术单元,它对工作寄存器和文件寄存器中的数据进行算术和布尔运算。ALU 为 8 位宽,能够进行加、减、移位和逻辑操作。除非特别指明,否则算术运算一般是以 2 的补码(Two's Complement)的形式进行的。在两个操作数的指令中,典型情况下,其中一个操作数是在 W(工作)寄存器中,另一个操作数放在一个数据寄存器中或是一个立即数。在单操作数指令中,操作数放在 W 寄存器或某个数据寄存器中。W 寄存器是一个 8 位宽、用于 ALU 运算的工作寄存器,该寄存器不可寻址。根据所执行的指令,ALU 可以影响状态(Status)寄存器中的进位标志位 C、半进位标志位 DC 和全零标志位 Z。在减法运算中,C 和 DC 位分别作为借位和半借位标志位。例如指令 SUBWF 和 ADDWF。

图 5.49 给出了 PIC16F5X 系列框图,PIC16F5X 器件包含一个 8 位 ALU 和工作寄存器。由于程序跳转指令导致流水线中已取的指令作废,需要重新取址再执行指令,所以程序跳转指令需要两个周期,参见图 5.50。ALU 是一个通用算术单元,它对工作寄存器和文件寄存器中的数据进行算术和布尔运算。

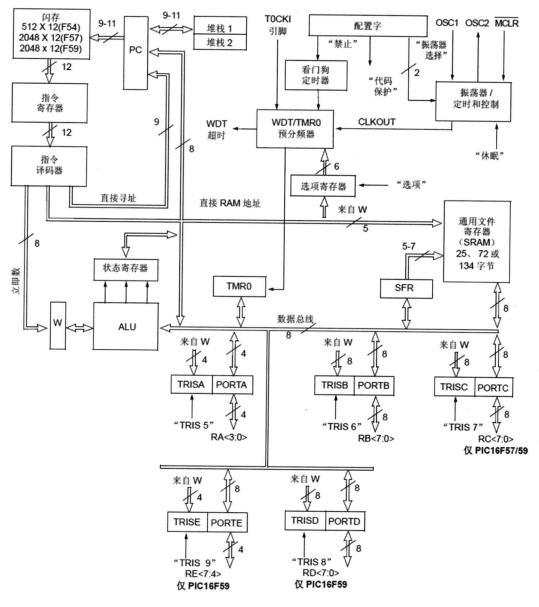

图 5.49 PIC16F5X 系列框图

1. MOVLW H'55'
2. MOVWE PORTB
3. CALL SUB_1
4. BSF PORTA ,BTT3

图 5.50 PIC16F5X 的指令流水线示意图

5.5.2　ALU内部模块

PIC16F54的ALU的内部模块组成设计如图5.51所示。

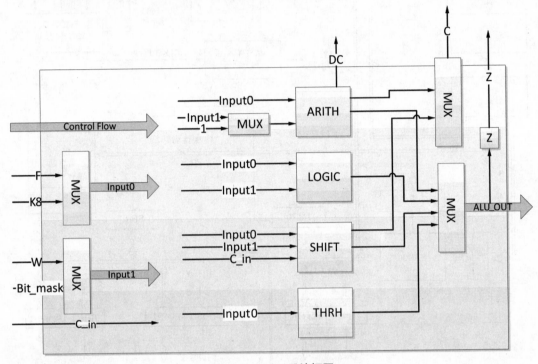

图 5.51　ALU 系统框图

5.5.3　ALU接口信号

ALU 接口信号如表 5.23 所示。

表 5.23　ALU 的接口信号

Signal	Num of Bits	I/O	Descriptions
IO Interface			
F_data_out	8	I	Input 0 的备选输入之一,来自 F 寄存器
K8	8	I	Input 0 的备选输入之一,来自 Decoder 中的 8 位立即数
W	8	I	Input 1 的备选输入之一,来自 W 寄存器
Bit_mask	8	I	Input 1 的备选输入之一,指令中 3 位位操作指令得到的 8 位 bit mask,来自 Decoder
C_in	1	I	进位标志
Alu_out	8	O	ALU 的结果输出
C_new	1	O	STATUS 的 C 位
Dc_new	1	O	STATUS 的 DC 位

Signal	Num of Bits	I/O	Descriptions
Z_new	1	O	STATUS 的 Z 位
Control Flow			
F_k8_sel	1	I	Input 0 的输入选择,0 为 F,1 为 K8
W_bitmask_sel	1	I	Input 1 的输入选择,0 为 W,1 为 Bit_mask
Arith_i2_sel	1	I	ARITH 第二个输入的输入选择,0 为 Input 1,1 为 $1'b1$
Arith_add	1	I	表示 ARITH 中的 Adder 运行加法还是减法 0:加法 1:减法
Logic_sel	2	I	Logic 模块的输出选择 00:AND 01:OR 10:XOR 11:NOT
Rl_rr_sel	1	I	SHIFT 模块的输出选择 0:RL 1:RR
swap_sel	1	I	选择是否对输入进行 SWAP 操作 0:正常顺序 1:SWAP
zero_sel	1	I	选择是否对输出置 0 0:正常输出 1:置 0
Alu_4to1_sel	2	I	ARITH、LOGIC、SHIFT、THRH 四个模块输出的 4 选 1MUX 选择 00:ARITH 01:LOGIC 10:SHIFT 11:THRH
Arith_shift_sel	1	I	选择 c_new 的来源 0:arith_c_out 1:shift_c_out

5.5.4 ALU 指令列表

PIC16F54 中 ALU 指令列表如表 5.24 所示。

表 5.24 ALU 的指令列表

Instruction	Source 0	Source 1	Execution
Byte-oriented			
ADDWF	F	W	ARITH

续表

Instruction	Source 0	Source 1	Execution
DECF	F	1	ARITH
DECFSZ	F	1	ARITH
INCF	F	1	ARITH
INCFSZ	F	1	ARITH
SUBWF	F	W	ARITH
ANDWF	F	W	LOGIC
COMF	F		LOGIC
IORWF	F	W	LOGIC
XORWF	F	W	LOGIC
RLF	F		SHIFT
RRF	F		SHIFT
MOVF	F		THRH
CLRF			THRH
CLRW			THRH
SWAPF	F		THRH
Bit-oriented			
BCF	F	Bit_mask	LOGIC
BSF	F	Bit_mask	LOGIC
BTFSC	F	Bit_mask	LOGIC
BTFSS	F	Bit_mask	LOGIC
LIETRAL			
ANDLW	K8	W	LOGIC
IORLW	K8	W	LOGIC
XORLW	K8	W	LOGIC

5.5.5　ALU 的实现

1. PIC16F54 的 INPUT MUX 设计

（1）MUX 模块框图

MUX 的模块框图如图 5.52 所示。

（2）MUX 控制信号

MUX 的控制信号如表 5.25 所示。

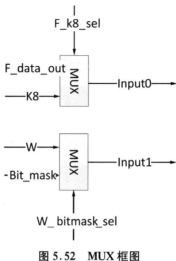

图 5.52 MUX 框图

表 5.25 MUX 的控制信号

Signal	Num of Bits	I/O	Descriptions
F_k8_sel	1	I	Input 0 的输入选择 0:F 1:K8
W_bitmask_sel	1	I	Input 1 的输入选择 0:W 1:Bit_mask

2. ARITH 模块设计

（1）ARITH 模块设计

ARITH 模块的框图如图 5.53 所示。

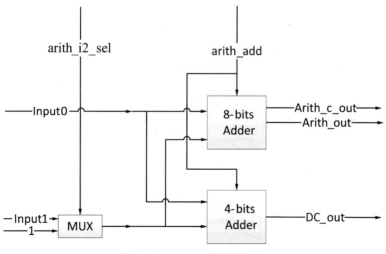

图 5.53 ARITH 模块的框图

（2）ARITH 模块控制信号

ARITH 模块控制信号如表 5.26 所示。

表 5.26　ARITH 模块的控制信号

Signal	Num of Bits	I/O	Descriptions
Arith_i2_sel	1	I	ARITH 第二个输入的输入选择 0:1 1:1′b1
Arith_add	1	I	表示 ARITH 中的 Adder 运行加法还是减法 0:加法 1:减法

（3）Adder 设计

如图 5.54 所示为 Adder 的设计。

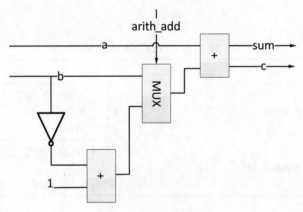

图 5.54　Adder 的设计

3. LOGIC 模块设计

（1）LOGIC 的模块框图

如图 5.55 所示为 LOGIC 的模块图。

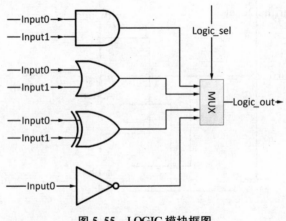

图 5.55　LOGIC 模块框图

（2）LOGIC 模块控制信号

LOGIC 模块控制信号如表 5.27 所示。

表 5.27　LOGIC 模块的控制信号

Signal	Num of Bits	I/O	Descriptions
Logic_sel	2	I	Logic 模块的输出选择 00：AND 01：OR 10：XOR 11：NOT

4．SHIFT 模块设计

（1）SHIFT 模块框图

SHIFT 模块框图如图 5.56 所示。

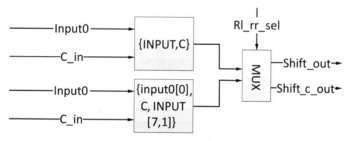

图 5.56　SHIFT 模块框图

（2）SHIFT 模块控制信号

SHIFT 模块的控制信号如表 5.28 所示。

表 5.28　SHIFT 模块控制信号

Signal	Num of Bits	I/O	Descriptions
Rl_rr_sel	1	I	SHIFT 模块的输出选择 0：RL 1：RR

5．THRH 模块设计

（1）THRH 模块框图

THRH 模块的模块框图如图 5.57 所示。

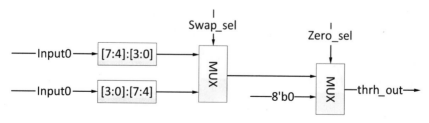

图 5.57　THRH 模块框图

(2) THRH 控制信号

THRH 模块控制信号如表 5.29 所示。

表 5.29　THRH 模块控制信号

Signal	Num of Bits	I/O	Descriptions
swap_sel	1	I	选择是否对输入进行 SWAP 操作 0：正常顺序 1：SWAP
zero_sel	1	I	选择是否对输出置 0 0：正常输出 1：置 0

6. OUTPUT MUX 模块设计

(1) OUTPUT MUX 模块框图

OUTPUT MUX 模块框图如图 5.52 所示。

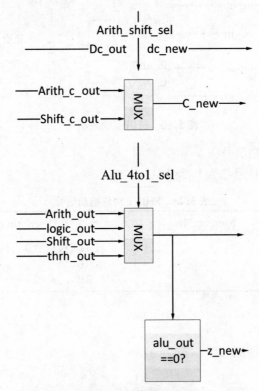

图 5.58　OUTPUT 框图

(2) OUTPUT MUX 控制信号

OUTPUT MUX 模块的控制信号参见表 5.30。

表 5.30 OUTPUT 控制信号

Signal	Num of Bits	I/O	Descriptions
Alu_4to1_sel	2	I	ARITH、LOGIC、SHIFT、THRH 四个模块输出的 4 选 1MUX 选择 00:ARITH 01:LOGIC 10:SHIFT 11:THRH
Arith_shift_sel	1	I	选择 c_new 的来源 0:arith_c_out 1:shift_c_out

PIC16F5X 的 ALU 详细设计方案至此就结束了。寄存器及存储器、Decoder、PC 模块、Stack 模块、ROM 模块的详细设计方案类同,不再赘述。结合本书 5.3 小节、5.5 小节有关内容,再结合本书其他相关知识的系统学习与培训,配合 MicroChip 公司的相关技术文档,可以很好地完成 8 位/16 位/32 位嵌入式处理器的前端设计工作。

第 6 章　数字集成电路的 FPGA 设计

随着芯片流片门槛越来越高,数字集成电路设计中的 FPGA 一直在不断扩展市场。预计从 2012 年底开始,未来十年将是硅片融合的时代,FPGA 将在数字集成电路设计中大行其道。本章将从最著名的两家 FPGA 公司(Altera 和 Xilinx)的 CPLD/FPGA 设计入手,以设计不同门数的 CPLD/FPGA 开发板为实例,介绍不同阶段从 FPGA 设计的主要方法。

6.1　FPGA 简介

简单地说,FPGA 具有以下的优点:① 集成度高,可以替代多达几千块的通用集成电路芯片;② 可减小电路的面积,降低功耗,提高可靠性;③ 具有完善先进的开发工具;④ 提供语言、图形等多种设计方法,十分灵活;⑤ 通过仿真工具来验证设计的正确性;⑥ 可以反复地擦写、编程,低成本实现设计的修改和升级;⑦ 灵活地定义管脚功能,减轻设计工作量,缩短系统开发时间;⑧ 布局布线容易,设计过程相当于只有 ASIC 设计的前端;⑨ 研发费用低,不需要投片费用,但如需转 ASIC 时,更有完整快捷的从 FPGA 到 ASIC 的设计流程。

6.1.1　面向 20 nm 的 FPGA

2012 年底,FPGA 业界双雄发布了 20 nm FPGA 的战略规划,FPGA 将在性能、功耗、集成度等方面大幅跃升,蚕食 ASIC 之势将愈演愈烈。在 45 nm 工艺节点到来时,大量 ASIC 厂商率先量产;而到了 28 nm 工艺时代,率先量产的七家公司中已有两大 FPGA 厂商——Xilinx 公司和 Altera 公司;在 20 nm 以下时代,FPGA 应该会力拔头筹。

(1) 超越简单工艺升级

FPGA 向下一代工艺的演进并不是"升级"那么简单,有诸多创新技术需要应对挑战,迈向更高工艺是市场驱动所致。"目前无线通信、视频消费、汽车高级辅助驾驶、医疗电子、安防技术等应用给 FPGA 提出了巨大的需求,要满足如此快速增长的需求,必须实现高集成,而要实现高集成则必须向高级工艺迁移,并以创新的思路来解决集成挑战。"Xilinx 公司全球高级副总裁汤立人强调。因此,虽然 28 nm 的 FPGA 产品在 2012 年才量产出货,但

FPGA厂商却已先行一步向 20 nm 发力,以满足市场对可编程逻辑成指数级增长的需求。

在 28 nm 工艺节点上,Xilinx 率先推出了 All Programmable 的 7 系列 FPGA、嵌入 ARM cortex-A9 的 FPGA SoC 以及采用 3D 封装技术的 Virtex-7 2000T。Xilinx 的 20 nm 产品依然是三个产品系列并行发展,分别"进化"成 8 系列 FPGA、第二代 FPGA SoC 和第二代 3D 封装 FPGA。Xilinx 的 20 nm 8 系列 All Programmable FPGA 将有更快的 DSP、BRAM(Block RAM)、DDR4 及收发器,有最高的带宽(100 个 33 Gb/s 的收发器),可以实现更高的带宽总线和更快的设计收敛。与 7 系列产品相比,其性能提高了 2 倍,功耗降低了一半,集成度则提高了 1.5~2 倍。

FPGA 另一重要供应商 Altera 在 20 nm 工艺也导入了三项新技术。Altera 首席技术官 Misha Burich 介绍,Altera 的 20 nm 工艺 FPGA 首先是可将芯片间的数据传输速度提高至 40 Gbps,而现行的 28 nm 工艺 FPGA 仅为 28 Gbps(为了实现高速化,20 nm 工艺 FPGA 提高了收发器电路使用的晶体管性能,同时导入了根据在芯片间交换信号的波形来修正信号、改善信号干扰及衰减程度的电路技术);其次是配备浮点运算性能达到 5 TFLOPS(每秒 5 万亿次浮点运算)以下的可变精度 DSP 模块,为了提高性能,将原来用软件实现的 DSP 部分运算处理改为硬件操作;最后是异构 3D 集成电路在 FPGA 上的应用。

(2) 3D 集成电路技术加快发展

在诸多创新中,最吸引眼球的是 3D 集成电路技术中的异构技术也将加快发展。

(3) 设计工具与时俱进

与 Xilinx 7 的 28 nm 产品系列一同推出的 Vivado 设计套件,针对 20 nm 产品系列进行了进一步协同优化,将设计效率提高到新的层级。而 Altera 的异构 20 nm FPGA 的开发通过全功能高级设计环境得以实现,这一设计环境包括系统集成工具(Qsys)、基于 C 语言的设计工具(OpenCL)以及 DSP 开发软件(DSP Builder)。Misha Burich 表示:"下一代高性能设计 DSP 开发人员不再需要花费数天甚至几个星期的时间来评估 FPGA DSP 解决方案的性能。"通过集成 OpenCL 和 DSP 创新技术,采用业界标准设计工具和软件库,Altera 产品已经能够实现 5 TFLOPS 的单精度 DSP 能力,这将重新树立业界 TFLOPS/W 硅片效率的标准。这也要求我们在做项目规划时适应这种形式,提前学习像 OpnCL 等开发工具,将 20 nm 产品的优点在自己的设计中发挥出来。

6.1.2　FPGA 和 ASIC 设计的区别

FPGA 和 ASIC 设计有什么区别呢?

有人总结的好:FPGA/CPLD 是通过 Verilog 编译成配置文件,加载到 FPGA 中实现特定的功能。其实 FPGA 本身就是一个芯片,只是你可以通过编程的方式修改内部逻辑连接和配置来实现自己想要的功能。而 ASIC 是针对特定应用设计的芯片。实现 ASIC,就如从一张白纸开始,得写代码,做综合,再做布局、布线,得到 GDSII 格式文件后再去流片。FPGA 器件也是通过这个流程过来的,不过它应该算是一个通用器件,可以在很多情况下应用,不像显卡芯片只能应用在显卡上。不论是通用还是专用,流程都差不多,一些特殊的全定制芯片,一般都是从版图开始的。

FPGA 和 ASIC 设计的最大区别体现在以下性能的比较上:

（1）速度

相同的工艺和设计,在 FPGA 上跑的速度应该比 ASIC 慢。为什么呢?因为 FPGA 内部是基于通用的结构,也就是查找表(Look Up Table,LUT),它可以实现加法器、组合逻辑等,而对 ASIC 来说,一般加法器就是加法器、比较器就是比较器,FPGA 结构上的通用性必然导致冗余;另外,作为 FPGA 基本单元的是 LUT(LUT 组成 SLICE、SLICE 组成 CLB——这是 Xilinx 的结构),因此,大的设计假如一个 LUT 实现不了,就得用两个 LUT,一个 SLICE 实现不了就要用 CLB,不同结构处于特定的位置,信号之间的互联导致的线延时(wire delay)是不可忽略的一部分。而对于 ASIC 来说没有结构上的限制,而且对于特定的实际可以在空间上靠得很近,相对之下 wire delay 和单元延时(cell delay)都应该比 FP-GA 小。当然 LUT 中也有 DFF(D 触发器),作为高速的设计一般都会在一个简单的组合逻辑操作之后打一拍,再做下一步的处理。

（2）面积

FPGA 相对于 ASIC 来说还是大很多的。

（3）功耗

很明显,FPGA 功耗比 ASIC 要大。

以上都是基于相同制造工艺和设计的条件下比较的。从另外一个侧面看,也就是从开发速度和流程上看,FPGA 开发简单且投入小,ASIC 开发流程长而且风险大。

（4）可编程性

FPGA 除了代码之外,从综合到布局布线生成配置文件都是通过 EDA 工具软件产生的。打个比方,这相当于你只是在一个房子里面画画,这个房子就是现成的 FPGA,画得不满意,你擦掉再画一个,不会对房子有多大影响——只要你不把 FPGA 烧掉。而 ASIC 设计,不仅要关心代码,而且要关心时序、关心设计符合 DFT 的要求、关心版图、关心晶体管,这就相当于你什么都没有,现在房子要由你来盖,负责盖多大(floorplan)、要如何盖、电源线如何走、水管如何设计、门开在哪个方向等等。一旦房子盖好了,觉得不满意怎么办?那就得拆掉,因为任何一个缺陷都影响这个房子。想画画?可以,但是得画得好,画完就不容易改了。因为 ASIC 不是可编程的 FPGA,内部结构一旦流片后就确定下来了,bugs 是 ASIC 中致命的东西!

（5）费用

在费用方面,FPGA 贵在单片,开发工具和风险基本不存在;对于 ASIC 而言,贵在流片的费用和开发工具,NRE 费用随着工艺的提高变得相当贵,除非芯片一次成功可量产,否则单个芯片的费用是非常昂贵的。想到 12 英寸工艺线流一次片的工艺费用需要 50 万美元,如果拿回来 100 颗样片都是 bugs,一片多少钱啊!

（6）开发周期

FPGA 开发周期短,ASIC 开发周期长。但如果 FPGA 设计验证通过后再转 ASIC 的话就很快了。

综上所述,FPGA 和 ASIC 对学习设计的人员来讲是各有利弊的,到底基于哪一种做设计,主要取决于市场上的认可和需求。

6.1.3　FPGA 与 CPLD 的区别

FPGA 和 CPLD 是半定制芯片的杰出代表,它们兼容了 PLD 和通用门阵列的优点,可实现较大规模的电路,编程也很灵活。与门阵列等其他 ASIC 相比,它们的规模随着集成电路的发展越来越大并且可反复擦写,适合正向设计,对知识产权的保护也很有利。设计人员用它们做设计,开发周期更短,研发费用更低,并且不需要具备专业的深层次集成电路的知识。

CPLD 与 FPGA 的区别如表 6.1 所示。CPLD 分解组合逻辑的功能很强,一个宏单元就可以分解十几个甚至二十多个组合逻辑输入;而 FPGA 芯片中包含的 LUT 和触发器的数量非常多,往往都是成千上万。

表 6.1　CPLD 与 FPGA 对照表

	CPLD	FPGA
内部结构	Product-term(乘积项)	Look Up Table（查找表）
程序存储	内部 E^2PROM	SRAM,外挂 E^2PROM
资源类型	组合电路资源丰富	触发器资源丰富
集成度	低	高
使用场合	完成控制逻辑	完成比较复杂的算法
速度	慢	快
其他资源	—	EAB(嵌入式逻辑块)、锁相环
保密性	可加密	一般不能保密

6.2　PCB 板级系统项目分析

PCB(Printed Circuit Board),中文名称为印制电路板,又称印刷电路板、印刷线路板。它是重要的电子部件,也是电子元器件的支撑体和电子元器件电气连接的提供者,简单地说,就是放置集成电路和其他电子组件的薄板。它用来支撑各种元器件,并能实现元器件之间的电气连接或电绝缘,几乎会出现在每一种电子设备当中。由于 PCB 是采用电子印刷术制作的,故被称为"印刷"电路板。

6.2.1　印刷电路板简介

如图 6.1 所示的印刷电路板主要由焊盘、过孔、安装孔、导线、元器件、电气边界、填充等组成。

1. PCB 的历史

印制电路板的发明者是奥地利人保罗·爱斯勒(Paul Eisler),他于 1936 年在一个收音机装置内采用了印刷电路板。1943 年,美国人将该技术大量应用于军用收音机内。1948 年,美国正式认可这个发明用于商业用途。而直到 20 世纪 50 年代中期,印刷电路板技术才开始被广泛采用。

在印制电路板出现之前,电子元器件之间的互连都是依靠电线直接连接来实现的。而现在,电路面板只是作为有效的实验工具而存在,印刷电路板在电子工业中已经占据了绝对统治的地位。

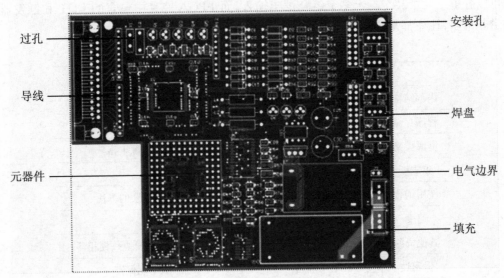

图 6.1 印刷电路板的组成

2. PCB 的原材料

覆铜箔层压板(Copper-Clad Laminate,CCL)是制作印制电路板的基板材料。

如果在某样设备中有电子零件,那么它们都被镶在大小各异的 PCB 上。除了固定各种小零件外,PCB 的主要功能是提供被镶的各项零件的相互电气连接。

随着电子设备越来越复杂,需要的零件自然越来越多,PCB 上面的线路与零件也越来越密集。裸板(上头没有零件)也常被称为印刷线路板(Printed Wiring Board,PWB),板子本身的基板是由绝缘隔热、并不易弯曲的材质所制作成的,表面可以看到的细小线路材料是铜箔。原本铜箔是覆盖在整个板子上的,而在制造过程中部分铜箔被刻蚀处理掉,留下来的部分就变成网状的细小线路了,这些线路被称作导线(Conductor Pattern)或布线,用来提供 PCB 上零件的电路连接。

通常 PCB 的颜色都是绿色或是棕色,这是阻焊漆(Solder Mask)的颜色。阻焊漆形成绝缘的防护层,可以保护铜线,也可以防止零件被焊到不正确的地方。在阻焊层上还会印刷上一层丝网印刷面(Silk Screen),通常在这上面会印上文字与符号(大多是白色的),以标示出各零件在板子上的位置。

为了将零件固定在 PCB 上面,需将它们的引脚直接焊在布线上。在最基本的 PCB(单面板)上,零件都集中在其中一面,导线则都集中在另一面。这么一来就需要在板子上打洞,这样接脚才能穿过板子到另一面,所以零件的接脚是焊在另一面上的。正是如此,PCB 的正反面分别被称为零件面(Component Side)与焊接面(Solder Side)。

如果 PCB 上头有些零件需要在制作完成后仍可以拿掉或装回去,那么该零件在安装时会用到插座(Socket)。插座是直接焊在板子上的,零件则可以任意地拆装。

如果要将两块 PCB 相互连接,一般我们都会用到俗称"金手指"的边接头(edge connector)。金手指上包含了许多裸露的铜垫,这些铜垫事实上也是 PCB 布线的一部分。通常在连接时,将其中一片 PCB 上的金手指插进另一片 PCB 上合适的插槽(一般叫做扩充槽 Slot)内。在计算机中,像显示卡、声卡或是其他类似的界面卡,都是借着金手指来与主机板连接的。

印刷电路板将零件与零件之间复杂的电路铜线,经过细致整齐的规划后刻蚀在一块板子上,作为提供电子零件在安装与互连时的主要支撑体,是所有电子产品不可或缺的基础零件。

印刷电路板以不导电材料制成平板,在此平板上通常都有设计预钻孔以安装芯片和其他电子组件。组件的孔有助于让预先定义在板面上印制的金属路径以电子方式连接起来,当将电子组件的引脚穿过 PCB 后,再用导电性的金属焊条黏附在 PCB 上形成电路。

一般而言,电子产品功能越复杂,其回路距离越长、接点脚数越多、PCB 所需层数亦越多,如高级消费性电子、信息及通讯产品等;而软板主要应用于需要弯绕的产品中,如笔记本型计算机、照相机、汽车仪表等。

3. PCB 的分类

根据电路层数分类,分为单面板、双面板和多层板。常见的多层板一般为四层板或六层板,复杂的多层板可达十几层。

(1)单面板

单面板(Single-Sided Boards)是最基本的 PCB,零件集中在其中一面,导线则集中在另一面。由于导线只出现在其中的一面,所以这种 PCB 叫做单面板。因为单面板在设计线路上有许多严格的限制(因为只有一面,布线间不能交叉而必须绕独自的路径),所以只有早期的电路才使用这类板子。

(2)双面板

如图 6.2 所示的双面板(Double-Sided Boards),它的两面都有布线,不过要用上两面的导线则必须要在两面间有适当的电路连接。这种电路间的"桥梁"叫做导孔(via),导孔是在 PCB 上充满或涂上金属的小洞,它可以与两面的导线相连接。因为双面板的面积比单面板大了一倍且布线可以互相交错(可以绕到另一面),所以它更适合用在比单面板更复杂的电路上。

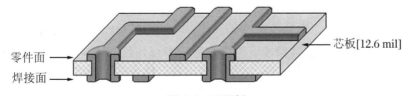

零件面

焊接面

芯板[12.6 mil]

图 6.2 双面板

(3)多层板

为了增加可以布线的面积,多层板(Multi-Layer Boards)用上了更多单或双面的布线板。用一块双面作内层、两块单面作外层或两块双面作内层、两块单面作外层的印刷线路板,通过定位系统及绝缘黏结材料交替在一起且导电图形按设计要求进行互连就成为四层、六层印刷电路板了,它也称为多层印刷线路板。板子的层数代表了有几层独立的布线层,通常层数都是偶数并且包含最外侧的两层。大部分的主机板都是4~8层的结构,不过技术理论上可以做到近100层的PCB。大型的超级计算机大多使用相当多层的主机板,不过因为这类计算机已经可以用许多普通计算机的集群代替,故超多层板已经渐渐地不被使用了。PCB中的各层都紧密地结合,一般不太容易看出其实际数目,不过如果仔细观察主机板,还是可以看出来的。如图6.3所示为六层板。

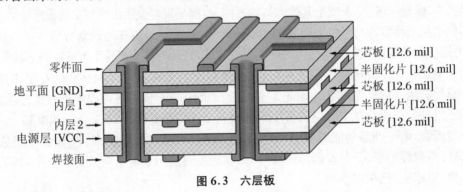

图6.3　六层板

4. PCB产业链

按产业链上下游来分类,可以分为原材料、覆铜板、印刷电路板、电子产品应用等,其关系简单如下:

玻纤布:玻纤布是覆铜板的原材料之一,由玻纤纱纺织而成,约占覆铜板成本的40%(厚板)或25%(薄板)。玻纤纱由硅砂等原料在窑中煅烧成液态,通过极细小的合金喷嘴拉成极细玻纤,再将几百根玻纤缠绞成玻纤纱。窑的建设投资巨大,一般需上亿资金,且一旦点火就必须24小时不间断生产,进入退出成本巨大。

铜箔:铜箔是占覆铜板成本比重最大的原材料,约占覆铜板成本的30%(厚板)或50%(薄板),因此铜的涨价是覆铜板涨价的主要驱动力。

覆铜板:覆铜板是以环氧树脂等为融合剂将玻纤布和铜箔压合在一起的产物,是印刷电路板的直接原材料,在经过刻蚀、电镀、多层板压合之后制成印刷电路板。

6.2.2　PCB设计软件Protel

1. 简介

印制电路板的设计是以电路原理图为根据,实现电路设计者所需要的功能。印刷电路板的设计主要是指版图设计,需要考虑外部连接的布线、内部电子元件的优化布局、金属连线和通孔的优化布局、电磁保护、热耗散等各种因素。优秀的版图设计可以节约生产成本,有良好的电路性能和散热性能。简单的版图设计可以用手工实现,复杂的版图设计需要借助计算机辅助设计(CAD)实现。电路设计工具比较多,高中低端都有,经过多年地不断修改与完善,这些工具的功能越来越强大。好的设计工具能节省很多不必要的时间,因此选择一个比较适合的电路设计工具也变得越来越重要。目前在国内市场使用得比较广泛的设计工具是 Cadence、Mentor 和 Altium 这三家公司的产品。

Protel 是 PORTEL 公司在 20 世纪 80 年代末推出的 EDA 软件,在电子行业的 CAD 软件中,它当之无愧地排在众多 EDA 软件前面,是电子设计者的首选软件。它较早就在国内开始使用且在国内的普及率也最高,有些高校的电子专业还专门开设了课程来学习它,几乎所有的电子公司都要用到它。

早期的 Protel 主要作为印制板自动布线工具使用,运行在 DOS 环境,对硬件的要求很低,在无硬盘 286 机的 1 MB 内存下就能运行,但它的功能也较少,只有电路原理图的绘制与印制板设计功能,其印制板自动布线的布通率也低;而现今的 Protel 已发展到 Protel 99 SE,而且 PORTEL 公司更名为 Altium 有限公司后又推出了 Protel DXP 2004 及 Altium Designer 系列,其中使用最多的是 Protel 99 SE、Protel DXP 等。

2. Protel DXP 2004

Protel DXP 2004 是 Altium 公司于 2004 年推出的最新版本的电路设计软件,该软件能实现从概念设计、顶层设计直到输出生产数据以及期间所有的分析验证和设计数据的管理。当前比较流行的 Protel 98、Protel 99 SE 就是它的前期版本。

Protel DXP 2004 已不是单纯的 PCB 设计工具,而是由多个模块组成的系统工具,分别是原理图(SCH)设计、SCH 仿真、PCB 设计、自动布线器(Auto Router)和 FPGA 设计等,覆盖了以 PCB 为核心的整个物理设计。该软件将项目管理方式、原理图和 PCB 图的双向同步、多通道设计、拓扑自动布线以及电路仿真等技术结合在一起,为电路设计提供了强大的支持。

Protel DXP 2004 共可进行 74 个板层设计,包含 32 层 Signal(信号走线层)、16 层 Mechanical(机构层)、16 层 Internal Plane(内层电源层)、2 层 Solder Mask(防焊层)、2 层 Paste Mask(锡膏层)、2 层 Silk screen(丝印层)、2 层钻孔层(钻孔引导和钻孔冲压)、1 层 Keep Out(禁止层)以及 1 层 Multi-Layer(横跨所有的信号板层)。

3. PCB 设计的基本步骤

PCB 的基本设计过程可分为以下四个步骤:

① 电路原理图的设计;

② 生成网络表文件;

③ 印刷电路板的设计;

④ 输出和打印。

在使用 Protel DXP 2004 进行设计时,要先创建一个工程文件,所有工作都要在这个工程下进行,然后使用原理图编辑器设计电路原理图文件(.schdoc)并生成网络表文件(.net),再使用 PCB 编译器设计印刷电路板(.pcbdoc),最后输出。

6.2.3　PCB 的项目管理

PCB 是电子元器件和集成电路的家,好的操作系统和应用软件构成的嵌入式系统同样必须在一块好的 PCB 上集成。十多年前,买一台价格超万元的电脑时最怕买到差的电脑主板,因为如果主板的 PCB 设计不过关,那么死机等问题非常多,可以这么说,好的 PCB 是系统稳定的关键。一般来说,做 PCB 设计时需要在有经验的人指导的环境里,做 2～3 个实际项目,经过 1 年左右的时间,才能掌握高速 PCB 的设计。

1．需求调查

需求调查是硬件电路设计的开始，只有明确了硬件电路的功能，才能根据这些功能需求进行开发设计；同时，做需求调查的时候不但要考虑现在的功能需求，还要考虑将来的需求以及将来可能的扩展，因为硬件的改变通常比较耗时，这样就会影响研发进度，硬件的改变有可能会引起软件及逻辑系统的改变。

在 PCB 的设计流程中，很多 FPGA/CPLD 在推出一款新的器件时，会相应给出最简单的参考设计，项目工程人员首先要把它吃透，然后再满足用户的其他需求，只有这样才有可能顺着设计流程一步一步走下去。

2．规格书

对于初学者，最好找一个成熟的设计来作为参考，将所有能明确的数据（如确定电压、下载方式、外设接口等）拿来规范设计，越早期提出的问题，越能迅速得到响应和修正。设计 PCB 的人员要注意被设计系统的环境以及相对的限制，例如使用什么样的电源、重量如何等。

3．规划和预设计

设计一个新的 PCB 需要针对市场上已有或类似的产品进行了解，并针对新的客户需求进行各种评估。所需的元器件要建立库器件，已经成熟的设计要标注，使用新器件要做设计变更和全系统仿真等。对一些限制的军品级的器件要制定替代方案或设计相应变更措施等。

4．设计流程

硬件电路的设计是指一个产品从需求分析开始，展开设计思路，再经过一系列的可行性验证，然后进入设计阶段，设计阶段有原理图设计和 PCB 设计，当印制电路板制作完成后还需要进行调试测试。整个硬件电路的设计过程可大致分为如下几个重要步骤（下面每个步骤的说明都是针对 Protel 99 SE 的）：

（1）设计电路原理图

原理图由很多元器件组成，这些元器件的符号有与元器件对应的管脚，通过把这些对应管脚相连，这些符号相连的文件就变成有意义的了。

原理图的设计是通过原理图设计器来完成的。在原理图设计过程中，首先根据需求及结构设计，把原理图分模块划分，把大模块化成小模块并定义统一接口，然后开始进行底层原理图设计，在进行底层原理图设计时要定义纸张大小及版面，对原理图整体布局进行规划，从元件库中取出相应的元器件，放入工作区中，调整元器件属性及其位置，然后再根据元器件的电气特性进行电路连接，最后把原理图文件打印输出，进行反复审核，确认没有错误的时候再进行下一步处理。

（2）生成网格表

网格表就是一个普通的文本文件，里面包含装了元器件的属性、连接特性、封装特性等信息，可以通过普通的文本编辑器对这个文件进行编辑。

电路板的布局布线就是从网格表开始的，没有网格表就没有布局布线的原始数据，原理图设计的目标就是以图形化的形式来编辑网格表文本文件，该文件是下一步骤 PCB 设计的设计输入，同时也是原理图设计与 PCB 设计之间的一座沟通桥梁。当然在 PCB 设计阶段也可以对网格表进行修改，可以用更新功能在原理图与 PCB 图之间互相转换修改。

（3）设计印刷电路板

印制电路板是在一种绝缘材料上覆上一层导电材料，这种导电材料通常采用铜膜，然后再以 PCB 电路设计线路为基础，把整块覆铜不需要的部分腐蚀掉并在板中加上焊盘和过孔来连接电路，通常情况下电路板为偶数层结构。

印制电路板的设计工作是由用户采用印制电路板设计系统来完成，印制电路板是电器元件的基础支撑物，它提供元器件之间的电气连接线路。印制电路板的好坏对硬件电路的整体性能有非常大的影响，好的设计能提高系统的稳定性以及系统的抗干扰能力。

（4）生成印刷电路板报表，并打印印刷电路图

当印制电路板设计完成后，需要输出特定的技术文档，以供技术交流及加工时使用，这些文档包括电路板尺寸、电路板焊盘、通孔、过孔及元器件等的信息，同时还需要产生元器件归类列表，以供采购、焊接元器件时使用。

（5）生成钻孔文件和光绘文件

在进行印制电路板制作的时候还需要钻孔文件和光绘文件，钻孔文件提供电路板中的钻孔信息，用于数控钻机在钻孔时使用。

6.2.4　高速 PCB 设计规则

电路系统的复杂度越来越高，集成度也越来越高，高速电路系统也越来越多，总线的工作频率也越来越高。当前很多电路的系统时钟已经非常高了，当硬件电路系统的工作时钟达到 50 MHz 时，该系统将产生信号完整性问题以及出现多种传输效应；当系统的工作时钟达到 120 MHz 的时候，就必须用高速 PCB 设计技术来进行电路系统设计，因为传统的 PCB 设计技术已经无法满足要求，因此高速 PCB 设计技术越来越重要，目前已经成为硬件电路设计中不可或缺的一门专业技术，同时也相应出现了板级设计工程师的职业需求。

通常如果电路系统中有三分之一以上部分的工作频率高于 50 MHz 时，可以认为该电路板是一块高速 PCB。

1. 电源分配

即使硬件电路的布局布线都出色地完成后，也不能保证整个电路系统就能达到预定目标。因为电源、地线如果考虑不周的话，对整个系统的影响甚大，轻则产品性能有所下降，重则导致整个设计失败，产品不能用。所以电源和地线的布设对整个系统非常重要，有效利用电源和地线可以降低噪音干扰，提高整个系统的性能，从而保证产品的质量。以下有几项针对电源和地线的措施，这些措施可降低或抑制噪音：

（1）在电源和地线之间加去耦电容。

（2）使电源线和地线的宽度远大于信号线，比较好的策略是电源线比信号线宽，地线比电源线宽。

（3）可以使用大面积铺铜作为地线。在设计中，通常情况下把没有使用的地方都铺上铜，用以作为地线；还可以使用多层板结构，把其中一些层作为地或电源层。

本文设计的硬件系统在稳定性上要求比较高，系统工作频率也比较高，所以本系统中在电源和地线之间加上了去耦电容，并且采用多层板结构，使电源与地各占多层，用以抑制噪声干扰。

2. 传输线

信号线与地之间有一种特性,这种特性就是信号总是沿着阻抗最小的路径传播;另外,如果这根信号线的传播路径的阻抗是一个不变的量,则这样的信号是可控的,它是较好的信号传输的载体。一个可控阻抗信号线可以用如图 6.4 所示的模型表示,电感和电容分别均匀地分布在传输线上,它们的单位是亨利每单位长度和法拉每单位长度。

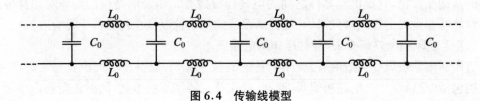

图 6.4　传输线模型

通过这个理想的传输模型,可以得出两个比较重要的参数:阻抗(Z_0)与传播延迟(t_{pd})。在上述理想模型中,Z_0 是一个 AC 阻抗,对于一个驱动电路来说,Z_0 就是一个理想电阻器,单位是欧姆,其值为

$$Z_0 = \sqrt{\frac{L_0}{C_0}} \tag{6.1}$$

式(6.1)中,L_0 是以"亨利每单位长度"为单位的信号线自感系数,C_0 是以"法拉每单位长度"为单位的信号线电容。

延迟时间(t_{pd})也与 L_0、C_0 有关,其单位为"时间每单位长度",其值为

$$t_{pd} = \sqrt{L_0 C_0} \tag{6.2}$$

传输线大致可以分为带状线(Stripline)和微带线(Microstrip)两种。带状线是夹在两个电源层之间的信号线,这样的设计可以得到较为干净的信号,因为信号线两边的电源层把干扰都隔离了,但是这样的信号线是深埋在电路板中的,不易接触到,一旦信号线出了什么问题就无法用飞线解决;微带线就是放在顶层或底层的信号线,信号线的一侧是电源或地,这样的设计使得设计者可以比较容易获得信号线。两种传输线有不同的特性阻抗计数方法。

以上定义的理想传输线模型会为整个电路系统带来多种传输效应,这里重点介绍一下反射和串扰。

如果信号上升沿或下降沿所占时间大于信号的传输时间一大半时,信号线可以看做是一条传输线。反射现象的产生是因为传输线与接收端阻抗不匹配并且信号再次被反射回接收端,随着能量的消耗变弱,反射信号幅值将减小,直到传输信号的电压与电流达到一定的稳定状态,通常称这种传输效应为反射。反射现象如图 6.5 所示,反射会使信号发生变形,使得系统为了稳定工作而不得不降频,有时这种现象还会导致时钟发生错误,这经常会出现在信号的上升沿和下降沿。

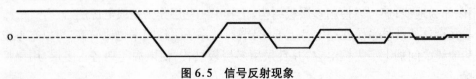

图 6.5　信号反射现象

针对这种现象其解决方法就是使传输线、接收端、发送端的阻抗相匹配,走线不宜过长。通常用串联或并联一个电阻的方法来解决发送端、接收端电阻不匹配的情况,通过调节传输线的物理特性来调节传输线的阻抗大小。

串扰就是当一根信号线有信号通过时,它就影响其他相邻的信号线,这种感应大到一定程度时就会引起干扰,使得信号线不能正常传输信号。当信号线与地线距离较近时,信号线的间距越大则干扰就会越小,反之则越大;与其他信号线相比,异步信号与时钟信号产生串扰的可能性更大。

根据串扰的特点,解决串扰的方法就是拉大信号线间距,用地线屏蔽干扰较大的信号线。

3. PCB 层叠设计

PCB 是由 Core 和 PP 进行组合,并经过层压形成。Core 称为芯板,就是双面覆铜的板材,中间材料没有特殊指明时,一般是 FR4。PP 称为半固化片,一般是环氧树脂玻璃纤维布,就是预浸渍环氧树脂粘合剂的玻纤布,用于粘合多层板的 Core 与 Core、Core 与铜皮或者多层 PP 和铜皮以形成特殊的层叠结构。不同型号的 PP 含胶量不同。

PCB 层叠结构要根据 PCB 的设计目的进行选择。表 6.2 是 PCB 层叠结构的一些选择依据。

表 6.2　PCB 层叠结构选择依据

目　　的	选　　择
高稳定性	增加地平面
高密度走线	减少地平面,增加走线层
低噪声/低辐射	表层设为地平面,内层走线

以下给出了三条层叠设计的基本要求以及比较典型的参考值,同时这些典型参考值也正是高速电路系统常采用的设计方案。

(1) 有阻抗控制要求的信号层要根据带状线和微带线的理论,以一个完整地平面或电源平面为参考,选择信号层和地(电)层之间 PP 或 Core 的厚度。表层电镀后铜厚 1.9 mil,考虑刷绿油或降低表层阻抗,内层铜厚 1.2 mil。

(2) PCB 层叠要求为偶数层的对称结构,即地(电)层尽量对称分布。防止由于受热时铜和 FR4 的延展量不同,造成向一侧翘曲。

(3) PCB 总厚度要符合标准。但是为了防止插件管脚不够长,或者 PCI 类插卡过厚,一般要求 PCB 设计成 1.6 mm(63 mil)的厚度。

6.3　入门级开发板的设计实例

作为初学者,了解和收集一些成功的设计案例很有必要。本节给出了几个教学开发板的设计实例并提供部分完整设计的电子档供读者参考,读者可以有选择性地进行其中的 PCB 和开发板的焊接和调试。

6.3.1　MAX7000S 开发板的设计

MAX7000S 开发板对入门级的学习者很有意义,本书给出完整的电子档设计文件供参考。

1. 器件的比较与选择

(1) 逻辑单元

CPLD 基于乘积项的结构,一般可分为三块:宏单元(Marocell)、可编程连线(PIA)和 I/O 控制块。宏单元是 PLD 的基本结构,由与或阵列和可编程 D 触发器构成,由它组合来实现基本的逻辑功能。由此可知 CPLD 分解组合逻辑的功能很强,一个宏单元就可以分解十几个甚至二三十个组合逻辑输入;而 FPGA 的逻辑单元是小单元,一个 LUT 只能处理数个输入的组合逻辑。因此,CPLD 适合用于设计译码等复杂组合逻辑。

但 FPGA 的制造工艺决定了 FPGA 芯片的工艺结构,其占用芯片面积小,速度高(通常延时只有 1 ns~2 ns),每块芯片上集成的逻辑单元和触发器的数量非常多,如果用芯片价格除以逻辑单元数量,FPGA 的平均逻辑单元成本远远低于 CPLD;而且,如果设计中使用到大量触发器,例如,设计一个复杂的时序逻辑,那么使用 FPGA 就是一个很好的选择。

(2) 编程工艺

从编程角度考虑,CPLD 采用的是可擦写的 Flash 或 E^2PROM 结构,其擦写次数限制在数万次以内,擦写速度较慢,不太适合大规模反复擦写,并且功耗较大。而基于 SRAM 工艺的 FPGA 则可反复无损擦写,实现真正意义上的在线编程,且配置速度快,更适合在 ISP 系统中用于验证开发阶段设计者的构思,同时降低了成本费用。

(3) 应用方向

目前可编程逻辑器件的发展趋势是系统集成化(SoC),FPGA 自身的特点决定了它的规模便于不断增大,集成度可以不断提高,更适合用在系统功能日益复杂,特别是片上系统出现的今天,并向嵌入 IP 内核方向发展。

(4) 互联与延时

CPLD 由于使用集总总线,总线上任意一对输入输出端之间的延时相等且是可预测的。而 FPGA 由于单元小,互连复杂,使用的互连方式较多,有分段总线、长线和直接互连等;一对逻辑单元之间的互连通路可以有多种,其传输延时也是不同的,可见对于 FPGA 而言其延时是不确定的,实现同一个功能的方案不同延时不等。因此用 FPGA 开发 ASIC 时除了逻辑设计外,还要进行延时设计。

然而 CPLD、FPGA 之间的界限并非不可逾越,Altera 公司的 FLEX10K10 系列就是介于二者之间的产品。它采用查找表结构的小单元、SRAM 编程工艺且每片含触发器较多、可以达到很大的集成规模,这些都和典型的 FPGA 相一致;但这种器件中又使用了集总总线的互连方式,速度高且 pin-pin 延时确定、可预知,又使其具有 CPLD 的特点。

(5) 小结

综上所述,考虑到器件及设计开发板的主要用途,为实现可在线编程,可重复配置,能实现一定程度的复杂系统,且便于学习和研究可编程逻辑器件的逻辑与延时的仿真与综合。

2．如何选择合适的芯片

(1) 一般情况下,尽可能地选用速度等级最低、电压比较低(性价比较好)及用贴片或插座封装的芯片。

(2) 如果设计中不需要使用容量较大的内嵌存储器或超过 256 个宏单元的设计,则尽量选用 FLEX6000 系列的芯片,否则要用 FLEX 10K 或 1K。

(3) 如果设计中需要较大的存储器和比较简单的外围逻辑电路,而且对速度、总线宽度和 PCB 面积无特殊要求,则尽量选用 MAX7000 或 3000 系列的芯片和外接存储器。

(4) 在速度较高的双向总线上尽量采用 MAX7000 或 3000 系列的芯片。

(5) 如设计规模需要超过 10 万门或需要 PLL、LVDS、CAM 等新技术,则可以选择 APEX20KE。为保证及时供货和性价比,新设计应优先选择以下型号：MAX7032SLC44-10、7064SLC44-10、7128SLC84-15、7128STC100-15、7128AETC100-10、7128AETC144-10、FLEX6016AQC208-3、6016ATC144-3、10K20TC144-4、10K30EQC208-3、10K50EQC240-3 以及 MAX3032ALC44-10、3064STC100-10、APEX20KE、ACEX1K 等等,最好是先和零售商、代理商沟通,再确认所需型号。

3．交通灯芯片选择实例

(1) 综合考虑上面的这些因素以及开设其他 EDA 实验的需要,我们所要设计的交通灯控制器实验所用的芯片选用 Altera 公司的 MAX7000S 系列中的 EPM7128SLC84-15。

(2) MAX7000 系列是工业界中速度较快的高集成度可编程逻辑器件系列。它是 Altera公司在第二代 MAX 结构基础上,采用先进的 CMOS E^2PROM 技术制造的,可 100%模仿 TTL。MAX7000 系列(包括 MAX7000E、MAX7000S、和 MAX7000A 器件)的集成度为 600～5000 可用门,使用 5 V 或 3.3 V 电源,有 32～256 个宏单元和 36～155 个用户 I/O 引脚,能够提供组合传输延迟缩短至 5.0 ns,16 位计数器的频率为 178 MHz,遵守 PCI 规定,可编程宏单元触发器具有专用清除、置位、时钟和时钟使能控制。此外,它们输入寄存器的建立时间非常短,能够提供多个系统时钟且有可编程的速度/功率控制;另外,还有编程保密位来全面保护专利设计。

(3) MAX7000S 是 MAX7000 的增强型,具有高集成度,还有 6 个由引脚或逻辑驱动的输出使能,2 个可选为反向工作的全局时钟信号;并且改善了布局布线,增加了连线资源,缩短了从 I/O 引脚到宏单元寄存器的专用路径的建立时间。EPM7128SLC84-15 有 2500 个可用门、84 个引脚,其中输入输出的引脚 68 个。MAX7000S 包括逻辑阵列块(LAB)、宏单元、扩展乘积项(共享和并联)、可编程连线阵列(PIA)和 I/O 控制块五部分。另外,MAX7000S 结构中还包括 4 个专用输入,它能用作通用输入或作为每个宏单元和 I/O 引脚的高速的、全局的控制信号,即时钟(Clock)、清除(Clear)和输出使能(Output Enable)。MAX7000S 的结构方框图如图 6.6 所示。

4．电源电路

实验板采用普通的 6 V 直流稳压电源供电,一般选用普通的新英电源 XY303,对于少数电脑,由于对 LPT 输出电流较敏感,其所需的下载电流大于 400 mA,我们可采用新英电源 XY708。DC 电压输入和一个 2.5 mm×5.55 mm 的插孔电源连接器相连。可接受的 DC

电压范围是 6～9 V,提供的电流强度最少要达到 350 mA。

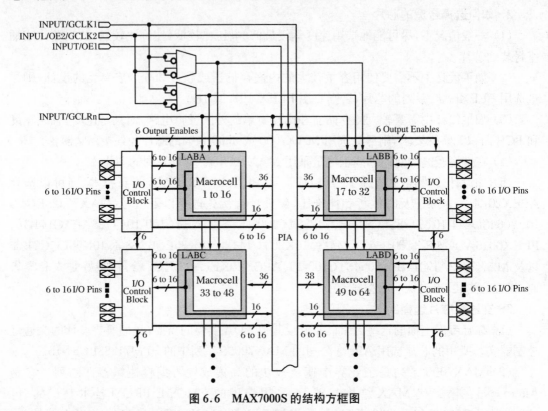

图 6.6 MAX7000S 的结构方框图

如图 6.7 所示,C1 和 C11 是防止电源干扰信号的滤波电容,我们选用的是 470 μF 的电解电容。C2 和 C12 是防止高频信号干扰的贴片电容。

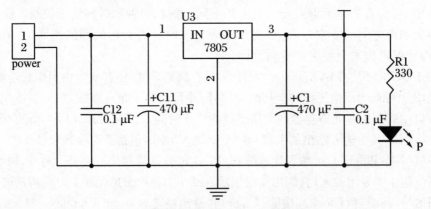

图 6.7 电源电路(使用 Protel DXP 2004)

我们选用了 LDO(低压差线性稳压器)芯片 LM7805,TO-220 封装,它可以在较宽的电压输入范围(5～12 V)内稳定输出 5 V。为保证芯片稳定工作,可采用大面积敷铜和裸露敷铜。一个标记为 P 的绿色发光二极管(Light-Emitting Diode,LED)在 5 V 整流电压源有电流输出时被点亮。

如果要输出 3.3 V、2.5 V、1.25 V，可以选用 LM317 等芯片，这也是我们一直关注相关芯片参数的原因。

注意　开发板与计算机连接时，要在关机状态下先接好两边并口的连线，然后再接开发板电源和开机；开发板与计算机分离时，要先将开发板电源断开，再从并口卸下下载线。

5. EPM7128S 芯片

EPM7128S 属于高密度高性能的 MAX7000S 系列，制造技术基于电可擦除可编程的只读存储器单元。选用带插座的 84 脚 PLCC 封装，该插座兼容以下芯片：EPM7064SLC84(5 V)、EPM7096SLC84(5 V)、EPM7160SLC84(5 V)。

开发板上的 I/O 端口需要和实验资源连接时，仅将短路帽插上即可。如果需要把板子的 I/O 端口和实验板外的电路连接时，则要把对应连接帽拔掉，自己连到外部，但要共地。

特别要注意以下全局输入引脚：

1 脚 Gclear(1)：全局清零，如有寄存器清零，可由此脚控制。当然也可以由内部逻辑产生清零信号。Assign—>Device 中选择器件型号，再在 Assign—>Pin 中填入待分配的管脚号和类型；另一种方法是在原理图中选中 Input 或 Output，点击鼠标右键，选 Assign Pin，填入想分配的管脚号，编译一遍即可。

2 脚：全局输出使能/全局时钟脚。该引脚也可作输入使用。

83 脚：全局时钟脚，用作外部时钟输入，它到所有逻辑单元的延时基本相同。如果用其他脚作为时钟输入，则必须将图 6.8 中的"√"点掉，去掉后，则可以选择任意 I/O 引脚作时钟输入脚。如果怀疑时钟设计或引线有问题，可先测试组合逻辑，也可用信号发生器注入一个信号来测试，确认故障。

84 脚：全局输出使能，可用此脚控制三态输出（当然也可以由内部逻辑产生）。

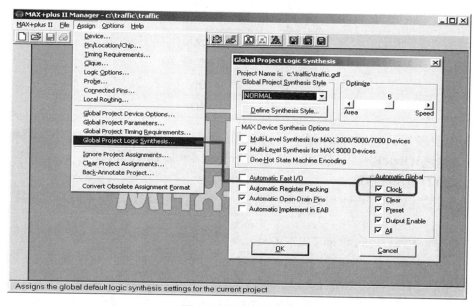

图 6.8　设置全局时钟

另外，EPM7128SLC84(5 V)内含 128 个宏单元，每个宏单元含有一个可编程逻辑"与"

和固定逻辑"或"的阵列以及一个带独立可编程时钟的可配置寄存器。因拥有 2500 个逻辑门和一个简单的结构,EPM7128S 非常适合入门级设计以及大型组合和时序逻辑功能设计。

6. ByteBlasterMV 并行下载

逻辑设计编译结果可以便捷地通过 ByteBlasterMV 下载电缆下载到电路上。并口电缆的硬件接口就是一个标准并口。电缆将程序或者配置数据从 Quartus Ⅱ 软件下载到电路板,同时可进行反复的逻辑修改,能够方便连续地进行下载。

该板既支持市场上销售的 ByteBlasterMV 下载电缆下载,亦可通过板上的并口,用并口线直接与计算机并口相连来下载,因为板上也有 ByteBlasterMV 下载电缆的电路,这样下载比较方便。

若用现成的 ByteBlasterMV 下载电缆下载,需将电缆上的 10 脚插孔插头和板上的 JTAG10 脚插针插头连接(注意:右上角第一个插针为管脚 1,对应 TCK 信号,管脚 1 下方为管脚 2,依次类推,不要插错位置)。由开发板提供电源和地给 ByteBlasterMV 下载电缆。数据从管脚 TDI 输入,由管脚 TDO 输出。表 6.3 显示了当 ByteBlasterMV 工作在联合测试行动小组(Joint Test Action Group,JTAG)模式下所对应 JTAG 的管脚名称。

表 6.3　JTAG 10 脚插头管脚定义

管脚	JTAG 信号
1	TCK
2	GND
3	TDO
4	VCC
5	TMS
6	没有连接
7	没有连接
8	没有连接
9	TDI
10	GND

提示:更多关于 ByteBlasterMV 下载电缆的资料,请到公司网站参看《ByteBlasterMV 并口下载电缆》(ByteBlasterMV Parallel Download Cable Data Sheet)。

7. CPLD 电路板预览

下面将描述该电路板的相关特点。图 6.9 中给出了电路板在 Protel DXP 预览下的仿真图。

电路板为 EPM7128S 提供了以下资源:

(1) 84 脚 PLCC 封装插座,可更换不同速度等级的芯片以及兼容以下芯片: EPM7064SLC84(5 V)、EPM7160SLC84(5 V)。

(2) 信号脚可通过插孔式插头连接,便于外接和调试。相关插头的连接见电子市场中常见连接方式。

(3) 使用 ByteBlasterMV 电缆的 JTAG 链式连接。

（4）带有 74HC244 的 ByteBlasterMV 电缆电路，LPT 接口连接（简单一些，但电流需要大一些，占板子面积也大一些）。这种下载方法是使用并口线直接下载。

（5）四个瞬时按钮式开关。

（6）一个八位的 DIP 封装开关。

（7）所有 I/O 管脚均与发光二极管连接。

（8）两个共阴七段数码管。

（9）板载四角晶振（20 MHz）。

（10）专用的全局 CLR、OE1 和 OE2/GCLK2 管脚。

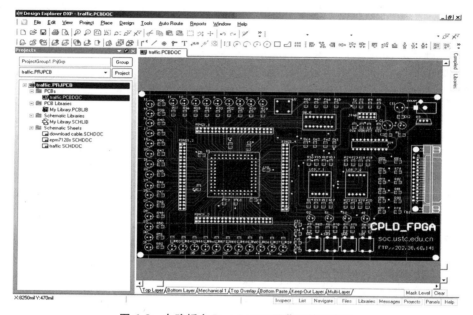

图 6.9　电路板在 Protel DXP 预览下的仿真图

EPM7128S 的管脚并没有预先接到开关和发光二极管上，而是接到了插孔式插座上。通过对管脚的直接观测，可以更多地关注设计的基本原则和方法，从而更好地学习可编程 I/O 管脚和可编程逻辑器件。在 Quartus II 中成功地编译和验证了一个设计后，可以用插孔式插座的连接帽将指派好的 I/O 管脚和开关或发光二极管连接，然后就可以将它们的设计下载到器件中，比较设计仿真结果和实际硬件的执行结果。

8. 晶振

晶振在电子产品的设计中有很重要的地位。如何选用无源晶体与有源晶振？无源晶体（价格低，量大生产时才考虑）相对于晶振而言其缺陷是信号质量较差，通常需要精确匹配外围电路（用于信号匹配的电容、电感、电阻等），更换不同频率的晶体时周边配置电路需要做相应的调整。建议采用精度较高的石英晶体，尽可能不要采用精度低的陶瓷晶体。

晶振在精密测量等领域需要把各种补偿技术集成在一起，从而减少了设计的复杂性。试想，如果采用晶体，然后自己设计波形整形、抗干扰、温度补偿，那样的话设计的复杂性将是什么样的呢？在设计射频电路等对时钟要求高的场合，就是采用高精度温补晶振的，工业级的要好几百元一个。特殊领域的应用如果找不到合适的晶振，就必须自己设计了，这种情况下就要选用特殊的高端晶体,如红宝石晶体等等。更高要求的领域情况更特殊,在高精度测试时采用的时钟甚至是原子钟、铷钟(通过专用的射频接插件连接,是个大型设备,相当笨重)等设备提供的。

板载了一个 20 MHz 的石英四脚有源晶振。有源晶振不需要内部振荡器,信号质量好,比较稳定,而且连接方式相对简单(主要是做好电源滤波,通常使用一个电容和电感构成的 π 型滤波网络,输出端用一个小阻值的电阻过滤信号即可),不需要复杂的配置电路。20 MHz 以下的晶体晶振基本上都是基频的器件,稳定度好,20 MHz 以上的大多是谐波的(如 3 次谐波、5 次谐波等等),稳定度差,因此强烈建议使用低频的器件,毕竟倍频用的 PLL 电路需要的周边配置主要是电容、电阻、电感,其在稳定度和价格方面远远好于晶体晶振器件。

注意 时钟信号布线时,长度尽可能短,线宽尽可能大,与其他印制线间距尽可能大,紧靠器件布局布线,必要时可以走内层以及用地线包围。

有源晶振通常的用法:一脚悬空,二脚接地,三脚接输出,EPM7128S 的全局时钟管脚(83 脚),四脚接电压。

9. EPM7128S 原型插头

EPM7128S 原型(prototyping)插头是环绕在器件信号管脚周围的插孔式接头。84 脚 PLCC 封装器件每边上的 21 个管脚都链接到 21 脚、双排 0.1 inch 的插孔式接头上。EPM7128S 的 I/O 管脚及专用的全局 CLR 和 OE2/GCLK2 管脚均由 LED 引出,管脚号被印制在对应的 LED 旁,其中管脚 1 和 2 分别为 CLR 和 OE2/GCLK2。

10. 瞬时按钮式开关

SW1、SW2、SW3 和 SW4 对应的芯片的管脚号为 48、49、50 和 51,这些开关被 10 KΩ 的电阻下拉,每按一次有对应的红色 LED 闪烁一次,这四个开关都加有阻容消抖电路。当开关按下时逻辑电平为 1,弹起时逻辑电平为 0。

11. 八位的 DIP 封装开关

开关打开时逻辑电平为 1,关闭时为 0。下表从左到右依次列出了对应的芯片管脚号:

DIP 开关	1	2	3	4	5	6	7	8
相连管脚	84	81	80	79	77	76	75	52

12. 发光二极管 LED

电路板上每个 LED 均接有 330 Ω 的限流电阻。所有的二极管当对应的插孔式插头被置为逻辑 1 时点亮,其中下排最右边两组黄、绿、红三个 LED 从左到右分别依次对应管脚 39、40、41 和 44、45、46,可用于交通灯程序的实验仿真。

13. 七段数码管

如何利用实验板上的两个数码管来做一个实验循环显示 00~99 数字和 99~00 的数字?

数码管有共阴和共阳的区分,都可以加入进行驱动,但是二者驱动的方法有所不同,并且相应的 0~9 的显示代码也正好相反。

静态扫描接法:是指每个数码管的位码和字码都单独由不同信号控制,这样占用的 I/O

口很多,比如 8 位数码管就要占用 64 个 I/O 口。(这样通过 CPLD 电流也将很大)

动态扫描接法:动态扫描显示接口是应用最为广泛的显示方式之一,其接口电路是把所有显示器的 8 个笔划段 a~h 同名端连在一起,而每一个显示器的公共极 COM 各自独立地受 I/O 线控制。CPU 向字段输出口送出字形码时,所有显示器接收到相同的字形码,但究竟是哪个显示器亮,则取决于 COM 端,而这一端是由 I/O 控制的,所以我们就可以自行决定何时显示哪一位了。而所谓的动态扫描就是指我们采用分时的方法,轮流控制各个显示器的 COM 端,使各个显示器轮流点亮。在轮流点亮扫描过程中,每位显示器的点亮时间是极为短暂的(约 1 ms),但由于人的视觉暂留现象及发光二极管的余辉效应,尽管实际上各位显示器并非同时点亮,但只要扫描的速度足够快,给人的印象就是一组稳定的显示数据,不会有闪烁感。简单地说,一个时刻只有一个或部分数码管亮,另一个时刻只有另一个或另一部分数码管亮。

首先,我们来介绍两位共阳数码管的驱动原理,电路及实物如图 6.10 所示。

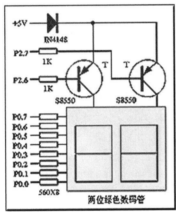

图 6.10　共阳数码管的驱动

在图 6.10 中,P2.6 和 P2.7 端口分别控制数码管的十位和个位的供电,当相应的端口变成低电平时,驱动相应的三极管导通,+5 V 通过 IN4148 二极管和驱动三极管给数码管相应的位供电,这时只要 P0 口送出数字的显示代码,数码管就能正常显示数字。

因为要显示两位不同的数字,所以必须用动态扫描的方法来实现。先个位显示 1 毫秒,再十位显示 1 毫秒,不断循环,这样只要扫描时间小于 1/50 秒,就会因为人眼的视觉残留效应,看到两位不同的数字稳定显示。

其次,我们再介绍一种共阴数码管的驱动方法,电路如图 6.11 所示。

从图 6.11 中可以看到:+5 V 通过 1K 的排阻直接给数码管的 8 个段位供电,P2.6 和 P2.7 端口分别控制数码管的十位和个位的供电,当相应的端口变成低电平时,相应的位可以吸入电流。单片机的 P0 口

图 6.11　共阴数码管的驱动

输出的数据相当于将数码管不显示的数字段对地短路,这样数码管就会显示需要的数字。

可以看到,共阴数码管的硬件更简单,所以在批量生产时,硬件开销小,有利于节省 PCB 面积、减少焊接工作量、降低综合成本,故采用共阴数码管更有利于批量生产,现在销售的试验板采用的都是共阴数码管。

实现计数器程序的实例如图 6.12 所示。

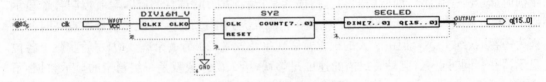

图 6.12　计算器的逻辑图

```
library ieee;
use ieee. std_logic_1164. all;

entity sy2 is
  port(
        clk,reset:in std_logic;
        count: out integer range 0 to 128);
end sy2;

architecture a of sy2 is
signal con:std_logic;
begin
process(clk,reset)
variable coun:integer range 0 to 99;
begin
    if reset = '1' then
        coun:= 0;
    elsif clk = '1' and clk'event then
      case con is
          when '0' =>
                    if coun = 99 then
                        coun:= 98;
                        con <= '1';
                    else
                        coun:= coun + 1;
                    end if;
          when '1' =>
                    if coun = 0 then
                        coun:= 1;
                        con <= '0';
                    else
```

$$coun := coun - 1;$$
$$end\ if;$$
$$when\ others => NULL;$$
$$end\ case;$$
$$end\ if;$$
$$count <= coun;$$
$$end\ process;$$
$$end\ a;$$

LED 只能显示几位的状态,若要显示"0~9""A~F"和一些特殊字符,可选用数码管。数码管分共阳(4105)和共阴(4205)两种。

两个共阴七段数码管,每段发光二极管都由 EPM7128S 芯片对应的 I/O 脚置零来点亮。图 6.13 中显示了每段发光二极管的名称。

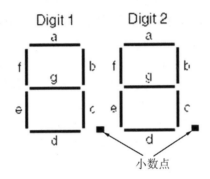

图 6.13　数码管中每段发光二极管的名称

我们分配到的与数码管相连的 I/O 管脚号(不是唯一的)如表 6.4 所示。

表 6.4　数码管相连的开发板 I/O 管脚号

代码管	LED_7_1 相连管脚	LED_7_2 相连管脚
a	74	63
b	73	61
c	70	60
d	69	58
e	68	57
f	67	56
g	65	55
小数点	64	54

14. 配置 EPM7128S

源程序或原理图经过编译仿真无误后,指定好器件(EPM7128SLC84-15)以及分配好管脚后,就可以按照下面的步骤采用 JTAG 链方式配置 EPM7128S。这里详细介绍了怎样使用 Quartus Ⅱ 软件来进行此项操作(更多信息请参阅 Quartus Ⅱ 的帮助):

（1）选中"Multi-Device JTAG Chain"选项（JTAG 菜单下）。

（2）选择"Multi-Device JTAG Chain Setup"命令（JTAG 菜单下）。

（3）在"Multi-Device JTAG Chain Setup"对话框的"Device Name"列表中选择 EPM7128S；

（4）在"Programming File Name"框中输入要配置到 EPM7128S 芯片的文件名。可以使用按钮"Select Programming File"来浏览电脑中的目录结构，选择适当的配置文件。

（5）点击"Add"来添加设备和相应的编译文件到"Device Names & Programming File Names"框中。芯片名称（Device Name）左边的数字表示了 JTAG 链中的芯片序号。配置文件的文件名显示在芯片名称的同一行；如果芯片还没有制定配置文件，芯片名称旁边的响应位置显示"< none >"。

（6）点击"Detect JTAG Chain Info"，通过 ByteBlasterMV 电缆检测芯片数目、JTAG ID 代码及 JTAG 链中全部的指令长度，在按钮"Detect JTAG Chain Info"上方的一条消息会报告这些被 ByteBlasterMV 电缆检测到的信息。如果和"Device Names & Programming File Names"框中的内容不一致，则必须重新手动设置设备信息以保证一致。

（7）在"Save JCF"对话框中点击"Save JCF"，在"File Name"框中填写文件名，然后在"Directories"框中输入适当的目录名，保存现在的 JTAG 链设置到设置文件（JTAG Chain File：*.jcf)以便将来使用，最后点击"OK"。

（8）点击"OK"来保存改动。

（9）点击 Quartus Ⅱ "Programmer"对话框中的"Program"按钮即可。

15．范例演示

提示：开发板的并口和电源必须要在计算机开机之前连接好，不要在开机后进行接口和电源的连接。

以简单的二输入与非门为例，此例采用原理图输入方式，如图 6.14 所示。

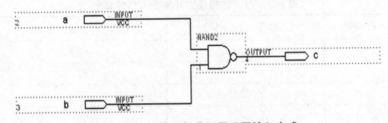

图 6.14　二输入与非门原理图输入方式

绘制完毕后，点击"Assign"菜单下的"Pin/Location/Chip"，在弹出的窗口中点击"Assign Device"按钮，由于开发板上的 7128S 芯片的速度级别不高，需要将"Show Only Fastest Speed Grades"前面的钩给去掉，在"Device Family"中选择"MAX7000S"，再从下面的"Devices"中选择"EPM7128SLC84-15"，点击"OK"。

在"Node Name"中输入原理图管脚的名称，指定管脚和管脚的输入输出类型。如图 6.15所示，将输出（Output)c 指定为 35 号管脚，指定完毕后，点击"OK"即可进行编译了。

在编译之前需将待编译的文件设置为当前文件，可以使用快捷键"Ctrl + Shift + J"，也可以点击"File"菜单"Project"下的"Set Project to Current File"，这是一个很好的习惯，尤其在打开多个 project 后，这一步千万不能忽略。点击 📇 进行编译；当然也可以通过选择 "Quartus Ⅱ"菜单下的"Compiler"进行编译，如图 6.16 所示。

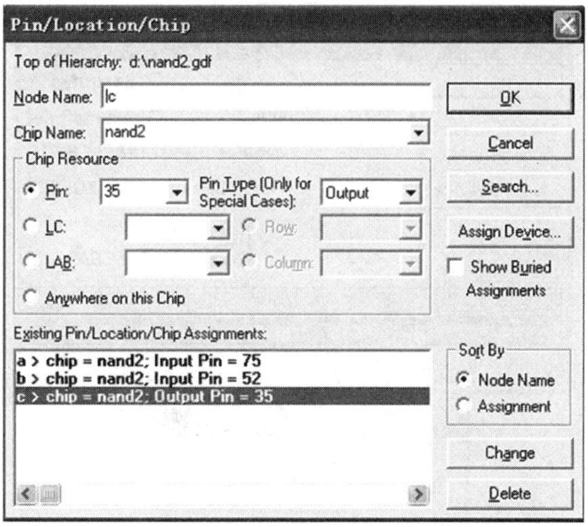

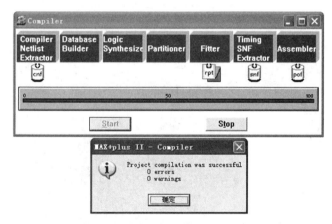

图 6.15 二输入与非门"Pin/Location/Chip"设置

图 6.16 编译

确定编译无误，点击图 6.16 中的 📇，此时可以通过点击"Options"菜单下的"Hardware Setup"来查看硬件类型的状态，这里出现的是如图 6.17 所示的编程提示框，该提示框显示 ByteBlasterMV 下载方式。点击"Program"即可进行下载，下载完毕后，即可通过控制 a、b 对应的 75、52 管脚所连接的 DIP 开关闭合进行逻辑验证。

注意 （1）开发板与计算机连接时，要在关机状态下，先接并口，然后接开发板电源，再开机。

（2）开发板与计算机分离时，应先将开发板电源断开，再将并口卸下。

（3）由于此开发板将所有的 I/O 都用 LED 引出，故不要将那些没有使用的 I/O 管脚所对应的插孔式接头用短路帽连接上，以避免其他 LED 的闪烁影响了逻辑的验证。

（4）使用如图 6.18 所示的开发板时，要注意将其放在绝缘、干燥的平面上。

（5）开发板长期不使用时，要将其放在干燥阴凉处，防止器件老化。

图 6.17　编程成功

图 6.18　成套的 MAX7000S

6.3.2　下载和配置方式

6.3.1 小节中下载方式的设计可参阅配套电子文档。对于稍微复杂一些的器件，需要考虑更多的下载和配置方式的问题，尽管每家 FPGA 公司均给出了详细的设计文档，但仍然要多加考虑。下面以 Altera FLEX10K 系列为例讲解。

ALTERA CPLD 器件支持的编程配置方式主要分为三大类：主动配置方式、被动配置方式和 JTAG 配置方式，参见表 6.5。主动配置方式由 CPLD 器件引导配置操作过程，它控制着外部存储器和初始化过程;而被动配置方式由外部计算机或控制器控制配置过程。根据数据线的多少又可以将 CPLD 器件配置方式分为并行配置和串行配置两类。这样,经过不同组合就得到五种配置方式:主动串行配置(AS)、被动串行(PS)、被动并行同步(PPS)、被动并行异步(PPA)和 JTAG 方式。

表 6.5 常用配置模式选择

FLEX10K 配置模式		
MSEL0	MSEL1	配置模式
0	0	PS 异步串行或 AS 同步串行配置
1	0	PPS 异步并行配置
1	1	PPA 同步并行配置
注释①	注释①	JTAG 注释②

注:注释① MSEL0、MSEL1 管脚不准悬空,必须接高或接低;注释② 当使用 JTAG 模式配置时,其他模式选择均被忽略,此可将 MSEL0、MSEL1 接地或接成其他配置方式以便能使用多种方式配置。

其中以 PS 方式最为常见,因为它的时序简单且所需配置引脚较少,目前许多成熟的开发系统大都采用了这一配置手段。而作为工业界的标准,JTAG 方式只需使用器件专用的 6 个引脚就可以完成,且在此模式下可以对器件进行 JTAG 边界扫描。Altera 公司专用的 ByteBlaster 下载电缆支持这两种下载方式。在这两种下载模式下,可以使用下载电缆将器件与 PC 机相连,对器件实现真正意义上的在线编程。因此,在实时开发系统中,我们主要分析在使用下载电缆情况下的两种最常用的配置方式。

1. PS 模式

PS 模式的各引脚工作状态如图 6.19 所示。

PS 方式主要配置引脚如下:

(1) nSTATUS:双向漏极开路;命令状态下器件的状态输出。加电后,FLEX10K 立即驱动该引脚到低电位,然后在 100 ms 内释放掉它,nSTATUS 必须经过 1.0 kΩ 电阻上拉到 Vcc,如果配置中发生错误,FLEX10K 将其拉低。

(2) nCONFIG:输入;配置控制输入。低电位使 FLEX10K 器件复位,在由低到高的跳变过程中启动配置。

(3) CONF_DONE:双向漏极开路;状态输出。在配置期间,FLEX10K 将其驱动为低。所有配置数据无误差接收后,FLEX10K 将其置为三态,由于有上拉电阻,所以将变为高电平,表示配置成功。状态输入。输入高电位引导器件执行初始化过程并进入用户状态。CONF_DONE 必须经过 1 kΩ 电阻上拉到 VCC,而且可以将外电路驱动为低以延迟 FLEX10K 初始化过程。

(4) DCLK:输入;为外部数据源提供时钟。

(5) nCE:输入;FLEX10K 器件使能输入,nCE 为低时使能配置过程,而且为单片配置时,nCE 必须始终为低。

(6) nCEO:输出(专用于多片器件);FLEX10K 配置完成后,输出为低。在多片级联配置时,驱动下一片的 nCE 端。

（7）DATA0：输入；数据输入，在 DATA0 引脚上的一位配置数据。

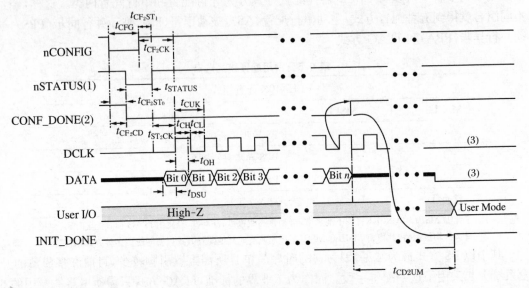

图 6.19　PS 模式的各引脚工作状态

PS 配置模式各配置引脚连接如图 6.20 所示。

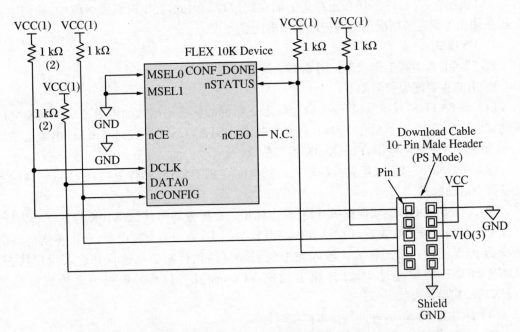

图 6.20　PS 模式各引脚连接（使用 Protel DXP 2004）

在配置过程中，由 ByteBlaster 下载电缆或微处理器产生一个由低到高的跳变送到
nCONFIG 引脚，然后微处理器或编程硬件将配置数据送到 DATA0 引脚，该数据锁存至
CONF_DONE 变为高电位，它是先将每字节的最低位 LSB 送到 FLEX10K 器件。CONF_

DONE 变为高电位后,DCLK 必须多余 10 个周期来初始化该器件,器件的初始化是由下载电缆自动执行的。在 PS 方式中没有握手信号,所以配置时钟的工作频率必须低于 10 MHz。

2. JTAG 模式

JTAG 模式通过 IEEE Std 1149.1 引脚进行配置,如表 6.6 所示,JTAG 边界测试也是通过这些引脚进行的。

表 6.6　JTAG 模式主要配置引脚

管脚名称	描述	功能
TDI	测试数据输入	指令、测试、编程数据输入,在 TCK 上升沿数据移位输入
TDO	测试数据输出	指令、测试、编程数据输出,在 TCK 下降沿数据移位输出,当没有数据输出时,保持三态
TMS	测试模式选择	输入管脚,控制信号通过它检测 TAP 控制器(1)状态机的状态转移,转移发生在 TCK 的上升沿,TMS 在 TCK 的上升沿被判断
TCK	测试时钟输入	边界扫描测试电路的时钟输入,在上升沿和下降沿都有操作发生
TRST	测试复位输入	边界扫描测试电路的低电平有效异步复位输入,是一个可选信号

JTAG 配置模式下各配置管脚时序如图 6.21 所示。

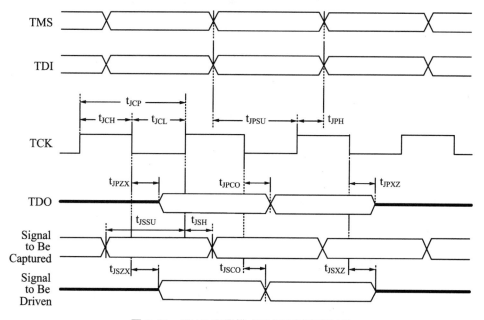

图 6.21　JTAG 配置模式下各配置管脚时序

JTAG 配置模式各配置管脚连接如图 6.22 所示。

通过如图 6.23 所示 FLEX10K 器件配置状态机,我们可以清楚地了解整个配置过程及各状态引脚的变化。

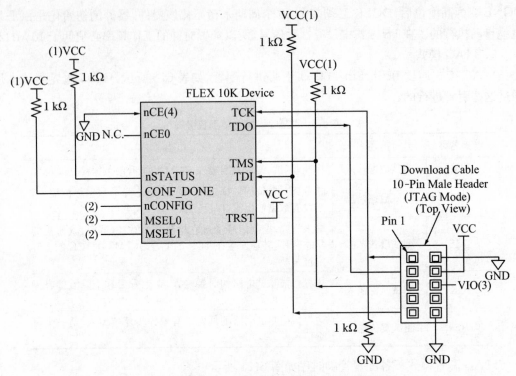

图 6.22　JTAG 配置模式下各配置管脚连接(使用 Protel DXP 2004)

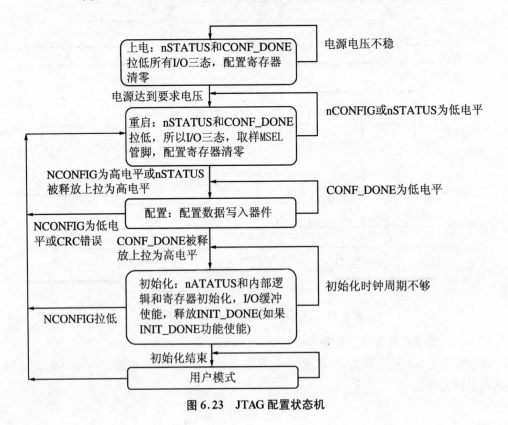

图 6.23　JTAG 配置状态机

注意 ① TAP 控制器:16 位状态机,在 TCK 上升沿时刻,利用 TMS 引脚控制器件中的 JTAG 操作进行状态转换。

3. ByteBlasterMV 下载线

为节省成本以及提高系统的可靠性,我们将 ByteBlasterMV 也集成在开发板上,来为用户提供稳定有效的下载。为了便于理解,首先分析 Altera 公司 ByteBlaster 下载电缆的原理。

ByteBlasterMV 下载电缆由以下几部分组成:

(1) ByteBlaster25 针插头

ByteBlaster 与 PC 机并口相连的是一个 25 针的插头,其各引脚参数及对应关系如表 6.7 所示。

表 6.7 25 针插头引脚信号

引脚	PS 模式下的信号名称	JTAG 模式下的信号名称
2	DCLK	TCK
3	nCONFIG	TMS
8	DATA0	TDI
11	CONF_DONE	TDO
13	nSTATUS	NC
16	GND	GND
18~25	GND	GND

(2) ByteBlaster10 针插头

ByteBlaster10 针插头是与 PCB 上的 10 针插座连接的,其各引脚参数及对应关系如表 6.8 所示。

表 6.8 10 针插座(头)引脚信号名称

引脚	PS 模式		JTAG 模式	
	信号名	作用	信号名	作用
1	DCLK	时钟	TCK	
2	GND	信号地	GND	信号地
3	CONF_DONE	配置控制	TDO	器件输出数据
4	VCC	电源	VCC	电源
5	nCONFIG	配置控制	TMS	JTAG 状态机控制
6	–	NC	–	NC
7	nSTATUS	配置状态	–	NC
8	–	NC	–	NC
9	DATA0	配置数据	TDI	发送到器件的数据
10	GND	信号地	GND	信号地

（3）ByteBlaster 的数据变换电路

在 ByteBlaster 下载电缆中,其变换电路实际上是由一个 74LS244 和电阻构成,其原理图如图 6.24 所示。

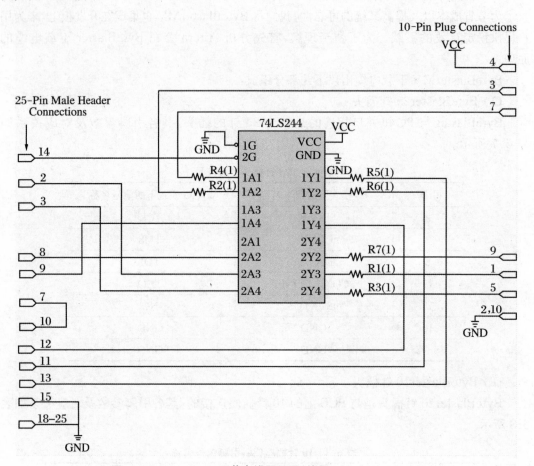

图 6.24　ByteBlaster 下载电缆原理图(使用 Protel DXP 2004)

注意　图 6.24 中各电阻均为 33 Ω,且下载电缆必须和器件使用同一电压。

6.3.3　X2S200 开发板的设计简介

如图 6.25 所示的 X2S200FPGA 开发套件,我们在开发该开发板时选用了 Xilinx 公司的 Spartan Ⅱ 系列 FPGA,门数容量为 20 万门(数字集成电路 10 万门级别即可满足多数设计要求),Block RAM 达 40/56 KB(可用于一些嵌入式系统设计)。设计中我们将 140 个 I/O 口全部引出,方便连线调试。I/O 口兼容 3.3/5.0 V,可用跳线选择,可通过 JTAG/Serial 方式配置 FPGA,配置方式可选。板上自带 48 MHz 有源晶振,配合 DLL 使用方便,电源及下载指示一应俱全。通过 RS232 接口,可与 PC 相连,也可与 C52 单片机相连,5×5 小键盘,可以和单片机联合编程。

图 6.25　X2S200FPGA 开发板

6.3.4　EP3C16E144 开发板设计

EP3C16E144 开发板由以下几个部分组成：下载接口、FPGA、FLASH、晶振、数码管、字符液晶显示、开关电路、电源部分。

1. 电源部分

电源部分应该满足以下几点要求：

（1）提供不同部分不同的电压需求；

（2）能够提供稳定的电压。

电源部分是开发板的重要组成部分，一些复杂的器件往往需要多个电压值。在本设计中，核心芯片 EP3C16E144 需要 1.2 V、2.5 V 电压，FLASH 需要 3.3 V 电压，而字符液晶显示需要 5 V 电压，所以电压模块需要至少能够提供 4 种电压。电子产品中，常见的三端稳压集成电路有正电压输出的 78×× 系列和负电压输出的 79×× 系列。顾名思义，三端 IC 是指这样一种稳压用的集成电路，只有三条引脚输出，分别是输入端、接地端和输出端。它的样子像是普通的三极管，TO-220 的标准封装。用 78/79 系列三端稳压 IC 来组成稳压电源所需的外围元件极少，电路内部还有过流、过热及调整管的保护电路，使用起来可靠、方便且价格便宜。所以主电源选用一块 7805 芯片，如图 6.26 所示是 7805 的示意图。

为了提供其他的所需电压，使用如图 6.27、图 6.28 和图 6.29 所示的 LM1117-2.5、LM317T、LM1117T-3.3，分别提供 2.5 V、1.2 V、3.3 V 的电压。

图 6.26　三端稳压集成电路封装

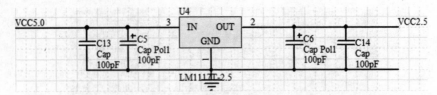

图 6.27　电源 2.5 V(使用 Protel DXP 2004)

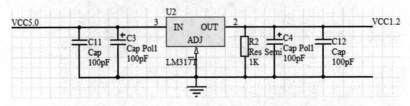

图 6.28　电源 1.2 V(使用 Protel DXP 2004)

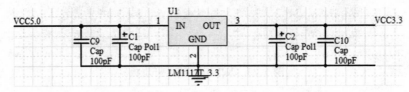

图 6.29　电源 3.3 V(使用 Protel DXP 2004)

　　为了稳定电源,要给每个电源连接一组电容,参见图 6.30。电容表面能够存储电荷,所以当电源不稳时电容表面能释放或吸收电荷,减小电压变化幅度。

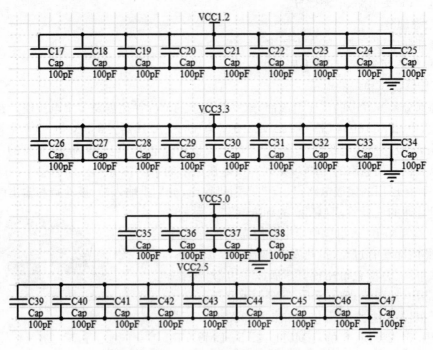

图 6.30　电源的补充(使用 Protel DXP 2004)

给每个电源连接一个指示灯,这样就能观察电源是否正常工作,参见图6.31。

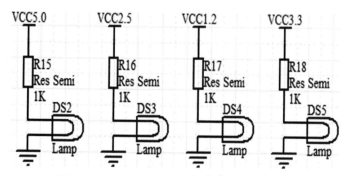

图6.31 LED 指示灯(使用 Protel DXP 2004)

2. 下载接口

使用 JTAG 下载模式,Altera 公司给出了 CycoloneⅢ器件的下载连接示意图,如图 6.32所示。

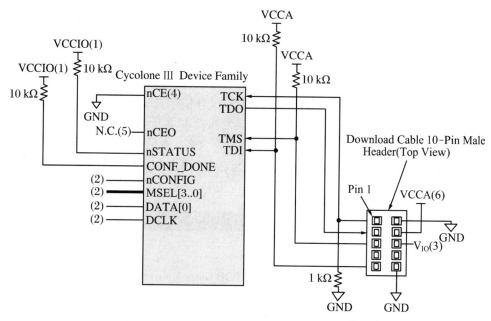

图6.32 JTAG 下载配置(使用 Protel DXP 2004)

VCCA 和 VCCIO 连接 2.5 V 电源,把 7 接口接 2.5 V,8 接口悬空,具体连接如图 6.33 所示。

3. 晶振

在 Protel 提供的库文件里面没有晶振,所以需要自己制作晶振的原理图符号。执行菜单命令"File/New/schematic Library",启动原理图库编辑器,创建一个名为"crystal"的元件。

经过观察及查找文献,HOSONIC 的晶振符合要求。该晶振有 4 个引脚,分别是 clk、

gnd、vcc、en。画出原理图符号,如图 6.34 所示。

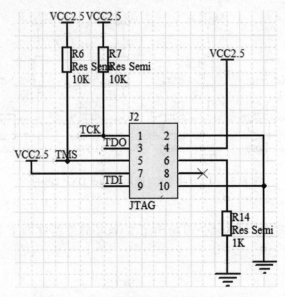

图 6.33　JTAG 连接(使用 Protel DXP 2004)

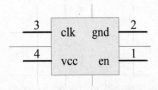

图 6.34　晶振原理图符号
(使用 Protel DXP 2004)

绘制完原理图符号后将元器件封装添加进去。执行菜单命令"tools/component properties",选择器件封装。

该晶振在库中并没有相符的封装形式,这种情况下就需要手动创建封装。首先执行菜单命令"File/New/PCB Library"建立一个 PCB 封装库文件,然后执行菜单命令"Tools/New component"添加元器件,弹出如图 6.35 所示的制作元器件向导。

图 6.35　制作元器件向导

按照提示输入参数（从手册中查找并动手测量验证），例如，焊孔直径、焊盘尺寸、焊盘间距等，如图 6.36 所示。

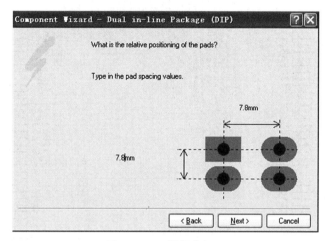

图 6.36　设置焊盘间距

4．CyloneⅢ芯片

开发板选用的 FPGA 器件型号是 Altera 公司生产的 CycloneⅢ系列的芯片 EP3C16E144。在 protel 元件库里面只有相应的电路方框图而没有全部的引脚设置，所以还需要画出芯片的原理图符号。EP3C16E144 的引脚设置可以从 Altera 公司开发的 Quartus Ⅱ中找到，如图 6.37 所示。

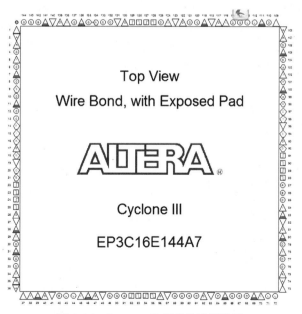

图 6.37　Quartus Ⅱ 提供的引脚设置

EP3C16E144 原理图符号的绘制步骤与晶振原理图符号绘制相似，如图 6.38 所示。绘制好后对每个引脚进行编辑，设置编号及功能。EP3C16E144 有 144 个引脚，其中 84 个是

I/O 端口。

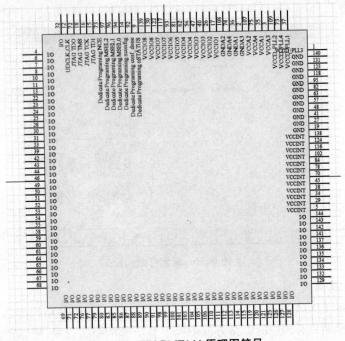

图 6.38　EP3C16E144 原理图符号

5. FLASH

FLASH 存储器是一种可在系统电擦写,掉电后信息不会丢失的存储器。它具有低功耗、大容量、擦写速度快、可整片或分扇区在系统编程(烧写)、擦除等特点,并且可由内部嵌入算法完成对芯片的操作,因而在各种嵌入式系统中得到了广泛的应用。本设计采用的 FLASH 存储器为 HY29LV160,其引脚分布如图 6.39 所示。

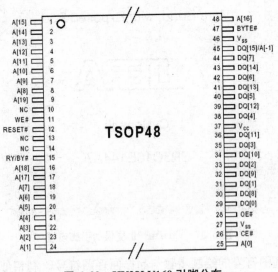

图 6.39　HY29LV160 引脚分布

根据真实的引脚分布画出 FLASH 的原理图符号。FLASH 原理图符号的绘制步骤参照晶振原理图符号绘制,如图 6.40 所示。

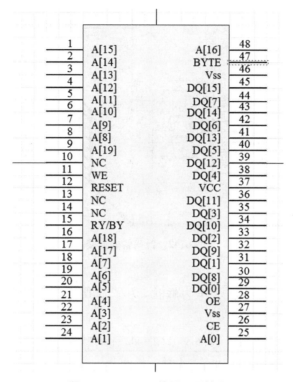

图 6.40　FLASH 的原理图符号

原理图绘制完成后载入器件封装,在元件的属性选项中对引脚进行编辑。HY57V641620 的封装可以在元件库中找到,选择 TSOP 封装,如图 6.41 所示。

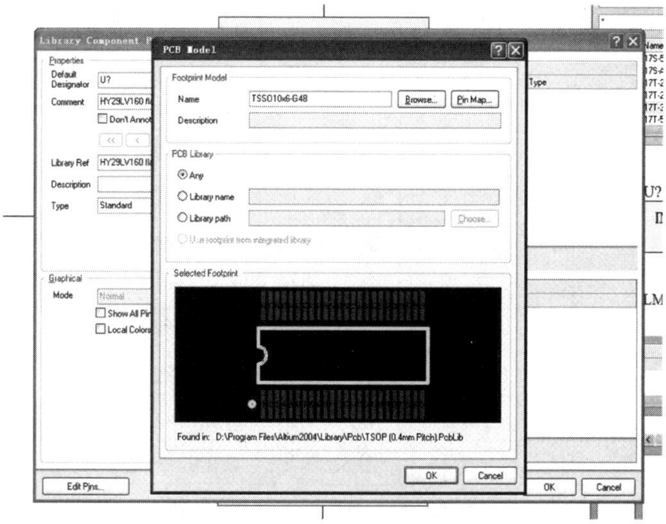

图 6.41　选择封装

6. 数码管

为了便于观察,可在电路里连接两个数码管,选择共阳数码管(4105),如图 6.42 所示。

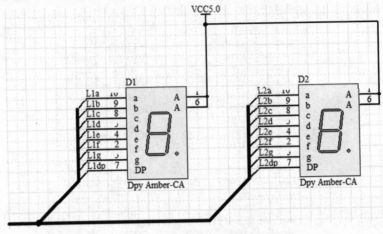

图 6.42　数码管的连接

7. 字符液晶显示

可选用一个 LCD 液晶显示作为输出,为了简便可选择 1602 字符液晶来显示。LCD1602 的引脚定义如表 6.9 所示。

表 6.9　LCD1602 引脚定义

引脚号	引脚名	电平	输入/输出	作用
1	VSS			电源地
2	VCC			电源
3	VIO			对比调整电压
4	RS	0/1	输入	0 表示输入,1 表示输出
5	R/W	0/1	输入	0 写入,1 读取
6	E	1,1->0	输入	使能信号,1 为读取信息,下降沿执行指令
7	DB0	0/1	输入/输出	数据总线
8	DB1	0/1	输入/输出	数据总线
9	DB2	0/1	输入/输出	数据总线
10	DB3	0/1	输入/输出	数据总线
11	DB4	0/1	输入/输出	数据总线
12	DB5	0/1	输入/输出	数据总线
13	DB6	0/1	输入/输出	数据总线
14	DB7	0/1	输入/输出	数据总线
15	A	VCC		LCD 背光电源正极
16	K	接地		LCD 背光电源负极

根据引脚定义连接，如图 6.43 所示。

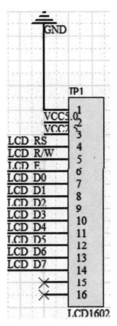

图 6.43　LCD 连接图(使用
Protel DXP 2004)

8. 开关电路

如图 6.44 所示的开关电路在这里作为一个输入器件，当按下开关时电平为 0，弹起时电平为 1。开关电路能在 FPGA 工作时输入相关的信号，从而为某些操作提供参数。

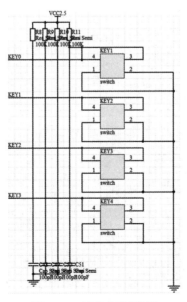

图 6.44　开关电路(使用
Protel DXP 2004)

9. PCB 设计

电路原理图绘制完后,打开 PCB 编译器,载入网络表和元器件封装。使用元器件自动布局,程序会根据默认的规则进行布局。若元器件的自动布局不能完全符合设计要求,还要设计者根据经验进行手工调整,参见图 6.45。

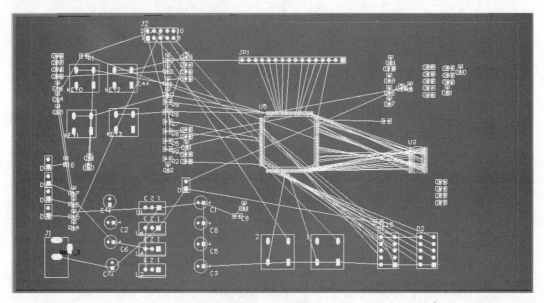

图 6.45　布局图

布局完成后可以观看网络密度分析图,颜色越深表示网络密度越大。设置好布线参数后便开始自动布线,布出如图 6.46 所示的结果。至此 PCB 板设计完成,可以送至厂家制作 PCB,然后焊接所有器件、调试开发板以及调整相关技术文档。

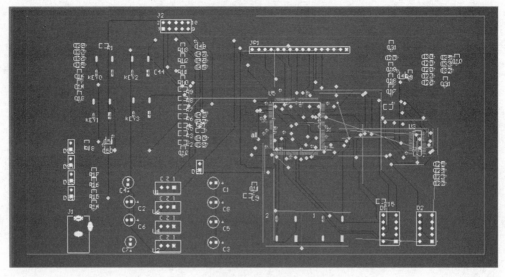

图 6.46　布线结果

6.4 Virtex 开发板的设计

6.4.1 Virtex FPGA 开发板简介

1. FPGA 开发板总体介绍

此 FPGA 开发板是做 64 位 MIPS 软核项目时设计的 Xilinx Virtex 系列 FPGA 评估工具,并附有一块具有丰富外设和配置端口的子板。该开发板主要用于调试验证 MIPS 嵌入式处理器的指令运行情况,也可用于 80 万门以下的各种 IP Core 的调试验证。

开发人员通过在算法级建立嵌入式处理器的模型,并保证其指令和流水线的正常运行,可将其转化为可综合的硬件描述语言,并通过 RTL 级的优化和适当的时序约束,使其达到更高的性能。结合 Xilinx 公司的 ISE 开发环境,进行综合和布局布线,通过 PC 并口进行下载配置并快速验证算法的可靠性。在子板上我们配置了一块 512 K×8 bits 的 FLASH,设有并口、USB、PS/2 和串口等多种通信方式,并有数码管以及 VGA 和 LCD 接口,为验证设计提供了丰富的显示方式。FPGA 容量可以达到 80 万门,能满足大部分嵌入式处理器内核的测试验证。

2. 功能特点

该主板只有主芯片和四排扩展 I/O 口,以及一排贴片 LED,其他各种通信接口以及数码管等都放在子板上,这种布局可以更容易定位错误,并使主板布局更合理。主板的功能特点如下:

① 电源丰富,5 V、3.3 V,晶振 50 MHz;

② 支持 JTAG 和从串等多种下载方式;

③ 主板有两个控制按键和 24 个贴片 LED。

子板的功能特点如下:

① 独立的电源输入,5 V、3.3 V、2.5 V 电源;

② JTAG 和 Slave Serial 等多种下载连接口;

③ 并口、串口、PS/2、USB 等多种通信接口;

④ 512 K×8 bits 的大容量 Flash;

⑤ 两个七段数码管;

⑥ 四个按钮输入;

⑦ VGA 接口和 LCD 可扩展接口。

3. 软硬件环境及安装

(1) 软件环境及安装

操作系统	Windows XP
集成设计环境	XILINX 公司 ISE 6.2i
后仿真工具	Mentor 公司 ModelSim 5.8b
综合工具	Synplicity 公司 Synplify Pro 7.7

安装完成后,需要新建工程,配置好所需仿真工具和综合工具。

(2) 硬件环境及安装

如图6.47所示,用下载电缆将PC机和开发板连接好,根据选择的下载方式配置,配置 M0、M1、M2,并接到对应的下载管脚即可。

图 6.47　从串下载配置方式

注意　如果只用主板调试,应先给主板上电,然后连接下载电缆;如果同时还需要用到子板,则还需要将子板的下载接口连到主板对应管脚,上电后再将子板的下载线接到PC机上。

(3) 下载配置及跳线说明

主板 Virtex 的下载配置模式如表6.10所示。

表 6.10　Virtex 下载配置模式

配置模式	M2	M1	M0	上拉
主串	DOWN	DOWN	DOWN	无
从串	UP	UP	UP	无
SelectMAP	UP	UP	DOWN	无
边界扫描	UP	DOWN	UP	无
主串(有上拉)	UP	DOWN	DOWN	有
从串(有上拉)	DOWN	UP	UP	有
SelectMAP(有上拉)	DOWN	UP	DOWN	有
边界扫描(有上拉)	DOWN	DOWN	UP	有

子板下载配置时,配置如表6.11所示。

表 6.11　子板下载配置模式

FPGA 配置	M0	M1	M2	PROG	JTAG	Sv_Srl	—	—
串行主模式	ON	ON	X	OFF	OFF	OFF	X	X
串行从模式	OFF	OFF	X	ON	OFF	ON	X	X
JTAG 方式	OFF	ON	X	ON	ON	OFF	X	X

4. 开发板插针分布及管脚定义

(1) FPGA 开发板插针分布图

主板在利用从串模式时,需要将 PROGRAM、INIT、DONE 三个上拉。如图6.48

所示。

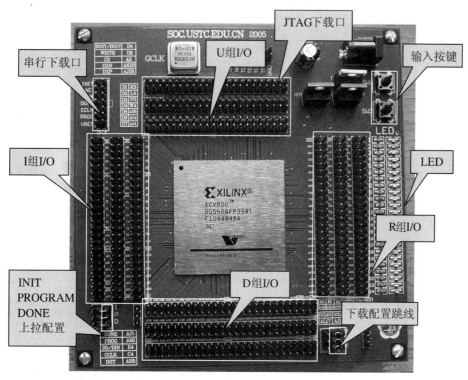

图 6.48 FPGA 主板插针分布图

（2）芯片各管脚定义

XCV800 芯片各管脚定义如图 6.49 所示，管脚说明如表 6.12 所示。

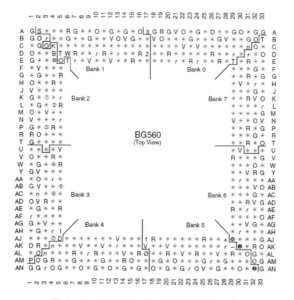

图 6.49 XCV800 的 BG560 管脚定义

表 6.12　BG560 管脚说明

信号名	引脚标号	I/O 类型	说明
GCK0	AL17	CLK	全局时钟输入
GCK1	AJ17	CLK	全局时钟输入
GCK2	D17	CLK	全局时钟输入
GCK3	A17	CLK	全局时钟输入
M0	AJ29	INPUT	指定配置方式
M1	AK30	INPUT	指定配置方式
M2	AN32	INPUT	指定配置方式
CCLK	C4	CLK(I/O)	配置时钟
PROGRAM	AM1	INPUT	初始化配置时序
DONE	AJ5	I/O	指示配置结束
INIT	AH5	I/O	指示对配置存储器初始化
BUSY/DOUT	D4	OUTPUT	用于 SelectMAP 和串行方式
D0/DIN	E4	I/O	配置数据输入管脚
D1	K3	I/O	配置数据输入管脚
D2	L4	I/O	配置数据输入管脚
D3	P3	I/O	配置数据输入管脚
D4	W4	I/O	配置数据输入管脚
D5	AB5	I/O	配置数据输入管脚
D6	AC4	I/O	配置数据输入管脚
D7	AJ4	I/O	配置数据输入管脚
WRITE	D6	INPUT	用于 SelectMAP 方式
CS	A2	INPUT	用于 SelectMAP 方式
TDI	D5	MIXED	JTAG 配置管脚
TDO	E6	MIXED	JTAG 配置管脚
TMS	B33	MIXED	JTAG 配置管脚
TCK	E29	MIXED	JTAG 配置管脚
DXN	AK29	N/A	温度感应管脚
DXP	AJ28	N/A	温度感应管脚
GND	A1, A7, A12, A14, A18, A20, A24, A29, A32, A33, B1, B6, B9, B15, B23, B27, B31, C2, E1, F32, G2, G33, J32, K1, P33, R32, T1, V33, W2, Y1, Y33, AB1,	GND	

续表

信号名	引脚标号	I/O 类型	说明
GND	AC32，AD33，AE2，AG1，AG32，AH2，AJ33，AL32，AM3，AM7，AM11，AM19，AM25，AM28，AM33，AN1，AN2，AN5，AN10，AN14，AN16，AN20，AN22，AN27，AN33	GND	
NO CONNECT	C31，AC2，AK4，AL3		

（3）主板4组插针定义

① U 组插针定义：U 组插针定义如表6.13所示。

表6.13 U 组插针定义

引脚标号	插针名称	说明
C7，C8，C9，C10，D12，C12，D16，C17，C18，D19，C21，D21，D24，C25，C26，C27，C28，C30，D31，A2，A3，A4，A5，A6，B7，A8，A9，B11，A13，A15，B16，C19，B20，B22，B24，A25，B26，A27，B29，B30，B4，B5，D7，D8，B8，E10，B10，A11，D15，B17，A19，C20，B21，A23，E24，B25，D26，A28，D29，A31	普通 I/O	直接作输入输出
D5，E6，D6	JTAG 配置管脚	边界扫描输入时作配置
A17，D17	全局时钟	作 FPGA 的工作输入时钟
C4	配置时钟	

② D 组插针定义：D 组插针定义如表6.14所示。

表6.14 D 组插针定义

引脚标号	插针名称	说明
AM4，AM6，AL6，AK7，AM9，AK10，AL11，AL12，AM13，AM14，AM16，AL18，AL19，AN19，AJ19，AK22，AL24，AM24，AL25，AK27，AL28，AN31，AM29，AN29，AN28，AM26，AN26，AM23，AN23，AM22，AN21，AM20，AM18，AN17，AM17，AN15，AN13，AM12，AN11，AM10，AN9，AM8，AN7，AN6，AM5，AL4，AN3，AK5，AK6，AL7，	普通 I/O	直接做输入输出

续表

引脚标号	插针名称	说明
AL8,AK9,AL10,AK12,AK13,AL13,AK15,AL16,AK18,AJ18,AK19,AL20,AJ22,AK23,AJ23,AK26,AJ27,AK28,AM31	普通 I/O	直接做输入输出
AL17,AJ17	全局时钟	做 FPGA 的工作输入时钟
AJ5	DONE	
AJ29,AK30,AN32	M0,M1,M2	下载配置
AJ28,AK29,AL3	DXP,DXN,N/A	

③ L 组插针定义：L 组插针定义如表 6.15 所示。

表 6.15　L 组插针定义

引脚标号	插针名称	说明
C1,E3,F1,H5,K5,M5,M2,P5,R5,R3,T3,U2,V4,W5,AA3,AD4,AE4,AF1,AF5,AJ1,AH4,L1,AK2,AG2,AG5,AF3,AF2,AD5,AA4,Y5,V5,U4,U3,T4,T5,N3,M4,L5,J4,J5,G1,D2,F4,G4,H4,K4,L1,N2,P4,R1,T2,U1,V2,AA1,AC1,AE1,AE5,AF4,AH1,AK3	普通 I/O	直接做输入输出
D4,AM1,AH5	BUSY/DOUT,PROGRAM,INIT	配置管脚
E4,K3,L4,P3,W4,AB5,AC4,AJ4	D0,D7	
AC2	N/A	

④ R 组插针定义：R 组插针定义如表 6.16 所示。

表 6.16　R 组插针定义

引脚标号	插针名称	说明
E30,E33,G30,H32,H31,J29,M30,P29,P31,R31,T31,U31,U32,W33,AA33,AA30,AC31,AE32,AE30,AF29,AH31,AJ32,AJ30,AL33,AK32,AH32,AH33,AG33,AF32,AE33,AC33,AA33,Y32,V32,U33,T32,R33,P32,M32,L33,L32,J33,H33,G32,F33,D32,C33,F30,F31,G31,H29,J30,L29,M31,P30,R30,T29,T30,V31,V30,W31,W30,AB30,AD31,AE31,AG30,AG29,AH30,AJ31,AK31	普通 I/O	直接做输入输出
E29,B33	TCK,TMS	JTAG 配置管脚

（4）子板插针分布及定义

子板插针分布及定义如图 6.50 所示。

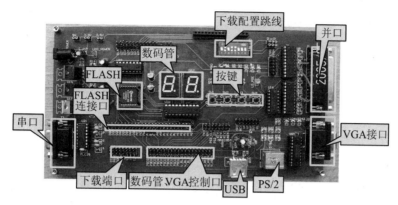

图 6.50　子板模块插针分布图

6.4.2　Virtex 开发板调试流程

1. 新建工程

在 ISE 6.2 中建立一个用来下载调试的工程,将我们自行设计的 MIPS 处理器所含模块以及指令 MEM、数据 MEM 和显示模块加载到工程中,加载后如图 6.51 所示(以跑马灯测试程序为例)。

测试程序如下:

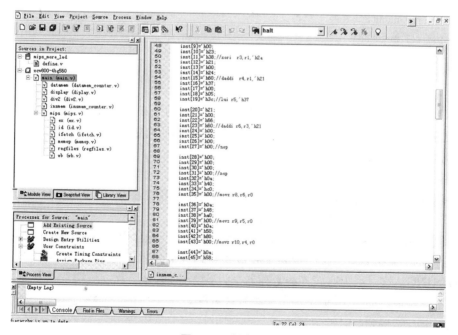

图 6.51　新建工程

```
lui    r1,ʹh0b
daddi r2,r1,ʹh0b
xori   r3,r1,ʹh2a
daddi r4,r1,ʹh21
xori   r5,r4,ʹh1b
daddi r6,r3,ʹh21
ori    r7,r4,ʹh01
daddi r7,r7,ʹh20
lui    r8,ʹh42
movz r9,r5,r0
movz r10,r4,r0
movz r11,r3,r0
movz r12,r2,r0
movz r13,r1,r0
sd    r1,mem[8]
sd    r2,mem[16]
sd    r3,mem[24]
sd    r4,mem[32]
sd    r5,mem[40]
sd    r6,mem[48]
sd    r7,mem[56]
sd    r8,mem[64]
sd    r9,mem[72]
sd    r10,mem[80]
sd    r11,mem[88]
sd    r12,mem[96]
sd    r13,mem[104]
halt
```

测试程序存储在指令 MEM 中,工程的输出信号是两个 8 位输出端口,以及一个指示信号。其显示的是处理器计算结果保存到数据 MEM 中的所有数据,输出频率做了分频处理,以利于观察。

2. 综合

在绑定管脚之前,需要首先进行综合。时序约束加得较紧时,会增加综合的时间;如果不加约束,综合时间一般为 25 分钟左右。

直接双击"Process View"中的"synthesize"进行综合,综合中的情形如图 6.52 所示。

综合后的约束报告对系统时钟频率和最大延迟等信息做了详细叙述,这其中会有较多的 WARNING。这是因为有较多的寄存器是为 64 位的运算以及以后增加指令而预先加入的,这并不影响最后的结果,但会浪费一些硬件资源。

未加约束时,得到的时钟信息:

Starting Clock	Estimated Frequency	Clock Type
main|clk	232.5 MHz	inferred

main｜display. clk_x_inferred_clock　　　100.8 MHz　　　　　　　inferred

main｜div2. clk1_inferred_clock　　　　17.7 MHz　　　　　　　inferred

当然这些时序信息只是估计,只有在布局布线后才能得到更准确的时序信息。

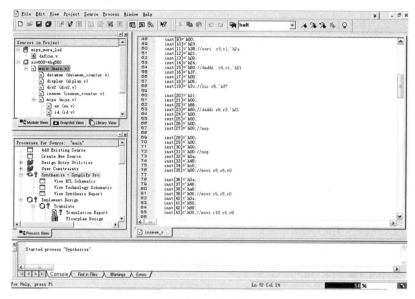

图 6.52　综合中

3. 绑定管脚

综合后,在"Process View"中的"User Constraint"下拉菜单中有"Assign Package Pins",双击打开后,可看到 FPGA 器件的各种可用 I/O,将时钟、复位以及输出信号绑定好后,保存即可得到如图 6.53 所示,管脚对应的顺序如表 6.17 所示。

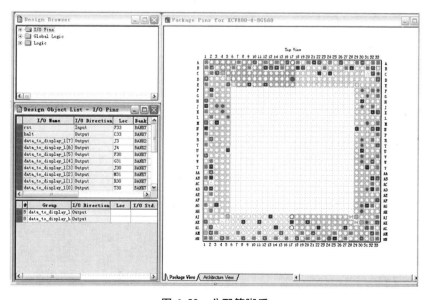

图 6.53　分配管脚后

表 6.17 管脚对应信号

信号	管脚名称
CLK	D17
RST	F33
HALT	C33
DATA_TO_DISPLAY_L[7]	J3
DATA_TO_DISPLAY_L[6]	J4
DATA_TO_DISPLAY_L[5]	F30
DATA_TO_DISPLAY_L[4]	G31
DATA_TO_DISPLAY_L[3]	J30
DATA_TO_DISPLAY_L[2]	M31
DATA_TO_DISPLAY_L[1]	R30
DATA_TO_DISPLAY_L[0]	T30
DATA_TO_DISPLAY_H[7]	K4
DATA_TO_DISPLAY_H[6]	L5
DATA_TO_DISPLAY_H[5]	AK31
DATA_TO_DISPLAY_H[4]	AH30
DATA_TO_DISPLAY_H[3]	AG30
DATA_TO_DISPLAY_H[2]	AD31
DATA_TO_DISPLAY_H[1]	W30
DATA_TO_DISPLAY_H[0]	V30

4. 映射

双击"Process View"中"Implement Design"下的"Map",进行映射,将综合后的网表文件映射为对应的 FPGA 资源。

其中的 Map Report 可以看到程序所占的资源比例。

Design Summary

Number of errors: 0

Number of warnings: 30

Logic Utilization:

  Total Number Slice Registers: 2,967 out of 18,816   15%

    Number used as Flip Flops: 2,935

    Number used as Latches: 32

  Number of 4 input LUTs: 13,715 out of 18,816   72%

Logic Distribution:

  Number of occupied Slices: 8,075 out of   9,408   85%

  Number of Slices containing only related logic: 8,075 out of   8,075   100%

  Number of Slices containing unrelated logic: 0 out of   8,075   0%

　*See NOTES below for an explanation of the effects of unrelated logic

Total Number 4 input LUTs：　　　　14,441 out of 18,816　76%

　　　　Number used as logic：　　　　　　13,715

　　　　Number used as a route-thru：　　　136

　　　　Number used for Dual Port RAMs：　576

　　　　(Two LUTs used per Dual Port RAM)

　　　　Number used as 16x1 ROMs：　　　　　14

　　Number of bonded IOBs：　　　　18 out of　404　　4%

　　Number of GCLKs：　　　　　　　4 out of　　4　100%

　　Number of GCLKIOBs：　　　　　1 out of　　4　25%

　　　Number of RPM macros：　　　1

　Total equivalent gate count for design：170,214

　Additional JTAG gate count for IOBs：912

　Peak Memory Usage：　207 MB

5. 布局布线

双击"Process View"中"Implement Design"下的"Place & Route"，进行布局布线。这时候，可以选中工程中的"TESTBENCH"，进行布局布线后的仿真，这时候的仿真更准确，可以看到相应的布线延时对计算结果的时序影响。

6. 生成烧写文件

双击"Process View"中"Generate Programming File"，生成相应的烧写文件。

7. 下载

在"Generate Programming File"下拉菜单中选中"Configure Device"，调出"iMPACT"，下载方式选择"Slave Serial"方式，选中刚刚生成的 bit 文件，即可得到如图 6.54 所示的结果。

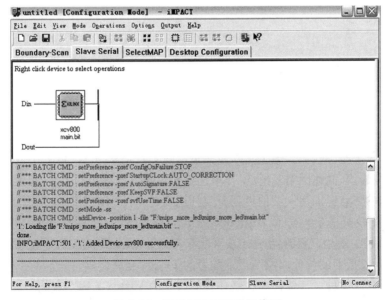

图 6.54　调出 iMPACT 进行烧写

右键点击器件,选择"program",则可看到相应的下载进程,当下载成功后,会有如图 6.55 所示的提示。

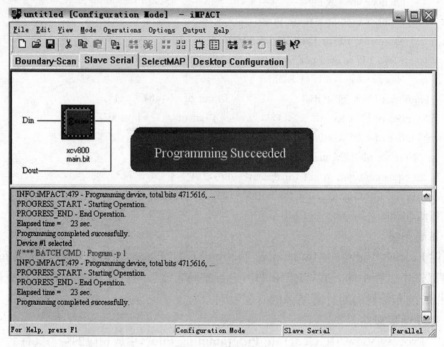

图 6.55　烧写成功

8. 观察运行结果

烧写成功后,会看到相应的 halt 信号对应的管脚变亮,然后根据绑定的管脚,可以看到 LED1 时钟为亮(HALT 控制),偶数位的 LED 逐个变亮,当 12 个灯都亮后,再逐个熄灭,跑马灯程序结束。

6.5　Virtex-6 双子星开发板的设计

SoC 设计对于原型验证提出了越来越高的要求,如何提供一种可重配置的原型验证平台,以适应无线通信、高速网络、计算机体系结构研究等方面提出的要求,已经成为学术界和工业界所关注的热点。加州大学伯克利分校利用多片可重构的 FPGA 芯片,并为其提供丰富的互联和接口资源,开发了 BEEcube 平台。我们因为项目的需要,学习和改进了 BEEcube 的架构。本小节将介绍了一款采用了双 Virtex-6 FPGA 的原型验证的开发平台的设计,包括开发板卡的设计以及与板卡配套的 FPGA 互联协议;另外,对 FPGA 布局布线算法进行了研究。这种设计架构和思路在我们后续的 Virtex-7 FPGA 的验证平台上得以延续和发展。

6.5.1　双子星 PCB 级的设计

1. 验证平台板卡的架构

Gemini-1 FPGA 原型验证平台的设计目标是用高性能的 FPGA 组成复杂系统,实现复杂的数据处理功能。其主要方向是多 FPGA 的配置和实现其高速互联,并为在 FPGA 中进行的复杂计算提供足够的带宽和存储支持。

Gemini-1 包括 2 片 Xilinx XC6VLX365T-1FFG1156 芯片,连接有 FMC(FPGA Mezzanine Card)HPC(High Pin Count)及 LPC(Low Pin Count),DDR3 SDRAM 等接口。2 片 FPGA 之间有 8 路 GTX 收发器和 320 根 I/O 线。总体架构如图 6.56 所示。

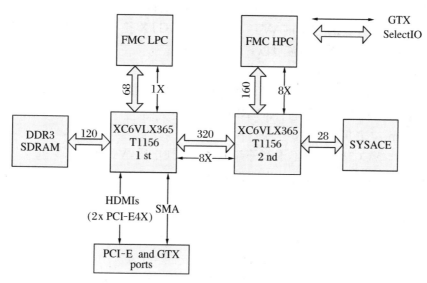

图 6.56　PCB 架构图

板卡中包含两片 XC6VLX365T 的 Virtex-6 FPGA,本设计提供了大量的 FPGA 间互联资源(320 根物理连线)。对于第一片 FPGA,配有 DDR3 的 SDRAM 内存和 FMC 协议的 LPC 接口,提供了 PCI-E 接口和 GTX 接口;对于第二片 FPGA 则提供了 FMC 协议的 HPC 接口,还连接了 SystemACE 的配置芯片,已提供除了 JTAG 模式之外的第二种配置模式。

以下分别从电源方案、时钟方案、FPGA 配置模式、内存设计、PCI-E 接口设计、FMC 接口设计六个部分对验证平台的设计加以具体介绍。

注意　验证板并不直接提供 PCI-E 接口,而是通过子板实现,二者之间使用 HDMI 线缆或者 PCIE-CABLE 连接。

2. 器件选择方案

(1) 电源

芯片需求:XC6VLX365T。

① VCCINT。VCCINT 提供 FPGA 内部逻辑工作电压,典型值 VCCINT = 1.0 V。典型电流值为 Imax = 20 A。

② VCCAUX。VCCAUX 为辅助电源,典型值 VCCAUX = 2.5 V。典型电流值为

Imax＝1.5 A。

③ VCCO。VCCO 是每个 bank 的 I/O 电压,包括 1.2 V,1.5 V,1.8 V,2.5 V。

VCCO_0 是第一个 bank 的 I/O 电压,因为这个 bank 中有 JTAG 信号,所以 VCCO_0＝2.5 V。

④ 电源的启动顺序。Virtex-6 的启动顺序要求为 VCCINT、VCCAUX、VCCO。相应的,在掉电时,VCCO 也要优先于 VCCAUX;或者,二者用相同的电源驱动,同时掉电。

⑤ MGTAVCC。MGTAVCC 是 GTX 接口的模拟电源接口,典型值 MGTAVCC＝1 V。典型电流值为 Imax＝0.8 A,对于每条线路而言的。

⑥ MGTAVTT。MGTAVTT 是 GTX 接口的模拟电源终端接口,典型值 MGTAV＝1.2 V。典型电流值为 Imax＝0.8 A,对于每条线路而言的。

⑦ MGTAVTTRCAL。MGTAVTTRCAL 供给 GTX 接口的电阻测量回路。典型值 MGTAVTTRCAL＝1.2 V。电流可以忽略不计。

(2)DDR3 内存

① VDD。VDD 是 DDR3 内存的电源接口。典型值 VDD＝1.5 V。

② VREF。VREF 的参考电平。VREF＝0.75 V。

(3) System ACE 配置芯片

① VCCH。VCCH 提供 CF 卡和外部 JTAG 工作电压,VCCH＝3.3 V。

② VCCL。VCCL 提供核心和内部 JTAG 工作电压,VCCL＝2.5 V。

(4) FMC HPC Connector

① VADJ。VADJ 为管脚电压的参考电平,对于 V6 器件,VADJ＝2.5 V,Imax＝4 A。3P3V:3P3V 为 FMC 卡提供 3.3 V 的供电,Imax＝3 A。

12P0V:12P0V 为 FMC 卡提供 12 V 的供电,Imax＝1 A。

② VIO_B_M2C。由 FMC 卡生成,提供给 FPGA 用于 bank B 的引脚参考电压。

(5) FMC LPC Connector

VADJ。VADJ 为管脚电压的参考电平,对于 V6 器件,VADJ＝2.5V,Imax＝2A。

3P3V。3P3V 为 FMC 卡提供 3.3 V 的供电,Imax＝3 A。

12P0V。12P0V 为 FMC 卡提供 12 V 的供电,Imax＝1 A。

3. 电源设计

本设计所采用的电源方案来自 Xilinx 官方评估套件 ML505 所使用的方案,以及 TI 针对 Xilinx Virtex-6 提出的参考设计。

系统采用 12 V 的外部电源;使用 TI 公司 PTH 系列电源方案。

PTH08T250W:提供 1 V 电压,最大电流 50 A,至 VCCint。

PTH08T220W:提供 2.5 V 电压,最大电流 16 A,至 FPGA 的 VCCaux 和 FMC Connector 的 VADJ。

PTH08T240W:提供 1.5 V 电压,最大电流 10 A,至 DDR3 的 VCCO。

PTH08T220W:提供 3.3 V 电压,至 System ACE 的 VCCH 和 FMC connector 的 3P3V。

TPS51200:提供 0.75 V 电压,至 DDR3 的终端电压,每条 DDR3 内存单独供电。

PTH08T240W：提供 1 V 电压，最大 10 A 电流，至 GTX 电源 MGTAVCC。

PTH08T240W：提供 1.2 V 电压，最大 10 A 电流，至 GTX 电源 MGTAVTT 及 GMTAVTTRCAL。

TPS3808：提供电源启动的时延。

注意 采用此供电方案，可保障全部器件同时工作时的最大电流需求，结构框图如图 6.57 所示。

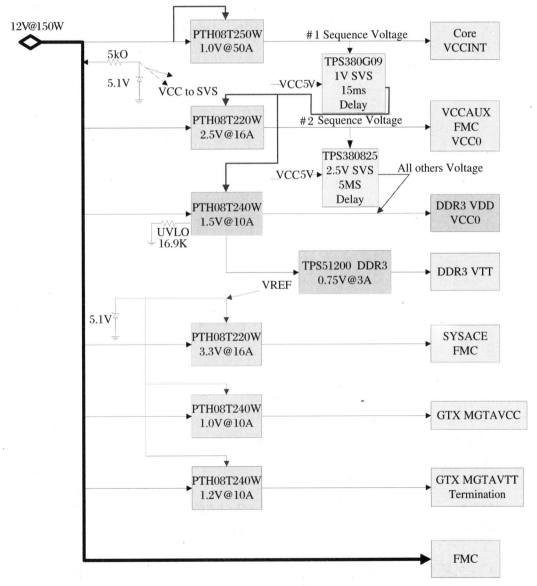

图 6.57 电源结构图(使用 Cadence)

4. 时钟

芯片对时钟需求如下：

(1) FPGA：200 MHz；

(2) System ACE:33 MHz;

(3) STM32:33 MHz;

(4) 内部互联 GTX 通道:100 MHz、250 MHz;

(5) DDR3 内存:400 MHz;

(6) PCI-E:100 MHz、250 MHz;

(7) 外部时钟:① SiT9102AI-243N25E200.00000,支持 200 MHz 频率,LVDS 差分输出和 2.5 V 工作电压;② SiT8102AN-34-25E33.00000,支持 33 MHz 频率,LVCMOS 单端输出和 2.5 V 工作电压;③ SiT9102AI-243N25E100.00000,支持 100 MHz 频率,LVDS 差分输出和 2.5 V 工作电压。

我们设计的时钟框图如图 6.58 所示。

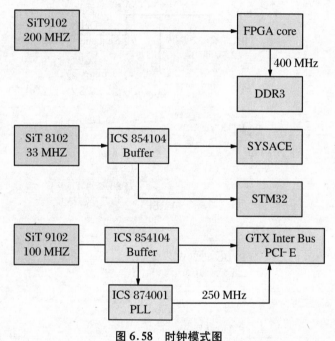

图 6.58　时钟模式图

5. 配置模式

JTAG 配置模式图如图 6.59 所示。

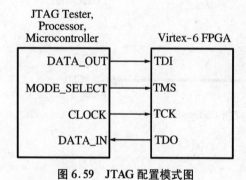

图 6.59　JTAG 配置模式图

单器件 JTAG 连接方式图如图 6.60 所示。

在我们的验证平台中,有两片 Virtex-6 FPGA,所以要采用多器件连接方式,如图 6.61 所示。

因为 JTAG 无法支持太多器件的扇出,故 JTAG 链需要注意 TMS 和 TCK 的缓存。

System ACE 配置模式简介:Xilinx 公司开发的 System ACE 环境给 FPGA 提供了一个高容量、低价格的配置方案。System ACE 包括两大部分,一部分是 ACE 控制器,另一部分就是 CF 卡。System ACE 把配置 FPGA 的配置信息存储到 CF 卡中,通过 JTAG 协议配置到 FPGA 中;此外,CF 卡可以作为 FPGA 的外设,存储其他信息,参见图 6.62。

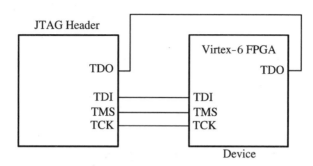

图 6.60　单器件 JTAG 连接图

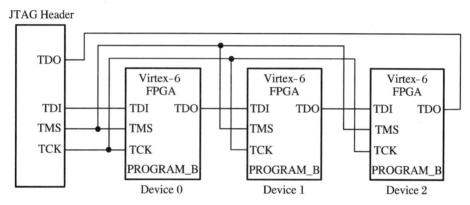

图 6.61　多器件 JTAG 连接图

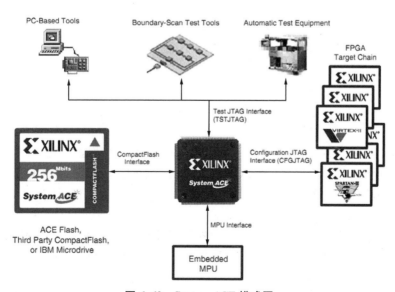

图 6.62　System ACE 模式图

验证平台中的配置流程图如图 6.63 所示。

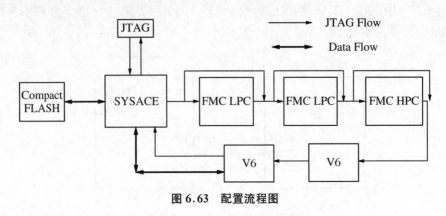

图 6.63　配置流程图

6. 内存

内存采用 Micron SO-DIMM DDR3 1 GB 内存,型号 MT8JSF12864HZ-1G1F1。

7. PCIE 信号和子板

验证平台的主板卡采用 18 层的层叠结构,而 PCIE 接口要求限制板卡的厚度,故采用子板卡和 PC 机主板连接,通过 HDMI 线缆或者 PCIE-Cable 把子板卡和主板卡连接起来。

对于 PCIE-Cable 的连接方案,在子板卡上需要把差分对和对应的时钟信号从 PCIE-Cable 的接口和 PCIE 金手指对应的引脚相连;在主板卡上要把 PCIE-Cable 的接口和 FP-GA 上的 PCIE 收发器相连。

对于 HDMI 线缆的连接方案,由于 PCIE 接口的信号为高速信号,故在子板卡上采用 DS50PCI402 芯片来改善信号完整性,即子板卡上的 HDMI 信号通过 DS50PCI402 芯片转换为 PCIE 信号,再与 PCIE 金手指相连;在主板卡上则同样经过 DS50PCI402 芯片将 HD-MI 接口与 FPGA 的 I/O 连接起来。子板卡的模式如图 6.64 所示。

8. FMC 接口

FMC(FPGA Mezzanine Card)标准由包括 FPGA 厂商和最终用户在内的公司联盟开发,属于 ANSI 标准,旨在为基础板卡上的 FPGA 提供标准的夹层卡尺寸、连接器和模块接口。I/O 接口与 FPGA 的剥离,不仅仅简化了 I/O 接口模块的设计,同时还能最大化板卡的重复使用率。FMC 具有如下的优点:

(1) 数据吞吐量:支持高达 10 Gb/s 的信号传输速率,夹层卡和载卡之间潜在总带宽达 40 Gb/s。

(2) 时延:消除了协议开销,避免了时延问题,确保确定性数据交付。

(3) 简化设计:无需详细地了解 PCI、PCI Express®或 Serial Rapid IO 等协议标准。

(4) 系统开销:通过简化系统设计降低了功耗,缩短了工程设计时间,并缩减了 IP 核及材料成本。

(5) 设计重复使用:不管是采用定制的内部板设计还是商用成品(COTS)夹层卡或载卡,FMC 标准有助于将现有的 FPGA/载卡设计重新用到新的 I/O 上,而只需更换 FMC 模块并对 FPGA 设计略作调整即可。

FMC 接口有 HPC 和 LPC 两种标准,提供了两种不同引脚数的接口供用户选用。其引脚规定分别如图 6.65、图 6.66 所示。

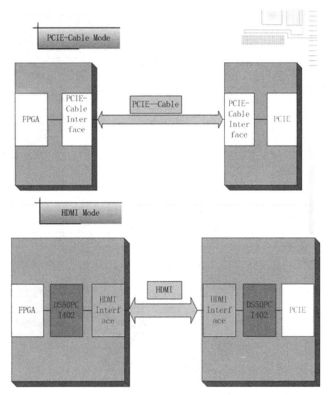

图 6.64　子板卡模式图

	K	J	H	G	F	E	D	C	B	A
1	VREF_B_M2C	GND	VREF_A_M2C	GND	PG_M2C	GND	PG_C2M	GND	RES1	GND
2	GND	CLK1_C2M_P	PRSNT_M2C_L	CLK0_C2M_P	GND	HA01_P_CC	GND	DP0_C2M_P	GND	DP1_M2C_P
3	GND	CLK1_C2M_N	GND	CLK0_C2M_N	GND	HA01_N_CC	GND	DP0_C2M_N	GND	DP1_M2C_N
4	CLK1_M2C_P	GND	CLK0_M2C_P	GND	HA00_P_CC	GND	GBTCLK0_M2C_P	GND	DP9_M2C_P	GND
5	CLK1_M2C_N	GND	CLK0_M2C_N	GND	HA00_N_CC	GND	GBTCLK0_M2C_N	GND	DP9_M2C_N	GND
6	GND	HA03_P	GND	LA00_P_CC	GND	HA05_P	GND	DP0_M2C_P	GND	DP2_M2C_P
7	HA02_P	HA03_N	LA02_P	LA00_N_CC	HA04_P	HA05_N	GND	DP0_M2C_N	GND	DP2_M2C_N
8	HA02_N	GND	LA02_N	GND	HA04_N	GND	LA01_P_CC	GND	DP8_M2C_P	GND
9	GND	HA07_P	GND	LA03_P	GND	HA09_P	LA01_N_CC	GND	DP8_M2C_N	GND
10	HA06_P	HA07_N	LA04_P	LA03_N	HA08_P	HA09_N	GND	LA06_P	GND	DP3_M2C_P
11	HA06_N	GND	LA04_N	GND	HA08_N	GND	LA05_P	LA06_N	GND	DP3_M2C_N
12	GND	HA11_P	GND	LA08_P	GND	HA13_P	LA05_N	GND	DP7_M2C_P	GND
13	HA10_P	HA11_N	LA07_P	LA08_N	HA12_P	HA13_N	GND	LA10_P	GND	DP7_M2C_N
14	HA10_N	GND	LA07_N	GND	HA12_N	GND	LA09_P	LA10_N	GND	DP4_M2C_P
15	GND	HA14_P	GND	LA12_P	GND	HA16_P	LA09_N	LA10_N	GND	DP4_M2C_N
16	HA17_P_CC	HA14_N	LA11_P	LA12_N	HA15_P	HA16_N	GND	DP6_M2C_P	GND	
17	HA17_N_CC	GND	LA11_N	GND	HA15_N	GND	LA13_P	GND	DP6_M2C_N	GND
18	HA21_P	HA18_P	GND	LA16_P	GND	HA20_P	LA13_N	LA14_P	GND	DP5_M2C_P
19	HA21_N	HA18_N	LA15_P	LA16_N	HA19_P	HA20_N	GND	LA14_N	GND	DP5_M2C_N
20	GND	HA15_N	GND	HA19_N	LA17_P_CC	GND	GBTCLK1_M2C_P	GND		
21	GND	HA22_P	GND	LA20_P	GND	HB03_P	LA17_N_CC	GND	GBTCLK1_M2C_N	GND
22	HA23_P	HA22_N	LA19_P	LA20_N	HB02_P	HB03_N	GND	LA18_P_CC	GND	DP1_C2M_P
23	HA23_N	GND	LA19_N	GND	HB02_N	GND	LA23_P	LA18_N_CC	GND	DP1_C2M_N
24	GND	HB01_P	GND	LA22_P	GND	HB05_P	LA23_N	GND	DP9_C2M_P	GND
25	HB00_P_CC	HB01_N	LA21_P	LA22_N	HB04_P	HB05_N	GND	GND	DP9_C2M_N	GND
26	HB00_N_CC	GND	LA21_N	GND	HB04_N	GND	LA26_P	LA27_P	GND	DP2_C2M_P
27	GND	HB07_P	GND	LA25_P	GND	HB09_P	LA26_N	LA27_N	GND	DP2_C2M_N
28	HB06_P	HB07_N	LA24_P	LA25_N	HB08_P	HB09_N	GND	DP8_C2M_P	GND	
29	HB06_N_CC	GND	LA24_N	GND	HB08_N	GND	TCK	GND	DP8_C2M_N	GND
30	GND	HB11_P	GND	LA29_P	GND	HB13_P	TDI	SCL	GND	DP3_C2M_P
31	HB10_P	HB11_N	LA28_P	LA29_N	HB12_P	HB13_N	TDO	SDA	GND	DP3_C2M_N
32	HB10_N	GND	LA28_N	GND	HB12_N	GND	3P3VAUX	GND	DP7_C2M_P	GND
33	GND	HB15_P	GND	LA31_P	GND	HB19_P	TMS	GND	DP7_C2M_N	GND
34	HB14_P	HB15_N	LA30_P	LA31_N	HB16_P	HB19_N	TRST_L	GA0	GND	DP4_C2M_P
35	HB14_N	GND	LA30_N	GND	HB16_N	GND	GA1	GND	DP4_C2M_N	GND
36	GND	HB18_P	GND	LA33_P	GND	HB20_P	VCC	GND	DP6_C2M_P	GND
37	HB17_P_CC	HB18_N	LA32_P	LA33_N	HB20_P	HB21_P	GND	DP6_C2M_N	GND	
38	HB17_N_CC	GND	LA32_N	GND	HB20_N	GND	GND	GND	DP5_C2M_P	GND
39	GND	VIO_B_M2C	GND	VADJ	GND	VADJ	GND	GND	DP5_C2M_N	GND
40	VIO_B_M2C	GND	12PO	GND	12PO	GND	GND	GND	RES0	GND

图 6.65　HPC 引脚规定图

在本验证平台的设计中,提供了 HPC 和 LPC 两种接口的支持,分别连接至两片 FPGA 的 I/O 引脚。

	K	J	H	G	F	E	D	C	B	A
1	VREF_B_M2C	GND	VREF_A_M2C	GND	PG_M2C	GND	PG_C2M		RES1	
2	GND	CLK1_C2M_P	PRSNT_M2C_L	CLK0_C2M_P	GND	HA01_P_CC	GND	DP0_C2M_P	GND	DP1_M2C_P
3	GND	CLK1_C2M_N	GND	CLK0_C2M_N	GND	HA01_N_CC	GND	DP0_C2M_N	GND	DP1_M2C_N
4	CLK1_M2C_P	GND	CLK0_M2C_P	GND	HA00_P_CC	GND	GBTCLK0_M2C_P	GND	DP9_M2C_P	GND
5	CLK1_M2C_N	GND	CLK0_M2C_N	GND	HA00_N_CC	GND	GBTCLK0_M2C_N	GND	DP9_M2C_N	GND
6	GND	HA03_P	GND	LA00_P_CC	GND	HA05_P	GND	DP0_M2C_P	GND	DP2_M2C_P
7	HA02_P	HA03_N	LA00_N_CC	GND	HA04_P	HA05_N	GND	DP0_M2C_N	GND	DP2_M2C_N
8	HA02_N	GND	LA02_P	LA03_P	HA04_N	GND	LA01_P_CC	GND	DP8_M2C_P	GND
9	HA07_P	GND	LA02_N	LA03_N	HA09_P	GND	LA01_N_CC	GND	DP8_M2C_N	GND
10	HA06_P	HA07_N	GND	GND	HA08_P	HA09_N	GND	LA06_P	GND	DP3_M2C_P
11	HA06_N	GND	LA04_P	GND	HA08_N	GND	LA05_P	LA06_N	GND	DP3_M2C_N
12	GND	HA11_P	LA04_N	LA08_P	GND	HA13_P	LA05_N	GND	DP7_M2C_P	GND
13	HA10_P	HA11_N	LA07_P	LA08_N	HA12_P	HA13_N	GND	GND	DP7_M2C_N	GND
14	HA10_N	GND	LA07_N	GND	HA12_N	GND	LA09_P	LA10_P	GND	DP4_M2C_P
15	GND	HA14_P	GND	LA12_P	GND	HA16_P	LA09_N	LA10_N	GND	DP4_M2C_N
16	HA17_P_CC	HA14_N	LA11_P	LA12_N	HA15_P	HA16_N	GND	GND	DP6_M2C_P	GND
17	HA17_N_CC	GND	LA11_N	GND	HA15_N	GND	LA13_P	GND	DP6_M2C_N	GND
18	HA21_P	HA18_P	LA15_P	LA16_P	GND	HA20_P	LA13_N	LA14_P	GND	DP5_M2C_P
19	HA21_N	HA18_N	LA15_N	LA16_N	HA19_P	HA20_N	GND	LA14_N	GND	DP5_M2C_N
20	GND	HA22_P	GND	LA19_P	HA19_N	GND	LA17_P_CC	GND	GBTCLK1_M2C_P	
21	HA23_P	HA22_N	LA20_P	LA20_N	HB03_P	HB03_N	LA17_N_CC	GND	GBTCLK1_M2C_N	
22	HA23_N	GND	LA19_P	GND	HB02_P	HB02_N	LA23_P	LA18_P_CC	GND	DP1_C2M_P
23	HA23_N	GND	LA19_N	GND	HB02_N	GND	LA23_P	LA18_N_CC	GND	DP1_C2M_N
24	GND	HB01_P	LA22_P	LA22_N	HB05_P	HB05_N	LA23_N	GND	DP9_C2M_P	GND
25	HB00_P_CC	HB01_N	LA21_P	LA22_N	HB04_P	HB05_N	GND	GND	DP9_C2M_N	GND
26	HB00_N_CC	GND	LA21_N	GND	HB04_N	GND	LA26_P	LA27_P	GND	DP2_C2M_P
27	HB07_P	GND	LA25_P	LA25_N	HB09_P	GND	LA26_N	LA27_N	GND	DP2_C2M_N
28	HB06_P_CC	HB07_N	LA24_P	GND	HB08_P	HB09_N	GND	GND	DP6_C2M_P	GND
29	HB06_N_CC	GND	LA24_N	LA29_P	HB08_N	GND	TCK	GND	DP6_C2M_N	GND
30	GND	HB11_P	GND	LA29_N	GND	HB13_P	TDI	SCL	GND	DP3_C2M_P
31	HB10_P	HB11_N	LA28_P	LA29_N	HB12_P	HB13_N	TDO	SDA	GND	DP3_C2M_N
32	HB10_N	GND	LA28_N	LA31_P	HB12_N	GND	3P3VAUX	GND	DP7_C2M_P	GND
33	GND	HB15_P	GND	LA31_P	GND	HB19_P	TMS	GND	DP7_C2M_N	GND
34	HB14_P	HB15_N	LA30_P	LA31_N	HB16_P	HB19_N	TRST_L	GA0	GND	DP4_C2M_P
35	HB14_N	GND	LA30_N	GND	HB16_N	GND	GA1	GND	GND	DP4_C2M_N
36	GND	HB18_P	GND	LA33_P	GND	HB21_P	GND	GND	DP5_C2M_P	GND
37	HB17_P_CC	HB18_N	LA32_P	LA33_N	HB20_P	HB21_N	GND	GND	DP6_C2M_P	GND
38	HB17_N_CC	GND	LA32_N	GND	HB20_N	GND	GND	GND	DP5_C2M_N	GND
39	GND	VIO_B_M2C	GND				GND	GND	GND	DP5_C2M_N
40	VIO_B_M2C	GND					GND		RES0	GND
		LPC Connector	LPC Connector	LPC Connector			LPC Connector	LPC Connector		

图 6.66　LPC 引脚规定图

6.5.2　PCB 的信号完整性考虑

开发板的工作频率达 500 MHz,DDR3 内存的工作频率则有 667 MHz,还有众多其他的工作频率在 1 GHz 以上的高速接口。根据信号完整性理论,需要考虑信号完整性问题及 PCB 的高频效应。

开发板中留出了大量的 FPGA 之间的互联资源,为了布通这些互联线就必须增加 PCB 板卡的层数。而由于开发板中包含 PCI-Express 接口,根据 PCI-Express 标准,必须对板卡的厚度做出严格要求,而较薄的板卡则要求层间互联线的线宽降低,成品率也会下降。二者产生了矛盾。

1. 信号完整性问题

在现代的信号完整性理论中,该问题被分解为三个部分,即信号完整性(Signal Integrity,SI)、电源完整性(Power Integrity,PI)、电磁完整性(Electromagnetic Integrity,EMI)。其中 SI 保证数字电路的正常工作和芯片及系统间的正常通信,PI 保证电子系统拥有可靠的系统供电和噪声控制,EMI 保证 PCB 板卡的电路系统不干扰其他系统也不被其他系统干扰。

这三个问题不是相互孤立的,它们通过电源分配网络(Power Distribution Network,PDN),联系到了一起,使得三者相互牵连。PI 问题也不仅仅是功率传输问题,它对于 SI 和 EMI 问题都有着重要影响。PDN 为 PCB 或者封装提供参考电压,电源/地平面上的噪声对于高速信号、PLL 和 RF 信号而言,相当于一个垃圾通道,提供阻抗的返回路径,其设计直接影响 SI,实际上正是 PDN 构成了所有信号的返回路径。由电源/地平面所构成的平面谐振腔容易被高速信号的返回电流激励而发生谐振,产生严重的 EMI 问题。总之,必须协同考虑 SI、PI 和 EMI。三者协同设计的物理基础就是平面去耦 PDN,PDN 设计的好坏直接影响到系统的 SI、PI 和 EMI 性能。SI 问题主要是高速信号互联的设计问题,必须在 PDN 充分去耦的情况下进行,SI 问题的解决依赖于 PI 问题。这三者之间的联系可以用图 6.67 来表示。

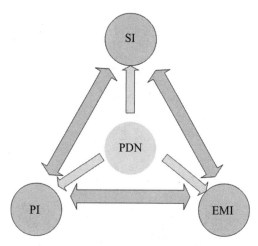

图 6.67　信号完整性关系图

2. 解决方案

验证板上由于两片 FPGA 之间的互联线众多,需要大量的布线空间。权衡考虑性能和成本后,采用了如表 6.18 所示的 18 层层叠结构。

表 6.18　PCB 层叠结构

层数	用途	层数	用途
1	顶层	10	电源层
2	地	11	地
3	信号层 1	12	信号层 5
4	信号层 2	13	信号层 6
5	地	14	地
6	信号层 3	15	信号层 7
7	信号层 4	16	信号层 8
8	地	17	地
9	电源层	18	底层

如表 6.18 所示,内部信号层共有 8 层,再加上顶层和底层,布线层共 10 层。
选择合理的导线宽度,尽量减小导线电感。由于短而厚的导线对于信号完整性的提高

是有益的,特别对于时钟网络和总线驱动器等部分,由于载有大的瞬变电流,尽量通过布局和布线调整的方法使得导线尽可能短;对于电源网络则将线宽尽可能设置得大些,线长尽量短些。

尽量减小导线的不连续性,保持线宽的连续;尽量减少导线的拐弯和蛇形线的使用,如必须拐弯,则导线拐角设为 135°或者用圆弧形转弯。

FPGA 和高速接口中有大量的差分信号,有利于提高信号完整性。对于差分信号线,合理地设置线距,并对于差分信号的相对相位差做出较严格的限制;而且,在高速的差分信号线旁边大量地铺铜并接到地平面,为高速信号提供更好的回流路径,减小地弹等现象。

PCB 中过孔的存在对于信号完整性的影响较大,故尽量少用过孔,且使走线远离过孔;特别对于 FPGA 之间的高速互联线保证了不经过过孔,以提高其 SI 性能。

用电源平面代替电源线,降低供电线路上的电感和电阻,电源平面和地平面紧密耦合,放置了大量的旁路电容,芯片的电源和地引脚之间充分脱耦。

3. PCB 的布局布线以及成品

如图 6.68 所示是我们设计的主板卡的设计版图。

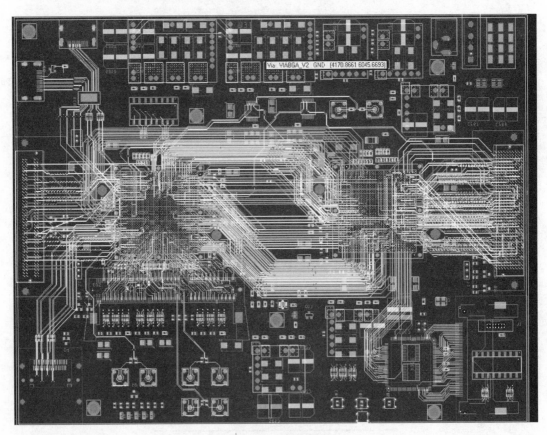

图 6.68　主板卡版图

图 6.69 为 HDMI 转接 PCIE 的子板卡的设计版图。

图 6.70 是主板卡的实物图。

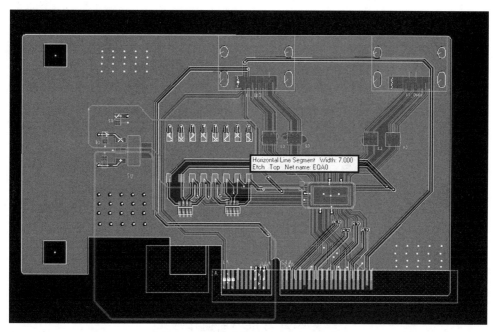

图 6.69　HDMI 转 PCIE 子板卡版图

图 6.70　主板卡实物图

图 6.71 为 HDMI 转接 PCIE 信号的实物图。

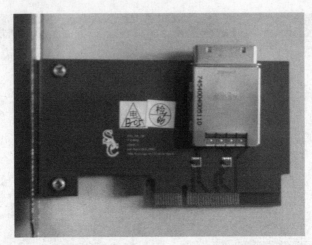

图 6.71　HDMI 转 PCIE 子板卡实物图

4. 硬件性能与 BEE3 平台的比较

我们设计的 Gemini-1(双子星-1)验证平台和 BEE3 平台的性能比较参见表 6.19。

表 6.19　与 BEE3 的性能比较

	BEE3	Gemini-1
FPGA 系列	Xilinx Virtex-5 FPGA	Xilinx Virtex-6 FPGA
FPGA 数量和型号	4 个 LX155T/SX95T FPGA	2 个 VLX365T FPGA
板载时钟	400 MHz 时钟	400/300/33 MHz 时钟
FPGA 容量	5 M 门容量	728064 个逻辑单元
FPGA 包含 DSP 资源	2560 个 DSP Slice	1152 DSP48E1 Slices
可扩展性	可扩展集群解决方案	丰富的可扩展接口
扩展方式	可扩展到 1024 个模块	FMC 标准接口,含 HPC、LPC 标准
接口资源	USB 接口 以太网接口 PCI-Express x8 接口	GTX 高速接口 FMC 接口 PCI-Express x4 接口
内存接口	DDR2 RDIMM 接口	DDR3 SODIMM 接口
内存容量	每个 FPGA 最大 4 GB 内存	板载最大 4 GB 内存
片间互联资源	最高 16 GB/s 带宽	最高 50 GB/s 带宽

可以看出,Gemini-1 的性能基本与 BEE3 相当,在 FPGA 性能上优于 BEE3;而且由于采用了 FMC 的标准接口,较 BEE3 有更好的可扩展性,可以连接其他功能的子板卡;更重要的是,Gemini-1 提供了更加丰富的 FPGA 之间的互联资源,对于大型的原型验证和多核架构研究等应用,有着重要的意义。

6.5.3　互联接口的设计

1. FPGA 之间的硬件互联

硬件上提供了两片 FPGA 之间 320 个 Select IO 的互联,且将其分成了 8 组,形成了 8 路总线;提供 8 个 GTX 接口,最高速度可以达到 5 GBps。

2. 总线协议和 AXI 总线

AMBA AXI4 协议是 Xilinx 和 ARM 制定的用于 SoC 内 IP 互联的规范。AXI 总线是 ARM 高级微控制器总线结构(Advanced Microcontroller Bus Architecture,AMBA)的一部分。

AXI4 协议基于猝发式传输机制,在地址通道上,每个数据交互含有地址和控制的信息,这些信息描述了需要传输的数据性质。在主从设备之间所传输的数据分别使用从设备的写数据通道和主设备的读数据通道,在数据交互中,AXI 有一个额外的写相应通道,从设备通过该通道向主设备发送信号表示完成写操作。

AXI 总线的内部模块设计如图 6.72 所示,主/从接口具体可以细分为:寄存器组(Register Slices,用于读写和配置总线)、上/下行转换模块(Up/Down-sizer,用于改变读写的字长)、时钟转换模块(Clock Converters,用于进行时钟信号的匹配)、数据缓存(Data FIFO);主、从接口通过交换模块(Crossbar)相连。

本 FPGA 互联方案的 IP 核,提供和 Virtex-6 内部的 AXI 的接口,且 FPGA 之间互联模块的设计参考了 AXI 总线的模块结构;此外,增加了总线仲裁功能,并提供了物理层的接口。

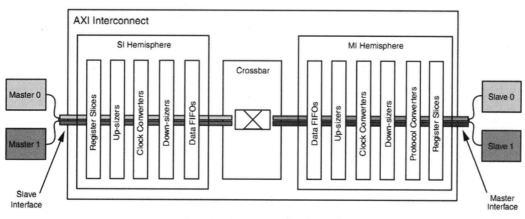

图 6.72　AXI 总线内部模块图

3. FIP 互联总线模块化设计

本互联协议在两块 FPGA 中分别实现,作为一个 IP_{core},对外接口为 FIP 相互连接,对内连接内部总线。FIP 包括以下几个子模块:

(1) 多路总线接口(Multiplex Bus Interface,MBI)。在外部总线频率为 200 MHz 时,支持的总线输入位数和总线数量有 512×1、256×2、128×4、64×8、32×8;在外部总线频率为 400 MHz 时,支持的总线输入位数和总线数量有 256×1、128×2、64×4、32×8。MBI 完成与外部总线的接口,在接收时把数据调整为 512 位并行总线,在发送时把 DSC 的总线数据分发到各个接口上,工作频率为 200 MHz。

(2) 数据流控制块(Data Streaming Controller,DSC)。DSC 与 MBI 间为 512 位总线,与 Interconnection Bus 间为 128 位 DDR 总线。DSC 在发送时,完成数据的打包和分组;在接收时,完成数据的整序和解包。

(3) 接口仲裁器(Arbitrator,Arb)。当 FPGA1 与 FPGA2 同时发出数据传输请求时,仲裁器仲裁请求,根据结果响应不同的仲裁请求。当 FIP1 发送数据请求时,DSC 发送请求到 BCM,再由 BCM 转发至 Arb。当 FIP2 有请求时,则需通过 BCS 发送请求至 BCM,再到达 Arb。

(4) 主总线控制器(Bus Controller Master,BCM)。BCM 与 BCS 配合工作,完成总线资源的调度。

(5) 从总线控制器(Bus Controller Slave,BCS)。BCS 与 BCM 配合工作,完成总线资源的调度。

模块接口框图如图 6.73 所示。

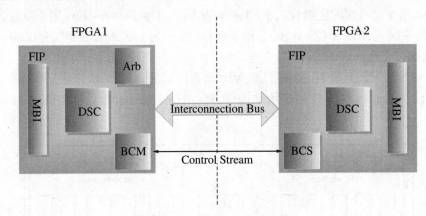

图 6.73　互联协议模块图

4. FPGA 互联协议的通信管道的设计

FPGA 的互联接口分为多个管道(由 PCB 上的硬件互联决定,最多可以配置 8 条管道);FPGA 之间的互联总线为 128 位,可以分为 8 组,每组 16 位,每组有自己的时钟信号单独同步,可以独立选择某组功能是否开启。

MBI 最多支持 8 路总线输入,每路支持独立时钟输入。

下面将描述的是,在不同的 MBI 配置下,Bus 和 Lane 的对应关系。

(1) 8 路总线:支持外部总线频率为 200 MHz 时,64 位×8 和 32 位×8 总线。此时 Bus 和 Lane 一一对应,如图 6.74 所示。

(2) 4 路总线:支持外部总线频率为 200 MHz 时,128 位×4 总线;外部总线频率为 400 MHz 时,64 位×4 总线。此时 MBI 将 BUS 的数据平均分配到 2 路 Lane 中去。

(3) 2 路总线:支持外部总线频率为 200 MHz 时,256 位×2 总线。此时 MBI 将 BUS 的数据平均分配到 4 路 Lane 中去。

(4) 1 路总线:支持外部总线频率为 200 MHz 时,512 位×1 总线。此时 MBI 将 BUS 的数据平均分配到 8 路 Lane 中去。

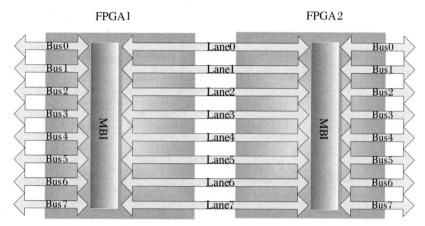

图 6.74 8 路总线示意图

5. FPGA 互联协议的层次化表述

FPGA 互联接口的层次设计可以表述为三层,分别是接口层、中间层和物理层。接口层提供和 FPGA 内部总线(AXI 总线或 PLB 总线)交互的功能;中间层实现接口层和物理层之间的连接,实现层级间的控制流和数据流交互,在这一层要实现数据包的拆包打包、总线仲裁和输入/输出数据分组等功能,参见图 6.75。

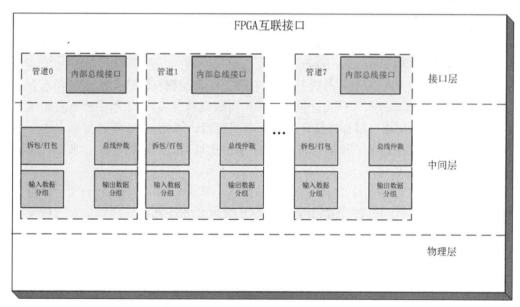

图 6.75 互联协议层次化描述图

6. 互联协议的物理层设计

高效利用 FPGA 的 I/O 资源是实现 FPGA 互联接口带宽的保障。这里参考了 DDR3-SDRAM 的实现方法。128 对数据线分为 8 组,每组附加 STROBE 信号和 MASK 信号,配置在 FPGA 的一个 I/O BANK 中,组内信号时延的偏差很小,组与组之间相互独立,物理层的具体模块设计如图 6.76 所示。

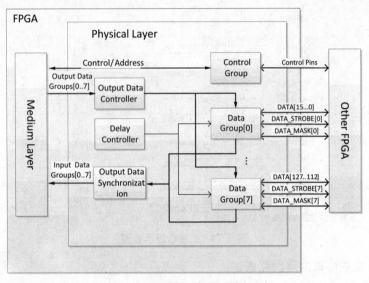

图 6.76　互联协议物理层设计图

6.5.4　双子星布线及算法

1. FPGA 结构描述

根据 FPGA 内逻辑单元的结构和逻辑单元之间的连线方式,可将 FPGA 的结构分为如图 6.77 所示的四类:对称阵列(symmetric array)结构、行结构(row based)、门海(sea of gates)结构和层次结构(hierarchy based)。

对称逻辑阵列型 FPGA 也称岛状 FPGA,它的二维可编程模块阵列被水平和垂直布线通道分开,如图 6.77(a)所示。开关盒包括一系列可编程的开关,位于水平和垂直通道交界处。逻辑模块的 Pin 脚用可编程连接盒连接到布线通道。因此,这个阵列分别由水平和垂直连接盒将逻辑块连接到水平和垂直布线通道,从而由通道、连接盒、开关盒来实现逻辑模块间的互连。

行排型 FPGA 的结构与标准单元 ASIC 的结构非常相似,如图 6.77(b)所示。可编程逻辑组件被排列成多排,并且大多数互连线由它们之间的水平布线资源建立。这种架构的 FPGA 也存在垂直连线资源,但比水平通道布线少很多。

而图 6.77(c)所示的门海型 FPGA 除可以向最终用户提供可编程灵活性外,在概念上与掩模可编程门阵列(MPGA)完全相同。芯片的第一层是一个通用可编程单元的“海”,这些单元的连线在第二层生成。换言之,互联资源重叠在逻辑单元场之上,这一类型不像其他类型那么普遍。

图 6.77(d)所示的层次化 PLD 型 FPGA 与上述其他类型有相当大的不同,因为其中每一个逻辑块都由层次化 PLD 器件组成。这种类型的 FPGA 可视为一个复杂可编程逻辑器件(CPLD)的层次化分组。然而,从结构方面看,这些器件与对称阵列型 FPGA 十分相似,因为其可配置逻辑单元围绕于可编程互联资源周围。换言之,对称阵列型 FPGA 与层次化

PLD 型 FPGA 尽管在逻辑单元结构上存在较大不同,但具有相似的整体结构。

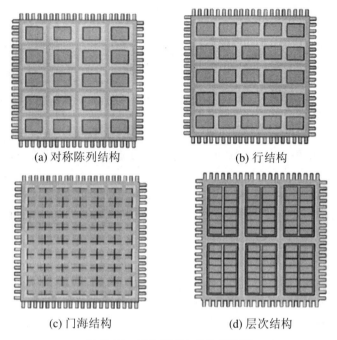

(a) 对称陈列结构　　　　　　　　(b) 行结构

(c) 门海结构　　　　　　　　　　(d) 层次结构

图 6.77　各种 FPGA 结构示意图

各公司 FPGA 的结构表如表 6.20 所示。

表 6.20　各公司 FPGA 结构简表

公司	通用结构	逻辑块类型	编程技术
Actel	行排型	基于多路复用器	反熔丝
Altera	层次 PLD	PLD 块	EPROM
Quick Logic	对称阵列型	基于多路复用器	反熔丝
Xilinx	对称阵列型	查找表	SRAM

2. FPGA 常用布线算法

(1) 算法综述

布线是 FPGA 设计流程中最基本也是最重要的一个步骤,是产生配置 FPGA 的位流文件前的最后一步设计流程。FPGA 布线和通常 ASIC 布线的目标相似,均为在时间约束下成功连接所有线网。

然而,FPGA 布线比 ASIC 受限更多,因为它只能利用已经制造好的布线资源(通常包括线段、可编程开关盒、选择器等等),FPGA 布线往往要在这些器件上面完成大量连接工作。因此,实现 100%完全布线是一项很有挑战性的研究工作。

现今大多数 CAD 采用的布线方法均由启发式迷宫布线算法演化而来,可通过算法中的改变达到优化特定的目标或者器件架构的目的。

从布线资源占用情况(分别占 FPGA 70～80%的芯片面积和 50～60%的信号时延)来看,布线的重要性是显而易见的。由此进一步分析可知,若要快速完成信号配置、缩短信号时延,就必须减少布线资源的占用;因此,在工艺条件一定的情况下,编制一个好的布线算法对 FPGA 的设计至关重要。

(2) 布线算法的目的

① 在可接受的时间内利用现有布线资源完成所有线网连接,或准确给出不可布线性结果;

② 满足所有时序约束条件。常用算法:基于几何查找的布线算法、基于布尔可满足性(SAT)的布线算法。

3. 几何查找布线算法

目前存在的几何查找布线算法主要有 CGE、SEGA、TRACER、GBP、SROUTE、Pathfinder、VPR、Frontier 等。它们均基于 Lee 迷宫布线算法,Lee 迷宫布线算法是一种基于水纹扩散的技术。

缺点:① 它是一种广度优先的穷尽式的算法,随着范围的增大,这种算法将耗费更多的时间;② 它一次只能布一根线,并且没有考虑到当前布线对以后布线的可能影响,也就是说这种算法对布线的顺序很敏感,不同的布线顺序可能得到不同的布线结果。

4. 布尔可满足性布线算法

几何布线算法每次只能布一根线网,不能准确估计可布线性;而布尔可满足性算法同时考虑需要布线的所有线网的路径,因此能准确判断电路是否可布线。这种算法将复杂的、相互影响的几何约束精确地转换成布尔方程,对由此产生的布尔问题是通过创建一个二叉判别图(Binary Decision Diagram,BDD)以表述可满足性方程来解决的。然而,用 BDD 构建庞大的布线问题非常困难,并且 BDD 图自身在中间计算时也将变得不可控制。为了克服这一缺点,FPGA 布局被分解成逐个分开处理的通道片。

5. 关于 VTR 的研究

(1) VTR 项目介绍

VTR(Verilog to Routing)工程是一个世界性的合作工程,它致力于提供一个开源、完整的框架来引导和发展 FPGA 架构和 CAD 的研究。这一工程提供了一款软件,该软件只需要用户提供数字电路的 Verilog 硬件描述以及目标器件的架构描述文件即可,软件自动完成硬件描述语言的综合、封装、FPGA 的布局布线等工作,并提供该电路的时序分析结果。

这一项目的初衷源于新的 FPGA 架构和算法研究过程中遇到的困难,部分困难是因为研究过程中需要大量的实验。一个好的 FPGA 架构或者算法实验都需要真实的测试基准电路、优化的架构,而且 CAD 工具能够有效地将测试基准电路映射到这些特定的架构中去。VTR 项目通过提供一个可以个性化订制 FPGA 架构和提供一个久经测试的 CAD 流程来使这些实验都成为了可能。

VTR 是一个工具的集合,它们可以实现从 Verilog 到布线完整的 FPGA 的 CAD 流程。设计流程如图 6.78 所示。

图 6.78　VTR 设计流程图

这个设计流程包含如下的部分：ODIN II(综合工具)、ABC(优化和工艺映射工具)、SCRIPTS(添加时钟名称和固定线长的工具)、VPR(封装、布局和布线工具)。下面仅对 VPR 作介绍。

(2) VPR 工具的布局算法

VPR(Versatile Place and Route)是一个开源布局布线工具，由多伦多大学研发，支持异构的 FPGA 布局布线，在布局上采用模拟退火法。由于其是一款开源工具，后来就有很多人在 VPR 上进行算法改进。

FPGA 布局问题是一个 NP-hard 组合优化问题，模拟退火算法常被用来解决 FPGA 布局问题。模拟退火算法是基于 Monte Carlo 迭代求解策略的一种随机寻优算法，其出发点是基于物理退火过程与组合优化之间的相似性；模拟退火算法由某一个较高初温开始，利用具有概率突跳特性的 Metropolis 抽样策略，在解空间中进行随机搜索，伴随温度的不断下降，重复抽样过程，最终得到问题的全局最优解。

图 6.79 显示了对于 VPR 自动布局中，初始化时的随机布局结果，图 6.80 显示了经过模拟退火法优化后的最终布局结果。

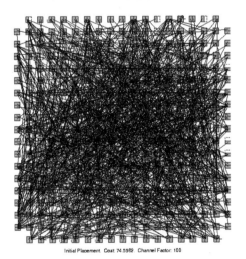

图 6.79　VPR 随机布局结果

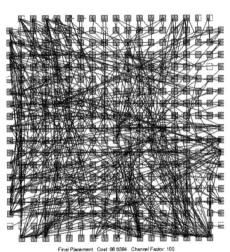

图 6.80　VPR 布局结束效果图

(3) VPR 工具的布线算法

VPR 工具中，布线过程被分为两步，即全局布线和详细布线。全局布线粗略地为每条线网分布布线通道和布线区域，其目标通常是平衡全局的布线通道密度，满足关键线网的时序约束要求；详细布线将分配特定的线段到每个连接，它决定全局布线中每两个端点连接在布线通道里面所用的特定线段。

分两步布线相比一步布线的好处在于能明显降低问题的复杂度。因为一般布线问题是 NP 完全问题，一步之内即要求找出成千甚至百万条线网的精确路线是极其困难的。

然而，两步布线也有缺点，它可能导致在全局布线和详细布线之间存在错误的关联关系。因为全局布线器在每个通道和布线区域中使用的是一个粗略的可用布线资源模型，而没有看到详细的布线障碍。

　　图 6.81 显示了 VPR 工具对电路进行全局布线后的结果，图 6.82 显示了 VPR 工具详细布线后的结果。

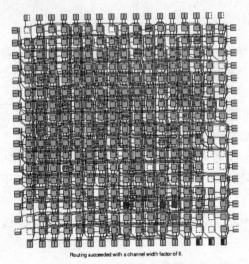

图 6.81　全局布线效果图

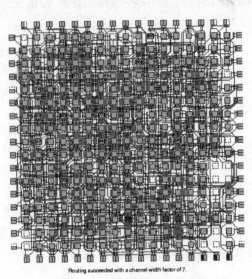

图 6.82　详细布线效果图

第7章 数字集成电路的后端设计

数字集成电路的后端设计不能简化成版图绘制,版图是后端设计的结果,但后端设计是基于电路图、版图、工艺相互对应的转换,更多时候是设计人员借助 EDA 工具在物理层面上更深入地去理解并确定这些内容。

本章主要介绍了集成电路设计中数字集成电路后端的完整设计流程,给出了库设计及 Hspice 参数化设计方法;在介绍 Cadence 下后端设计的同时,重点介绍了 PC 机平台的 Tanner Pro 下的后端设计方法。

7.1 自底向上的后端设计流程

传统的后端设计流程是从门级网表(Gate Level Netlist)开始的,根据设计要求的不同,后端流程可以分为扁平流程(Flat Flow)和层次化流程(Hierarchy Flow)两种。在深亚微米 DSM(Deep Sub-Micron)领域,又增加了布局加逻辑合成的前后端合二为一的扁平流程和分层流程。下面介绍简明的后端设计流程,原文来自 EDACN。

7.1.1 常用的数字集成电路后端设计流程

1. 简明后端设计流程

(1) 数据准备。对于 CDN 的 Silicon Ensemble(Cadence 布局布线器)而言,后端设计所需的数据主要有 Foundry 厂提供的标准单元、宏单元和 I/O Pad 的库文件,它包括物理库、时序库及网表库,分别以 . lef、. tlf 和 . v 的形式给出。前端的芯片设计经过综合后生成的门级网表、具有时序约束和时钟定义的脚本文件和由脚本文件产生的 . gcf 约束文件以及定义电源 Pad 的 DEF(Design Exchange Format)文件。(对 synopsys 的 Astro 而言,经过综合后生成的门级网表,时序约束文件 SDC 是一样的,Pad 的定义文件(tdf)、. tf 文件 (technology file),Foundry 厂提供的标准单元、宏单元和 I/O Pad 的库文件,就用 FRAM、cell view、LM view 形式给出(Milkway 参考库 and DB,LIB file。)

(2) 布局规划。主要是标准单元、I/O Pad 和宏单元的布局。I/O Pad 预先给出了位置,而宏单元则根据时序要求进行摆放,标准单元则是给出了一定的区域由工具自动摆放。

布局规划后,芯片的大小、Core 的面积、Row 的形式、电源及地线的 Ring 和 Strip 都确定下来了。如果必要,在自动放置标准单元和宏单元之后,可以先做一次 PNA(Power Network Analysis)。

(3) Placement 自动放置标准单元。布局规划后,宏单元、I/O Pad 的位置和放置标准单元的区域都已确定,这些信息 SE(Silicon Ensemble)会通过 DEF 文件传递给 PC(Physical Compiler),PC 根据由综合给出的.DB 文件获得网表和时序约束信息自动放置标准单元,同时进行时序检查和单元放置优化。如果用的是 PC + Astro,可用 write_milkway、read_milkway 传递数据。

(4) 时钟树生成(Clock Tree Synthesis,CTS)。芯片中的时钟网络要驱动电路中所有的时序单元,所以时钟源端门单元带载很多,其负载延时很大并且不平衡,需要插入缓冲器减小负载和平衡延时。时钟网络及插入的缓冲器构成了时钟树,一般要反复几次才可以做出一个比较理想的时钟树。

(5) STA 静态时序分析和后仿真。时钟树插入后,每个单元的位置就确定下来了,工具可以提出 Global Route 形式的连线寄生参数,此时对延时参数的提取就比较准确了。SE 把.V 和.SDF 文件传递给 PrimeTime 做静态时序分析。确认没有时序违规后,将这两个文件传递给前端人员做后仿真。对 Astro 而言,在 detail routing 之后,用 starRC XT 参数提取,生成的 E.V 和.SDF 文件传递给 PrimeTime 做静态时序分析,将会更准确。

(6) 工程变更指令(Engineering Change Order,ECO)。针对静态时序分析和后仿真中出现的问题,对电路和单元布局进行小范围的改动。

(7) Filler 的插入(Pad Filler,Cell Filler)。Filler 指的是标准单元库和 I/O Pad 库中定义的与逻辑无关的填充物,用来填充标准单元和标准单元之间、I/O Pad 和 I/O Pad 之间的间隙,它主要是把扩散层连接起来,满足 DRC 规则和设计需要。

(8) 布线(Routing)。布线是指在满足工艺规则和布线层数限制,线宽、线间距限制和各线网可靠绝缘的电性能约束的条件下,根据电路的连接关系将各单元和 I/O Pad 用互连线连接起来。这些是在时序驱动(Timing Driven)的条件下进行的,保证关键时序路径上的连线长度能够最小。

(9) Dummy Metal 的增加。Foundry 厂都有对金属密度的规定,金属密度不要低于一定的值,以防在芯片制造过程的刻蚀阶段对连线的金属层过度刻蚀从而降低电路的性能,加入 Dummy Metal 是为了增加金属的密度。

(10) DRC 和 LVS。DRC 是对版图中的各层物理图形进行设计规则检查(Spacing,Width);也包括天线效应的检查,以确保芯片正常流片。LVS 主要是将版图和电路网表进行比较,来保证流片出来的版图电路和实际需要的电路一致。DRC 和 LVS 的检查是借助 EDA 工具 Synopsy hercules/mentor calibre/CDN Dracula 进行的。Astro 同时也包含了 LVS/DRC 检查命令。

(11) Tape out。在所有检查和验证都正确无误的情况下,把最后的版图 GDSII 文件传递给 Foundry 厂进行掩膜制造。

2. Mentor 公司的后端设计流程

图 7.1 是目前集成电路设计行业中主流的 IP/ASIC/SoC 设计流程以及行业认可的后

端 EDA 技术平台之一,它整合了 Synopsys、Mentor Graphics 以及 Magma 公司的相关技术和产品,构成了较完备的后端设计流程和方法学。

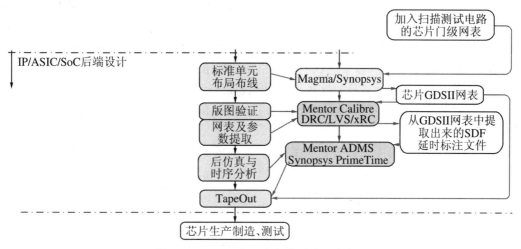

图 7.1 Mentor 公司为主的后端设计流程

7.1.2 数字集成电路后端设计的内容

从事过百万门以上数字集成电路开发的设计人员,不会再把数字集成电路的后端设计等同于版图设计与验证。如图 7.2 所示,在完成了前端的逻辑设计与电路设计之后,即进入了后端的物理设计。

物理版图设计必须做一些必要的准备工作:

(1) 工艺规则的获取:联系将来要流片的厂,获取在某工艺下的设计规则。设计规则包括:① 硅片生产工艺的设计规则;② 各种电学参数;③ Hspice 的模型参数。具备了上述条件后就可以进行后端的版图设计了。

(2) 技术文件的准备:用文本编辑器编辑文本的技术文件。在得到生产工艺规则和参数后,将这些数据编辑到相应的工艺文件中去,并根据后端设计工具情况,填写到工艺文件中对应于不同工具的相应的部分,如 Symbolic Devices、Layout Synthesizer、DLE/DLR、Diva 检查工具,以及 Preview 和布局布线工具等。Symbolic Devices 是工艺文件中定义好的用于符号法设计的最基本的元素。写好工艺文件后,在 Cadence 的 Design Frame work 环境中,将工艺文件加载到前端设计已经使用的设计库中,这就使原来只有逻辑和电路设计信息的库中包括了各种版图信息,并可在库单元中进行版图的设计、编辑和在线的版图检查。

(3) 全定制版图的设计。使用的工具有:Virtuoso Layout Editor……在设计库中加载有关工艺和版图信息后,就可以根据不同的设计情况,利用不同的版图设计工具进行版图设计。

(4) 版图的在线验证。在线版图验证和反标仿真环境工具是:Diva/iDRC……

为了加快十分费时的手工版图设计工作,最好在版图设计时就进行诸如 DRC、ERC 等的各种检查,及时地进行调整和修改,确保设计即快速又正确。这时使用在线的验证分析工具是最好的。芯片的版图验证包括设计规则检查（DRC）、电学规则检查（ERC）、版图逻辑图对比（LVS）、版图参数提取（LPE）、寄生电阻提取（PRE）。

（5）芯片版图的布局布线和验证。芯片版图布局布线中顶层模块的布局布线主要包括PAD 的布局、模块布局及调整、电源线设计、总线布线、信号线布线等，与模块内布局布线不同的是模块内为大量标准单元，而顶层模块布局布线主要针对宏模块。对于整个芯片版图的布局布线，Cadence 提供基于形状的无网格布线器 IC-Craftsman，该工具有与多种工具的接口，可接受来自多种设计工具的数据。对于参数提取后的电路，可利用电路仿真器进行电路仿真，并可将参数反标到逻辑网表中进行带参数的逻辑仿真。Cadence 公司的 DRACULA 为准工业标准。

后端的物理设计的版图设计及其验证需要完成的文档是：①《各模块版图设计描述书》；②《各模块的电路综合报告》；③《各模块的版图》。

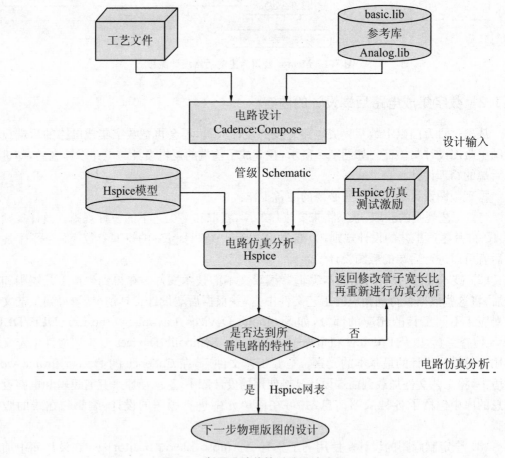

图 7.2　版图设计前的后端设计流程

7.2　库器件仿真与建库

在当前基于 IP 核的数字集成电路设计中,IP 和库将不再分离。Artisan CEO 说:"的确,当你需要极高性能或大幅节省功耗时,不同的库会带来很大的差异。"本节将介绍一些建库方面的基础知识。

7.2.1　建库及库信息

1. 硅设计链

由晶圆生产商、设计库提供商、IP 及 EDA 厂商形成的硅设计链如图 7.3 所示。IP 厂商(用 ARM 公司代表,简化为 ARM,下同)、晶圆生产商(TSMC)、设计库提供商(Artisan)及 EDA 厂商(Cadence)的一项 90 nm 低功耗硅设计链项目,即展示了这种合作实例,更重要的是基于这种硅设计链,芯片设计的功耗相较以前可以降低 40%。

纳米工艺下互连线之间的干扰增强,串扰会产生毛刺,引起门的误翻转,造成逻辑错误。在纳米工艺中,交叉耦合电容、IR 压降以及电感的影响都是致命的,这对 EDA 工具提出了更多的挑战,对于 IP 厂商、晶圆生产商、设计库提供商及 EDA 厂商的合作提出了迫切的要求。

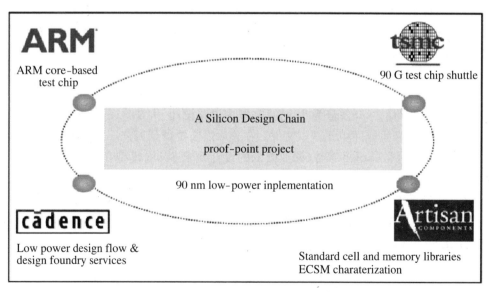

图 7.3　90 nm 低功耗的硅设计链

2. 库的地位及价值

(1) 数字集成电路的三要素是"工具"+"人才"+"库"。工具我们可选某个排在前 2 名的工具软件来学习;要成为专业集成电路人才,我们要有十年树木而百年(一代一代积累)育为专业人才的准备;而库是一个国家在某方面实力的综合体现,是知识产权的体现,要有千年建一"库"的准备。由此,可见库的地位。

(2) 自 VHDL 始,库的门类众多,层次繁复(前端以仿真综合为主;后端以版图为主,以虚拟库为纽带)。

(3) 库价值的中外比拼。复旦微电子的库对 Artisan 公司的库。0.35~1 μmCMOS 基本单元库(复旦微电子)获得 1998 年国家级科学技术进步奖二等奖。单元库研究包括:① 低功耗、高速度和高密度深亚微米 CMOS 单元库建库方法;② 开关同步噪声(SSN)地表征方法和抗 SSN 电路结构和物理布图方法;③ GCMOS 结构的 ESD 保护方法;④ 单元库性能的测试验证方法。IP 核研究包括:① 高速 SRAM 核;② 高密度 ROM 核、码点自动生成和验证方法的研究;③ E²PROM Flotox 的单元电路模型和低功耗 E²PROM 存储器核;④ 8 位 MCU 核和异步低功耗电路实现方法。复旦微电子的建库方法、嵌入式存储器核和低功耗 E²PROM 核技术处于国内领先水平。0.35 μmCMOS 基本单元库技术达到当时国际先进水平。上述技术经过评估,以 1000 万元入股上海华虹集成电路有限公司,成功地推动了城市公共交通卡、社会保障卡、身份证卡等产品的开发,累计销售额逾亿元。

而在 2004 年,一条 ARM 和 Artisan 将合并的消息震动业界。英国 ARM 公司以 9.13 亿美元收购美 IP 开发商 Artisan。在该协议的条款中,Artisan 的股东们每股可获得 9.6 美元的现金及相当于 4.41 股 ARM 美国存托股(American Depository Shares)的补贴。Artisan 公布的财务报表显示,在截至 2004 年 7 月底的年度,该公司的交易额为 8290 万美元,税后利润为 1730 万美元。ARM 的出价达到了每股 33.89 美元,这个价格超出了 Artisan 股票周五收盘价格的 42%。ARM 的股票价格在周一开盘时下挫了 14.7%,跌至 85.75 美分。交易商们说,这主要归咎于该公司即将为收购付出的巨额额外开支。ARM 说,随着系统设计复杂性的提高,收购了设计和制造微处理器生产零部件的 Artisan 将能够为合并后的公司利用跨产业整合带来增长优势。"和 Artisan 的合并将丰富和扩大我们提供的知识产权",ARM 首席执行官 Warren East 说。

3. 库开发技术

VLSI 集成电路的库开发分为几个阶段,其中电路设计、仿真验证、版图生成与验证等可以使用 EDA 工具来生成库单元基本文件。在建库之前要得到工艺厂家提供的设计规则,包括物理规则、设备参数、Spice 参数(深亚微米的设计要求 Spice 模型在 BSIM3 以上,才能保证符合其沟道长度及模拟精度要求)。

ASIC 电路开发较之通用数字集成电路的最大优势就在于电子系统的逻辑单元大量调用了库电路单元。这个趋势随着数字系统越复杂而越明显,如在系统级芯片中,CPU 也是作为一个子系统嵌入到系统中来的。

(1) 库单元的概念

当我们使用类似 Cadence 公司 EDA 工具调用 ASIC 厂家提供的库单元时,会发现厂家提供的库都是虚拟库,它只含有供用户进行仿真和作布局、布线等的信息。当用户将最后设计好的电子系统网表提供给围绕工艺厂家的 IP 服务商整合之后,工艺厂家才在制作芯片之前把虚拟库中实际的内容填补进去。

开发库单元是一项非常复杂的工作,库的购置有时是需要花大价钱的,因为一个空态的库单元需要包括以下几个方面：

    ① 物理版图；

    ② 行为模型；

    ③ VHDL/Verilog 语言模型；

    ④ 详细的时间模型；

    ⑤ 测试手段；

    ⑥ 电路草图；

    ⑦ 单元的标志；

    ⑧ 连线仿真模型。

以上列出的某些方面,像版图、标志等的库单元内容是显而易见必须有的,但对行为模型等内容可能就不太熟悉了。行为模型是指对单元电路做的一种高层次的描述,这是因为用户在对一个定态的 ASIC 系统作详细的时序分析时需花费大量时间,为了节约时间,在电子系统分析的初期采用行为模型可大大缩短仿真时间。电路设计者为了掌握电路关键路径处的时序性能,就需要对每一个库单元建立各自对应的时序模型。

在高频电路设计中,人们一直在努力建立高精度的"参数化"元件模型,以充分描述元件最重要的特性和有关的寄生参数。这样的模型可以作为库单元嵌入到工业标准射频设计工具中,这些设计工具可以进行电路设计和电路图的输入、电路模拟、优化、物理设计以及布局和设计迭代,设计时还考虑到工艺容差。使用这种设计方法保证了第一次流片的高成功率。一般库设计人员需要通过单元电路所做的参数提取来仿真库单元电路的延迟时间。

(2) 流态库有助于解决库设计中面临的矛盾

Prolific 公司董事长和创始人 Paul de Dood 曾担任 Sun Microsystems 公司 Ultra-SPARC 和 UltraSPARC Ⅱ 产品系列的库和芯片设计小组的负责人,他提出了流态库方法。

他认为,"标准库单元对设计的性能、功耗、面积和成品率影响深远,但是并未得到应有的重视"。目前许多半导体公司选择与独立的库销售商合作开发或者向他们购买定制的、有版权的成品库。

流态库方法可使库的创建更易管理,它允许库设计师着眼于种子单元的内核,并根据要求生成其他单元,从而使标准单元 IP 设计更加实用,因而更有价值。

① 如何量身定制标准单元库。由于新工艺发展很快,所以标准单元设计变得越来越复杂,库的容量和种类也在增加,从几年前仅有二、三百种,增加到现在的五百种以上,且每个库都具有性能高、面积小和功耗低的特点。在设计复杂性日益增加、设计师却日益减少的情况下,半导体公司如何利用量身定制的标准单元库呢? 目前有两种解决方案。

第一种方案是使用"流态库(liquid libraries)"。其核心单元由经验丰富的设计小组设计,流态库单元按用户需求设计,这样可以将生成库的大部分过程转移到设计技术集中的EDA 综合与布局和布线流程之中。

流态库标准单元布局和布线流程是在改进标准单元布局布线(SPR)流程的基础上获得的。典型静态 SPR 的流程包括下列步骤(某些步骤可能根据所用的工具合并为一个步骤)：从 RTL 级到门级的综合→门级布局→门级详细布线→根据布线情况调整门级的驱动力度→ECO(工程变更次序)布局→ECO 布线。

布局布线工具必须能处理单元版图,包括这些单元在模组所采用的最终版图。一旦流态库定型,布局布线工具还必须把工程变更次序变为最后的布局布线,以产生最终的详细布局布线。

SPR 工具在设计流程的每个阶段都要用到库。在典型的 SPR 流程中,库是单元的静态集合,单元定义于 RTL 级综合之前,其基础是库设计师最终要求的期望形式。库设计师预先确定功率、面积、设计周期和可制造性之间的折衷关系图。

但是随着设计的进一步深入,对库的要求在不断变化,而且不同部分的设计还可能有不同的要求。比如,一项设计可能对面积要求高,即需要一个面积最小的库。假如为了满足对面积的布局要求不得不影响其他参数,那么这个面积最小的库将无法满足整个设计预计的设计周期要求。此外,在典型的静态库中,为了支持关键的时序路径,可能需要人工添加某些单元。

第二种方案是重新设计整个库,以提高设计性能,但这极有可能严重影响有效面积和功率。在理想情况下,每一模块都是采用针对该模块优化的库进行设计,但是如果库由人工或半自动化生成,这种优化就将耗费大量额外的设计时间。

流态库的概念有助于解决库设计中面临的矛盾。在流态库的流程中,单元库既可针对特定的设计需要优化也可针对要特殊设计的模块而优化。流态库 SPR 流程的步骤如下:使用种子库完成从 RTL 级到门级的综合→门级的布局→门级的详细布线→根据布线情况调整门级的驱动力度→建立库单元→ECO 布局→ECO 布线。

静态流程和流态库流程之间的主要区别在于第一步和第四步上。在这两个步骤中,工具并不是为综合、布局和布线工具提供的静态库,取而代之的是采用包含所有可能单元的流态库。根据使用 SPR 工具的不同,流态库可以包含非常多的独立单元,它也可以尽可能更抽象地表达单元。一旦综合工具在第四步中选定了最终单元,这些单元就动态地建立并特征化,然后流态库流程还可增加库单元创建步骤(第五步)。

流态库解决方案的优点非常明显。在综合开始的时候,可用的单元种类很多,因此,库的种类更加丰富,综合工具也更加实用;此外,在调整单元的时候,可以根据需要选择具有最佳驱动力度的单元,参见图 7.4。

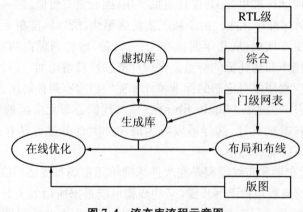

图 7.4 流态库流程示意图

例如,假设驱动力度为 1X 的门自身的延迟时间为一个时间单位 t,1X 门驱动一个负载为 36X 的门,这两个门的延迟时间可表达为 S+36/S,其中 S 是中间门的驱动力度。如果静态库设计师为这个门设计了多种驱动力度(如 1X、3X 和 9X 的门),那么这一对门的最佳延迟将是以 9X 门作为中间门的情况:9+36/9=13 t。

但是使用流态库,可以自动生成以 6X 为最佳驱动力度的门,其延迟为 12t,亦即周期缩短 8%;6X 门的功耗也远远小于 9X 门。现在假设静态库仅包含 1X 门,静态库的大多数单元中普遍存在这样的情况,在此情形下,通过这对门的延时为:1+36/1=37 t。它甚至是最佳延迟的三倍还多。如果目标周期是 12 t,那么使用静态库就无法实现。即使在不同的门中将逻辑重组,也未必能解决问题。由于流态库根据需要生成单元,因而加速了设计。

② SPR 的工具要求。综合工具必须能够处理像流态库这样的大型潜在库。这可以通过把单元抽象化或仅仅使用非常多的分立单元来实现。流态库的主要优点是它可以包含丰富的库组件,类似地,布局和布线工具必须能处理单元版图,即使这些单元不一定出现在模块所采用的最终版图中。一旦最终流态库定型,布局和布线工具还必须把工程变更次序(ECO)变为最后的布局和布线,以产生最终详细的布局和布线。

为了使流态库生成能成为流程的一部分,库生成软件必须完全自动化,无需人工干预运行;此外,不管 SPR 流程需要什么样的单元,库生成必须保证完整性。由于布局和布线工具要把 ECO 变为最终的设计,所以流态库的生成必须可重复且具备一致性。实际上,这意味着所有门级系列的单元版图都必须相似。

例如,假如 6X 门与 6.2X 门有很大差异,布局和布线工具会在方案的选择中摇摆不定,最终无法做出最佳选择,甚至根本无法得到完整的方案。为了防止出现问题,流态库生成软件必须保证得到一致的答案。

③ 重要的考虑。由于综合解决方案通常本身是无序的,因而库创建过程产生的布局和迷宫式布线的方案通常不适用于流态库,这类方案的不一致性决定了很难得到一致的结果;而且,它们不能确保完成某一指定单元的设计。这与模块级的布局和布线不同,因为单元级的连线(晶体管端子间)比模块级连线(单元的 I/O 端口间)要复杂得多。

借助流态库实现自动库生成是可行的,例如 Prolific 公司的工具使用的生成器既保证完整性又保证可重复性和一致性。生成器通过预先确定的方法建立版图的拓扑结构,然后根据目标设计规则压缩版图的拓扑结构,以形成最终的版图。由于生成器是以预先确定的方法形成版图,所以它可以保证结果符合某一标准。

即使库本身已经较大,通过减少设计某种器件需要的标准单元的数目,流态库方法可使库的创建更易管理,它允许库设计师着眼于种子单元的内核,并根据要求生成其他单元,从而使标准单元 IP 设计更加实用,因而更有价值。

4. 库的总体信息

库的总体信息中必需的内容有:

① 库"头"信息;

② 模型类别(MODEL_CLASS)的定义;

③ 模型(MODEL)定义;

④ 电学信息(ELECTRICAL_INFO);

⑤ 边界条件(BOUNDARY_CONDITION)信息;

⑥ 特征化条件(CHARACTERIZED_AT)信息。

注意:库的各个总体信息描述的最后都以分号";"结束;而单元的各项描述之后不能以分号";"结束。

(1) 库"头"信息

库头的主要信息有库名信息,它给出的是编译器转换 TLF 文件后生成的 Timing 库的库名(LIBRARY);工艺(PROCESS);厂家名(VENDOR);日期(DATE);版本号(VERSION);TLF 版本号(TLF_VERSION);设计者(GENERATED_BY)等信息。例如:

```
HEADER(
    LIBRARY("TLFwork")
    PROCESS("best")
    VENDOR("IME")
    DATE("1/6/2001")
    VERSION("6")
    TLF_VERSION("3.0")
    GENERATED_BY("JX")
);
```

(2) 模型类别的定义

在 TLF 文件中使用模型之前,必须先定义模型模板,即模型类别。这有点类似于 C 语言中的变量及结构的定义。

每个模型类别包括:

① 名字;

② 与模型有关的 PIN;

③ 算法的级别号及模型的准确级;

④ 模型中的参数列表;

⑤ 模型所用的算法。

如 CDC 用 PWL 算法计算 PIN 到 PIN 的延时时,需要有六个参数的模型。这个模型的模板定义如下:

```
MODEL_CLASS(delayModelClass
PIN(in out)
LEVEL(1
ARGUMENTS(
    FLOAT(intrinsic 1.0)
    FLOAT(ddc 1.0)
    FLOAT(riseTin0 0.0)
    FLOAT(fallTin0 0.0)
    FLOAT(riseTin1 0.0)
    FLOAT(fallTin1 0.0)
)
```

```
PROG(RETURN("ctMTM")PWL END_PROG)
    )
);
```

上述模板的名字为delayModelClass,包含六个参数。每个参数的定义有三项:① 数据类型;② 参数名;③ 值,可选项,或给出的缺省值。

注意:第一个参数名是intrinsic,其值是1.0,数据类型为浮点数FLOAT。当实际引用模板时,不必重复描述参数的数据类型,只要给出参数的实际值即可。

(3) 模型定义

总体信息中的模型定义可被后面的ELECTRICAL_INFO,CHARACTORIZED_AT,及CELL单元部分调用。

模型定义中的内容有:

① 名字;

② 模型模板名;

③ 级别号(可选项);

④ 带数据的参数。

如前面描述过的模型模板的一个模型例子如下:

```
MODEL(delayModelRise
    CLASS(delayModelClass)
    LEVEL(1
        intrinsic(0.88)
        ddc(2.77)
        riseTin0(0.06)
        fallTin0(0.24)
        riseTin1(-0.03)
        fallTin1(0.24)
    )
);
```

如果实际模型中的个别参数数据与模型模板中的完全一样,则没有必要重复书写,只要给出那些值不同的参数即可。被几个单元共同调用的模型需要在库的总体信息中定义,而只被某个单元调用的模型在单元内部定义即可。

模型可继承模型模板中的参数缺省值,单元中定义的模型不能继承库总体部分定义的模型中的参数值。

(4) 电学信息

这部分信息用于计算线延时,CDC要估算金属连线的电阻与电容。PWL算法是假设它们与输出PIN的负载成线性变化。因此要先在总体部分定义一个线性模型模板,然后再定义电阻、电容模型。例如:

```
MODEL_CLASS(linearModelClass
    PINS( )
    LEVEL(1
        ARGUMENTS(
```

```
            LINEAR(linearArg~:~:1.0:0.0)
        )
        PROG(RETURN(:ctMTM") PWL END_PROG)
    )
);
MODEL(metalCapDef
    CLASS(linearModelClass)
        LEVEL(1
            linearArg(0.0:7.0:0.0:0.3)
        )
);
MODEL(metalResDef
    CLASS(linearModelClass)
        LEVEL(1
            linearArg(0.0:7.0:0.0:1.7)
        )
);
ELECTRICAL_INFO(
    DEFAULTS(
        MODEL_REF(NET_CAP metalCapDef)
        MODEL_REF(NET_RES metalResDef)
    )
);
```

其中线性模型参数的定义格式为

LINEAR(linearArg 值1:值2:值3:值4)

这里值1为起始 x 值;值2为终止 x 值;值3为 Y 截距;值4为斜率。这四个值之间用冒号隔开。

(5) 边界条件信息

边界条件在库级是指设计的顶层单元 PIN 的初始输入斜率与输出负载因素;在单元级是指单元 PIN 的初始输入斜率与输出负载因素。例如:

```
BOUNDARY_CONDITIONS(
    MTM(INPUT_PIN_CAP 20:25:30)
    FLOAT(OUTPUT_PIN_CAP 15)
    MTM(PAD_LOAD 1.5:1.5:15)
    MTM(PAD_SLOPE RISE(3.5:4.5:5.5)  FALL(2.5:3.5:3.5))
);
```

数据类型为 MTM 的参数的定义语法为

MTM(argName RISE(最小:典型:最大) FALL(最小:典型:最大))

(6) 特征化条件信息

特征化条件信息包括参考电压、温度、工艺变化等方面的信息。CDC 的算法认为延时将随温度与电压的变化而线性地变化。因此要在此部分给出线性变化的系数,另外工艺的变化在 CDC 的算法中用的是常数模型。在计算 RC 延时时，CDC 需要预先定义上升及下降斜率的 RC 系数，这也是常数模型。例如：

```
MODEL_CLASS(constantModelClass
    PINS( )
    LEVEL(1
        ARGUMENTS(
            FLOAT(constArg 0.0)
        )
        PROG(RETURN("ctMTM") PWL END_PROG)
    )
);
MODEL(tempMult
    CLASS(linearModelClass)
    LEVEL(1
        linearArg(0.0:125:0.72:0.0033)
    )
);
MODEL(voltMult
    CLASS(linearModelClass)
    LEVEL(1
        linearArg(
            4.0:5.0:2.08:-0.24
            5.0:5.5:1.78:-0.18)
    )
);
MODEL(procMult
CLASS(constantModelClass)
    LEVEL(1
        constArg(0.9)
    )
);
MODEL(krcModel
CLASS(constantModelClass)
    LEVEL(1
        constArg(0.69)
    )
);
CHARACTERIZED_AT(
    FLOAT(TEMPERATURE 30.0)
    MTM(VOLTAGE 4.5:5.0:5.5)
    FLOAT(OUTPUT_LOAD 0.0)
    MODEL_REF(PROC_MULT procMult)
```

MODEL_REF(TEMP_MULT tempMult)
FLOAT(INPUT_SLOPE0 RISE(2.5) FALL(2.5))
FLOAT(INPUT_SLOPE1 RISE(5.0) FALL(5.0))
MODEL_REF(KRC RISE(krcModel) FALL(krcModel))
);

7.2.2 CMOS 基本器件设计

在深亚微米电路中要调整器件延时以满足设计要求的理论依据。只有满足某工艺条件的设计才能成为库的基本元器件。

1. CMOS 反相器的开关特性

在进行设计的描述前,我们先对 CMOS 反相器的开关特性作出一些说明。

在 CMOS 电路中,负载电容 C_L 的充电和放电时间限制了门的开关速度。输入的电压变化导致了输出电压变化,使电容 C_L 向 V_{DD} 电压充电,或者向 V_{ss} 电压放电。

我们将建立描述 CMOS 反相器开关特性的模型。在建立模型之前,需要定义一些术语,如图 7.5 所示。

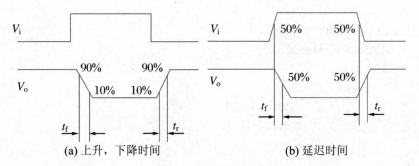

(a) 上升,下降时间　　　　　　　(b) 延迟时间

图 7.5　基本参数描述

上升时间 t_r:波形从它的稳态值的 10% 上升到 90% 所需的时间。

下降时间 t_f:波形从它的稳态值的 90% 下降到 10% 所需的时间。

延迟时间 t_d:输入电压变化到稳态值的 50% 的时刻和输出电压变化到稳态值 50% 时刻的时间差。

(1) 下降时间 t_f

如图 7.6 所示,为输入电压 $V_i(t)$ 从 0 V 变化到 V_{DD} 时,N 型 MOS 管工作点的移动轨迹。最初,NMOS 管是截止的,负载电容 C_L 充电到 V_{DD},这对应于特性曲线上的 X_1 点。当反相器输入端加上阶跃电压(即 $Vgs = V_{DD}$)时,工作点变化到 X_2。此后,轨迹沿 $Vgs = V_{DD}$ 的特性曲线向原点(X_3)运动。显然,下降时间 t_f 由下面两个时间间隔所组成:

① t_{f1} 是电容电压 V_0 从 $0.9V_{DD}$ 下降到 $(V_{DD} - V_{tn})$ 所需的时间。

② t_{f2} 是电容电压 V_0 从 $(V_{DD} - V_{tn})$ 下降到 $0.1V_{DD}$ 所需的时间。

说明上述行为特性的等效电路如图 7.7 所示。根据图 7.7(a),在饱和区有

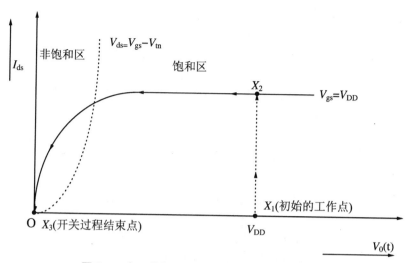

图 7.6　在开关期间 NMOS 管工作点的移动轨迹

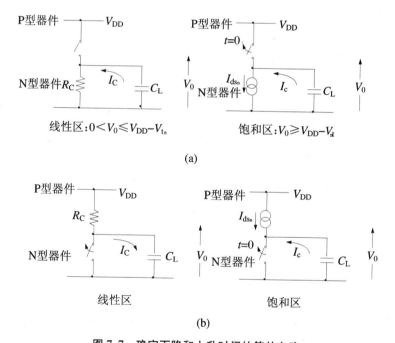

图 7.7　确定下降和上升时间的等效电路

$$\left.\begin{aligned} C_{\mathrm{L}} \frac{\mathrm{d}V_0}{\mathrm{d}t} + \frac{\beta_{\mathrm{n}}}{2}(V_{\mathrm{DD}} - V_{\mathrm{tn}})^2 = 0 \\ V_0 \geqslant V_{\mathrm{DD}} - V_{\mathrm{tn}} \end{aligned}\right\} \tag{7.1}$$

从 t_{f1} 积分可得

$$t_{\mathrm{f1}} = 2\frac{C_{\mathrm{L}}}{\beta_{\mathrm{n}}(V_{\mathrm{DD}} - V_{\mathrm{tn}})^2} \int_{V_{\mathrm{DD}} - V_{\mathrm{tn}}}^{0.9V_{\mathrm{DD}}} \mathrm{d}V_0 = \frac{2C_{\mathrm{L}}(V_{\mathrm{tn}} - 0.9V_{\mathrm{DD}})}{\beta_{\mathrm{n}}(V_{\mathrm{DD}} - V_{\mathrm{tn}})^2} \tag{7.2}$$

当 NMOS 管开始工作在线性区时,放电电流已不再是恒定的了。对 t_{f2} 积分可得

$$t_{f2} = \frac{-C_L}{\beta_n(V_{DD} - V_{tn})} \int_{0.1V_{DD}}^{V_{DD} - V_{tn}} \frac{\mathrm{d}V_0}{\dfrac{V_0^2}{2(V_{DD} - V_{tn})} - V_0}$$

$$= \frac{C_L}{\beta_n(V_{DD} - V_{tn})} \ln\left(\frac{19V_{DD} - 20V_{tn}}{V_{DD}}\right) \tag{7.3}$$

因此,整个下降时间为

$$t_f = 2\frac{C_L}{\beta_n(V_{DD} - V_{tn})}\left[\frac{V_{tn} - 0.1V_{DD}}{V_{DD} - V_{tn}} + \frac{1}{2}\ln\left(\frac{19V_{DD} - 20V_{tn}}{V_{DD}}\right)\right] \tag{7.4}$$

(2) 上升时间 t_r

由于 CMOS 电路的对称性,类似的方法可以用来求出上升时间 t_r。于是

$$t_r = 2\frac{C_L}{\beta_p(V_{DD} - |V_{tp}|)}\left[\frac{|V_{tp}| - 0.1V_{DD}}{V_{DD} - |V_{tp}|} + \frac{1}{2}\ln\left(\frac{19V_{DD} - 20|V_{tp}|}{V_{DD}}\right)\right] \tag{7.5}$$

我们知道,PMOS 管和 NMOS 管中载流子的迁移率不同(即 $\mu_n \approx 2\mu_p$)。因而,假如我们希望反相器的上升时间和下降时间近似相等,则需要使

$$\frac{\beta_n}{\beta_p} = 1$$

这就意味着,PMOS 管的沟道宽度必须加宽到 NMOS 管沟道宽度的 2 倍左右。

(3) 延迟时间 t_d

在 CMOS 电路中,单个门的延迟时间主要由输出的上升和下降时间决定。延迟时间近似为

$$\left.\begin{array}{l} t_{dr} = \dfrac{t_r}{2} \\[2mm] t_{df} = \dfrac{t_f}{2} \end{array}\right\} \tag{7.6}$$

所以我们可将上式表达为

$$\left.\begin{array}{l} t_{df} = A_n\dfrac{C_L}{\beta_n} \\[2mm] t_{dr} = A_p\dfrac{C_L}{\beta_p} \end{array}\right\} \tag{7.7}$$

其中 A_n 及 A_p 都是随电源电压变化的常量。它们的表达式分别为

$$\left.\begin{array}{l} A_n = \dfrac{1}{V_{DD}(1-n)}\left[\dfrac{2n}{1-n} + \ln\left(\dfrac{2(1-n) - V_0}{V_0}\right)\right] \\[3mm] A_p = \dfrac{1}{V_{DD}(1+p)}\left[\dfrac{-2p}{1+p} + \ln\left(\dfrac{2(1+p) - V_0}{V_0}\right)\right] \end{array}\right\} \tag{7.8}$$

其中

$$n = \frac{V_{tn}}{V_{DD}},\ p = \frac{V_{tp}}{V_{DD}},\ V_0 = \frac{V_{out}}{V_{DD}}$$

因而,平均门级延时为

$$t_{av} = \frac{t_{df} + t_{dr}}{2} \tag{7.9}$$

（4）输入波形斜率对门级延时的影响

我们知道,当输入波形的上升沿(下降沿)变陡或变缓,都将对门级延时产生影响。在此给出随输入波形斜率变化的修正表达式：

$$
\left.
\begin{aligned}
t_{\text{dr}} &= t_{\text{dr-step}} + \frac{t_{\text{input-fall}}}{6}(1 - 2p) \\
t_{\text{df}} &= t_{\text{df-step}} + \frac{t_{\text{input-rise}}}{6}(1 + 2n) \\
p &= \frac{V_{\text{tp}}}{V_{\text{DD}}}, n = \frac{V_{\text{tn}}}{V_{\text{DD}}}
\end{aligned}
\right\}
\tag{7.10}
$$

式中 $t_{\text{dr-step}}$ 及 $t_{\text{df-step}}$ 满足式(7.7), $t_{\text{input-fall}}$ 及 $t_{\text{input-rise}}$ 分别为输入阶跃波形的下降时间和上升时间。

输入阶跃波形的上升时间和下降时间必须满足以下条件：

$$
\frac{t_{\text{input-rise}}\beta_{\text{p}} V_{\text{DD}}}{C_{\text{L}}} < \frac{6p}{(1 - p)^3}
$$

$$
\frac{t_{\text{input-fall}}\beta_{\text{n}} V_{\text{DD}}}{C_{\text{L}}} < \frac{6n}{(1 - n)^3}
$$

2. CMOS 反相器设计准则

CMOS 反相器设计准则如下：

（1）对称波形设计准则：选取 $|V_{\text{tp}}| = V_{\text{tn}}$ 及 $\dfrac{\beta_{\text{n}}}{\beta_{\text{p}}} = 1$,从而使 $t_{\text{r}} = t_{\text{f}}$。

（2）最小面积设计准则：在时序要求宽松的路径上,选取 $W_{\text{p}} = W_{\text{n}}$ 使版图面积最小。

3. 某工艺 CMOS 电路计算公式

现在我们就某工艺规则下的 CMOS 电路给出具体计算公式。

（1）W/L 设计流程

什么是 W/L？一个典型 MESFET 如图 7.8 所示。在 P 型衬底上由 N 型杂质扩散或离子注入形成源区(Source)和漏区(Drain)。在源漏之间的硅表面上有一层薄的二氧化硅绝缘层,称为栅氧化层。在二氧化硅绝缘层之上就是多晶硅栅(Gate),源漏之间在 P 型衬底上形成的狭长区域称为沟道。

W/L 是指晶体管的宽长比,L 是指源漏之间长度,W 可看成是多晶硅与源区相交部分的宽度。

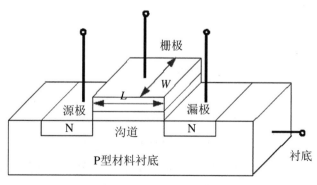

图 7.8　MESFET 示意图

如图 7.9 所示,我们给出了 CMOS 电路(W/L)确定的整体流程:

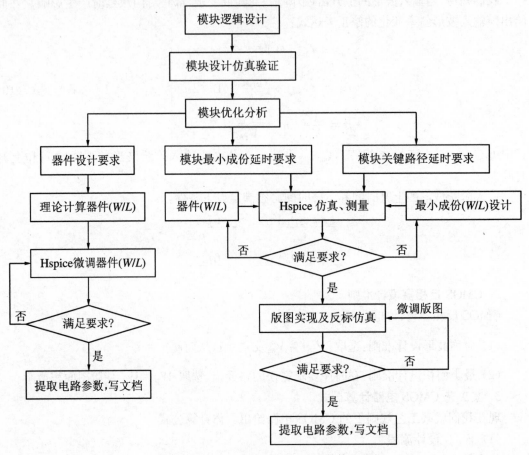

图 7.9 CMOS 电路(W/L)确定整体流程

(2) CMOS 电路的计算思路

对于 CMOS 电路,每一输入端都对应一对互补管,在测量每一端的延时参数时,我们总能将原有电路等效为 CMOS 反相器,从而利用理论公式。由于理论计算时采用等效思想,因而将影响公式的计算精度。CMOS 反相器(W/L)计算公式如下:

器件延时满足如下公式

$$\left.\begin{aligned}
t_{dr} &= t_{dr\text{-}step} + t_{rf}(1-2p)/6 \\
t_{rf} &= M_1 \times t_{dr} \\
W_p &= \frac{M_2 \times C_L}{T_{dr\text{-}step}} \\
W_n &= \frac{W_p}{2}
\end{aligned}\right\} \tag{7.11}$$

其中 $p = -0.2$, M_1 在 1.45～1.55 之间, M_2 在 14～15 之间。

在实际应用中常会碰到如图 7.10 所示 MOS 管串并联使用的情况,MOS 管的串并联满足如下等式:

串联时：

$$\frac{1}{\beta} = \frac{1}{\beta_1} + \frac{1}{\beta_2} + \cdots + \frac{1}{\beta_{n-1}} + \frac{1}{\beta_n}$$

并联时：

$$\beta = \beta_1 + \beta_2 + \cdots + \beta_{n-1} + \beta_n$$

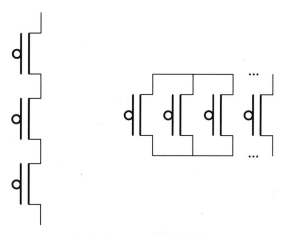

图 7.10　MOS 管的串并联

其中 β 为等效的导电因子。

4. CMOS 基本器件实例

下面我们就非门、与非门器件的理论计算作出详细说明。

（1）器件扇入负载的确定

一个 CMOS 器件的外接负载实际就是下一级 CMOS 器件的扇入负载。对于 CMOS 电路，每一输入端对应一对互补管，我们可理论估算互补管的栅极电容作为器件的扇入负载。计算公式如下：

$$C_{LIN} = C_p + C_n$$

$$C_p = [8.85 \times 0.5 \times W_p + 3.10 \times (1 + 2W_p)] \times 10^{-4}$$
$$+ [0.99 \times 0.5 \times W_p + 0.53 \times (1 + 2W_p)] \times 10^{-4} + 3.45 \times 0.5 \times W_p \times 10^{-3}$$

$$C_n = [5.9 \times 0.5 \times W_n + 2.2 \times (1 + 2W_n)] \times 10^{-4}$$
$$+ [0.99 \times 0.5 \times W_n + 0.53 \times (1 + 2W_n)] \times 10^{-4} + 3.45 \times 0.5 \times W_n \times 10^{-3}$$

公式中电容单位为 pf。

（2）反相器（W/L）的确定

如图 7.11 所示，假设我们对非门 IV 的延时要求为 0.2 ns，负载能力为 0.02 pf，设计原则采用对称波形设计。

套用式(7.11)，在此我们输入阶跃波形的 t_{rf} 通常取 0.2 ns，已知 $T_{dr} = 0.2$ ns，$C_L = 0.02$ pf，因而

$$T_{dr\text{-}step} = 0.15 \text{ ns}$$

将值代入，等效管 W_p 的值为

$$W_{\mathrm{p}} = \frac{M_2 \times 0.02}{0.15}$$

其中 M_2 的值,根据经验负载电容大时可取较小的值,负载电容小时则取较大的值。在此我们取 $M_2 = 15$,所以

$$W_{\mathrm{p}} = \frac{15 \times 0.02}{0.15} = 2\,\mu$$

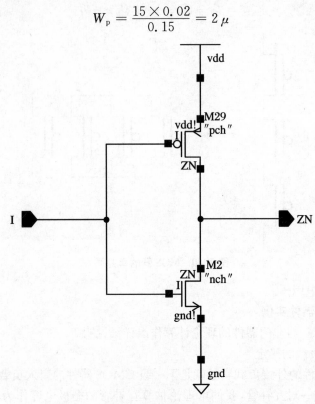

图 7.11   非门电路(使用 Protel DXP 2004)

从我们套用公式,调整器件 (W/L) 的经验来看,我们需对 W_{p} 的值修正,通常修正范围为 $0.4 \sim 0.8\,\mu$。在此我们将 $W_{\mathrm{p}} + 0.4\,\mu$ 作为器件的最终 (W/L)。如图 7.12 所示,是我们最终确定的带具体 (W/L) 的电路图。

器件电路网表如下:

****

* auCdl Netlist:

*

* Library Name: XI_LD

* Top Cell Name:IV_LD

* View Name: schematic

* Version Name: 0.1

****

　　* . SCALE METER

　　. PARAM

```
*.GLOBAL vdd!
+        gnd!
*.PIN vdd!
*+       gnd!
.SUBCKT IV_LD I ZN
MM2 ZN I gnd! gnd! NM W=1.2u L=500n M=1
MM29 ZN I vdd! vdd! PM W=2.4u L=500n M=1
.ENDS
```

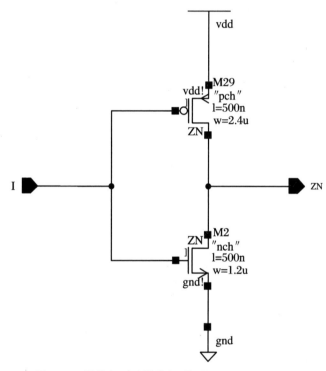

图 7.12　具体(W/L)的非门(使用 Protel DXP 2004)

Hspice 测试结果如下所示:

参数及说明		$V_{DD} = 5\ V$　$V_t = 2.5\ V$　$T = 25\ ℃$					
		$C_{ld} = 0.00\ pf$	$C_{ld} = 0.01\ pf$	$C_{ld} = 0.02\ pf$	$C_ld = 0.04\ pf$	$C_{ld} = 0.08\ pf$	单位
t_{dr}	上升延迟时间	0.05627	0.1027	0.1399	0.2189	0.4013	ns
t_{df}	输入 I 到输出 ZN	0.06339	0.1218	0.1731	0.2698	0.4741	ns
t_r	输出转换时间	0.1044	0.1738	0.2511	0.4744	0.8551	ns
t_f	输入 I 到输出 ZN	0.0769	0.1731	0.2744	0.4824	0.9215	ns

观察测试结果,在外接负载为 0.02 pf 时,最慢延迟为 0.173 ns。因而,器件满足设计要求。

(3) 与非门(W/L)的确定

如图 7.13 所示,假设我们对 ND2 的延时要求为 0.2 ns,负载能力为 0.02 pf,设计原则采用对称波形设计。

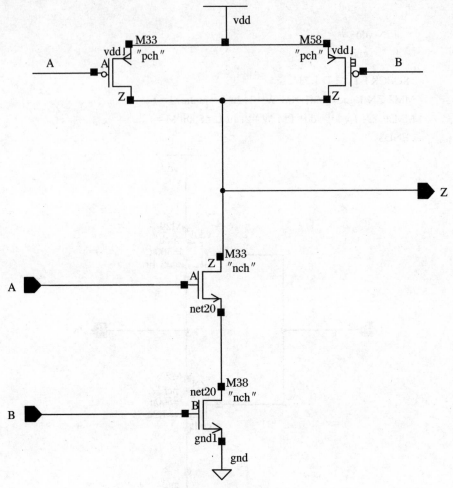

图 7.13　与非门电路图(使用 Protel DXP 2004)

套用式(7.11),在此我们输入阶跃波形的 t_{rf} 通常取 0.2 ns,已知 t_{dr} = 0.2 ns,C_L = 0.02 pf,因而

$$T_{\text{dr-step}} = 0.15 \text{ ns}$$

将值代入,等效管 W_p 的值为

$$W_p = \frac{M_2 \times 0.02}{0.15}$$

其中 M_2 的值,经验上负载电容大取较小的值,负载电容小取较大的值。在此我们取 M_2 = 15,所以

$$W_P = \frac{15 \times 0.02}{0.15} = 2\,\mu$$

从我们套用公式,调整器件(W/L)的经验来看,我们需对 W_p 的值修正,通常修正范围为 $0.4 \sim 0.8\,\mu$。在此我们将 $W_P + 0.4\,\mu$ 作为器件的最终(W/L)。

根据 MOS 管的等效关系,对于 ND2 逻辑状态为 $Z = \overline{A}$ 或 $Z = \overline{B}$ 时,同时导通的 PMOS

管或 NMOS 管我们均采用等效处理。如图 7.14 所示,是我们最终确定的带具体(W/L)的电路图。

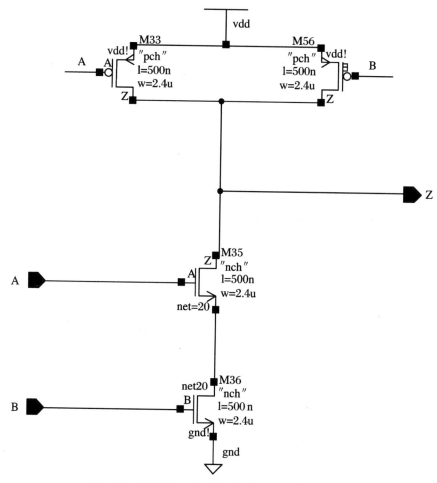

图 7.14　具体(W/L)与非门(使用 Protel DXP 2004)

器件电路网表如下:

```
******************************************************************
* auCdl Netlist:
*
* Library Name:   YAO_LD
* Top Cell Name: ND2_LD
* View Name:      schematic
* Version Name:   0.1
******************************************************************

  *. SCALE METER
.PARAM
```

```
* .GLOBAL vdd!
+        gnd!

* .PIN vdd!
* +      gnd!

.SUBCKT ND2_LD A B Z
MM35 Z A net20 gnd! NM W = 2.4u L = 500n M = 1
MM36 net20 B gnd! gnd! NM W = 2.4u L = 500n M = 1
MM33 Z A vdd! vdd! PM W = 2.4u L = 500n M = 1
MM56 Z B vdd! vdd! PM W = 2.4u L = 500n M = 1
.ENDS
```

接下来的工作就是对器件进行 Hspice 仿真,测试电路参数,观察器件是否满足器件要求。在此我们不对器件的 Hspice 仿真作详细说明,测试结果如下:

parameter		$V_{DD} = 5\,V$ $V_t = 2.5\,V$ $t = 25℃$					
		$C_{ld} = 0.00\,pf$	$C_{ld} = 0.01\,pf$	$C_{ld} = 0.02\,pf$	$C_{ld} = 0.04\,pf$	$C_{ld} = 0.08\,pf$	单位
t_{dr}	上升延迟时间	0.08233	0.122	0.167	0.242	0.4269	ns
t_{df}	输入 A 到输出 Z	0.06937	0.1054	0.137	0.2016	0.3301	ns
t_{dr}	上升延迟时间	0.1195	0.1613	0.2019	0.2933	0.4569	ns
t_{df}	输入 B 到输出 Z	0.0739	0.1102	0.1557	0.2183	0.3502	ns
t_r	输出 A 到 Z 转换时间	0.1134	0.2158	0.3336	0.4908	0.9062	ns
t_f	下降时间 A 到 Z	0.1273	0.1774	0.2352	0.3676	0.6347	ns
t_r	输出 B 到 Z 转换时间	0.1774	0.2519	0.4391	0.5312	0.9374	ns
t_f	下降时间 B 到 Z	0.1101	0.1688	0.2302	0.3609	0.6681	ns

从测试的数据我们看到,在外接负载为 0.02 pf 时,器件最慢延时为 0.2019 ns,也就是说,器件延时已基本满足设计要求。我们还观察到 T_{df} 偏小,说明 MOS 管的串并联等效关系需要修正。修正原则为并联管微调大,串联管微调小,调整范围在 $0.2 \sim 0.8\,\mu$。

微调后电路网表如下:

```
****************************************************************************

* auCdl Netlist：

*

* Library Name： YAO_LD

* Top Cell Name：ND2

* View Name：    schematic

* Version Name： 0.1

****************************************************************************

* .SCALE METER
.PARAM
```

```
* .GLOBAL vdd!
+        gnd!

* .PIN vdd!
* +      gnd!

.SUBCKT ND2_LD A B Z
MM35 Z A net20 gnd! NM W = 2u L = 500n M = 1
MM36 net20 B gnd! gnd! NM W = 2u L = 500n M = 1
MM33 Z A vdd! vdd! PM W = 2.4u L = 500n M = 1
MM56 Z B vdd! vdd! PM W = 2.4u L = 500n M = 1
.ENDS
```

微调后数据如下,可得延时变为 0.1983 ns,说明修正有效果。

parameter		$V_{DD} = 5$ V　　$V_t = 2.5$ V　　$t = 25℃$					
		$C_{ld} = 0.00$ pf	$C_{ld} = 0.01$ pf	$C_{ld} = 0.02$ pf	$C_{ld} = 0.04$ pf	$C_{ld} = 0.08$ pf	单位
t_{dr}	上升延迟时间	0.07856	0.1238	0.1676	0.2459	0.4376	ns
t_{df}	输入 A 到输出 Z	0.07548	0.1191	0.1584	0.2406	0.3981	ns
t_{dr}	上升延迟时间	0.1142	0.1551	0.1983	0.2938	0.4637	ns
t_{df}	输入 B 到输出 Z	0.0841	0.1273	0.1775	0.2549	0.4213	ns
t_r	输出 A 到 Z 转换时间	0.1133	0.1947	0.3391	0.499	0.9489	ns
t_f	下降时间 A 到 Z	0.1271	0.1883	0.2871	0.4549	0.8081	ns
t_r	输出 B 到 Z 转换时间	0.1704	0.241	0.3912	0.5346	0.9521	ns
t_f	下降时间 B 到 Z	0.115	0.1928	0.2699	0.4117	0.8569	ns

7.2.3　电路仿真

电路级仿真工具软件目前主要有前 Avant 公司的 Star-Hspice 和 Cadence Spectre。Star-Hspice 在电路仿真的精度方面代表着工业标准,被全球 IC foundries 应用于 sign off;Star-Hspice 还提供最好的收敛性,对各种类型的数字、模拟和混合信号电路仿真上都得到精确的结果。鉴于 Star-Hspice 在 Synopsys 的培训计划中有详细的教学文档,本节主要介绍 Cadence Spectre 的使用流程。

1. Cadence 电路图 Spectre/Hspice 仿真流程

在电路图已经画好并且通过检查后,可以对电路进行仿真。仿真的激励可以有两种形式,一种形式是在电路图中直接加入激励器件和负载,另一种是用 Spectre/Hspice 语言编写激励文件。

(1) 方式一

① 在 Edit Schematic 窗口选择菜单项"Tools—〉Analog Artist",再选择"AnalogArtist—〉Simulation",在出现的菜单中把"simulator"选择为"spectre 或 Hspices",按"OK"键出现 Spectre 或 Hspices 窗口。

② 选 Spectre 或 Hspices 窗口的"setup—〉Environment",在"Model Path"中填入器件

model 的路径,然后按"OK"键。然后选择"Analysis—〉choose",点"Transient",填入仿真开始、结束时间和时间间隔,按"OK"键。如果有多个 model 参数在一个文件内,则在"Include File"一栏内填入该 model 文件的完整路径及文件名。

③ 开始仿真。选择 Spectre 或 Hspices 窗口的"Stimulate—〉Run",对电路图进行仿真,若仿真不成功,可根据 Spectre 或 Hspices 窗口的提示做有关的修改。当仿真成功后,选择"Result—〉Modify Plot Set—〉Modify",然后在电路图中点中需要显示波形的信号,再选择"Result—〉Plot Transient"看仿真结果波形。

④ 在波形窗口中选择"Plot Option—〉Strip"就可把各种波形分开显示,若再选"Plot Option—〉composite",则把各波形又合在一起显示。若选择"Axis—〉Axis Option",在出现的菜单中点"Display Grid",则可给波形加上带有刻度的框,有助于波形的测量。

(2) 方式二

①按方式一的步骤①②得出 spectre 窗口,选择"—〉Edit",在出现的窗口中填入激励文件名,按"OK"键进入编辑环境编辑激励文件。当文件编好并检查通过后,可选择"set up—〉Environment",在"Stimulus File"中填入已经编好的激励文件名,再按方式一的步骤③④进行仿真,测试。

② 当激励文件已经存在时,可直接选择"set up—〉Environment",在"Stimulus File"中填入已经存在的激励文件名,再按方式一的步骤③④进行仿真、测试。

③ 激励文件内容主要包括对电源、输入信号、输出负载的描述。对电源的描述如下:

v0[♯vdd!][♯gnd!] vsource type=dc dc=5

"v0"是给电源起的名称,方括号内的内容表示电源接在"vdd"和"gnd"之间,"vsource"表明电源是电压源,类型是直流,值为 5 伏。

对输入激励信号的描述也类似:

v1[♯/word][♯gnd!] vsource type=pulse val0=0 val1=5 period=40n rise=0.1n
fall=0.1n width=20n

"/word"表示信号从电路中名称为 word 的输入端输入,"pulse"表明电压源是脉冲型的,"val0"和"val1"指明低电平和高电平的值,"rise"和"fall"表示脉冲的上升和下降时间,"period"是信号的周期,"width"是脉冲宽度。

同样也可以写出对负载的描述:

c0[♯/out][♯gnd!] capacitor c=50f m=1

"capacitor"表明负载是电容,"c"是电容值,"m"是 multiplier 的缩写。

2. Hspice 仿真流程及激励编写规范

Hspice 仿真能够验证具体宽长比的 CMOS 电路是否满足提出的设计要求。如若满足设计,我们可通过相应的激励编写,提取 CMOS 电路的电学参数;如若不满足设计要求,我们需对 CMOS 电路进行调整,直至测试结果达到我们的设计要求,再对 CMOS 电路提取电学参数。

对 CMOS 电路进行 Hspice 分两种测试环境:一种是 Cadence 集成窗口下的 Hspice 仿真,特点是操作都在相应的窗口下,测试激励编写严格,观察仿真波形较为方便;另一种是 Stand along 环境下的 Hspice 仿真,特点是操作采用命令行格式,观察测试波形不太方便,但测试激励编写灵活,仿真测试的效率高。两种测试环境的仿真结果相同。

下面介绍两种测试环境结合的仿真流程,以提高我们的工作效率。

(1) Hspice 仿真流程

前面我们已提到,两种测试环境各有优劣。二者优势互补的操作流程是:在集成环境下调试电路,观察仿真波形,电路满足设计要求后,提取电路网表,编写 Stand along 环境下的测试激励,提取电路的电学参数。

Hspice 仿真环境配置:系统管理员在设置工程人员的工作站路径时,需将初始化文件.cdsinit(集成窗口).cdshrc(Stand along 环境)设置到工程人员的工作站路径的主目录下。

Hspice 仿真测试的机理是:套用特定厂家、特定工艺条件下的 MOS 管级模型,运用科学的算法,仿真迭代出最终的测试结果。通常,我们分三种测试条件,也就是说配备三种 MOS 管级模型,如下所示。

测试环境	测试条件		MOS 管级模型文件
Cadence 集成窗口	25℃	$V_{DD} = 5$ V	TT_CDS3.TXT
	0℃	$V_{DD} = 5.25$ V	FF3_CDS3.TXT
	110℃	$V_{DD} = 4.75$ V	SS3_CDS3.TXT

(2) Cadence 集成窗口下的 HSPICE 仿真流程

如图 7.15 所示,仿真的整体流程如下:

图 7.15　Cadence 集成窗口下的 Hspice 仿真整体流程

具体操作如下:

① 启动工作站:Login＞(键入)用户名,Password:＊＊＊＊＊＊＊;

② 启动 Cadence:(键入)icfb & 或 icms &。

弹出如图 7.16 所示的 Cadence 主窗口。

点击主窗口中"Design Manger"菜单下的"Library Browser",弹出 Library Browser

窗口。

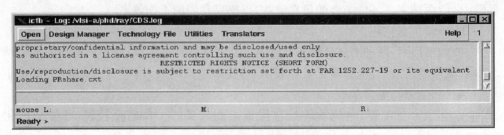

图 7.16　Cadence 主窗口

在 Library Browser 窗口下点编辑(Edit)激活目标库下特定单元(Cell)的电路图,弹出如图 7.17 所示的电路图的编辑窗口(Editing)。

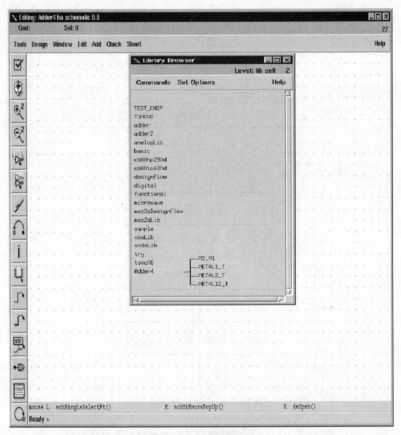

图 7.17　电路图编辑窗口

在电路图的编辑窗口激活"Tool"下的"Anolog Atist",在电路图的编辑窗口的菜单项中添加"Anolog Atist",激活"Anolog Atist"下的"Simulation"。如图 7.18 所示,弹出 Simulator Startup 窗口。

在 Simulator Startup 窗口中,"simulator"下的选项中选择"Hspice $ ",然后激活"ok"项,弹出 Hspice $ 窗口。在 Hspice $ 窗口中激活"setup"项下的"Environment",弹出 Enviroment Options 窗口。在 Enviroment Options 窗口中,"Stimulus Files"栏中填入激励文件路径及文件名,"Include Files"栏中填入 MOS 管的管级模型文件路径及文件名,然后单击"ok"项。在 Hspice $ 窗口中激活"Analysis"项下的"Choose",弹射出 Choose Analyses 窗口。在 Choose Analyses 窗口中的"Transient"栏中填入时间设置,然后激活"ok"项。

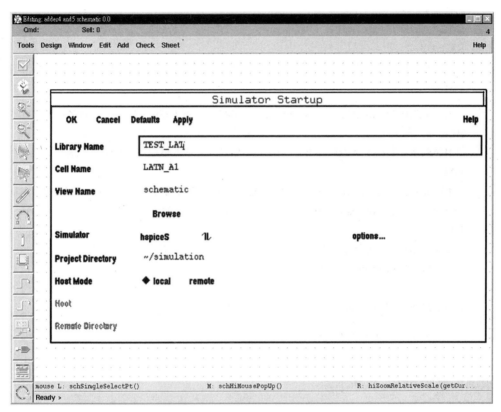

图 7.18　Simulator Startup 窗口

在 Hspice $ 窗口中激活"simulate"项下的"Options",弹出 Simulate Options 窗口。在 Simulate Options 窗口中的"TEMPDC"栏中填入相应的仿真温度,然后单击"ok"项。在 Hspice $ 窗口中击活"simulate"项下的"Run",进入仿真运行态。

仿真结束后,在 Hspice $ 窗口中击活"Resuts"下的"Modify plot set"选项中的"Modify",然后在电路图的编辑窗口点中想要观察的输入输出 Pin,然后在 Hspice $ 窗口中击活"Resuts"下的"Plot Transient",弹射出波形窗口。

仿真结果文件为"～/simulation/器件名/HspiceS/schematic/netlist/"下的 ＊.mt0 文件。

3. Cadence 集成窗口下的 HSPICE 仿真编写规范

在此我们以 ND2_X4 的 HSPICE 仿真为例,激励如下:

V1［♯A］0 PWL 0 5 12.5n 5 12.7n 0 25n 0 25.275n 5 75.275n 5

V2［♯B］0 PWL 0 5 37.5n 5 37.7n 0 50n 0 50.2n 5　75.2n 5

V4［♯vdd!］0 DC 5

C1〔＃Z〕0 0.04p m＝1.0

.MEASURE TRAN AtpLH TRIG　v(A)　　VAL＝2.5 FALL＝1 TARG v(Z)　　VAL＝2.5 RISE＝1

.MEASURE TRAN AtpHL TRIG　v(A)　　VAL＝2.5 RISE＝1 TARG v(Z)　　VAL＝2.5 FALL＝1

.MEASURE TRAN BtpLH TRIG　v(B)　　VAL＝2.5 FALL＝1 TARG v(Z)　　VAL＝2.5 RISE＝2

.MEASURE TRAN BtpHL TRIG　v(B)　　VAL＝2.5 RISE＝1 TARG v(Z)　　VAL＝2.5 FALL＝2

.MEASURE TRAN AZtr TRIG　v(Z)　　VAL＝0.5 RISE＝1 TARG v(Z)　　VAL＝4.5 RISE＝1

.MEASURE TRAN AZtf TRIG　v(Z)　　VAL＝4.5 FALL＝1 TARG v(Z)　　VAL＝0.5 FALL＝1

.MEASURE TRAN BZtr TRIG　v(Z)　　VAL＝0.5 RISE＝2 TARG v(Z)　　VAL＝4.5 RISE＝2

.MEASURE TRAN BZtf TRIG　v(Z)　　VAL＝4.5 FALL＝2 TARG v(Z)　　VAL＝0.5 FALL＝2

.MEASURE Acapacitance PARAM＝′−capa/5′

.MEASURE Bcapacitance PARAM＝′−capb/5′

.MEASURE TRAN capa INTEG I(V1) FROM＝12.5n TO＝20n

.MEASURE TRAN capb INTEG I(V2) FROM＝37.5n TO＝45n

.MEASURE rmspower RMS POWER

.MEASURE avgpower AVG POWER

仿真的波形如图 7.19 所示。

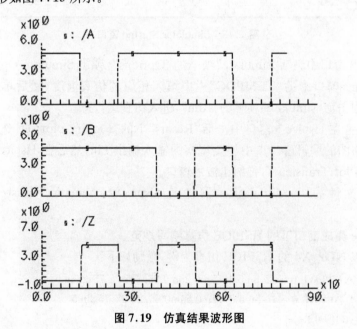

图 7.19　仿真结果波形图

我们对上述激励的编写格式作出说明：

    V1［♯A］0 PWL 0 5 12.5n 5 12.7n 0 25n 0 25.275n 5 75.275n 5

    V2［♯B］0 PWL 0 5 37.5n 5 37.7n 0 50n 0 50.2n 5 75.2n 5

这两句是对输入激励的描述，PWL 是激励格式的关键词。

    V4［♯vdd!］0 DC 5

此句是对电源的描述。

    C1［♯Z］0 0.04p m＝1.0

此句是对输出负载的描述。

    .MEASURE TRAN AtpLH TRIG v(A)   VAL＝2.5 FALL＝1 TARG v(Z)   VAL＝2.5
    FALL＝1

    .MEASURE TRAN AtpHL TRIG v(A)   VAL＝2.5 RISE＝1 TARG v(Z)   VAL＝2.5
    FALL＝1

    .MEASURE TRAN BtpLH TRIG v(B)   VAL＝2.5 FALL＝1 TARG v(Z)   VAL＝2.5
    RISE＝2

    .MEASURE TRAN BtpHL TRIG v(B)   VAL＝2.5 RISE＝1 TARG v(Z)   VAL＝2.5
    FALL＝2

上述测试语句的功能是测试输入端对输出端的延时参数。其中：

.MEASURE   测量语句的关键词

.TRAN   表明测量的为瞬态值，如果后接描述语句省略，则定义与上次相同

.TRIG   表明是触发信号

.TARG   表明是目标信号

.FALL   表明是下降沿

.RISE   表明是上升沿

.VAL   表明变量值

    .MEASURE TRAN AZtr TRIG v(Z)   VAL＝0.5 RISE＝1 TARG v(Z)   VAL＝4.5 RISE＝1

    .MEASURE TRAN AZtf TRIG v(Z)   VAL＝4.5 FALL＝1 TARG v(Z)   VAL＝0.5
    FALL＝1

    .MEASURE TRAN BZtr TRIG v(Z)   VAL＝0.5 RISE＝2 TARG v(Z)   VAL＝4.5 RISE＝2

    .MEASURE TRAN BZtf TRIG v(Z)   VAL＝4.5 FALL＝2 TARG v(Z)   VAL＝0.5
    FALL＝2

上述语句是测试相应输入激励的输出波形的上升时间或下降时间。

    .MEASURE Acapacitance PARAM＝′－capa/5′

    .MEASURE Bcapacitance PARAM＝′－capb/5′

    .MEASURE TRAN capa INTEG I(V1) FROM＝12.5n TO＝20n

    .MEASURE TRAN capb INTEG I(V2) FROM＝37.5n TO＝45n

上述语句是测试输入端的扇入电容。其中：INTEG 是对变量积分的关键词。

    .MEASURE rmspower RMS POWER

    .MEASURE avgpower AVG POWER

上述语句是测试电路的电路功耗。其中：RMS 是均方根运算的关键词；AVG 是求平均值运算的关键词。

4. 库单元的 LVS 检查

下面描述的流程适用于对 Cadence DFII Database 中的 cell 进行 LVS 检查。Dracula 在 UNIX shell 中运行；InQuery 在 ERC 检查之后在集成环境中查看错误信息，并可同时修正。

（1）准备运行目录

建立一个 Dracula LVS 运行目录。

> Venus－C＞cd ～
>
> Venus－C＞mkdir LVS

（2）准备 COMMAND FILE

工具系统管理员已经做好了 Dracula Command File，该文件是："/NIS＋user/Sysadm/jx/…"使用者必须将此文件拷贝到自己的 Dracula LVS 运行目录下，根据将被验证模块的具体属性，修改 Command File 中个别行，然后再继续运行。

> Venus－C＞cd LVS
>
> Ve
>
> nus－C＞cp /NIS＋user/Sysadm/…
>
> vi lvs05.cds

修改三行内容，"＊＊＊＊＊＊"部分是用户要填入的内容：

> primary ＝ ＊＊＊＊＊；给出顶层模块的名称
>
> library ＝ ＊＊＊＊＊＊；给出模块所在库的库名
>
> indisk ＝ ＊＊＊＊＊＊＊＊＊＊＊；给出模块所在库的路径

（3）准备电路图网单

通常情况下，门级以上网单用 VerilogHDL，而门级以下网单用 Spice。

若原设计是 Composer 的 Schematic，则用 CDL OUT 输出 CDL 格式的文件。操作步骤为：

① 进入 Cadence 集成环境

> Venus－C＞icfb&

② 打开菜单

> Translator —〉 Netlist —〉 CDL Out

出现 CDL Out 表。

③ 填写 CDL Out 表，在以下各栏中填入相应内容

> Top Cell Name： ＊＊＊＊＊＊＊
>
> Library Name： ＊＊＊＊＊＊＊
>
> Output File： ＊＊＊＊＊＊＊＊＊＊＊＊
>
> Run Directory：

在当前运行目录中将产生 ＊＊＊＊＊＊＊.CDL 文件。

（4）将网单编译成 Dracula 可读的格式

① 在 UNIX shell 下运行 LOGLVS 程序

> Venus－C＞LOGLVS

系统将进入 LOGLVS 环境，提示符为冒号。

② 编译网单

在冒号提示符后操作：

  :CIR *******.CDL   ; CIR 命令后跟网单文件名

  :CON *******   ; CON 命令后跟 Top Cell 名

  :X   ; X 命令退出 LOGLVS 程序

(5) 运行 Dracula LVS

① 启动 Dracula

  Venus－C>PDRACULA;在 UNIX shell 提示符下键入

进入 Dracula 的环境后系统提示符为冒号。

② 读入 LVS Command File

  :/get lvs05.cds

这时注意查看系统运行情况及记录,如果 Command File 有错,系统将在屏幕上给予显示,用户可当场查看。事后(或在另一个 xterm 窗口)可查看文件,里面有详细描述。

③ 生成 LVS 执行文件,并退出 Dracula 环境

  :/fin

如果前面没有任何错误,系统将生成一个 LVS 的可执行文件,用户注意查看该文件名,缺省情况下,该文件名为 jxrun.com,同时系统将提示该程序运行时将有多少步(stages)。

④ 开始 LVS,运行 jxrun.com

在 UNIX shell 下运行：

  Venus－C>jxrun.com

检查的结果文件全部放在当前的运行目录下。

⑤ 初步查看运行结果

在运行 Inquery 在线检查 LVS 错误之前,应首先观察 jxrun.com 运行时的屏幕显示,运行结束后退出 Dracula 环境：

  :/quit

用 VI 查看 *.lvs 文件。如果没有错误,则没有必要启动 Inquery 查看具体的错误了;如果有错则启动 Inquery 查看具体的错误。

(6) Inquery 查看/修改具体错误

① 错误提示,用户在查错之前应对错误文件有所认识。LVS 的错误列在 *.lvs 文件中,用户要学会查看并理解 *.lvs 文件的内容。

② 启动 Inquery,进入 Cadence 集成环境：

  Venus－C>icfb &

打开 Library Browser,找到要操作的库及 cell,以 edit 方式打开 cell 的 Layout View,将出现一个 Layout Edit 窗口。

③ Inquery 初始化。在 Layout Edit 窗口中,打开菜单：Tools —〉Verification —〉Inquery;

在 Layout Edit 窗口中,打开菜单：

LVS —〉SetUp,出现 LVS Setup 表,在 Dracula Data Path 一栏填入 Dracula LVS 运

行结果的路径。

④ 设置 LVS 可看的 Layer，在 Layout Edit 窗口中，打开菜单：LVS —〉Set Visibility…

⑤ 在 Layout Edit 窗口中，打开菜单：LVS —〉Open NetList Window…

⑥在 Layout Edit 窗口中，打开菜单：LVS —〉Show Network Hierarchy…

⑦在 Layout Edit 窗口中，打开菜单：LVS —〉Show Discrepency Report…将显示 LVS 的运行报告，即 ＊.lvs 报告文件。

⑧ 在 Layout Edit 窗口中，打开菜单：LVS —〉Display Errors…

⑨ 选择 Error file 后，则相对应的错误部分会自动用高亮显示的矩形框出，提示错误的位置，参见图 7.20。错误的原因可以通过查找 violation 的 rule，参照 command file 找出错误编号提示，然后根据提示修改错误对应的版图部分。

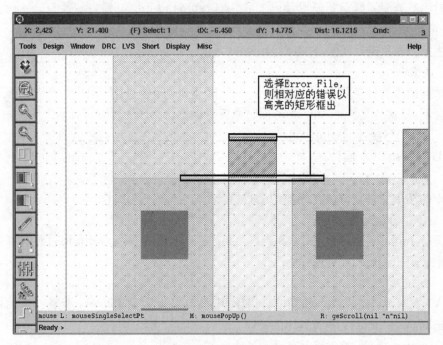

图 7.20　LVS 错误提示

⑩ 修改后，重新设置你所检视过的 error file 为 unviewed，如此可以再检视，previously viewed errors 清除先前的 highlight，重新 setup。

7.3　版图设计基础

目前很多 EDA 公司的集成电路设计软件都包含有设计版图的功能，常用的有：

（1）Cadence 公司的 Virtuoso；

（2）Tanner 公司的 L-edit Pro；

（3）中国华大的九天系统 Zeni；

（4）Mentor Graphics 公司的 IC Station SDL；

（5）Synopsys 公司收购的 Laker，比 Cadence 公司的 Virtuoso 好用。

版图设计是按着器件设计的要求和工艺条件等选择尺寸、确定图形、合理布局及连线，并按工艺流程设计出一套光刻掩膜版。要想实现电路的功能、提高成品率、集成度，必须有正确、良好的版图设计。中、小规模集成电路一般可凭借实践经验靠人工完成，而大规模、超大规模集成电路设计应采用计算机辅助设计来完成。

7.3.1　版图设计方法简介

1. 版图设计方法

目前的版图设计方法有三种：

（1）人工设计。人工设计和绘制版图，有利于充分利用芯片面积，并能满足多种电路性能要求；但是效率低、周期长、容易出错，特别是不能设计规模稍大一些的电路版图。因此，该方法多用于随机格式的、产量较大的 MSI 和 LSI 或单元库的建立。

（2）计算机辅助设计。在计算机辅助设计系统数据库中，预先存入版图的基本图形，形成图形库。设计者通过一定的操作命令可以调用、修改、变换和装配库中的图形，从而形成设计者所需要的版图。

在整个设计过程中，设计者可以通过显示器显示，观察任意层次版图的局部和全貌；可以通过键盘、数字化仪或光笔进行设计操作；可以通过画图机得到所要绘制的版图图形。利用计算机辅助设计，可以降低设计费用和缩短设计周期。

（3）自动化设计。在版图自动设计系统的数据库中，预先设计好各种结构单元的电路图、电路性能参数及版图，并有相应的设计软件。在版图设计时，只要将设计的电路图（Netlist）输入到自动设计系统中，再输入版图的设计规则和电路的性能要求，自动设计软件就可以进行自动布局设计、自动布线设计并根据设计要求进行设计优化，最终输出版图。

2. 版图设计过程

版图设计的输入是电路的元件说明和网表，其输出是设计好的版图。通常情况下，整个版图设计可分为划分（Partition）、布图规划（Floor-planning）、布局（Placement）、布线（Routing）和压缩（Compaction）。

（1）划分。由于一个芯片包含千万个晶体管，加之受计算机存储空间和计算能力的限制，通常我们把整个电路划分成若干个模块，将处理问题的规模缩小。划分时要考虑的因素包括模块的大小、模块的数目和模块之间的连线数等。

（2）布图规划和布局。布图规划是根据模块包含的器件数估计其面积，再根据该模块和其他模块的连接关系以及上一层模块或芯片的形状估计该模块的形状和相对位置。

布局的任务是要确定模块在芯片上的精确位置，其目标是在保证布通的前提下使芯片面积尽可能小。

（3）布线。布线阶段的首要目标是百分之百地完成模块间的互连，其次是在完成布线的前提下进一步优化布线结果，如提高电性能、减小通孔数等。

（4）压缩。压缩是布线完成后的优化处理过程，它试图进一步减小芯片的面积。目前常用的有一维和二维压缩，较为成熟的是一维压缩技术。在压缩过程中必须保证版图几何图形间不违反设计规则。

整个布图过程可以用图来表示，布图过程往往是一个反复迭代求解过程。必须注意布图中各个步骤算法间目标函数的一致性，前面阶段的算法要尽可能考虑到对后续阶段的影响。

3. 版图自动设计中的基本问题

VLSI 版图是一组规则的由若干层平面几何图形元素组成的集合。通常，这些图形元素只限于曼哈顿图形，即只由垂直边和水平边构成的图形，且在同一层内不允许重叠。

（1）图的定义及数据结构。需要了解的基本术语有：图、完全图和子图、通路和回路、连接图和树、有向图、二分图、平面图。有关的数据结构有：邻接矩阵、关联矩阵、边-节点表（数组）、链表结构。

（2）算法及算法复杂性。由于我们面对的处理对象是上千万个，甚至是上亿个图形，哪怕是二次方量级的算法时间都可能是无法实现的。以下算法和问题都是值得关注的：

① 需要考虑算法问题及算法复杂性、最优化问题、可行解问题、NP-困难问题。

② 一些图论中问题的复杂性，如判别平面性、最小生成树、最短路（从一点到所有点）、所有节点间的最短路，平面化、着色、最长路、斯坦纳树、旅行商问题等一些 NP-困难问题。

③ 几种求解 NP-困难问题的方法：

（a）限制问题的范围：只对某一类问题求解。例如在求图上的最小树时只求最小生成树，即限制数的交叉点只能是原有的顶点，在一个多项式时间内可求解最小生成树，但它不一定能获得最小树。

（b）限制问题的规模：例如旅行商问题的分区优化。

（c）分支定界法。

（d）启发式算法。

（3）基本算法。现在常用的图论算法有 DFS、BFS、最短路径、最小生成树、斯坦纳树算法、匹配算法、网络流问题；计算几何算法有扫描线算法；基于运筹学的算法有构形图和局部搜索、线性规划、整数规划、动态规划、非线性规划、模拟退火法。

（4）版图数据的基本操作有：点查找、邻接查找、区域搜索、定向区域遍历、模块插入、模块删除、推移、压缩、建立通道。

（5）基本数据结构有：链表结构、基于 BIN 的结构、邻接指针、角勾链、四叉树、二叉排序树等。

4. 复杂数字系统中版图设计问题

版图设计主要包括模块划分、模块规划、布局、布线、版图集成等环节，是一个组合排列规划和合理拼接图形的工作，在一个规则形状的平面区域内不重叠地布置多个部件，在各部件之间依据电路图的信号连接要求进行连线。虽然版图设计方法日益完善，针对版图设计的各个环节，各式各样的设计软件应运而生，使版图设计自动化；但是，无论何种方法，其针对所有模块版图的共性而开发的,对于某一个或某一类模块的特性,软件常显得力不从心。为了利用模块的特性进行版图设计,以追求指标较高的版图,对版图特别是单元库的手工设计的探索和研究则是必要的。

复杂数字系统版图设计的主要技术指标有:

(1) 延时性能。只有延时满足模块功能时序的版图才是合格的,延时的缩短有利于模块速度的提高。

(2) 功耗指标。功耗的大小是衡量版图性能的重要指标,只有功耗较小的版图才具有实用性。

(3) 面积大小。面积大小将直接影响芯片的成本,必须最大限度提高面积的利用率。

(4) 调整能力。版图设计必须有利于版图的最终调整,调整是版图符合模块功能要求的必经之路。

7.3.2 版图设计规则

1. 设计规则的内容与作用

(1) 设计规则是集成电路设计与制造的桥梁。如何向电路设计及版图设计工程师精确说明工艺线的加工能力,就是设计规则描述的内容。

(2) 这些规则是以掩膜版各层几何图形的宽度、间距及重叠量等最小容许值的形式出现的。

(3) 设计规则本身并不代表光刻、化学腐蚀、对准容差的极限尺寸,它所代表的是容差的要求。

2. 设计规则的描述

(1) 自由格式。一般的 MOS 集成电路的研制和生产中,基本上采用这类规则。其中每个被规定的尺寸之间没有必然的比例关系。显然,在这种方法所规定的规则中,对于一个设计级别,就要有一整套数字,因而显得烦琐。但由于各尺寸可相对独立地选择,所以可把尺寸定得合理。

(2) 规整格式。其基本思想是由 Mead 和 Conway 提出的,在这类规则中,把绝大多数尺寸规定为某一特征尺寸“λ”的某个倍数。

3. 简单的 λ 规则

(1) 宽度及间距如表 7.1 所示。宽度及间距的含义如图 7.21 所示。

表 7.1 最小宽度及间距 λ 规则表

类型	最小宽度	最小间距
Diff	3 λ	3 λ
Poly-si	2 λ	3 λ
Al	3 λ	3 λ
diff-poly	—	λ

① Diff:两个扩散区之间的间距不仅取决于工艺上几何图形的分辨率,还取决于所形成的器件的物理参数。如果两个扩散区靠得太近,在工作时可能会连通,产生不希望出现的

电流。

② Poly-si：取决于工艺上几何图形的分辨率。

③ Al：铝生长在最不平坦的二氧化硅上，因此，铝的宽度和间距都要大些，以免短路或断路。

④ diff-poly：无关多晶硅与扩散区不能相互重叠，否则将产生寄生电容或寄生晶体管。

（2）接触孔的大小规则如图 7.22 所示。

① 孔的大小：$2\lambda\times2\lambda$。

② diff、poly 的包孔：1λ。

③ 孔间距：1λ。

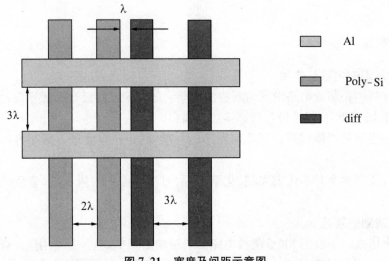

图 7.21　宽度及间距示意图

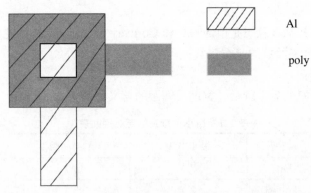

图 7.22　接触孔规则示意图

（3）晶体管的 λ 规则如图 7.23 所示。

① 多晶硅与扩散区最小间距：λ。

② 栅出头：2λ，否则会出现 S、D 短路的现象。

③ 扩散区出头：2λ，以保证 S 或 D 有一定的面积。

（4）P 阱规则如图 7.24 所示。

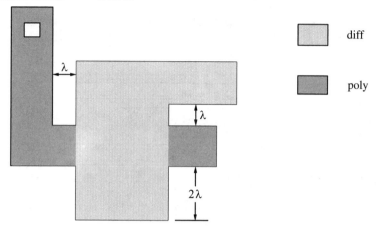

图 7.23　晶体管图规则示意图

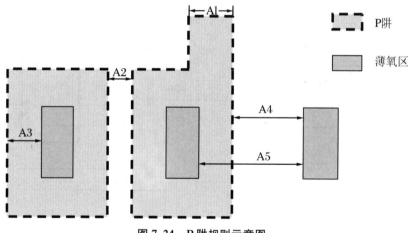

图 7.24　P 阱规则示意图

① A1 = 4λ：最小 P 阱宽度。

② A2 = 2λ/6λ：P 阱间距，当两个 P 阱同电位时，A2 = 2λ；当两个 P 阱异电位时，A2 = 6λ。

③ A3 = 3λ：P 阱边沿与内部薄氧化区（有源区）的间距。

④ A4 = 5λ：P 阱边沿与外部薄氧化区（有源区）的间距。

⑤ A5 = 8λ：P 管薄氧化区与 N 管薄氧化区的间距。

4. 深亚微米 CMOS 设计规则

我们知道当前数字系统芯片制作工艺主要是 CMOS 工艺，CMOS 中的门电路是由非门、与门等组合构成的。下面我们以最常见的 CMOS 双阱工艺的非门（反相器）来简单介绍在深亚微米电路中的设计规则描述（仅介绍 N 阱和有源区，其余略），反相器的剖面图与布局图如图 7.25 所示。

（1）基本定义如图 7.26 所示。当我们确定最终芯片设计工艺流程后，应先将工艺厂家提供的设计(版图)规则理解并熟记,然后在设计中务必遵守这些规则。

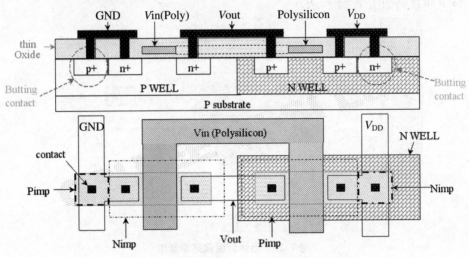

图 7.25　反相器的 CMOS 工艺剖面图与布局图

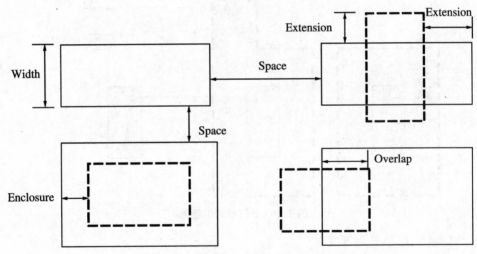

图 7.26　基本定义

(2) NW(N 阱)规则如图 7.27 所示。

图 7.27 中规则编号 1.a、1.b、1.c 的意义如表 7.2 所示。

表 7.2　NW 设计规则

Rule No.	Rule Description	T-0.6 SPTM
1.a	minimum width NW(最小 N 阱宽度)	3.0 μm
1.b	minimum space NW-to-NW with different potentials (不同电势力下,最小 N 阱间距)	4.8 μm
1.c	minimum space NW-to-NW with the same potentials (同电势力下,最小 N 阱间距)	1.5 μm

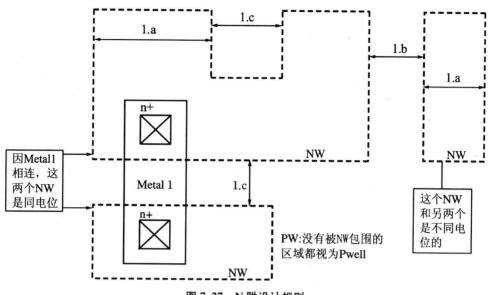

图 7.27　N 阱设计规则

（3）有源区规则如图 7.28 所示。

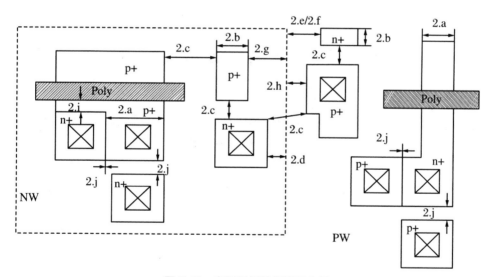

图 7.28　有源区设计规则示意图

图 7.28 中规则编号 2. a、2. b、2. c、2. d、2. e、2. f、2. g、2. h、2. i、2. j 的意义分别如表 7.3 所示。

表 7.3　OC(薄氧化层)设计规则

Rule No.	Rule Description	T-0.6 SPTM
2. a	minimum with OD(Thin Oxide)for active devices(有源区最小宽度)	0.75 μm
2. b	minimum width OD for interconnection(连线最小宽度)	0.6 μm

续表

Rule No.	Rule Description	T-0.6 SPTM
2.c	minimum space OD-to-OD(有源区最小间距)	1.2 μm
2.d	minimum enclosure NW[OD(n+)](N 阱内 n+区与 N 阱边沿最小宽度)	0.4 μm
2.e	minimum space NW(cold)-to-OD(n+1)(N 阱(cold)与 P 阱区边沿最小间距)	1.8 μm
2.f	minimum space NW(hot)-to-OD(n+)(最小宽度)(N 阱(hot)与 P 阱区边沿最小间距)	4.0 μm
2.g	minimum enclosure NW[OD(p+)](N 阱内 p+区与 N 阱边沿最小间距)	1.8 μm
2.h	minimum space NW-to-OD(p+)(N 阱到 p+区最小间距)	0.4 μm
2.i	minimum space PO-to-OD(p+)(N 阱到 p+区最小间距)	0.75 μm
2.j	minimum space OD(p+)-to-(OD)(n+)(p+区到 n+区最小间距)	0.0 or 1.2 μm

7.4 版图生成、验证

对于一个复杂数字系统的芯片,其版图工作量相当大。版本控制、多模块协同工作必不可少,限于篇幅,本节只重点介绍 DataPath 设计、版图输入流程、布局验证、参数提取反标和时序分析的工作流程。

7.4.1 DataPath 设计

1. DataPath 库准备

在启动 Cadence 集成环境后,在 CIW 窗口选择"Set Library Path",将"/user5/PubLib"设到搜索路径列表中,随即应在 Library Browser 中看到 Datapath 库。

2. Schematic 准备

运行 Smartpath 的 Schematic 与普通的 Schematic 略有不同。要将所有 Datapath 的单元统一用 Datapath 库中的专用单元来表示。

3. 装载工艺文件

在"CIW"菜单选择"Design Manage—〉Technology File—〉Compile Technology…"后,出现"Compile Technology File"表格,在"Library Name"一栏填写当前库的库名;在"Technology File"一栏填写工艺文件所在的全路径及文件名。

DataPath 的操作流程如下:

(1) 处理 Schematic

① 打开设计的器件 Cell 的 schematic

(a) 设置当前库所在的路径:在"CIW"菜单选择"Design Manage—〉Set Search Path"后,在出现菜单的"Path"项内填入你的 Library 的路径;

(b) 在"CIW"菜单选择"Design Manage—〉Library Browser";

(c) 在 Library Browser 用鼠标左键单击库。在库名的后面会显示库中所有器件 Cell;

(d) 用鼠标左键单击器件"Cell",在 Cell 的后面会显示 Cellview;

(e) 用鼠标右键点中"schematic",在弹出的菜单选择"Edit",然后松开鼠标。

② 运行 SmartPath

(a) 在 Schematic 窗口菜单选择"Tools—〉Datapath/Schematic";

(b) "Datapath"菜单将出现在主菜单条的最右边。

③ 初始化 Datapath 生成器

(a) 选择"Datapath—〉Initial Generators";

(b) 接受默认的设置,单击"OK"。

④ 在 Schematic 中加入 Datapath

(a) 选择"Datapath—〉Add Generated Component…";

(b) 在"Category"中选择"Buffer";

(c) 在窗口中选择"inv"

(d) 填写位宽;

(e) 选择驱动;

(f) 单击"OK"。

⑤ 运行 PR Flatten

(a) 在 CIW 窗口,选择"Translators—〉PR Flatten";

(b) 填写库名、Cell 名、Cellview 名时用"Browser"按钮;

(c) 单击"Browser"按钮;

(d) 在 Library Browser 窗口单击当前的"Cell"的"Scheamtic";

(e) 在 PR Flatten 表格的底部选择"Generate Physical Hierarchy",将生成该 Cell 的 autoLayout View;

(f) 如果出现一个"是否覆盖已有的 autoLayout view"询问,则单击"OK"。

⑥ 关闭 Schematic 编辑窗口

在 Schematic 编辑窗口选择"Windows—〉Close"。

(2) 对设计模块中的 Datapath 进行平面规划与布局

① 以 Edit 方式打开 autoLayout View

② 运行 Smartpath 与 Cell3

(a) 选择"Tools—〉Floorplan—〉Datapath/Cell3 Ensemble",Preview Cell3 与 Datapath 的菜单将出现在主菜单条上;

(b) 生成布局布线格,选择"Floorplan—〉Reinitialize",保持默认的设置,单击"OK"。

③ 建立 Datapath Function

选择"Datapath—〉Create Datapath Function",保持默认设置,单击"OK"之后,在

"autoLayout View"中属于 Datapath Function 的 Cell 全部将排列在 Block 的下部。

④ 建立 Datapath Region

(a) 选择"Datapath—〉Create Datapath Region",填写表格：

RegionName：	用默认的值
Functions To Assign：	All unassigned
Bit Order：	Bit 0 At Bottom
Row Flipping：	flip every other row，flip bit 0 不选中
Row Per Bit：	1
Region Origin：	Offset from Boundary
Offset：	10 10
Auto-resize Boundary：	选中

(b) 单击"OK"。

(3) 设置线的边约束(Net Side Constrain)

① 建立线边约束文件(Net Side Constrains File)

(a) 选择"Datapath—〉Set Placement Constrain—〉Set Net Side Constrain"；

(b) 选择"Write and Edit"，将生成包含当前线边约束的文件；

(c) 单击"Apply"。

② 在将出现的 VI 编辑窗口做适当修改后退出

③ 若有修改，并想使之有效，则单击"Read"，然后单击"OK"

(4) 对 Datapath 进行布局

① 选择 Datapath—〉Placement

② 保持默认的设置，单击 OK

如果成功，在 CIW 窗口将提示 placement completed successfully。

(5) 为非 Datapath Cells 增加 Row

如果该设计模块中全部是 datapath 单元，则此步骤(5)及步骤(6)可以跳过。

① 选择 Datapath—〉Add Rows

要估算为非 Datapath Cells 增加多少 Row，需要先将这些未被分配的 Cell 单元加到 Datapath Region 中。

② 选中 Include Unassigned Cells

③ 估算加一个 Row 后的利用率

Add Row Above Datapath：　　　1

(a) 单击"Compute Utilization"；

(b) 检查 Row 的利用率 Row Utilization，若太大，则增加 Row 再计算，直到利用率低于 80%。

④ 如果要加大增加的 Row 的利用率，还有办法就是：少加 Row，但将 Datapath 的 Row 向右扩展一些，扩展的量根据单元的多少而定。如：

Add Row Above Datapath：　　　1

Extend Rows To Right：　　　25，默认的单位为 Micron

单击"Compute Utilization"调整，直到 Row Utilization 比 80%略大。

⑤ 单击"OK"

⑥ 保存中间结果，另存为 autoDPplaced

(6) 对非 Datapath 单元布局

① 确定已经以 edit 方式打开 autoLayout

② 建立 Cell3 环境

(a) 选择"Place & Route—〉Engine—〉Environment"；

(b) 将 Memory Size 改为 48；

(c) 确定 Send Design Parameters 设为：Send Cell Library(LEF)with Design；

(d) Technology From Library 中填入当前库的库名；

(e) 单击"OK"。

③ 对非 Datapath 单元布局

(a) 选择"Place & Route—〉Place"；

(b) 对 Log，选择 Overwrite；

(c) 对 Retrieve Design to View Name，填写 autoPlaced；

(d) 在 Pre-placed Instance Fixed 项，选择"Yes"；

(e) 单击"OK"。

④ 布局完成后

Cell3 将生成一个 autoPlaced View，同时将会出现一个布局的 Log 文件窗口，浏览该 Log 文件窗口中的内容，有错的地方都标有"infos"，浏览完后关闭此窗口。选择 File—〉Close。

⑤ 关闭 autoLayout View

选择"Window—〉Close"。

(7) 整体布线

① 打开布局好的设计

以 Edit 方式打开 autoPlaced，如果有错，选择"Analyze—〉Show Markers"。

② 设置 I/O 边位置(Side)约束

通常，我们要将数据 Pin 放在上下部位，将控制 Pin 放在左右部位。

(a) 搜索将要放在上边的数据 pin

选择"Edit—〉Search"；在 Search 窗口选择按钮"Pin"及"In Cellview"；在 By 子窗口选择 Terminal Name，填入要放在左边的 Pin 名或通配符；点一下背景窗口，确定在编辑窗口还没有做任何选择；在 OSW 窗口，选择 NS，再选择 Pin；在 Search 窗口单击"Select"按钮；至此，要放在左边的 Pin 应已选中。

(b) 选择 Edit—〉Properties

单击"Common"按钮；在 Side Constrain 位置选择 Top；单击"OK"。

(c) 搜索将要放在下边的数据 Pin，操作同上两步

(d) 将控制 Pin 分放在左右，操作同数据 Pin 的操作

③ 优化 I/O Pin

（a）优化 Soft pins

在 Edit 窗口，选择"Floorplan—〉Soft Pins—〉Optimize/Float"；单击"Float"按下 "Switch Pin Layer"按钮，在 Top/Bottom 格填写 met2，在 Left/Right 格填写 met3；单击 "Optimize"按钮。

（b）检查并将 Pin 调整到 Cell3 的布线格上

Zoom In 到设计的边界上，检查 Soft Pin，注意到 Pin 是放在设计的边界上的。

在 OSW 窗口，先选择 NS，再选择 Design；在 Edit 窗口，点中设计的边界；选择 "Place & Route—〉Block—〉Adjust Pins"；选中"Snap Pins To Routing Grid"；单击"OK"。

（c）检查是否有重叠的 Pin

选择"Analyze—〉Check—〉Soft Pin Overlap"；查看 CIW 窗口中的提示信息，如果没有 重叠的 Pin，则将会出现 end of overlap 的提示信息。

④ 布 Power Stripe

（a）设置 Special Net

选择"Place & Route—〉Special Route—〉Set Nets Special"；在 Net Name List 格中填 写：vdd! gnd!；单击"OK"。

（b）布第一个 Power Stripe

选择"Place & Route—〉Special Route—〉Stripe"；在随即出现的表格中填写或设置如下 参数：

Retrieve Design to View Name：	autoStripe
Net Name List：	vdd!
Layer Name：	met2
Stripe Width：	4.5
Stripe Per Net：	1
Direction：	Vertical
Start：	4.6（单击 Point，再点击设计靠左边界的位置）
Step：	1
Stop：	同 Start 的设置
Area：	All
Core Area：	All

单击"OK"。当 Stripe 布完后，将出现 Log File 的窗口，检查是否有 Infos，之后关闭，保存并 关闭 autoPlaced Edit 窗口。

（c）以 Edit 方式打开 autoStripe

（d）布另一个 Power Stripe

选择"Place & Route—〉Special Route—〉Stripe"，在随即出现的表格中填写或设置如下 参数：

Retrieve Design to View Name：	autoStripe
Net Name List：	gnd!
Layer Name：	met2
Stripe Width：	4.5
Stripe Per Net：	1
Direction：	Vertical
Start：	（单击 Point，再点击设计靠右边界的位置）
Step：	1
Stop：	同 Start 的设置
Area	All
Core Area：	All

单击"OK"。

⑤ 当 Stripe 布完后，将出现 Log File 的窗口，检查是否有 Infos，之后关闭

（a）将 Pin 移动到 Power Stripe 上

搜索 vdd! Pin，并移动到 vdd! Power Stripe 上；选择"Edit—〉Search"；选择 Pin，In Cellview，By Terminal Name；填入 vdd!；再 OSW 窗口选择 Pin；点击"Select"；Zoom In 到选中的 vdd! Pin 的位置；将 Vdd! Pin 移动到 vdd! Power Stripe 的下端；单击"Q"键；在 Edit Properties 窗口，将 Pin Type 设为：m2pin；将 Pin Layer Width 设为 4.5；单击"OK"。

（b）搜索 gnd! Pin，并移动到 gnd! Power Stripe 上

操作同上面 vdd! Pin 的操作。

⑥ 生成 Power Rail

（a）连接 Power Pin 与 Power Stripe

选择"Place & Route—〉Special Route—〉Follow Pins"，在随即出现的表格中填写或设置如下参数：

Retrieve Design to View Name：	autoFollow
Net Name List：	vdd! gnd!
Layer Name：	met1
Direction：	Horizontal
Fill：	Unselected
Area：	All
Core Area：	All

单击"OK"。

（b）如果没有错误，在检查完后，关闭生成的 LOG File 文件

（c）关闭 autoStripe Edit 窗口

⑦ 整体布信号线 Globle Route

（a）以 Edit 方式打开 autoFollow view

（b）选择"Place & Route—〉Globle Route"，然后单击"OK"

（c）完成后将会出现 Log File 窗口，检查是否有错，最后关闭 Log File 文件窗口

⑧ 布信号线的最终布线 Final Route。

（a）选择"Place & Route—〉Final Route"，然后单击"OK"

（b）完成后将会出现 Log File 窗口，检查是否有错，最后关闭 Log File 文件窗口

Cell3 将生成 autoRouted View，这就是最终的布局布线结果。

7.4.2　版图输入流程

本书介绍了 Cadence 的 Layout Edit 版图输入工具的使用方法，包括版图输入的准备、LGS 工艺规则的简介和版图的设计原则及具体版图绘制中的应用方法、版图绘制的操作步骤。

在使用 layout 工具编辑版图前，必须有与该 Cell 相对应的 Schematic、Layout 相关的工艺文件（Technology File）。可根据工艺文件中的设计规则对版图进行编辑。Cadence 工具另外提供有 DIVA 在线式验证及 Dracula 处理，也可在版图编辑时暂不考虑设计规则且不同工艺之间的转换很方便。

Cadence 的 Layout Editor 工具有两种使用模式，一种为专家模式，一种为新手模式；每一命令出弹出式菜单，供使用者选项，因而易学。

1. 输入的准备

（1）启动 layoutPlus，启动 Cadence 后端仿真工具 layoutPlus &。

（2）敲入 icfb & 命令出现 CIW 窗口。

（3）在 CIW 中选中 Open—〉Library，出现 Open—〉Library 窗口。

（4）输入库名及库路径；在 Open—〉Library 窗口中输入库名及库路径。

注意：在 Mode 选择 Edit，若目标库不存在，系统会提示创建一个新库；若目标库存在，则打开。

2. 确定和修改 Technology File

（1）Compile Technology

选择 CIW 的在"Technology File—〉Compile Technology"，出现 Compile Technology File 窗口。

（2）输入库名及装载 Technology File

在 Compile Technology File 窗口中填入库名，填入需要装载 Technology File。

注意：在 Action 需选择 Load/NIS＋user/Sysadm/ywh/work/techfile。

3. 创建或打开一个 Cell

（1）Library Browser 窗口

若目标库未打开，则要先打开目标库；若目标库已打开，则在 CIW 中选择"Design manager —〉Library Browser"，出现 Library Browser 窗口。

（2）Create cell 窗口

从 Library Browser 窗口中找到目标库，用鼠标中键点击所选库名，在弹出菜单中选择"Create cell"项然后松开鼠标，出现 Create cell 窗口，在 Create cell 窗口中填写好 cell 名。

注意：owner Access 的 read、edit、delete 的选择，然后单击"OK"。

4．创建 Cellview-Layout

用鼠标右键点中创建好的 cell，在弹出菜单中选择 Create Cellview，出现 Create Cellview 窗口，在 View Name 中填入 Layout。

注意：owner Access 的 read、edit、delete 的选择，然后单击"OK"。

在 Library Browser 窗口中用左键单击 cell 名，则可见 Cellview 的 Layout 存在。

注意：若目标库中，目标 cell 及 Cellview 的 Layout 早已存在，可跳过创建步。

5．版图的编辑 Edit_Layout

在 Library Browser 中用鼠标点中 cell 的 Layout，按下中键选择 Edit 进入编辑环境。利用 LSW 工具窗口条在出现的 Editing Layout 窗口中按设计规则的要求进行版图的编辑。

（1）关于图形的绘制

首先必须选中 LSW 中的一个定义层，可利用 Layout 窗口条进行所选层的绘制。

① 显示的设置

在 Layout 窗口中选择"Design—〉Option—〉Display"，将出现 Display Options 窗口；在 Display Options 窗口中，将可以进行显示设置。

例如，Grid Controls 通过 Grid 的设置，可以控制鼠标在 layout 窗口中的定位精度。

X	Snap	Spacing	.25
Y	Snap	Spacing	.25
Snap	Modes		
Create	Snap Mode		L90XFirst
Edit	Snap	Mode	anyAngle

Display Levels 通过 Displaylevel 的设置可以控制显示内容的多少。

From　　　　　0

To　　　　　0

② 某工艺的设计规则

版图编辑的规则是工艺加工技术和器件物理对版图设计的约束，是芯片面积和成品率的折中。设计规则融合了理论计算和经验数值。绘制版图首先必须看懂此设计规则，版图编辑对照设计规则进行，其中，well、diff、poly、cont、metal、pimpat、via 等层次的定义由设计规则确定（并在 LSW 中表达）。我们给定的某工艺是双阱工艺，管子的结构描述如下。

PMOS 管的工艺结构为：在 N 型氧化硅衬底上做 P 型阱（低浓度 P 型扩散区），再在 P 阱上做 N 型阱（低浓度 N 型扩散区），然后在 N 阱上再注入高浓度 P 型扩散层有源区 Pdiff，再加入多晶 Poly，用金属及接触孔进行连线。

③ 单元版图的设计步骤为：电源/地线→信号线→晶体管→连接孔和衬底的接触→连线

④ 版图的绘制原则：减小连线电容、电阻，减小面积

考虑绘制原则，具体绘制注意事项如下：

（a）减小连线接到输出端的漏端的个数；

(b) 改变栅区形状,增大晶体管的宽度、减小面积;

(c) 优化电路结构、减小节点个数;

(d) 布局优化:连接相同节点的器件尽可能靠近,连接相同节点的功能模块端口尽可能靠近,这要求单元版图的绘制高度和 P_{in} 及电源/地位置相同;

(e) 减少连线拐弯;

(f) 减少总线绕圈;

(g) 突出总线的设计。

(2) 几类图形的绘制

① 多边形(well、np、pp、poly、metal)的绘制

在 LSW 中点 well/dg,polygin 再在 edit 窗口中根据设计规则绘图。

② Path 的绘制

同层相连的,在 LSW 中 layer/dg. Path 进行绘制;不同层相连的,在命令窗口点中"cont/via/via2",从起点层开始绘制,中间进行层间的切换,至目标层的绘制。

③ PIN 的绘制

单层 PIN 在 LSW 中 layer/pin. Rectangle polygin label 进行绘制;双层 PIN 在命令窗口点中"cont/via/via2",从起点层开始绘制,中间进行层间的切换,至目标层的绘制。

④ Label

加 label。

7.4.3 MUX2 的版图编辑步骤

1. MUX21-1 的分析

(1) MUX21-1 的组成分析

MUX21-1(二选一选通器)由 INV(反向器)及 NAND2(与非门)组成,如图 7.29 所示。因此 MUX21-1 可由一个反向器(INV)和三个与非门(NAND2)组合而成,即 MUX21-1 的版图可由 INV、NAND2 的版图拼成(也可整体绘制)。

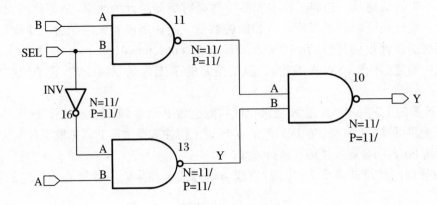

图 7.29　MUX21-1 电路图

（2）INV 的组成分析

由 CMOS 构成的反相器如图 7.30 所示。反相器可由 PMOS 管、NMOS 管构成，即 INV 的版图可由 PMOS、NMOS 的版图拼成（也可整体绘制）。

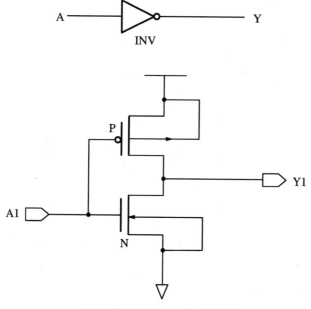

图 7.30　CMOS 工艺的反相器

（3）NAND2 的组成分析

二输入与非门如图 7.31 所示。NAND2 由两个 PMOS 管和两个 NMOS 管组成。因此 NADA2 可由 PMOS 管、NMOS 管组合而成，即 NAND2 的版图可由 PMOS、NMOS 的版图拼成（也可整体绘制）。

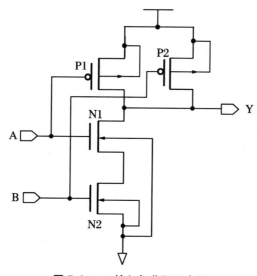

图 7.31　二输入与非门示意图

2．MUX21-1 的绘制步法

分步画图：

（1）PMOS 的 LAYOUT；

（2）NMOS 的 LAYOUT；

（3）INV 的 LAYOUT；

（4）NAND2 的 LAYOUT；

（5）MUX21-1 的 LAYOUT。

3．绘制 LAYOUT 的准备

（1）在自己的目录中启动 layoutplus &；

（2）建立目标库：PMOS、NMOS、INV、NAND2、MUX21-1；

（3）建立 cellview：PMOS、NMOS、INV、NAND2、MUX21-1 的 symbol、schematic 描述（其内容可从厂家提供的基本库或其他基本库之中拷贝）；

（4）建立 cellview 的 layout 描述，以进行 Eidt 编辑；

（5）在 Library Browser 中用鼠标点中 cell（PMOS、NMOS、INV、NAND2、MUX21-1)的 Layout，按下中键选择 Edit 进入编辑环境。

（6）利用 LSW 工具窗口条在出现的 Editing Layout 窗口中按设计规则的要求进行版图的编辑。

4．绘制 PMOS 的 LAYOUT

绘制 PMOS 管的图形如 7.32 所示。

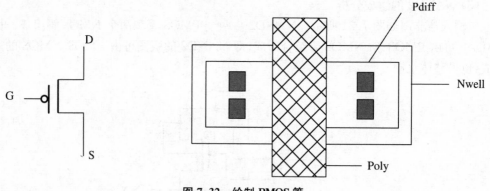

图 7.32　绘制 PMOS 管

其步骤为：

（1）在 LSW 中选定 nwell，点 Rectangle，在 EDIT 的窗口之中画出 nwell 区域；

（2）在 LSW 中选定 pdiff，点 Rectangle，在 EDIT 的窗口之中的 nwell 画出 pdiff 区域；

（3）在 LSW 中选定 poly，点 Rectangle，画出 poly 区域；

（4）在 LSW 中选定 cont，点 Rectangle，画出一个 cont，再使用 copy 画出其余的 cont；

（5）完毕之后 Save 保存于目标库中 PMOS 的 LAYOUT。

5. 绘制 NMOS 的 LAYOUT

绘制 NMOS 的图形如图 7.33 所示。

其步骤为：

(1) 在 LSW 中选定 pwell，点 Rectangle，在 EDIT 的窗口之中画出 pwell 区域；

(2) 在 LSW 中选定 ndiff，点 Rectangle，在 EDIT 的窗口之中的 pwell 画出 ndiff 区域；

(3) 在 LSW 中选定 poly，点 Rectangle，画出 poly 区域；

(4) 在 LSW 中选定 cont，点 Rectangle，画出一个 cont，再使用 copy 画出其余的 cont；

(5) 完毕之后 Save 保存于目标库中 NMOS 的 LAYOUT。

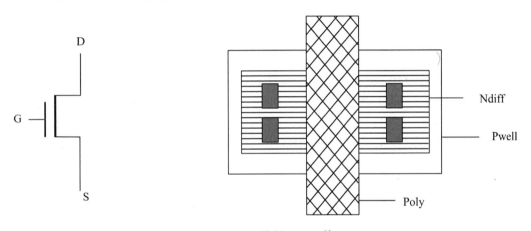

图 7.33　绘制 NMOS 管

6. 绘制 INV 的 LAYOUT

绘制 INV 的 LAYOUT 的方法有两种。

(1) 方法一

copy 一个 NMOS 及一个 PMOS 的 LAYOUT 对照 INV 的 schematic 进行连线(metal)。步骤为：

① 点 copy 选 cell-NMOS-layout 拖鼠标至 Edit 窗口内；

② 点 copy 选 cell-PMOS-layout 拖鼠标至 Edit 窗口内；

③ 在 LSW 中选定 metal，点 Rectangle(矩形)，画出 VDD(电源)GND(地)；

④ 在 LSW 中选定 metal，点 line(线)，连接 Vdd-pidff、poly-poly(或将 NMOS 的 polt 和 PMOS 的 poly 改画为一条)、pdiff-ndiff、ndiff-Gnd；

⑤ 在 LSW 中选定 Pin，点 Rectangle，画出输入、输出的 Pin(输入的 pin 用 metal 与 poly 相连，输出的 pin 用 metal 与 ndiff-pdiff 相连)；

⑥ 点 Label 为 Layout 加注(vdd、gnd、input、ouput)，拖鼠标至 Edit 窗口内，双击鼠标左键则可，之后再点 cancel。

⑦ 完毕之后 Save，保存于目标库中 INV 的 LAYOUT。

绘制好的反相器版图如图 7.34 所示。

(2) 方法二

从整体上进行绘制,步骤如下:

① 在 LSW 中选定 nwell,点 Rectangle,在 EDIT 的窗口之中画出 nwell 区域;

② 在 LSW 中选定 pdiff,点 Rectangle,在 EDIT 的窗口之中的 nwell 画出 pdiff 区域;

③ 在 LSW 中选定 pwell,点 Rectangle,在 EDIT 的窗口之中画出 pwell 区域;

④ 在 LSW 中选定 ndiff,点 Rectangle,在 EDIT 的窗口之中的 pwell 画出 pdiff 区域;

⑤ 在 LSW 中选定 poly,点 Rectangle,画出 poly 区域;

⑥ 在 LSW 中选定 cont,点 Rectangle,画出一个 cont,再使用 copy 画出其余的 cont;

⑦ 在 LSW 中选定 metal,点 line,连接 Vdd-pidff、pdiff-ndiff、ndiff-Gnd;

⑧ 在 LSW 中选定 pin,点 Rectangle,画出输入、输出的 pin(输入的 pin 用 metal 与 poly 相连,输出的 pin 用 metal 与 ndiff-pdiff 相连);

⑨ 点 Label 为 Layout 加注(vdd、gnd、input、ouput),拖鼠标至 Edit 窗口内,双击鼠标左键则可,之后再点 cancel;

⑩ 完毕之后 Save 保存于目标库中 INV 的 Layout。

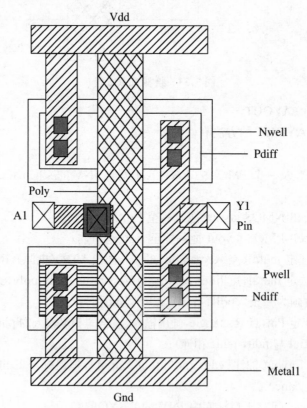

图 7.34　绘制好的反相器版图

绘制好的反相器版图如图 7.35 所示。

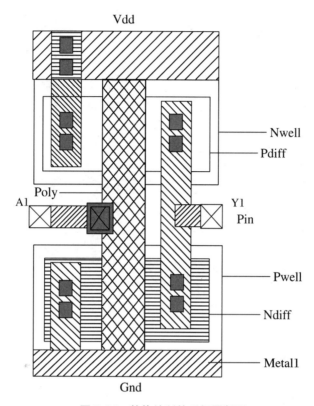

图 7.35　整体绘制的反相器版图

7．绘制 NAND2 的 LAYOUT

绘制 NAND2 的 LAYOUT 的方法有两种：

（1）方法一

copy 两个 NMOS 及两个 PMOS 的 LAYOUT，对照 NAND2 的 schematic 进行连线（metal）来绘制 NAND2。

绘制 NAND2 的步骤：

① 点 copy 选 cell-NMOS-layout 拖鼠标至 Edit 窗口内，并再 copy 一次；

② 点 copy 选 cell-PMOS-layout 拖鼠标至 Edit 窗口内，并再 copy 一次；

③ 对照 NAND2 的 schematic，安排 MOS 管的位置，以便连线；

④ 在 LSW 中选定 metal，点 Rectangle，画出 VDD、GND；

⑤ 在 LSW 中选定 metal，点 line，连接 Vdd-pidff、poly-poly、pdiff-ndiff、ndiff-Gnd（可调出 NAND2 的 schematic 图进行参考）。

⑥ 在 LSW 中选定 pin，点 Rectangle，画出 NAND2 输入、输出的 pin；

⑦ 点 Labe 为 LAYOUT 加注（vdd、gnd、input、ouput），拖鼠标至 Edit 窗口内，双击鼠标左键则可，之后再点 cancel；

⑧ 绘制完毕之后保存于目标库中 NAND2。

绘制好的与非门版图如图 7.36 所示。

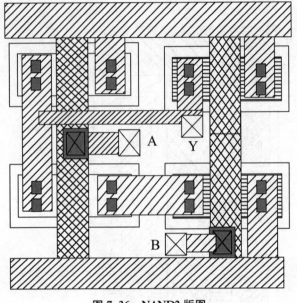

图 7.36　NAND2 版图

（2）方法二

从整体上进行绘制如图 7.37 所示 NAND2，其步骤如下：

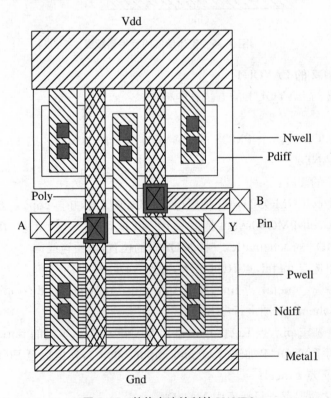

图 7.37　整体方法绘制的 NAND2

① 在 LSW 中选定 nwell,点 Rectangle,在 EDIT 的窗口之中画出 nwell 区域(两个 PMOS 公用);

② 在 LSW 中选定 pdiff,点 Rectangle,在 EDIT 的窗口之中的 nwell 画出 pdiff 区域(两个 PMOS 公用);

③ 在 LSW 中选定 pwell,点 Rectangle,在 EDIT 的窗口之中画出 pwell 区域(两个 NMOS 公用);

④ 在 LSW 中选定 ndiff,点 Rectangle,在 EDIT 的窗口之中的 pwell 画出 pdiff 区域(两个 NMOS 公用);

⑤ 在 LSW 中选定 poly,点 Rectangle,画出 poly 区域;

⑥ 在 LSW 中选定 cont,点 Rectangle,画出一个 cont,再使用 copy 画出其余的 cont;

⑦ 在 LSW 中选定 metal,点 line,连接 Vdd-pidff、pdiff-ndiff、ndiff-Gnd;

⑧ 在 LSW 中选定 pin,点 Rectangle,画出输入、输出的 pin(输入的 pin 用 metal 与 poly 相连,输出的 pin 用 metal 与 ndiff-pdiff 相连),点 Label 为 LAYOUT 加注(vdd、gnd、input、ouput 分次填入),拖动鼠标至 Edit 窗口内,双击鼠标左键则可,之后再点 cancel;

⑨ 完毕之后 Save 保存于目标库中 NAND2 的 LAYOUT。

8. 绘制 MUX21-1 的 LAYOUT

综上所述可知,较为复杂的 CELL 的版图可由简单 CELL 的版图拼成。常用的基本库单元的版图,已存放在厂家的基本库及其他基本库之中,可直接调用和拷贝。

MUX21-1 可用 INV、NAND2 的 LAYOUT 拼成。拼接的步骤如下:

① 点 copy 选 cell-IN-LAYOUT 拖动鼠标至 Edit 窗口内;

② 点 copy 选 cell-NAND2-LAYOUT 拖动鼠标至 Edit 窗口内;

③ 对照 MUX21-1 的 schematic 进行连线(方法参照 INV、NAND2 的画图步骤);

④ 点 Label 为 LAYOUT 加注(vdd、gnd、input、ouput),用鼠标拖至 Edit 窗口内,双击鼠标左键则可,之后再点击 cancel;

⑤ 完毕之后 Save 保存于目标库中 NAND2 的 LAYOUT。

7.4.4　Diva 流程

当你所设计的芯片在 Cadence Design Framework 中完成 DIVA 的验证程序后,必须将 Layout view 转换成工业界布局资料交换的标准格式 GDSII format,此步骤在 Cadence 中可由"Stream Out"方式进行转换。

光刻版的制作是相当昂贵的,所以布局验证的重要性不言而喻,布局验证包括 DRC、ERC、LVS、LPE。Dracula(吸血鬼)这个工具被公认为布局验证的标准,几乎全世界的 IC 公司都拿它作为签核(sign off)的凭证。

Cadence 提供了两套布局验证系统:

(1) Diva(on-line 交互方式);

(2) Dracula(batch-running 方式)。

Diva 在验证小面积的 layout 时,速度较快,并且整合入 Opus 环境,使用时较方便;但其缺点为无法做大型芯片或 whole chip 的完整验证。所以一般 DIVA 用于对小型 cell 或中型 block 的布局验证,而 whole chip 则采用 Dracula 处理。

1. 设计规则检查(Diva/DRC)

(1) 输入:模块的 layout View;

(2) 打开 Cell 的 autoRouted View;

(3) 选择 Floorplan 中的 Replace cellview;

(4) 将所有元件的 Abstract View 替换为 layout View;

(5) 选择 Tools 下的 layout;

(6) 选择 Verify 中的 DRC;

(7) 结果:① 选择 Verify 中的 Marker 中的 find,option:zoom to error;② 选择 Verify 中的 Marker 中的 explain。

2. Diva/Extract 流程

(1) 输入:模块的 layout View;

(2) 选择 Verify 中的 extract;

(3) switch:do_extract(iLPE):提取寄生电容,do_pre(iPRE):提取寄生电阻(switch 可选择多个,用空格分开);

(4) 结果:产生 extracted View,选择 Show Run Info,

    option: log 显示执行信息

                    netlist

                    layout netlist 显示网表

对于 DRC 中的错误可手工修改或重新布局布线。

3. 电学规则检查(Diva/ERC)流程

(1) 输入:extracted View;

(2) 选择 Verify 中的 extract;

(3) 在 Form 中填入 Library name、Cell name、View name(extracted View);

(4) 结果:选择 Show Run Info(选项同 DRC),运行目录下的 netlist 为其 Hspice 网表。

4. 逻辑图与版图对比(Diva/LVS)流程

(1) 输入:schematic View 及 extracted View,要求所有器件的 Schematic 均为版图设计中使用的 Schematic;

(2) 选择 Verify 中的 LVS;

(3) 在 Form 中填入 Library name、Cell name、View name(schematic and extracted View);

(4) 结果:选择 Show Run Info(选项同 DRC),运行目录下的 netlist 为其 Hspice 网表。

7.4.5　Dracula 流程

整体版图制作过程要进行 Dracula 检查,对于出错部分要及时修正器件版图,以保证整个模块版图无误。整块版图完成以后要进行 Hspice 测试验证,测试不合格时要及时改变管子宽度,直至测试合格。调整器件要依据路径分析,调整路径在模块中所占数量较少的器件管子。版图验证可采用 Diva 或 Dracula。

1. 设计规则检查(DRC)

(1) 编写 Dracule 命令文件

路径:/user5/Sch/Sch/lic/comfile/drc05.cds(Cadence 格式)

/user5/Sch/Sch/lic/comfile/drc0.5.gds(GDSII 格式)

(2) 生成 Dracule 运行文件

① 在 Dracule 命令文件中加入以下命令:

格式 1(Cadence 格式)	格式 2(GDSII 格式)
SYSTEM = Cadence	SYSTEM = GDSII
LIBRARY = 设计库名称	INDISK = 输入文件所在路径及名称
INDISK = 输入文件所在路径	PRIMARY = 单元名
PRIMARY = 单元名	OUTLIB = 输出设计库名
OUTLIB = 输出设计库名	OUTDISK = 输出文件名
OUTDISK = 输出文件名	

② 键入 PDRACULA;

③ 键入/get Dracule 命令文件名;

④ 键入/fin;

⑤ 产生 jxrun.com。

(3) 执行 jxrun.com

(4) 打开单元的 layout View

(5) 打开 Tools 下的 verification 中的 inquery

2. 电学规则检查流程

(1) 编写 Dracule 命令文件

路径:/user5/Sch/Sch/lic/comfile/erc05.cds(Cadence 格式)。

(2) 生成 Dracule 运行文件

① 在 Dracule 命令文件中加入以下命令:

SYSTEM = Cadence

LIBRARY = 设计库名称

INDISK = 输入文件所在路径

PRIMARY = 单元名

OUTLIB = 输出设计库名

OUTDISK = 输出文件名

② 键入 PDRACULA;

③ 键入/get Dracule 命令文件名;

④ 键入/fin;

⑤ 产生 jxrun.com。

(3) 执行 jxrun.com

(4) 打开单元的 layout View

(5) 打开 Tools 下的 verification 中的 inquery

3. 版图与逻辑图对比流程

(1) 编写 Dracule 命令文件

路径：/user5/Sch/Sch/lic/comfile/lvs05.cds(Cadence 格式)。

(2) 生成 Dracule 运行文件

① 准备电路网表：用 CDL Out 将 schematic 生成 Spice 网表；

② 将 Spice 网表编译成 Dracule 可接受格式：

  LOGLVS

  :cir spice netlist

  :con 器件名

  :x

产生 LVSLOGIC. DAT；

③ 在 Dracule 命令文件中加入以下命令：

  SYSTEM = Cadence

  LIBRARY =设计库名称

  INDISK =输入文件所在路径

  PRIMARY =单元名

  SCHEMATIC = LVSLOGIC. DAT

  OUTLIB =输出设计库名

  OUTDISK =输出文件名

  LVSCHK =[option]

④ 键入 PDRACULA；

⑤ 键入/get Dracule 命令文件名；

⑥ 键入/fin；

⑦ 产生 jxrun. com。

(3) 执行 jxrun. com

(4) 打开单元的 layout View

(5) 打开 Tools 下的 verification 中的 inquery

4. 版图参数提取(LPE)流程

(1) 编写 Dracule 命令文件

路径：/user5/Sch/Sch/lic/comfile/lpe05. cds(Cadence 格式)。

(2) 生成 Dracule 运行文件

① 在 Dracule 命令文件中加入以下命令：

  SYSTEM = Cadence

  LIBRARY =设计库名称

  INDISK =输入文件所在路径

  PRIMARY =单元名

  OUTLIB =输出设计库名

  OUTDISK =输出文件名

② 键入 PDRACULA；

③ 键入/get Dracule 命令文件名；

④ 键入/fin；

⑤ 产生 jxrun. com。

(3) 执行 jxrun. com

5. 寄生电阻提取(PRE)

(1) 编写 Dracule 命令文件

路径:/user5/Sch/Sch/lic/comfile/pre05. cds(Cadence 格式)。

(2) 生成 Dracule 运行文件

① 在 Dracule 命令文件中加入以下命令:

　　　SYSTEM ＝ Cadence
　　　LIBRARY ＝设计库名称
　　　INDISK ＝输入文件所在路径
　　　SCHEMATIC ＝ LVSLOGIC. DAT
　　　PRIMARY ＝单元名
　　　OUTLIB ＝输出设计库名
　　　OUTDISK ＝输出文件名

② 键入 PDRACULA;

③ 键入/get Dracule 命令文件名;

④ 键入/fin;

⑤ 产生 jxrun. com。

(3) 执行 jxrun. com

7.4.6　参数提取反标

版图反标(Backannotate)与后仿真:

(1) 若采用 Diva 进行 LVS 后,采用如下方法进行版图反标及 Hspice 仿真。

① 打开单元的 schematic View;

② 选择 LVS Form 中的 Backannoted;

③ 选择 Form 中的 Add parastic,将参数反标到 schematic View 中;

④ 选择 schematic View 菜单 Tools 中的 Analog artist;

⑤ 选择 Analog artist 菜单中的 Simulation 即进入 Hspice 仿真环境。

(2) 若采用 Dracula 进行 PRE 后,生成 SPICE. DAT,在该文件中加入 Hspice 仿真激励,即可进行 Hspice 仿真。

7.4.7　门级时序分析

门级(gate level)分析的方法和步骤如下。

1. 准备过程

(1) Setup env

　　　在. cshrc 里加上 Set Path ＝($ Pash　 $ PEARL/bin)

　　　Setenv PEARL /Usr / Valid / tools / Pearl (或 / cds/cds9502/tools/pearl)

　　　Copy $ PEARL/etc/pearl－init

　　　Home 下　　　～/. pearl

(2) 准备 Tech file

```
TECHNOLOGY std                              //定义此段 techfile 的名字
POWER_NODE_NAME VDD 5                        //定义电源
GND_NODE_NAME VSS                            //定义地线
LOGIC_THRESHOLD 2.5                          //定义开启电压
RISE_TIME 20 - 80 .5NS
WIRE_CAPACITANCE_ESTIMATE .05P 0             //定义线电容
SPICE_PROGRAM SPICE2 pearl - spice2 vcmos. spice - models
SYNOPSYS_UNITS 1N 1P 1K                      //依次定义时间、电容、电阻的单位
END_TECHNOLOGY
```

(3) 准备 Timing Model for Standard Cell

```
//系统准备部分(定义 MODEL 标准单元的参数)
# units are pF, nS, Kohms
UNITS C = P T = N R = K

MODEL DREG                                  //定义 DREG 此标准单元的参数
OUTPUT Q DRVR = CMOS
INPUT D CAP = .08                           //电容
INPUT CLK CAP = .08                         //电容
DELAY R CLK -> Q 1.0 1.0 1.0 1.0            //R 触发方式
SETHLD D -> CLK ^ .5 .5 0 0                 //Setup hold 的延时
END_MODEL

MODEL INVERTER                              //以下标准单元定义均同上述
OUTPUT OUT DRVR = CMOSD
INPUT IN CAP = .08
DELAY I IN -> OUT 1.0 1.0 1.0 1.0
END_MODEL

MODEL BUFFER
OUTPUT OUT DRVR = CMOS
INPUT IN CAP = .08
DELAY N IN -> -> OUT 1.0 1.0 1.0 1.0
END_MODEL

MODEL MUX2
OUTPUT OUT DRVR = CMOS
INPUT I0 CAP = .08
INPUT I1 CAP = .08
INPUT S CAP = .08
D -> ELAY E S -> OUT 1.0 1.0 1.0 1.0
DELAY N I0 -> OUT 1.0 1.0 1.0 1.0
DELAY N I1 -> OUT 1.0 1.0 1.0 1.0
END_MODEL
```

```
MODEL ADDER
OUTPUT SUM DRVR = CMOS
OUTPUT COUT DRVR = CMOS
INPUT A CAP = .08
INPUT B CAP = .08
INPUT CIN CAP = .08
DELAY E A -> SUM 1.0 1.0 1.0 1.0
DELAY E B -> SUM 1.0 1.0 1.0 1.0
DELAY E CIN -> SUM 1.0 1.0 1.0 1.0
DELAY E A -> COUT 1.0 1.0 1.0 1.0
DELAY E B -> COUT 1.0 1.0 1.0 1.0
DELAY E CIN -> COUT 1.0 1.0 1.0 1.0
END_MODEL

MODEL LATCH
OUTPUT Q DRVR = CMOS
INPUT D CAP = .08
INPUT EN CAP = .08
DELAY NL D -> Q 1.0 1.0 1.0 1.0
DELAY GL EN -> Q 1.0 1.0 1.0 1.0
SETHLD D -> EN v .5 .5 0 0
END_MODEL

MODEL NAND2
OUTPUT OUT DRVR = CMOS
INPUT IN1 CAP = .08
INPUT IN2 CAP = .08
DELAY I IN1 -> OUT 1.0 1.0 1.0 1.0
DELAY I IN2 -> OUT 1.0 1.0 1.0 1.0
END_MODEL

DEFDRIVER CMOS RH = 20.0 RL = 10.0
```

2. 分析过程

（1）Invoke engine(//启动 pearl 时序分析工具)

Pearl

（2）将原始文件读进来(//用 include 命令)

① 原始文件说明

原始文件包括前面定义的技术文件及 Timing Models 文件,还有对模块的 Verilog 文件等。文件内容如下:

```
diff - engine - gate. cmd(包含上述原始文件的文件名)
♯ exerpts from the default. pearl init file
Alias dn DescribeNode
```

```
    Alias sp ShowPossibility                    //定义命令
    ReadTechnology std－cell.tech                //读技术文件
    ReadTimingModels diff－engine－cells.m        //读 Timing Models 文件
    ReadVerilog diff－engine.v                    //读 Verilog 文件(对器件的 Verilog 描述)
    TopLevelCell DIFF_ENGINE                     //定义顶级文件
    EstimateStrayCapacitances                    //加线电容
```

② 操作命令

```
    cmd＞include diff－engine－gate.cmd
```

(3) 分析

① 常用命令说明

```
    # sample  shorthands  for  .pearl initialization  file
    alias   sp   ShowPossibility             //显示某一 path
    alias   dn   DescribeNode                //显示某一节点
    alias   dd   DescribeDevice              //显示某一器件
    alias   fpf  FindPathsFrom               //查找 Longest Path
    alias   tv   TimingVerify                //验证 setup hold
    alias   sd   ShowNodeDelays              //显示某一节点在 CLK^变化时,新值什么时候会到
    aliad   sdp  ShowDelayPath               //进一步看 sd 的结果,用 sdp
    alias   soe  ShowNodeOutputEqns
    alias   seb  ShowEqnsBetweenNodes        //显示两节点间 delay(只能是某一器件的 in/out)
    alias   sie  ShowNodeInputEqns
    alias   sh   ShowNodeHierarchyNames
    alias   spice SpiceDelayPath
    alias   log  Logfile
    alias   cd   SetDirectory                //进入目录
    alias   q    quit                        //退出分析环境
```

② 分析过程

举例:一宏单元模块 DIFF_ENGINE 的 Verilog 描述:

```
    module DIFF_ENGINE (LDA,LDB,_LDC,CLK,BUS,SUM);
    input LDA;
    input LDB;
    input _LDC;
    output [7:0] SUM;
    input [7:0] BUS;
    input CLK;
    wire [7:0] COUT;
    DIFF_ENGINE_BITDEB_0(LDA,LDB,_LDC,CLK,BUS[0],VSS,COUT[0],SUM[0],SUM
    [7]);
    DIFF_ENGINE_BIT DEB_1(LDA,LDB,_LDC,CLK,BUS[1],COUT[0],COUT[1],SUM
    [1],SUM[7]);
    DIFF_ENGINE_BIT DEB_2(LDA,LDB,_LDC,CLK,BUS[2],COUT[1],COUT[2],SUM
```

[2],SUM[7]);

DIFF_ENGINE_BIT DEB_3(LDA,LDB,_LDC,CLK,BUS[3],COUT[2],COUT[3],SUM

[3],SUM[7]);

DIFF_ENGINE_BIT DEB_4(LDA,LDB,_LDC,CLK,BUS[4],COUT[3],COUT[4],SUM

[4],SUM[7]);

DIFF_ENGINE_BIT DEB_5(LDA,LDB,_LDC,CLK,BUS[5],COUT[4],COUT[5],SUM

[5],SUM[7]);

DIFF_ENGINE_BIT DEB_6(LDA,LDB,_LDC,CLK,BUS[6],COUT[5],COUT[6],SUM

[6],SUM[7]);

DIFF_ENGINE_BIT DEB_7(LDA,LDB,_LDC,CLK,BUS[7],COUT[6],COUT[7],SUM

[7],SUM[7]);

endmodule

module DIFF_ENGINE_BIT(LDA,LDB,_LDC,CLK,BUS,CIN,COUT,SUM,SUM_SIGN);

output COUT;

input LDA;

output SUM;

input CIN;

input SUM_SIGN;

input LDB;

input BUS;

input _LDC;

input CLK;

DREG DREGC(C,NEW_C,CLK);

DREG DREGB(B,BUS,LDB);

DREG DREGA(A,BUS,LDA);

ADDER ADDER(NEW_SUM,COUT,C,AB,CIN);

BUFFER BUF(SUM,C);

MUX2 MUX1(AB,A,B,SUM_SIGN);

MUX2 MUX2(NEW_C,BUS,NEW_SUM,_LDC);

endmodule

~/Pearl>pearl

Cmd>include diff－pate.Cmd

Cmd>fpf.CLK^

Cmd>

步骤如下：

① 用 fef clk^找出最长的 path；

② 找出最长的 path 里,其最大的延时在什么地方；

③ 用 seb 查看为什么 delay 大；seb node [edge] node [edge]；

④ 用 dn 查看负载为什么大；dn node；

⑤ 用 sd 查看在 clk^有效时,节点的 delay；sd node；

⑥ 用 sdp 查看上述节点的 delay(min,max)path；

 sdp node edge man\ min

⑦ 设定时钟周期：

 Clock Clk 0 25

 CycleTime 50

⑧ 分析用 tv，查看有无 Setup hold violation：

 Violation：Means violate setup hold constvaint

 Slack：Means have slack tim

⑨ 然后，用 sp 可一一查看，算法是：(a) CycleTime-Setup-delay，(b) delay-hold，分析出最大可达到的时钟频率：

 Find Min Cycle Time

输出 SDF 格式文件：

 write SDF Path Costraint

7.4.8　晶体管级时序分析

晶体管级(Transistor level)的分析步骤如下。

1．准备文件

(1) 门级以下网单。可以是 Verilog 文件，也可以是 Spice 网表文件。

(2) 准备技术文件。如：cmd > lnclude VCMOS. tech。

(3) 准备 cell declaration 文件。

2．分析过程

晶体管级的分析过程同门级时序的分析是一样的，不再赘述。

3．分析

(1) 所有在门级时序能使用的分析方法，都适用于晶体管级时序分析。

(2) 可以对某一路径(PATH)作 Spice 分析：

① 准备工作

在 technology 文件中定义所使用的 Spice 仿真器的名字及路径：

 Spice_OrogramHspice Pearl－hspice

② 启动命令

 Spice Detay Path

7.5　Tanner Research Tools 组成与功能

Tanner Research 公司成立于 1988 年，它是极少数致力于在 PC 平台上推出功能强大且易用产品的 EDA 专业公司，它专注于研制并推出全定制数字芯片系统的设计输入、仿真、版图、布线和验证等软件工具。在国外 EE(电子工程)、CS(计算机科学)等学科的有关课程中大量使用该系统。Tanner Research 公司推出的 EDA Tools 包括 L-edit Pro、T-Spice Pro、LVS 等。

7.5.1　安装并熟悉 L-edit pro

(1) 访问 http://www.tanner.com/或到 FTP 网站查找并下载 L-edit pro 的教学版本,安装到本地硬盘;

(2) 运行 L-edit Movie,反复观看以了解 L-edit PRO 的基本用法;

(3) 打开 GSR_lib.tdb 文件,使用工具栏上"open cell"命令;

(4) 例如,选中一个"Inv"器件,进行相关的操作;

(5) 选取 Example 中的提供的文件,再分别演示 DRC、SPR、Extract 等操作步骤。

7.5.2　安装 DOS 版 L-edit 5.0

(1) 下载 L-edit 5.0,该版本是淘汰的 DOS 版,可在 Windows 的 DOS 模式下运行,将其安装到本地硬盘;

(2) 在桌面上建立一个快捷方式,修改属性,运行命令项后,加上/V 命令;

(3) DOS 版 L-edit 很适合规模稍小一些的版图使用,尤其适合模拟集成电路版图设计。

7.5.3　版图编辑实践

(1) 学会 L-edit 各种命令的用法,打开经典的 CMOSLIB.TDB 如图 7.38 所示,观察其中的单元。

(2) 从 CMOSLIB.TDB 中自己独立提出两个单元的 Schematic。该文件共有 7 个单元:Order、HysDif、TcAmp、WRAmp、FlwInt、WRMult,其中 Order 是必做的单元,另外几个可选做。

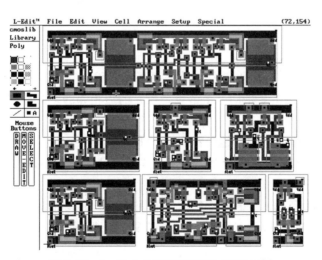

图 7.38　L-edit 5.0 下 CMOSLIB.TDB 示例

（3）将其中的一个父单元 Library 转换成 CIF 和 GDS 格式。完成表 7.4。

表 7.4　Occupied Disk Volume

File Name	Disk Volume（byte）	Time of Creation	Route of the File
CMOSLIB. TDB			
CMOSLIB. CIF			
CMOSLIB. GDS			

7.5.4　读 CMOSLIB. TDB 的方法

读图首先要弄懂版图中层次，层次如表 7.5 所示。我们以 CMOSLIB. TDB 版图为例，说明读图的要领。

表 7.5　CMOSLIB. TDB 版图层次表

层次 ♯	层次名字（英）	层次名字（中）	颜色
1	Poly	多晶硅	填满红色
2	Active	有源区	填满绿色
3	Metal 1	下铝，即Ⅰ-Al	填满蓝色
4	Metal 2	上铝，即Ⅱ-Al	填满灰色
5	N Select	N 选择扩散区，做 N 管用	草绿色
6	N Well	N 阱，做 P 管用	灰色
7	Poly Contact	多晶硅接触孔	填满黑色
8	Active Contact	有源区接触孔	填满黑色
9	Via	通孔，连接上下铝用	全透明
12	Icon/Outline	拼接界的轮廓线	灰色

（1）关闭所有层次，只打开多晶硅和有源区两层，相交区域就是管子，有几个相交区域就是几个管子。在纸上大概位置画出 MOS 管子符号，并编上管号。

（2）被多晶硅分开的每一块有源区，就是源区或漏区，它是绿色的，每一块绿色的区域，具有同样的电位，在电路图上是同一个节点。与它的边相邻的多晶硅，都是管子，且必有源（或漏）与其相连，把它们画出来。

（3）开 Poly Contact，它们都是在 Poly 上的孔，即栅或 Poly 连线上的孔。

（4）开 Metal 1，把将栅或 Poly 连线上的孔连起来，Metal 1 和 Poly 都是连线，把它们画出来。

（5）再开 Active Contact，把连接源区、漏区和多晶硅的线都画出来。

（6）再开 Metal 2。Via 和 Icon/Outline，有 Via 的地方是输入或输出端口，写下端口的名字。

（7）标出各管子的 L/W、Vdd、Gnd，一张 Schematic 的草图就成了，经核对无误后，稍加整理，就完成了 Schematic。

7.5.5 L-edit 模块介绍

L-edit 是 Tanner Research 公司为开发 ASIC 而专门设计的版图编辑器,是该公司软件系列 Tanner Tools 中的一个模块。其他模块还有:

(1) 版图自动生成工具:L-edit/SPR;

(2) 验证工具:L-edit/DRC、Extract、LVS;

(3) 标准单元版图库:COMS3Lib、SCMOSLib、AnaCMOSLib;

(4) 门级时序仿真器:GateSim;

(5) 工艺映射库:Technology Mapping Library;

(6) 原理图网表转换工具:NetTran;

(7) 横截面观察工具:Cross-Section Viewer。(在给定工艺条件下,在版图上划出一条线,如一把刀切下去似的,可以方便地观察到这条线下面的纵向结构图。)

7.5.6 L-edit 主菜单使用导引

(1) 点击"L-edit"命令后,将给出 L-edit 的版本说明和有关的统计信息;Edit 的命令功能最强大;View 包含所有的视窗命令;Cell 中的命令全是有关单元的,而单元设计的方法既便于修改,又能节省存储空间,所以很受欢迎;Arrange 可对选择的图形进行旋转和镜面对称的操作;Setup 供设置环境和 Option 之用;Special 包含了产生逻辑操作结果层次的命令,以及清除它们的命令,执行 DRC 的命令。

(2) Edit 命令功能强大,如 CIF(或 GDS)格式的读入和转换就由它来完成。读入(Open)版图文件时,如它是 CIF(或 GDS)格式,则选.CIF(或.GDS)作后缀,这时系统就将 CIF(或 GDS)格式转换成内部的 TDB 格式,并显示出来。若需将 TDB 格式转成 CIF(或 GDS)格式,则用 Save as 命令,并选.CIF(或.GDS)作后缀,这时系统就将内部的 TDB 格式转换成 CIF(或 GDS)格式,并保存于原文件目录中。CIF 和 GDS 格式的相互转换,通过 TDB 格式过渡来实现。至于其他的命令,使用方法很简单,不再赘述。

① View 是示窗命令。放大、缩小、用鼠标随心随意开窗以及上下左右移动,且都有热键,十分方便。另外,是否要显示坐标、原点、格点、单元外轮廓线等,都可由用户自己来选择。

② Cell 是单元命令。设计新单元用 New,要修改原有单元用 Open,在修改原有单元时,如需返回到原单元时,用 Revert,在修改单元后用 Close as 另起名字保存,原单元依然存在,Delete 用于删除单元,Rename 对单元重命名,Copy 单元后进行修改,可获得新单元,Instance 为调用单元提供方便。

假设名为 Total 的文件中包含了 Totala、Totalb、Totalc 三个总图,它们各自有四个单元:(a1,a2,a3,a4)、(b1,b2,b3,b4)和(c1,c2,c3,c4)。在输出 CIF(或 GDS)格式时,需指定三个总图中的一个输出 CIF(或 GDS)格式,就要用 Fabricate 来指定。显然,Totala、Totalb、Totalc 三个总图是父单元,而(a1,a2,a3,a4)、(b1,b2,b3,b4)和(c1,c2,c3,c4)都是子单元。父单元和子单元在库中都是平等的。最好在起名字时有所区别,才会调用方便,不混乱。不得递归调用,即子单元不能调用包含其本身的父单元。

③ Setup 应用于设置环境和 Option。设置比例因子用 Technology，设置格点用 Grid，设置层逻辑操作用 Derived Layer，设置具有等宽的线条用 Wire（其中，还有圆角、方角、45 度角三种选择），设置颜色用调色板 Palette，设置或取消层次用 Layer，设置检查用的设计规则用 DRC，做格式转换时，用 CIF（或 GDS）来规定层次表。

④ Special 将 Setup 已设置好的命令付诸实施。如执行层逻辑操作，用 Derived Layer 命令，执行设计规则检查操作，用 DRC 命令（可规定范围）。

7.5.7　DRC 文件实例

```
;example of DRC file                              ;1
drc Extra RULES((bkgnd = geomBKgnd())
    (L1 = geomor("L1"))
    (L1 = geomor("L1"))
    (L2 = geomor("L2"))
    (L15 = geomor("L15"))                         ;5
    (L10 = geomor("L10"))
    (L3 = geomor("L3"))
    (L4 = geomor("L4"))
    (L5 = geomor("L5"))
    (L6 = geomor("L6"))                           ;10
    (L7 = geomor("L7"))
    (L8 = geomor("L8"))
    (L9 = geomor("L9"))
    (L31 = geomor("L31"))
    (L32 = geomor("L32"))                         ;15
    (mosC = geomor("mosC")
        L6a = geominside("L6 L5")
        L6b = geomandNot("L6 L6a")
        L7a = geominside("L7 L6a")
        L5b = geomOr("L5 L6")                     ;20
        L5b = geomStraddle("L5 L3")
        L5c = geomAndNot("L5 L5b")
        L5d = geominside("L5 L3")
    Ivif((switch"drc?") then
        drc(L8 sep < 6)                           ;25
        drc(L8 width < 9.5)
        drc(L3 L5c enc < 19.8)
        drc(L3 L2 enc < 29.5)
        drc(L3 L1 enc < 19.5)
        drc(L3 L6 enc < 17.5)                     ;30
        drc(L5 L6a enc < 3.5)
        drc(L5b L7 enc < 1.5)
```

```
        drc(L6a L7a enc < 3.5)
        drc(L5 L6b sep < 9.5)
        drc(L7 width < 8)                    ;35
        drc(L5 width < 7.5 parallel)
        drc(L6 width < 7.5)
        drc(L5 sep < 9.5 parallel)
        drc(L8 L7 enc < 3.5)
        drc(L3 sep < 9.5)                    ;40
        drc(L10 L7 enc < 3.5)
   )
   )                                         ;45
```

(1) 第 1 行以分号开始，分号之后直至本行末尾，都是注解。第 1 行仅是标题，以下的分号仅用以指示除注解外的行号。在 Cadence 系统中，DRC 文件、Extracting 文件、以及 LVS 文件都是需要用户在 Unix 下自己编写的。所用的语言是 Skill，它是 Cadence 系统为用户开发的专用语言，用户界面比较友好。

(2) 第 2 行指出程序处理的数据范围：以能包含所有坐标数据的正交矩形为处理对象。

(3) 第 3 行～第 16 行对版图的原始层次进行"或"处理，目的是消除拼接处的冗余线。有引号的层次是版图的原始层次，无引号的层次是程序推导出来的层次，简称导出层次。

(4) 第 16 行中的"mosc"，是层次的名字。层次的名字经常用 L1、L2、L3 来表示。

(5) 第 3 行～第 16 行，首尾都有一对括号，它们是可以省略的。括号必须成对使用。如果你仔细观察，会发现：第 2 行多了一个左括号，第 24 行也多了一个左括号，而第 43,44 行则多了一个右括号。原来，第 24 行和第 43 行多余的括号配成了对；而第 2 行和第 44 行多余的括号也配成了对。前一对括号执行 DRC 操作，后一对括号表示整个 DRC 操作全部完成了。

(6) 第 24 行是启动 DRC 操作的开关。如果前面加了分号，DRC 操作就被封锁了。

(7) 第 17 行～第 23 行，是为以下的 DRC 操作做准备的。如 L6a = L5 内部的 L6 上的图形，即发射区，L6b = L6 的图形中除去 L6a 外的图形，即磷扩散层上除去发射区(L6a)外的图形，包括：集电区、磷桥、岛上高电位接触孔所在的区域。L6a 和 L6b 遵循的设计规则是不同的，所以，有必要将它们区别开来。

这一段包含逻辑操作和依位置关系来提取图形的操作，定义如下：

geomOr(Li Lj) = Li"或"Lj 上的图形，与 Li,Lj 的次序无关；

geomAnd(LiLj) = Li"与"Lj 上的图形，与 Li,Lj 的次序无关；

geomAndNot(LiLj) = Li"减去"(Li"与"Lj)，与 Li,Lj 的次序有关；

geomInside(LiLj) = 提取在 Lj"内部的"，且在 Li 上的图形，与 Li,Lj 的次序有关；

geomStraddle(LiLj) = 提取与 Lj"骑跨的"，且在 Li 上的图形，与 Li,Lj 的次序有关。

(8) 第 25 行～第 41 行，是具体的 DRC 操作，意义如下：

① 第 25 行，铝线间隔小于 6 时出错，L8 是铝线。

② 第 26 行，铝线宽度小于 9.5 时出错。

③ 第 27 行，隔离岛将基区包围，且套刻的距离小于 19.8 时出错。L3 为隔离岛，L5 为

基区。

④ 第 28 行,隔离岛将深磷包围,且套刻的距离小于 29.5 时出错。L2 为深磷。

⑤ 第 29 行,隔离岛将 N＋埋层包围,且套刻的距离小于 19.5 时出错。L1 为 N＋埋层。

⑥ 第 30 行,隔离岛将磷扩散区包围,且套刻的距离小于 17.5 时出错。L6 为磷扩散区。

⑦ 第 31 行,基区将发射区包围,且套刻的距离小于 3.5 时出错。L6a 为发射区。

⑧ 第 32 行,基区或发射区将接触孔包围,且套刻的距离小于 1.5 时出错。L7 为接触孔。

⑨ 第 33 行,发射区将发射区接触孔包围,且套刻的距离小于 3.5 时出错。L6a 为发射区,L7a 为发射区接触孔。

⑩ 第 34 行,基区和集电区间隔小于 9.5 时出错,L6b 包括:集电区、磷桥、岛上高电位接触孔所在的区域。

⑪ 第 35 行,接触孔宽度小于 8 时出错。

⑫ 第 36 行,基区宽度小于 7.5 时出错。只检查平行对边之间的宽度。

⑬ 第 37 行,磷扩散区宽度小于 7.5 时出错。

⑭ 第 38 行,基区图形间隔小于 9.5 时出错。只检查平行对边之间的间隔。

⑮ 第 39 行,铝线将接触孔包围,且套刻的距离小于 3.5 时出错。

⑯ 第 40 行,隔离岛图形间隔小于 9.5 时出错。换言之,隔离槽宽度小于 9.5 时出错。(为什么? 请自己回答。)

⑰ 第 41 行,测试铝线将接触孔包围,且套刻的距离小于 3.5 时出错。L10 为测试铝线。

第8章 数字集成电路的可靠性设计

随着数字系统规模的不断增大、复杂程度的不断提高、应用环境的不断拓展，数字集成电路的可靠性显得越来越重要。为了提高数字集成电路的可靠性，必须采用可测性设计来做设计和测试。本章介绍与数字集成电路可靠性设计内容有关的要求、空间辐射环境下的FPGA可靠性设计技术、可测试性设计以及数字集成电路的物理仿真等内容。

8.1 可靠性设计的要求

可靠性是指产品在规定条件下和规定时间内，完成规定功能的能力。产品可靠性定义的要素是三个"规定"：

(1)"规定条件"包括使用时的环境条件和工作条件。

(2)"规定时间"是指产品规定了的任务时间。

(3)"规定功能"是指产品规定了的必须具备的功能及其技术指标。

8.1.1 可靠性简介

大多数设计出来的产品，其寿命符合如图8.1所示的"浴盆曲线"，产品的故障率随时间的变化而分3个阶段(早期故障、偶然故障和耗损故障)的变化。由于产品故障机理的不同，不同集成电路的可靠性有所不同，但总体上还是符合这个规律的。

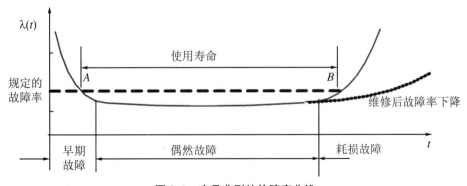

图 8.1 产品典型的故障率曲线

对于数字集成电路设计,可以这样说:可靠性是设计出来的、也是管理出来的,但首先是设计出来的。可靠性设计的内容和设计过程如图 8.2 所示,可靠性设计首先要选择和评估合适的数字集成电路设计方案,给出定量的数值,再采用各种有效的设计方法来提高芯片在各种使用环境下的可靠性,从而满足"可靠性"的要求。

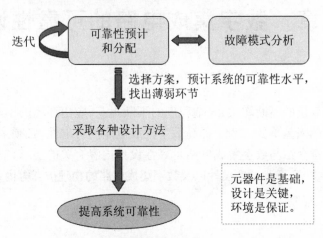

图 8.2 可靠性设计的内容和设计过程

在图 8.2 中,我们要提高设计的可靠性,需要考虑和采用以下方法:

(1)总体设计时,通过系统可靠性指标的分配和预计,进行优化设计,使之在现有条件下具有一定的可靠性。

(2)电路设计、元器件选择、容差和降额设计,是指在满足性能、价格等要求的前提下,考虑到电路所允许的公差,确定元器件参数和类型,设计电路组成方案,并注意降额使用。

(3)电路最坏情况设计,要考虑到所有元器件的容差和漂移,并取其最坏(最不利)的参数,核算审查电路的每一个规定的特性,采取必要的加强措施,并在相关部位设置报警和保护装置。

(4)根据可靠性要求,设计机械结构时应考虑系统的应用安装方式以及必要的散热、防水、抗干扰、防振动等措施。

(5)采取冷却、保温、升温等措施,保证系统在规定的温度范围内正常工作的一种可靠性设计方法。主要途径:① 选用合适的材料和元器件;② 采用有效的热传导方式。

(6)三防设计是防潮、防霉菌和防烟雾的设计,其中也包括防尘及其他腐蚀性气体。常用的措施有:① 元器件灌封;② 印制板的防护;③ 壳体防护涂层。

(7)为进一步减少冲击振动应力的影响,在设计时应尽可能提高整个机箱或整机的固有频率。由于机器固有频率与结构刚度成正比,与构件重量成反比。因此,设计时应提高结构的刚度和减轻机箱或整机的重量。通常采用的措施有:① 抗振动设计;② 抗冲击设计——隔冲装置;③ 减少机械本身所产生的冲击力对支撑周围电子设备的影响。

(8)减轻外部冲击所造成的影响,以防止引起电路或元器件断线、断脚、拉脱焊点和短路故障的发生。

(9)电磁兼容性设计是指通过滤波、屏蔽、隔离、接地、避雷电、防静电等措施,使系统与同一时空环境中的电子设备融洽相处,既不受电磁干扰的影响,也不去干扰其他设备。常用措施有：① 场干扰；② （线）路干扰。

（10）进行如图 8.3 所示的容错设计，就是在系统结构上通过增加冗余资源的方法来掩盖故障造成的影响，使得即使出错或发生故障，系统的功能仍不受影响，仍然能正确地执行预定算法的技术。因此，容错技术也称为冗余技术或故障掩盖技术，是用冗余资源来换取高可靠性。其冗余的方法可以是硬件冗余、软件冗余、信息冗余，也可以是时间冗余。

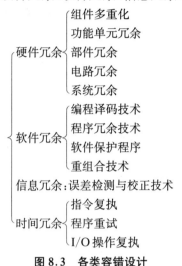

图 8.3 各类容错设计

（11）其他方法。例如，采用加固设计，热设计技术，机箱设计，抗干扰和防泄露、避错技术，故障诊断及维护技术；采用监测系统；采用差错自检、校正和故障自动切换机构；采用故障记录、显示、统计、分析及自动报警和保护装置，远程支持设施，提供完整的随机维修资料，安全性技术。

8.1.2 可靠性设计原则及实施规范

可靠性工程管理牵涉到问题非常多，在产品设计的方案阶段、设计阶段、试验阶段、生产阶段以及产品的使用阶段，都有不同的可靠性的要求和相应的实施规范，参见附录 3 中产品的可靠性设计分析流程示例。与集成电路的可靠性有关的有产品筛选试验、可靠性试验、产品检验、鉴定和质量一致性检验、可靠性研究及失效分析、破坏性物理分析（DPA），集成电路检测能力范围包括目检、稳定性烘焙、温度循环、热冲击、电老炼、稳态寿命、耐湿、密封（粗细检漏）、恒定加速度、机械冲击、可焊性、引线牢固性、振动疲劳、随机振动、扫频振动、键合强度、芯片剪切强度、粒子碰撞噪声检测试验、耐溶剂性、盐雾、X 射线照相、ESD 静电测试、高低温低气压试验、分立元器件老练、塑封开孔和热阻测试等二十余项检验、试验和可靠性分析项目。通过这些可靠性技术的服务，待处理集成电路通过这些考核，可以大大提高集成电路的可靠性，把组装后的电子产品可能产生的失效消灭在萌芽状态，从而在提高电子产品的可靠性的同时降低成本。

本章将可靠性的相关问题研究限制在与数字集成电路设计有关的方面。数字集成电路的可靠性设计是在产品研制的全过程中，以预防为主，加强系统管理为指导，从电路设计、版图设计、工艺设计、封装结构设计、评价试验设计、原材料选用、软件设计等方面，采取各种有效措施,力争消除或控制数字集成电路在规定的条件下和规定时间内可能出现的各种失效模式,从而在性能、费用、时间(研制、生产周期)等因素综合平衡的基础上,实现数字集成电路产品规定的可靠性指标。

根据内建可靠性的指导思想,为保证产品的可靠性,应以预防为主,针对产品在研制、生产制造、成品出厂、运输、贮存与使用全过程中可能出现的各种失效模式及其失效机理,采取有效措施加以消除控制。因此,半导体集成电路的可靠性设计必须把要控制的失效模式转化成明确的、定量化的指标。在综合平衡可靠性、性能、费用和时间等因素的基础上,通过采取相应有效的可靠性设计技术使产品在全寿命周期内达到规定的可靠性要求。

注意:本章8.1.2小节到8.1.5小节的内容主要参考原信息产业部第五研究所孙青教授的网络讲义中的相关内容编写。

1. 可靠性设计应遵循的基本原则

(1) 必须将产品的可靠性要求转化成明确的、定量化的可靠性指标。

(2) 必须将可靠性设计贯穿于产品设计的各个方面和全过程。

(3) 从国情出发尽可能地采用当今国内外成熟的新技术、新结构、新工艺。

(4) 设计所选用的线路、版图、封装结构,应在满足预定可靠性指标的情况下尽量简化,避免复杂结构带来的可靠性问题。

(5) 可靠性设计实施过程必须与可靠性管理紧密结合。

2. 可靠性设计的基本依据

(1) 合同书、研制任务书或技术协议书。

(2) 产品考核所遵从的技术标准。

(3) 产品在全寿命周期内将遇到的应力条件(环境应力和工作应力)。

(4) 产品的失效模式分布,其中主要和关键的失效模式及其机理分析。

(5) 定量化的可靠性设计指标。

(6) 生产(研制)线的生产条件、工艺能力、质量保证能力(相应资历许可)。

3. 设计前的准备工作

(1) 将用户对产品的可靠性要求,在综合平衡可靠性、性能、费用和研制(生产)周期等因素的基础上,转化为明确的、定量化的可靠性设计指标。

(2) 对国内外相似的产品进行调研,了解其生产研制水平、可靠性水平(包括产品的主要失效模式、失效机理、已采取的技术措施、已达到的质量等级和失效率等)以及该产品的技术发展方向。

(3) 对现有生产(研制)线的生产水平、工艺能力、质量保证能力进行调研,可通过通用和特定的评价电路,所遵从的认证标准或统计工艺控制(SPC)技术,获得在线的定量化数据。

4. 可靠性设计程序

(1) 分析、确定可靠性设计指标,并对该指标的必要性和科学性等进行论证。

(2) 制定可靠性设计方案。设计方案应包括对国内外同类产品(相似产品)的可靠性分析、可靠性目标与要求、基础材料选择、关键部件与关键技术分析、应控制的主要失效模式以及应采取的可靠性设计措施、可靠性设计结果的预计和可靠性评价试验设计等。

（3）可靠性设计方案论证（可与产品总体方案论证同时进行）。

（4）设计方案的实施与评估，主要包括线路、版图、工艺、封装结构、评价电路等的可靠性设计以及对设计结果的评估。

（5）样品试制及可靠性评价试验。

（6）样品制造阶段的可靠性设计评审。

（7）通过试验与失效分析来改进设计，并进行"设计–试验–分析–改进"循环，实现产品的可靠性增长，直到达到预期的可靠性指标。

（8）最终可靠性设计评审。

（9）设计定型。设计定型时，不仅产品性能应满足合同要求，可靠性指标是否满足合同要求也应作为设计定型的必要条件。

8.1.3　数字集成电路的可靠性指标

数字集成电路发展几十年，尤其是基于 CMOS 工艺的数字集成电路可靠性指标越来越高。目前主要考虑闩锁问题、抖动与歪斜问题、单粒子翻转问题，进行数字集成电路的信号完整性分析，满足可靠性要求的低功耗设计，做好有利于芯片封装与保存的可靠性设计。

1. 稳定性设计指标

半导体集成电路经过贮存、使用一段时间后，在各种环境因素和工作应力的作用下，某些电性能参数将逐渐发生变化。如果这些参数值经过一定的时间超过了所规定的极限值即判为失效，这类失效通常称为参数漂移失效，如温漂、时漂等。因此，在确定稳定性设计指标时，必须明确规定半导体集成电路在规定的条件下和规定的时间内（目前，宇航级芯片国内多要求六年、国外则为十年），其参数的漂移变化率应不超过其规定值。例如，某 CMOS 集成电路的两项主要性能参数：功耗电流 I_{OD} 和输出电流 I_{OL}、I_{OH} 变化量规定值为：

（1）在 125℃ 环境下工作 24 小时，ΔI_{OD} 小于 $500\ \text{mA}$；

（2）在 125℃ 环境下工作 24 小时，I_{OL}、I_{OH} 变化范围为 $\pm 20\%$。

2. 极限性设计指标

半导体集成电路承受各种工作应力、环境应力的极限能力是保证半导体集成电路可靠性的主要条件。半导体集成电路的电性能参数和热性能参数都有极限值的要求，如双极器件的最高击穿电压、最大输出电流、最高工作频率、最高结温等。极限性设计指标的确定应根据用户提出的工作环境要求。除了遵循标准中必须考核的项目之外，对影响产品可靠性性能的关键极限参量也应制定出明确的量值，以便在设计中采取措施加以保证。

3. 可靠性定量指标

表征产品的可靠性有产品寿命、失效率或质量等级。若半导体集成电路产品的失效规律符合指数分布时，寿命与失效率互为倒数关系。

通常半导体集成电路的可靠性指标也可根据所遵循技术标准的质量等级分为 S 级、B 级、B1 级（GJB597A-96，而美国 MIL-I-38534 则对应为 M 级、Q 级和 V 级）。

4. 应控制的主要失效模式

半导体集成电路新品的研制应根据电路的具体要求和相似产品的生产、使用数据，通过可靠性水平分析，找到可能出现的主要失效模式，在可靠性设计中有针对性地采取相应的纠正措施,以达到控制或消除这些失效模式的目的。一般半导体集成电路产品应控制的主要失效模式有短路、开路、参数漂移、漏气等,其主要失效机理为电迁移、金属腐蚀、静电放电、过电损伤、热载流子效应、闩锁效应、介质击穿、α 辐射软误差效应、管壳及引出端锈蚀等。

8.1.4　数字集成电路可靠性设计的基本内容

1. 线路可靠性设计

线路可靠性设计是在完成功能设计的同时,着重考虑所设计的集成电路对环境的适应性和功能的稳定性。半导体集成电路的线路可靠性设计是根据电路可能存在的主要失效模式,尽可能在线路设计阶段对原功能设计的集成电路网络进行修改、补充、完善,以提高其可靠性。如半导体芯片本身对温度有一定的敏感性,而晶体管在线路达到不同位置所受的应力也各不相同,对应力的敏感程度也有所不同。因此,在进行可靠性设计时,必须对线路中的元器件进行应力强度分析和灵敏度分析(一般可通过 SPICE 和有关的模拟软件来完成),有针对性地调整其中心值,并对其性能参数值的容差范围进行优化设计,以保证在规定的工作环境条件下,半导体集成电路整体的输出功能参数稳定在规定的数值范围,处于正常的工作状态。

线路可靠性设计的一般原则是:

(1) 线路设计应在满足性能要求的前提下尽量简化。

(2) 尽量运用标准元器件,选用元器件的种类尽可能减少,使用的元器件应留有一定的余量,避免满负荷工作。

(3) 在同样的参数指标下,尽量降低电流密度和功耗,减少电热效应的影响。

(4) 对于可能出现的瞬态过电应力,应采取必要的保护措施。例如,在有关端口采用箝位二极管进行瞬态电压保护,采用串联限流电阻限制瞬态脉冲超过电流值。

2. 版图可靠性设计

版图可靠性设计是按照设计好的版图结构由平面图转化成全部芯片工艺完成后的三维图像,根据工艺流程按照不同结构的晶体管(双极型或 CMOS 型等)可能出现的主要失效模式来审查版图结构的合理性。如电迁移失效与各部位的电流密度有关,一般规定有极限值,应根据版图考察金属连线的总长度,要经过多少爬坡,预计工艺的误差范围,计算出金属涂层最薄位置的电流密度值以及出现电迁移的概率。此外,根据工作频率在超高频情况下平行线之间的影响以及对性能参数的保证程度,考虑有无出现纵向或横向寄生晶体管构成潜在通路的可能性。对于功率集成电路中发热量较大的晶体管和单元,应尽量分散安排,并尽可能远离对温度敏感的电路单元。

3. 工艺可靠性设计

为了使版图能准确无误地转移到半导体芯片上并实现其规定的功能,工艺设计非常关键,一般可通过工艺模拟软件来预测出工艺流程完成后实现功能的情况。在工艺生产过程中的可靠性设计主要应考虑以下几个方面:

(1) 原工艺设计对工艺误差、工艺控制能力是否给予足够的考虑(裕度设计),有无监测、监控措施(利用 PCM 测试图形)。

（2）各类原材料纯度的保证程度。

（3）工艺环境洁净度的保证程度。

（4）特定的保证工艺,如钝化工艺、钝化层的保证,从材料、工艺到介质层质量(结构致密度、表面介面性质、与衬底的介面应力等)的保证。

4. 封装结构可靠性设计

封装质量直接影响到半导体集成电路的可靠性。封装结构可靠性设计应着重考虑:

（1）键合的可靠性,包括键合连接线、键合焊点的牢固程度,特别是经过高温老化后性能变脆对键合拉力的影响。

（2）芯片在管壳底座上的粘合强度,特别是工作温度升高后,对芯片的剪切力有无影响。此外,还应注意粘合剂的润湿性,以控制粘合后的孔隙率。

（3）管壳密封后气密性的保证。

（4）封装气体质量与管壳内水汽含量,有无有害气体存在腔内。

（5）功率半导体集成电路管壳的散热情况。

（6）管壳外管脚的锈蚀及易焊性问题。

5. 可靠性评价电路设计

为了验证可靠性设计的效果或能尽快提取对工艺生产线、工艺能力有效的工艺参数,必须通过相应的微电子测试结构和测试技术来采集。所以,评价电路的设计也应是半导体集成电路可靠性设计的主要内容。一般有以下三种评价电路设计:

（1）工艺评价用电路设计。主要针对工艺过程中误差范围的测定,一般采用方块电阻、接触电阻构成的微电子测试结构来测试线宽、膜厚、工艺误差等。

（2）可靠性参数提取用评估电路设计。针对双极性和CMOS电路的主要失效模式与机理,借助一些单管、电阻、电容,尽可能全面地研究出一些能评价其主要失效机理的评估电路。

（3）宏单元评估电路设计。针对双极型和CMOS型电路主要失效模式与机理的特点,设计一些能代表复杂电路中基本宏单元和关键单元电路的微电子测试结构,以便通过工艺流程研究其失效的规律性。

8.1.5　可靠性设计技术

可靠性设计技术分类方法很多,这里以半导体集成电路所受应力不同造成的失效模式与机理为线索来分类,将半导体集成电路可靠性设计技术分为:

（1）耐电应力设计技术:包括抗电迁移设计、抗闩锁效应设计、防静电放电设计和防热载流子效应设计。

（2）耐环境应力设计技术:包括耐热应力、耐机械应力、耐化学应力和生物应力、耐辐射应力设计。

（3）稳定性设计技术:包括线路、版图和工艺方面的稳定性设计。

1. 耐电应力设计技术

半导体集成电路所承受的过高电应力的来源是多方面的,有来自于整机电源系统的瞬时浪涌电流、外界的静电和干扰的电噪声，也有来自于自身电场的增强。此外，雷击或人为使用不当(如系统接地不良，在接通、切断电源的瞬间会引起输入端和电源端的电压逆转)也会产生过电应力。过电流应力的冲击会造成半导体集成电路的电迁移失效、CMOS 器件的闩锁效应失效、功率集成电路中功率晶体管的二次击穿失效和电热效应失效等；过电压应力则造成绝缘介质击穿和热载流子效应等。

(1) 抗电迁移设计

电迁移失效是在一定温度下，当半导体器件的金属互连线上流过足够大的电流密度时，被激发的金属离子受电场的作用形成离子流朝向阴极方向移动；同时，在电场作用下的电子通过对金属离子的碰撞给离子的动量形成朝着金属膜阳极方向运动的离子流。在良好的导体中，动量交换力比静电力占优势，造成了金属离子向阳极端的净移动，最终在金属膜中留下金属离子的局部堆积(引起短路)和空隙(引起开路)。MOS 和双极器件对这一失效模式都很敏感，但由于 MOS 器件属于高阻抗器件，电流密度不大，相对而言，电迁移失效对 MOS 器件的影响比双极器件小。在各种电迁移失效模型中引用较多的是

$$\text{MTF} = AW^p L^q J^{-n} \exp\left(\frac{E_a}{kT}\right) \tag{8.1}$$

式(8.1)中，MTF 是平均失效时间，A、p、q 均为常数，W 是金属条线宽，L 是金属条厚度，J 是电流密度，n 一般为 2，E_a 为激活能，k 是玻尔兹曼常数，T 是金属条的绝对温度。

为防止电迁移失效，一般满足流片厂家提供的工艺规则(依据流片公司的 DRC)，进行相应的集成电路设计，如采用以下两条措施：

① 金(Au)互连线系统有很好的抗电迁移能力，为了防止形成 Au-Si 低熔点共晶体，需在金－硅之间引入衬垫金属，如 Pt-Ti-Pt-Au 结构；

② 可考虑用钼、钨、氮化钛、氮化钨等高熔点金属替代铝作电极材料。

(2) 抗闩锁设计

CMOS 集成电路含有 N 沟 MOS 和 P 沟 MOS 晶体管，不可避免地存在 NPNP 寄生可控硅结构，在一定条件下，该结构一旦触发，电源到地之间便会流过较大的电流，并在 NPNP 寄生可控硅结构中同时形成正反馈过程，此时寄生可控硅结构处于导通状态。只要电源不切断，即使触发信号已经消失，已形成的导通电流也不会随之消失，此现象即为闩锁效应，简称闩锁(Latch-up)。

① CMOS 半导体集成电路产生闩锁的三项基本条件是：

(a) 外加干扰噪声进入寄生可控硅，使某个寄生晶体管触发导通。

(b) 满足寄生可控硅导通条件：

$$\frac{\alpha_n R_w}{R_w + r_{cn}} + \frac{\alpha_p R_s}{R_S + r_{cp}} \geqslant 1 \tag{8.2}$$

其中，α_n 和 α_p 分别为 NPN 管和 PNP 管的共基极电流增益；r_{cn} 和 r_{cp} 分别为 NPN 管和 PNP 管发射极串联电阻；R_w 和 R_S 分别为 NPN 管和 PNP 管 EB 结的并联电阻。除了 α_n、α_p 与外加噪声引起的初始导通电流有关外，所有以上各参数均由 CMOS 半导体集成电路的版图和工艺条件决定。

(c) 导通状态的维持。当外加噪声消失后，只有当电源供给的电流大于寄生可控硅

的维持电流或电路的工作电压大于维持电压时,导通状态才能维持,否则电路退出导通状态。

② 抗闩锁的设计原则。抗闩锁可靠性设计的总原则是:根据寄生可控硅导通条件,设法降低纵、横向寄生晶体管的电流放大系数,减少阱和衬底的寄生电阻,以提高造成闩锁的触发电流阈值,破坏形成正反馈的条件。

③ 版图抗闩锁设计。(a) 尽可能增加寄生晶体管的基区宽度,以降低其 β。对于横向寄生晶体管,应增加沟道 MOS 管与 P 沟道 MOS 管的间距;对纵向寄生晶体管,应增加阱深,尽可能缩短寄生晶体管基极与发射极的 N^+ 区与 P^+ 区的距离,以降低寄生电阻。尽可能多开设电源孔和接地孔,以便增长周界;电源孔尽量设置在 P 沟道 MOS 管与 P 阱之间,接地孔开设在靠近 P 沟道 MOS 管的 P 阱内,尽量减少 P 阱面积,以减少寄生电流;(b) 采用阻断环结构,如图 8.4 所示;(c) 采用保护环结构,如图 8.5 所示;(d) 采用伪集电极结构,如图 8.6 所示。

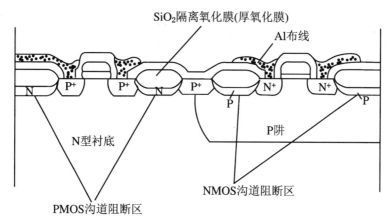

图 8.4 CMOS 电路防闩锁的阻断环结构

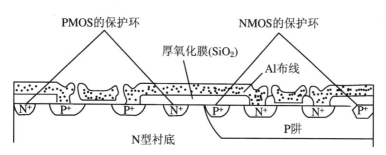

图 8.5 CMOS 电路防闩锁的保护环结构

(3) 防静电放电设计

静电放电(ESD)失效可以是热效应,也可以是电效应,这取决于半导体集成电路承受外界过电应力的瞬间以及器件对地的绝缘程度。若器件的某一引出端对地短路,则放电瞬间产生电流脉冲形成焦耳热,使器件局部金属互连线熔化或芯片出现热斑,以致诱发二次击穿,这就属于热效应。若器件与地不接触,没有直接电流通路,则静电源不是通过器件到地直接放电,而是将存贮电荷传到器件,放电瞬间表现为产生过电压导致介质击穿或表面击穿,这就属于静电效应。预防半导体集成电路静电放电失效的设计措施主要有:

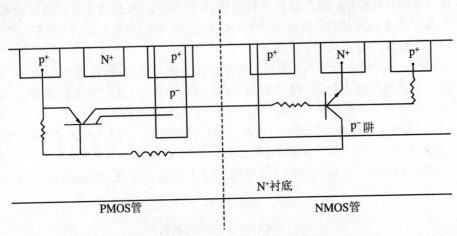

图8.6　体硅CMOS电路伪集电极结构及等效电路

1. CMOS器件防静电放电失效设计

图8.7是CMOS器件防静电保护电路。

以上防静电保护电路中选用的元件一般要求具有高耐压、大功耗和小动态电阻,使之具有较强的抗静电能力;同时,还要求具有较快的导通速度和小的等效电容,以减少保护电路对电路性能的影响。

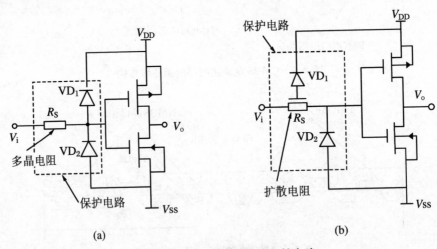

图8.7　CMOS器件防静电保护电路

2. 抗辐射应力设计

半导体集成电路在使用中会受到辐射应力的作用,其中最常见的有中子辐射效应、总电离辐射效应、电磁脉冲烧毁、α粒子辐照软误差失效等。

（1）器件的选择

组成军用半导体集成电路所用的器件,应选择抗辐射能力强的器件。在各种半导体器件中,NMOS 器件的抗辐射能力最差,一般在军用半导体集成电路中选用较少,CMOS/SOS 器件有很好的抗辐射能力,双极型 TTL 器件和 CMOS 器件比较成熟、可靠性较高,已广泛地应用于武器电子系统和其他抗辐射要求高的电子系统中。对于各种器件组成的半导体集成电路,其加固与未加固的耐辐射能力如表 8.1 所示,供设计时参考。

表 8.1　各种半导体集成电路抗辐射能力的比较

微电路名称	抗中子辐射能力 （中子/cm²）	抗电离辐射能力 （戈瑞(硅)/s）		抗瞬时电离辐射能力 （戈瑞(硅)/s）	
		未加固	加固	未加固	加固
双极逻辑电路	1×10^{14}	$10^5 \sim 10^6$	$>10^8$	$10^5 \sim 10^6$	$>10^7$
双极线性电路	$10^{12} \sim 10^{13}$	10^3	$>2 \times 10^3$	10^5	$10^6 \sim 10^8$
I²L	$(1 \sim 5) \times 10^{13}$	$10^3 \sim 10^4$	$10^4 \sim 10^5$	10^7	$10^7 \sim 10^8$
ECL	1×10^{15}	10^5	/	$>10^6$	/
CMOS/SOS	$1 \times 10^{15} \sim 1 \times 10^{16}$	1×10^2	$10^4 \sim 10^5$	$10^8 \sim 10^9$	/
CMOS	1×10^{15}	1×10^2	$10^4 \sim 10^5$	10^6	$10^7 \sim 10^8$
NMOS	1×10^{15}	1×10	10^2	$10^3 \sim 10^5$	/

半导体集成电路的辐射损伤阈值一般要求达到:

耐中子辐射能力　大于 10^{14} 中子/cm²

耐电离辐射能力　$1 \times 10^5 \sim 1 \times 10^6$ 拉德(Si)

耐瞬时辐射能力　1×10^9 拉德(Si)

(2) CMOS 半导体集成电路的耐辐射加固措施

军用 CMOS 电路耐辐射加固设计的主要问题是电离辐射效应。为了提高电离辐射损伤阈值,可采用一些加固工艺,使 CMOS 电路抗电离辐射损伤阈值提高一个数量级以上。

(3) 线路设计中的耐辐射设计

在线路设计上,要用限流电阻防止过大的瞬时电流,可用反向二极管来抵消部分电流,还可以采用适当的退耦、旁路、滤波和反馈等措施来抵消辐射产生的不良影响。

3. 耐软误差效应设计

(1) 软误差

在构成半导体集成电路的材料中,特别是在封装材料中,都会含有一定的放射性物质,如铀、钍等,这些放射性物质所产生的 α 射线照射到芯片表面,特别是照射到存贮器件上产生的最大能量为 9 MeV,平均为 5 MeV。当 α 粒子能量为 5 MeV 时,约产生 1.4×10^6 电子空穴对。以 MOSRAM 为例,这些电子空穴对在器件体内以扩散方式运动,空穴移向衬底,电子被贮存势阱收集,从而使 MOSRAM 中存贮信息从"1"状态转变为"0",丢失了信息"1"。这就发生了暂时性的误动作,但在下次写入时仍能正常工作。它在器件结构上并不留下任何缺陷(硬错误),它也不是完全随机地重复发生,所以把这种错误动作叫做软错误或软错误率(Soft Error Rate,SER)。各种材料中放射性元素含有量和 α 射线流量率见表 8.2。

表8.2 各种材料中放射性元素含有量和α射线流量率

材料名称	U 含有量（ppb）	Th 含有量（ppb）	α 射线流量率（个/cm² · h）
沉积用铅	2	4	—
陶瓷（B 公司）	800	90	0.07
陶瓷（A 公司）	980	570	0.10
硅（C 公司）	20	20	0.002
聚酰亚胺（D 公司）	0.4	0.2	—
硅石（E 公司）	470	1170	0.16
硅石（F 公司）	150	55	0.037

注:射线流量率(个/cm². h)是指每小时 1 cm² 入射的 α 射线数

（2）控制软误差效应的措施

降低软误差效应的方法主要有:设法提高材料纯度,杜绝 α 射线发射源;芯片表面涂敷阻挡 α 射线保护层;在器件设计方面应考虑防止电子－空穴对在有源区聚集;在电路和系统方面设法采用纠错电路。具体措施如下:

① 用聚酸胺等有机高分子化合物覆盖芯片表面,作为保护层减弱 α 粒子射入芯片的能量;

② 减少电子和空穴寿命,如用 10^{16} 中子/cm² 辐照,可使 16K DRAM 的软误差率改善 50 倍;

③ 采用抗噪声能力强的电路,如折叠位线方式等;

④ 增加单位面积的电荷存储容量,如采用介电常数大的材料;

⑤ 在器件衬底表面附近设置势垒,防止电子或空穴扩散到有源区域,如在表面下面形成高浓度 P 型埋层,增加直接位于存贮节点下面的 P 型掺杂浓度;

⑥ 减少位线电压浮动时间。

4. 稳定性设计技术

在解决半导体集成电路的稳定性问题上,一般从线路设计、版图设计入手,通过工艺控制,集中解决表面的不完整性(如界面陷阱和氧化层电荷密度等)和体内的不完整性(晶格缺陷等)。采用版图与工艺设计技术,对控制和减弱双极晶体管的 h_{FE} 时漂、双极型半导体集成电路的失调电流和输入偏值电流的时漂、MOS 管的跨导与阈值电压漂移以及与时间有关的二氧化硅击穿(TDDB)失效等具有明显的效果。

（1）线路稳定性设计:① 首先找出在电路中受应力较大,甚至可能出现过应力的部位和对电路特性很敏感的元器件,摸清它们在环境条件下变化时的漂移趋势和范围,进行容差分析。② 根据容差分析结果,对线路进行容差和冗余的优化设计。考虑到电路特性漂移引起的参数变化范围,再根据工艺过程和元器件参数的随机起伏的偏差值,选取最佳的元器件中心值和允许的容差范围,并从冗余设计的角度来提高电路的稳定性。

（2）版图稳定性设计对于 MOS 电路,适当增加其中关键 MOS 管的沟道面积,减少栅氧化层厚度。

8.1.6　降额标准

工业级及商业级器件在实际使用中,应采用同样的结温降额,以确保实际使用中具有较高的可靠性水平。根据供应商提供的信息,一般工业级器件和商业级器件生产工艺基本相同,区别只是在于工业及器件通过额外的测试,能够在扩展温度范围内使用。所以在应用工业级器件时,节温降额应采取同样的标准,以确保实际应用中有较高的可靠性水平。

对于一些敏感电路,设计中应进行容限分析,以确认器件选型满足电路容限要求。通常我们在教科书中学习的各种知识,很多都是基于理想器件的。

器件本身的参数都是标称值,实际值实际上是在标称值附近一定容限范围内的一个数值;而且,随着温度、电应力、老化、潮湿、振动等的影响,参数还会发生变化。

例如,电容随着温度的变化,其容量、ESR 等参数都会有很大的变化。随着介质的不同,电容的容量变化范围甚至多达容量的 80%(X5U 介质陶瓷电容)。即使是稳定度很高的 C0G 介质陶瓷电容,其电容量也会随温度变化轻微变化。而其绝缘电阻率也会随着温度变化。甚至,随着加在电容两端的电压变化,电容的容量也会发生变化。对于陶瓷电容,机械振动会导致电容两端噪声电压的产生。

对于我们常用的电阻,也有阻值随温度变化的问题,电阻值本身就有 1% 或者 5% 之内的误差,而且阻值会随着温度变化,温度系数为数十 ppm/℃。

对于我们常用的运算放大器,其增益并不是无穷大,而是随着频率变化的值。有的运放当输入很接近电源轨时,可能出现输出反向的问题。

在敏感电路设计中(例如,精密的模拟电路、射频电路),必须考虑各种器件的非理想因素,经过计算确定器件在有容差的情况下仍然能够使用。

8.1.7　信号完整性

数字集成电路的不断发展和制造工艺的不断进步,使得物理设计面临着越来越多的挑战。特征尺寸的减小,使得后端设计过程中解决信号完整性问题是越来越重要。芯片的集成度提高、电源电压逐步降低以及时钟频率不断提高,意味着所有与信号完整性(signal integrity,SI)相关的问题都变得越来越严重。

在数字集成电路后端设计中,采用更有效的模型参数,利用工具软件制定完整信号完整性流程非常必要(Synopsys 和 Magma 公司的流程比较合适),以期减少类似互连线间的串扰等问题。

在基于 FPGA 构成的板级测试验证系统中,要选择更加不易引起信号完整性的接口方式和器件。在满足速度要求的前提下,选择电压摆幅较低的器件,可较少引发 EMI 的问题。差分信号较之单端信号,较少引发 EMI 的问题。另外,低速器件(边沿摆率低的器件)比起高速器件(边沿摆率高的器件)较少引发信号完整性和 EMI 问题。点到点的传送比起总线等也较少引发信号完整性问题。例如,单端信号 SSTL/HSTL 信号比起 TTL 和 CMOS 信号,摆幅较低,应用于 DDR 和 QDR RAM 等高速接口场合。LVDS、PECL 等差分接口方式在高速度情况下比起 TTL 更加有优势。相对于 BLVDS 而言,限制摆率的 MLVDS 速率较低,但是信号完整性的问题相对好一些,被 ATCA 架构采用。

8.2 空间辐照环境下的 FPGA 可靠性设计技术

集成电路作为航天器控制和处理的核心器件,其性能和功能已成为各种航天器性能的主要衡量指标之一。这对集成电路的可靠性设计和性能规范也有了更高的要求。

8.2.1 单粒子效应

未来的空间站可能在轨 10 年以上,对于集成电路的寿命和抗辐照能力都有很高的要求。未来的探月计划、火星探测中面临的辐射环境将主要是太阳宇宙线和银河宇宙线,它们引起的单粒子效应更加严重。

空间环境对集成电路可靠性和性能的要求越来越高。智能化是未来航天器的发展趋势。航天器中的电子系统不仅要进行姿态控制,而且必须承担更多任务,包括天地一体 FPGA 以其集成度高、灵活性强、开发周期短的特点,在航天领域得到了越来越广泛的应用。集成电路工作的空间环境存在着大量 γ 光子、辐射带电子、高能质子等高能粒子,这些高能粒子轰击到器件上,会产生电离总剂量效应(Total Ionizing Dose,TID)、单粒子翻转(Single Event Upset,SEU)、单粒子锁定(Single Event Latchup,SEL)、单粒子烧毁(Single Event Bumout,SEB)、单粒子栅击穿(Single Event Gate Rupture,SEGR)、内带电效应等空间辐射效应。

这些效应对基于 SRAM 的 FPGA 的影响尤为明显。现代 FPGA 工艺向着低电压、高集成度方向发展,这使得发生空间辐射响应的阈值越来越低,发生故障的概率越来越大。空间辐射效应的发生,轻则会使设备工作异常,重则会导致设备烧毁、永久失效。因此,FPGA 必须进行高可靠性设计,来最大限度地预防和解决空间辐射效应的影响。

1. 空间辐照效应

据卫星资料统计,其异常记录中有 70% 是由空间辐射环境引起的,主要空间辐射效应与辐射源及作用对象之间关系如表 8.3 所示。

表 8.3 主要辐射效应、辐射源及对象

空间辐射效应	引发效应的主要带电粒子	主要对象
电离总剂量效应	捕获电子/质子、耀斑质子	几乎所有电子器件及材料
单粒子翻转	高能质子/重离子	逻辑器件、单/双稳器件
单粒子锁定	高能质子/重离子	CMOS 器件
单粒子烧毁	高能质子/重离子	功率 MOSEFT
单粒子栅击穿	高能质子/重离子	功率 MOSFET
卫星表面充/放电	低能等离子体	卫星表面包覆材料、涂层
内带电效应	高能电子	卫星内部介质材料、器材
太阳电池的等离子体充电	低能等离子体	太阳电池

单粒子效应(Single Event Effect,SEE)是单个高能质子或重离子入射电子元器件上引发的辐射效应。根据效应的机理不同可分为单粒子翻转、锁定、烧毁、栅击穿等。

当单个空间高能带电粒子轰击到大规模、超大规模的逻辑型微电子器件时,沿粒子入射轨迹,在芯片的 PN 结附近区产生电离效应,生成一定数量的电子空穴对(载流子)。如果芯片处于加电状态,这些由于辐射产生的载流子将在芯片内部电场作用下发生飘移和重新分布,从而改变了芯片内部正常载流子的运动分布和运动状态。当这种改变足够大时,将引起器件电性能状态的改变,造成逻辑器件或电路的逻辑错误,例如:存储器中数据发生翻转,使能信号被重新置位,从而引起逻辑功能混乱、计算机程序"跑飞",甚至造成灾难性的后果。

目前,大多数 FPGA 基于 SRAM 结构。基于 SRAM 的 FPGA 中的基本可编程通孔是一个 1 位的 SRAM 单元,这种 SRAM 通孔的编程和擦写方式与其他 SRAM 存储器一样。虽然 SRAM 通孔比一般 SRAM 组件更可靠,但之后的状态也很容易被空间辐射产生的电荷改写。

如图 8.8 所示,为与 FPGA 相同的 CMOS 工艺单粒子翻转示意图和单粒子翻转敏感区域。

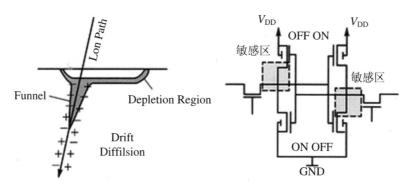

图 8.8　与 FPGA 相同的 CMOS 工艺单粒子翻转示意图和单粒子翻转敏感区域

因此,对于 FPGA 软件设计而言,单粒子翻转对 FPGA 内部逻辑、存储器的影响尤为严重,需要进行安全可靠性设计。

2. 防范措施

通常可以采用如下的方法,最大限度地防止或避免空间辐照下的单粒子效应对 FPGA 软件的影响。

(1) 定期重新配置 FPGA

对 FPGA 进行重新配置,可以清除积累的任何错误。设计者必须确定潜在错误的影响,以及这些错误蔓延所需的时间。在这个时间段之内重新配置 FPGA 或者设计检测电路,当 FPGA 工作错误时,及时对 FPGA 进行重新配置。虽然错误仍然会蔓延,但潜在的损害被重新配置所限制。

(2) 采用三模冗余设计

Xilinx 公司等 FPGA 制造商能够提供相应的 TMR 模块 IP 核,虽然目前对中国的有关单位限制购买,但这种设计仍然值得参考。

8.2.2　Xilinx 的三模冗余

三模冗余(TMR)对关键信号、数据进行冗余设计,是防止 SEU 发生的比较行之有效的方法。冗余设计是用多个相同单元构成并联形式,最后通过表决单元输出最终的数据或信号,三模冗余是常用的冗余设计方法。理论上,在 FPGA 中某一单元发生 SEU 的概率是存在的。但连续两个相同单元同时发生 SEU 事件,在有限的工作时间内,几乎是不可能的。虽然一个单元发生 SEU 导致错误,但其他单元不会同时发生错误,通过表决,保证了数据或信号的安全可靠。如图 8.9 所示,为 Xilinx 公司推荐的三模冗余结构。虽然 TMR 带来了可靠性的提高,但是随之带来了系统最高运行速度的降低和资源的浪费,而且表决器本身也可能出错,并不具备抗空间辐照的能力。如果系统长时间加电工作于空间辐射环境中,由于 SEU 的累积效应,两个或多个表决单元都发生 SEU 的可能还是存在的,这就需要采取相应的设计方法,检测发生 SEU 的逻辑单元,将其重新置位,"拉"回正常工作状态,从而保证系统的安全可靠。

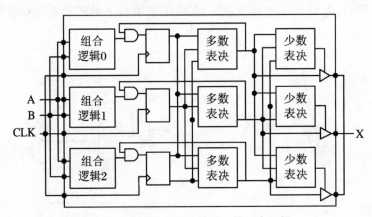

图 8.9　Xilinx 公司推荐的三模冗余逻辑

可以根据实际情况,对系统关键的部位,进行三模冗余设计。例如,在所设计的系统中,同时设计了 3 个"关键数据解析"单元,将解析到的关键数据同时存储在相邻的 3 个块 RAM 中,最后通过"关键数据表决单元",输出可靠的关键数据。

8.2.3　抗辐射加固 SRAM 设计

知道了空间辐射效应对 FPGA 造成影响的机理和失效方式就可以在设计过程中进行加固考虑。比如可以采用三倍冗余提高整体可靠性、采用时钟防抖动策略防止单粒子瞬态脉冲、采用逻辑比对和回读方式检测单粒子翻转等,或者也可以设计一种具有自诊断、自恢复、失效旁路、重新配置功能体系从结构提高系统的总体可靠性。中国科学院空间中心对所有涉及宇航的单位提供元器件的采购、选用和辐照等工作,对未列入名单的新器件需要做大量的筛选工作。用户要严格按要求进行规范约束下的可靠性涉及工作。

8.3 测试向量的生成

能够检测出电路中的某个故障的输入激励,称作该故障的测试码。组合逻辑电路的测试码只是输入信号的一种赋值组合,时序逻辑电路的测试码是输入信号的若干种赋值组合的有序排列,有时称为测试向量(矢量)或测试序列。

对于集成电路,测试是用以检测电路中是否存在制造缺陷的一道工序。在集成电路测试时,器件被安装在测试夹具上,在器件的输入端加预先设计好的输入激励信号,同时在器件的输出端测量电路对输入激励的响应。加载到集成电路的测试输入信号称作测试向量,测试向量以及集成电路对这些信号的响应合在一起称为集成电路的测试图形。

8.3.1 测试的基本概念

数字系统的设计、生产过程中,测试和功能验证是两个容易混淆的不同概念。测试是为了剔除生产过程中产生的废品,而功能验证的目的在于证明电路设计的正确性。理论上,功能验证应该包含成品测试。数字电路总能够采用穷尽其内部状态组合的办法彻底测试其正确性。但事实上,这种方法是不可行的。一方面合格的芯片并不一定是无故障的芯片;另一方面,用功能验证取代测试作为筛选成品的手段本身就不可能实现。例如,一个普通的 32 位加法器,其输入共有 65 个(A、B 各占 32 个,另加 1 个 C_{in}),为了验证这个器件的加法功能对所有的输入组合都是正确的,需要对 2^{65} 种输入激励全进行测试。假定对一种输入激励进行测试需要 1 ns,完成整个芯片的测试需要约 1000 年。这还是一个最简单的组合逻辑电路,它不包含任何内部状态。对于功能强大的复杂数字系统芯片,想通过测试设备全面彻底地进行功能根本不可能,目前芯片的功能验证需要在系统中期测试过程中逐步地发现问题。

测试与故障诊断也是不同概念。诊断不但要判断电路中是否存在故障,而且要判断电路中的故障发生在什么位置,以便修改设计。芯片测试主要目的是判断是否存在故障,很大程度简化了集成电路测试的难度。

1. 故障

所谓故障,指的是集成电路不能正常工作。使数字系统产生故障的原因有两类,一类是设计原因,如设计中存在竞争冒险,在某些情况下,电路可以正常工作,而在另一些条件下电路则不能正常工作;另一类是物理原因,如制造过程中局部缺陷造成元件开路、短路、器件延时过大等。测试主要检测物理原因造成的故障,对测试目的来讲,重要的不是引起故障的物理原因,而是故障在数字系统中所表现出来的特征。

故障可以分为逻辑故障和参数故障。所谓逻辑故障,就是导致一个电路单元或输入信号的逻辑函数变为某些其他函数的故障;而参数故障改变了电路参数值的大小,引起诸如电路速度、电流、电压等参数的变化。影响电路元件工作速度的故障称为延迟故障,一般来说,延迟故障只影响电路的定时操作,它可能引起冒险或竞争等现象。

2．测试码与测试向量

能够检测出电路中某个故障的输入激励,称作该故障的测试码。组合逻辑电路的测试码只是输入信号的一种赋值组合,时序逻辑电路的测试码是输入信号的若干种赋值组合的有序排列,有时称为测试序列或测试向量。

3．故障模型

故障模型则是被测电路的物理缺陷的逻辑等效。下面以如图 8.10 所示的一个普通电路来介绍几种常用的故障模型。

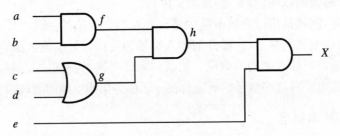

图 8.10　故障模型初始示例图

(1) 固定故障。这是逻辑故障最常见的故障模型,它是指电路中某个信号线的逻辑电平固定不变。在图 8.11 所示的固定故障示意图中,如果该电平为固定低电平,则称故障为固定 0 故障(Stuck-at-0,记为 S-A-0);如果该电平为固定高电平,则称故障为固定 1 故障(Stuck-at-1,记为 S-A-1)。这种故障类型概括了一般的物理故障,如对电源或地线短路、电源线开路、TTL 门的输入端开路、输出管烧坏的故障。若电路中有一处或多处线存在固定型故障称为多固定型故障,一个实用的测试码生成系统应能处理多固定型故障。

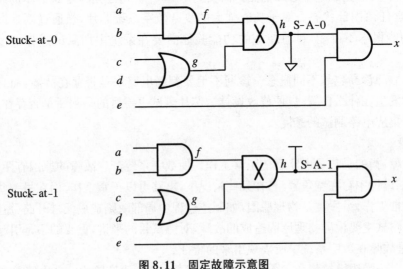

图 8.11　固定故障示意图

(2) 桥接故障。当逻辑电路中的某两条信号线发生短路时,常会产生信号"线与"、"线或"的效果,从而改变器件的逻辑关系。桥接故障也可能使电路构成反馈回路,使组合电路变成时序电路,这就给分析带来很大的困难,参见图 8.12 中的 h 和 e 短路。

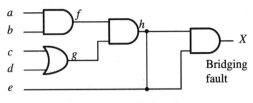

图 8.12　桥接故障示意图

对于大多数实际问题,可以成功地用固定故障和桥接故障来模拟逻辑故障,但对于一些特定的电路工艺和设计技术,则不能正确表示,于是又提出了开路故障和交叉点故障。

(3) 开路故障。开路故障指连线中某处发生如图 8.13 所示的断开现象。

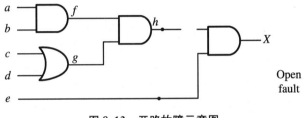

图 8.13　开路故障示意图

在类似如图 8.14 所示的 CMOS 电路中二输入或非门,当 Q4 管输入开路时,其在真值表中当 x,y 为"10"时,输出 Z 呈高阻状态,并由于输出电容关系而保持前一个输出值。这使该电路成为一个动态的锁存器,这样的故障一般只能用开关级模型进行处理。

(4) 交叉点故障。在可编程逻辑阵列中,每个交叉结点上都固有一个器件(二极管或三极管),即使不使用,它也是存在的。通过对每个器件的连接编程(栅极开路或连通),来获得所希望的逻辑功能。在一个 PLA 中,多连或少连一个器件就会引起交叉点故障。虽然其中的大部分可用固定故障来模拟,但仍然有一些交叉点故障不能用固定故障来模拟。

(5) 时滞故障模型。电路在低频时工作正常,而随着频率的升高,元件的延迟时间有可能超过规定的值,从而导致时序配合上的错误,发生时滞故障。

(6) 冗余故障。这种故障要么它是不可激活的,要么无法检测出来,其特点是该故障不影响逻辑门的功能。

实际电路中,错误往往是由多个故障引起的。一个有 n 根信号线的电路,会有 $2n$ 个单固定故障,有 3^n-1 种组合的多固定故障。若要考虑其他故障模型,则多故障的种类就更多,这样使电路的故障分析

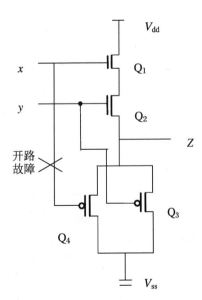

图 8.14　CMOS NOR 电路

难以进行。因此,目前大多数计算机辅助测试生成系统都主要考虑单固定故障,即假设电路中只有一个固定故障源。实践证明,用这样的模型产生的测试码将覆盖绝大部分其他类型的故障。

8.3.2 故障仿真

复杂数字系统芯片的测试使用自动测试设备(ATE)来完成。通过适当编程,这类设备能够自动装载、测试并按合格与否将被测器件分类。通常 ATE 都备有专门存放测试激励信号和预期输出结果(测试图形)的存储单元,容量从每管脚 16 KB 到 32 MB 不等。测试设备中的存储的测试图形是集成电路设计者提供给制造者的重要数据,制造商使用这些测试图形对集成电路进行测试并作为芯片是否合格的依据。测试向量的优劣取决于其故障覆盖率。

故障覆盖率定义为

$$故障覆盖率 = \frac{已测出的故障数目}{故障总数 - 不可测故障数}$$

在理想情况下,故障覆盖率应该能达到100%。实际上这一目标并不容易实现,除了芯片本身可能包含不可测点之外,测试向量长度也限制了故障覆盖率。理论上,数字逻辑电路可以靠穷尽其输入及内部状态的方式完全测试,但这需要的测试时间是天文数字。用较短的测试向量实现100%的故障覆盖率是很困难的。

设计系统级芯片会用到很多种类测线路和 IP 内核,长期以来在设计阶段,测试覆盖率一直是测试设计关心的重要课题。如今在一个芯片中包含了如此多种类型的线路,更为解决测试覆盖率问题增加了难度。

对于测试工程师来说经常需要反复考虑的一个问题,就是为了保证达到一定的故障覆盖率需要做多少种类型的测试。现在简单线路的测试覆盖率已不是大问题了,但是 SoC 的出现又将问题解决的难度提高了好几个数量级。

除了测试时间之外,测试设备的存储单元的容量也限制了长测试向量的使用。如果测试向量的长度超出了测试设备存储单元的限制,则在测试过程中要将剩余测试向量中途装入 ATE 的存储单元,并在加载过程中保留断点处电路的工作状态,这会严重影响测试时间和测试成本。一般地讲,测试向量的故障覆盖率并不要求达到100%,工艺水平越高,对故障覆盖率要求越低。在同样的工艺水平下,芯片面积越大,出现制造故障的可能性越大,要求测试向量故障覆盖率越高。

故障仿真技术主要用来评价测试图形并用来指导和简化测试图形的生成。测试图形生成过程中,每当针对某个特点故障生成了一个测试图形,都应采用该图形对电路中全部目标故障进行故障模拟。检查该测试码可以对哪些故障进行检测,并对该测试码能够检测的故障作出标记,对于能够用已产生的测试图形检测的故障,不需要再专门生成测试图形,这样可以有效地减少整个测试生成所需要的计算时间,通过测试生成与故障模拟交替进行。

尽管不能从理论上证明可以得到最短的测试向量,但从应用角度来讲,通常没有必要再对所生成的测量向量进行压缩和优化。相反,为了增加故障覆盖率,可能还需要对某些没有被当前测试向量覆盖的故障增加一些测试图形。常用的故障模拟方法有并行故障模拟、演绎故障模拟和同时故障模拟等。其中,并行故障模拟是最早采用的故障模拟方法,它的计算量与电路中逻辑门数的立方成正比。同时故障模拟的计算量则相对较小,与逻辑门数目的平方成正比,是近年来应用最广的故障模拟方法。

8.3.3　测试生成的过程

设计测试图形主要有三种方法:

(1) 手工生成。由集成电路设计者或测试者手工写出测试图形。

(2) 伪随机测试图形生成。测试图形的输入激励由伪随机方式产生。伪随机输入激励可以由软件产生,可以由测试设备产生,也可以由嵌入被测电路中的专用模块产生。被测电路对伪随机输入激励的响应可以通过模拟产生,也可以通过测量一些功能正确的电路产生。

(3) 算法生成。使用某种计算方法,由计算机软件自动生成测试图形。这种软件工具应该能够接收电路网表、设置故障模型、产生测试图形。

1. 组合电路测试算法

产生组合逻辑电路的测试码已有许多算法,有些方法以被测电路的逻辑代数(方程式)描述为基础,如布尔差分法,但由于模型不全面而较少应用。另一些方法是以电路的门级连接和功能描述为基础的,应用最广的算法是完全算法(D 算法,J. P. Roth 1966)、脱胎于 D 算法的面向通路判定的 PODEM 算法(Path Oriented Decision Making,Goel 1981)和面向扇出的 FAN 算法(Fujiwara 1983)。

以电路的门级连接网表模型为基础的测试码生成算法的出发点是路径敏化,即从故障点到电路输出选择一条或多条适当路径,并使该路径敏化(即对故障效应敏感),从而将故障效应传播到电路输出端,能达到这一目的的电路输入信号组合就是所找到的测试码。

不论是 D 算法、PODEM 还是 FAN 算法,都包含有以下三个过程:

(1) 选择并确定故障元件的输入,以使得在故障部位产生与故障值相反的值(S-A-1 故障时为 0,S-A-0 故障时为 1)。

(2) 选择一条从故障部位到达输出的路径,并且确定沿这条路径的每个元件的其他信号值,以便使错误信号传播到该元件的输出,直至电路输出。这也就是所谓的故障路径敏化。容易导出,各种元件的路径敏化规则如表 8.4 所示。

表 8.4　路径敏化规则

门类型	门上其他输入
与、与非	必须全为 1
或、或非	必须全为 0

(3) 选择并确定其余元件的输入值,使得产生(1)(2)中所要求的信号值。这一过程也称为回溯或路径合理性的确证。

可以看出,以上三个过程都存在多种选择,这就可能存在由于选择不当而出现矛盾。遇到这种情况要重新进行选择,也称重试。只要电路中存在再会聚结构,就很难避免重试,这就是为什么对于复杂数字系统芯片电路测试生成非常困难的原因。

2. 时序电路测试算法

时序电路测试生成的研究,由于电路中存在存储元件和反馈线,发展较为缓慢。在20世纪80年代后期,时序电路的测试生成取得了一些进展,较著名的算法是 Essential 算法。

时序电路中各元件的当前值不仅取决于当前输入值,而且和过去的输入和状态有关,检测一个故障往往要用一个测试"序列"。目前,一般的测试生成方法是将时序电路转换成累接的组合电路,即将各个相邻时刻的电路状态在空间上展开,于是就可以利用和组合电路相类似的方法进行测试生成。但这些方法对于复杂的时序电路产生测试常常要花费难以接受的时间。

通常把时序电路的测试生成解决办法分为三类:一是如同解决组合电路的测试生成一样,研究出时序电路测试生成的算法,如九值算法、MOMI 算法和 H 算法等;二是把时序电路的反馈线剪开,形成组合电路的迭代模型,把电路的时域响应转换为空间域的响应,扩展已存在的 D 算法、PODEM 算法等;三是改造时序电路的结构,使之变为易测试电路。这是解决时序电路测试的一种有效方法,是在电路的设计阶段就考虑其可测试性,即通过附加逻辑,使时序电路的测试可简化为同类组合电路的测试。

8.3.4 测试流程

在复杂数字系统中,测试的流程如下:

(1) 确定应用前提条件。例如,准备好以下条件:

① 待测模块的门级网表;

② Synopsys 综合库或 Mentor 的 ATPG 库;

③ 模块电路结构应是组合逻辑;

④ 模块电路规模不大于 2 千门。

(2) 测试要完成的目标。

① 验证模块的功能是否正确;

② 激励的故障覆盖率达到 98% 以上。

(3) 测试实现的原理如图 8.15 所示。

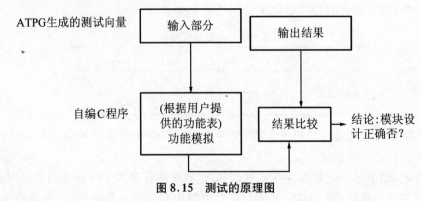

图 8.15　测试的原理图

（4）实现方法的流程如图 8.16 所示。

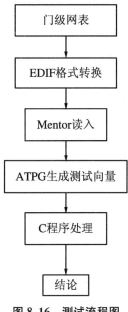

图 8.16　测试流程图

（5）测试方法的局限性。

① 上面介绍的方法对时序电路无效；

② 对电路规模大，且输入/输出关系复杂的电路效果一般，这种情况下需要基于行为级网表处理。

8.4　可测试性设计

毫无疑问，ASIC 需要测试，但随着 ASIC 芯片越来越大越来越复杂，测试 ASIC 变得越来越困难。每一个 ASIC 设计都是一个特定的设计，都需要有针对它的新的测试方法。

建立可测试性设计是开发数字系统的关键，尤其是那些对工作可靠性要求高的系统。若没有可测试性设计，在产品正式使用之前就很难发现设计缺陷，而且工作中出现的故障也很难检测和诊断。以前通过检测输入/输出特性来评估系统整体性能的方法已不再适用于复杂系统，而且复杂系统的测试设备和测试过程也相应复杂。采用可测试性设计可以增加系统的可测试性，提高产品质量，并减少产品投放市场的时间及费用。

8.4.1　可测试性设计初步

什么是可测性设计？在尽可能少地增加附加引线脚和附加电路，并使芯片性能损失最小的情况下，满足电路可控制性和可观察性的要求。

(1) 可控制性：从输入端将芯片内部逻辑电路置于指定状态。

(2) 可观察性：直接或间接地从外部观察内部电路的状态。

1. 扫描路径法设计和测试

目前较为成熟且应用最广的可测试性设计方法是扫描路径技术，其模型如图 8.17 所示。

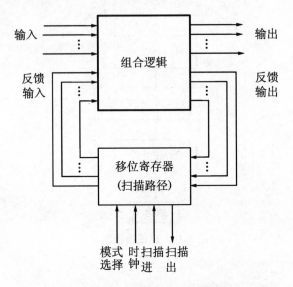

图 8.17　扫描路径设计模型

扫描途径测试的概念是：将时序元件和组合电路隔离开，以解决时序电路测试困难的问题。它将芯片中的时序元件(如触发器、寄存器等)连接成一个或数个移位寄存器(即扫描途径)，在组合电路和时序元件之间增加隔离开关，并用专门信号控制芯片工作于正常工作模式或测试模式。

当芯片处于正常模式时，组合电路的反馈输出作为时序元件的输入，移位寄存器不工作；当芯片处于测试模式时，组合电路的反馈输出与时序元件的连接断开，可以从扫描输入端向时序元件输入信号，并可以将时序元件的输出移出进行观察。

(1) 测试模式，扫描途径是否正确。

(2) 测试序列移入移位寄存器，稳定后组合电路输入与反馈输入一起通过组合逻辑，观察组合逻辑的输出，与期望值比较。

(3) 正常工作模式，组合电路的反馈输出送入时序元件；将电路转为测试模式，把时序元件中的内容移出，也与期望值比较，与上述组合逻辑的输出一起用来检查芯片的功能。

扫描途径测试技术存在的问题：

(1) 需要增加控制电路数量和外部引脚，也需要将分散的时序元件连在一起，导致芯片面积增加和速度降低。

(2) 串行输出结果，测试时间较长。

2. 电平敏感扫描设计

电平敏感扫描设计(LSSD)是 1977 年由 IBM 公司提出的一种时序电路可测试性技术。"电平敏感"表示时序电路对任何输入的静态响应和状态变化都与电路内的延迟无关,亦即信号冒险不会导致干扰电路功能。为做到这一点,LSSD 采用无冒险的移位寄存锁存器 SRL 作为扩展触发器。LSSD 测试的通用原理图如图 8.18 所示。

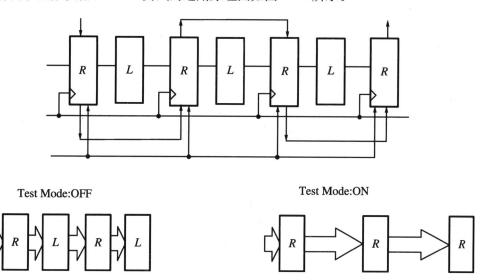

图 8.18　LSSD 测试的通用原理图

LSSD 也要将数据移进或移出寄存器以达到可扫描性。在测试方式下,可将触发器连接成移位寄存器的形式,在时钟的作用下工作。LSSD 可以把电路的交流测试、测试生成、故障模拟都大大简化,并且排除了冒险和竞争。然而,LSSD 也有缺点,如 SRL 逻辑上比简单锁存器复杂 1~2 倍,为控制移位寄存器,需要外加 4 个输入和输出端。

3. 内建自测试 BIST

BIST 是在芯片内部设计了"测试设备"来检测芯片的功能,避免了数据需要串行传输到外部设备的问题。常见的自测试结构包括表决电路、错误检测与校正码技术等。

在外部测试命令方式下,在芯片内部的产生测试码和对测试结果进行分析的电路进行自我测试,并给出结果。

内测试码发生器通常为伪随机数发生器,如图 8.19 所示为线性反馈移位寄存器,简称 LFSR。S_0、S_1、S_2 在一系列时钟的作用下,输出近似为伪随机序列。在实际的内测试电路中,输出响应分析器几乎都采用如图 8.20 所示的特征分析法(Signature Analysis)。

特征分析器也可以由 LFSR 构成,既可以用作内测试码发生器,又可以作为特征分析器,它被称为内建逻辑模块观察器(Built In Logic Block Observer,BILBO)。其逻辑图如图 8.21 所示。

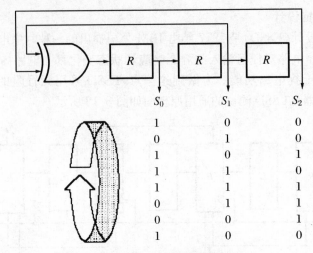

S_0	S_1	S_2
1	0	0
0	1	0
1	0	1
1	1	0
1	1	1
0	1	1
0	0	1
1	0	0

图 8.19 LFSR 原理图

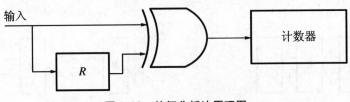

图 8.20 特征分析法原理图

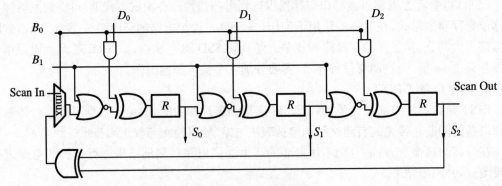

图 8.21 BILBO 原理图

B_1 和 B_0 有四种工作方式：

(1) 当 $B_0 = 1, B_1 = 0$ 时，电路既可以作为伪随机数发生器，也可以作为特征分析器。如果 $D_0 D_1 D_2 = (000)$，该电路是一个伪随机数发生器，伪随机序列长度为 $2^3 - 1$。如果保持 $D_1 D_2$ 不变，待分析数据从 Z_1 输入，则该电路为串行特征分析器。若数据同时由 $D_0 D_1 D_2$，电路就构成一个 3 位并行特征分析器。

(2) 当 $B_0 = 0, B_1 = 1$ 时，所有触发器的输入均为 0，在时钟作用下，三个触发器均置 0，所有触发器复位。

(3) 当 $B_0 = 0, B_1 = 0$ 时，开关接通 Scan In，电路构成一个 3 位移位寄存器，Scan Out 为

串行数据输出,电路工作于扫描测试方式。

(4) 当 $B_0 = 1$, $B_1 = 1$ 时,电路为 3 个独立的触发器,处于正常工作状态。

4. 周边扫描技术

在实际应用中,当芯片焊接到 PCB 上后,还必须保证芯片和周围所有部件连接正确。为完成这项任务,一个基本的思想是在每个部件的每一个 I/O 内部增加一个移位寄存器的单元。在测试期间,这些单元被用来控制输出管脚的状态(高或低电平)及读出输入管脚的状态,这样就可以在系统板级对互连进行测试。因而要求周边扫描寄存器必须具有以下三个重要性质。

(1) 在内核逻辑正常工作时,移位寄存器必须是透明的。

(2) 必须能够使集成电路的内核逻辑和集成电路的互连线隔离开来,以便对集成电路外部的互连线进行测试。

(3) 必须能够使集成电路与 PCB 上的外部环境隔离开,以便对内核逻辑进行测试。

因为这些寄存器单元位于集成电路的边缘(I/O 管脚内),所以称这些单元为周边扫描单元(Boundary-Scan Cells),组成的寄存器称为周边扫描寄存器(Boundary-Scan Register,BSR)。移位寄存器由一使能信号控制,该使能信号加在集成电路的一个专用测试引线端上。这样就可以使集成电路与 PCB 上其他的部件隔离开,使得测试数据直接加到集成电路上,测试码不必经过几级逻辑线路才传送至集成电路。根据 IEEE 标准 P1149.1 对串行数据路径的输入称为测试数据输入(Scan-In),输出称为测试数据输出(Scan-Out)。周边扫描结构包括一个控制集成电路在测试和工作状态之间切换的指令寄存器、一个用来施加测试数据的测试输入/输出端口(使用 JTAG)和一个周边扫描寄存器 BSR。如图 8.22 所示就是一个典型使用 JTAG 模式的多芯片周边扫描测试原理图。

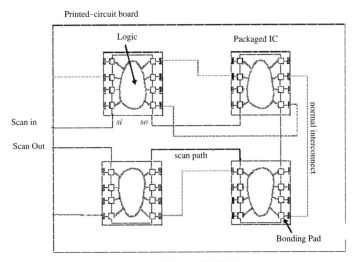

图 8.22 周边扫描原理图

8.4.2 可测试性设计与结构测试

测试如果全都靠自动设备来做是很困难的。有一个解决这个测试问题的办法,那就是内建自测试(Built-In-Self-Test,BIST)技术。BIST电路可以是待测试芯片的部分电路,如在芯片内RAM;也可以在芯片内测试整块芯片,如JTAG bound-scan chain;也可以做成一个专门的测试芯片增加到系统上,它允许芯片不用外部测试设备而自己测试自己,可使自动测试设备能访问到它原来接触不到的电路和节点。

为此,欧洲的计算机、电信以及半导体厂家成立了联合测试行动小组Joint Test Action Group,(JTAG)研究与推荐各厂家之间标准化的测试体系结构与程序。在1986年,JTAG推出了标准的边界扫描体系结构,名为Bound-Scan Architecture Standard Proposal Version 2.0,最后目标是应用到芯片、印制板与完整系统上的一套标准化技术。1988年3月4日IEEE与JTAG开始P1149.1的标准开发。由此,芯片、印制板与完整系统上的可测性已越来越受到重视,而一系列标准的贯彻实现使可测性设计提高到一个新的水平。

芯片是所有更高形式(电路板与系统)的基础,是标准化测试的起点,我们应对此加以重视。功能测试,在电路规模不大的情况下测试激励的故障覆盖率充其量达到70%~80%,往往达到50%~60%就很不错了,具体数字可以通过故障仿真工具得到,如Cadence Verifault。对那些功能测试中没有测试到的电路结构或状态应该在结构测试中尽可能测试到。由于ASIC设计的复杂度很高,它可能不是一个FSM(Finite State Machine),要达100%故障覆盖率很难。但目前只要面向可测性设计(DFT)做得好,做到结构测试的故障覆盖率达到95%以上是没有问题的。一般情况下,面向这种结构测试的可测性设计是从子模块到模块最后到芯片级逐层进行的。对于线宽为$0.25\mu m/0.35\mu m$的复杂数字系统芯片,可测性设计及自动测试机常用到的工具如图8.23所示。

每一级子模块/模块电路设计首先是满足功能,其次就是面向DFT。无论是自己设计的电路,还是用电路综合工具综合出来的电路都要考虑可测性问题。若是自己设计的电路,在设计时就要尽量避免不可测因素,减少不可测设计(包括不可控及不可见设计)。在电路设计中可测性的设计规则有很多,要特别注意:如电路中的某条线在故障检测时呈固定态,那么它可能是不可控的,因而是不可测的,要避免。产生固定态的情况可能有:

(1)接地,接电源的网线(logic0、logic1);

(2)由上拉或下拉门驱动的网线(pull up或pull down);

(3)悬空于特定状态无驱动的网线。

这些都是要避免的。另外,不可见因素(unobservable)要减少。下列情况视为不可见故障,是不可测的,要注意避免。

(1)没有扇出的网线;

(2)门的输入端为固定态所控制;

(3)单向门的输出端或驱动不可见网线的UDP;

(4)当输入输出(inout)端连接到不可见网线时的双向门的控制输入端等。

对于使用电路综合工具生成电路时,一定要加上关于测试故障覆盖率最小为95%的测试约束,这在当今的电路综合工具中完全可以做到。

在子模块/模块的调试过程中,要专门做电路的测试规则检查,所有不符合测试规则的地方(Violations)要一一修改,直到测试规则检查全部通过为止。

在芯片级集成时也要做测试规则检查,全部通过后再在芯片级加上Scan Path做

ATPG,这时就可以保证结构测试的故障覆盖率可以达到 95% 以上。经过故障模拟由 ATPG 生成的最小测试集就可用于今后样片或批量芯片的测试。

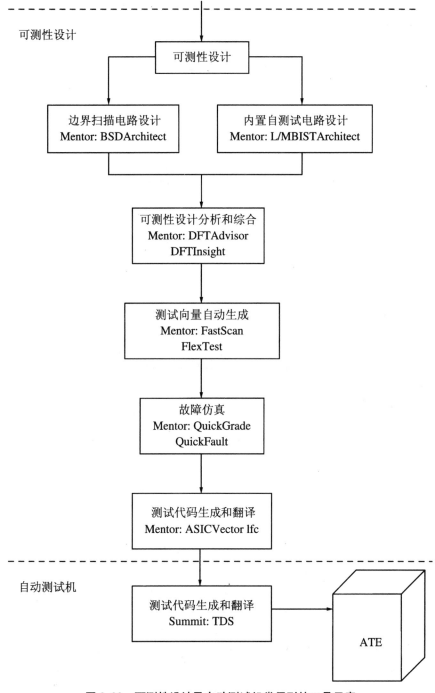

图 8.23 可测性设计及自动测试机常用到的工具示意

Bound Scan 是对芯片的板级测试提供支持,SUN SPARC 工作站主板上的几乎所有集

成芯片都有 JTAG Bound Scan 标准测试接口。目前我们也完全采用 JTAG/IEEE1149.1
标准的工具生成 Bound Scan 电路与标准测试接口。整个与可测性设计及结构测试有关的
流程如图 8.24 所示。

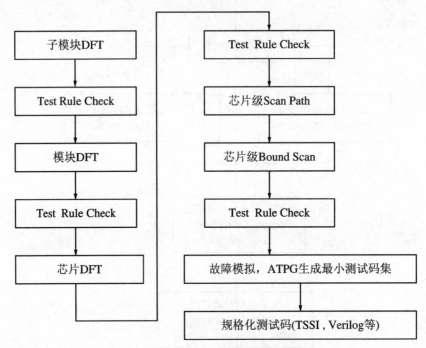

图 8.24　可测性设计及结构测试流程图

　　关于故障模拟中的故障模型,可以采用的是 Stuck-At 这种最基本的工业标准故障模
型。但是其他故障模型也可考虑,如对于 CMOS 电路的 IDDQ 故障模型。(关于故障模型
的选择可以产生很多研究性的问题。)

8.4.3　软硬件系统可测试性设计

　　我们把系统理解为由硬件和软件模块组合而成的整体,每个模块都是系统的独立部件,
有严格定义的功能。每个模块都是硬件或软件或是它们的组合。DFT 观念就是基于这种
抽象系统层次上的检测,具备系统所有模块综合可测试性的功能。

　　传统上,硬件的设计者和测试工程师注重于设计的制作准确性,查找、排除现场故障两
方面。对这类问题,他们已提出了多种有效的解决方法,包括扫描设计和自检。但他们忽略
了对设计的验证,设计仅取决于设计者的技巧。然而,设计者们认为,那些测试特征的结构
化测试设计不仅有利于制造和维修,还能大大简化产品的设计验证过程,某些情况下能使设
计验证周期从几周降至几天。与此相反,软件的设计者和测试工程师的目标是设计的有效
性和验证性(与硬件不同的是,软件在使用时不会损耗,因此,工作故障是由于设计错误而形
成,而不是由于不正确的复制或磨损)。与增加测试手段不同,软件人员致力于改善程序格
式和规范,如模块化设计,程序的结构化,程序通用规范和对象化设计均被证明可以有效地
简化测试。

如果能明确地区分设计的硬件和软件部分,这些处理方法是有效的。但当两部分界限模糊时,就会出现问题。例如,在系统设计初期,我们对系统层次上的测试策略很清楚,但不能确定哪些部分将在硬件中执行,哪些部分将在软件中执行。又如,在通用硬件上运行的功能软件,我们为了增强性能而将它改为硬件实现,设计者就必须确保这是一个可测试的、完整的且与执行选择项无关的设计。支持软、硬件综合设计要求使用"综合测试"技术,将软件和硬件测试技术结合在一起形成一个整体。

1. 存取问题

独立模块的存取数目有限,使复杂系统的可测试性能受到限制。虽然多模块系统设计和执行时,可以将它细分成各个部分,但装配到一起以后,复杂系统的状态就成了具有各组成部分的多种复杂性的黑盒子。例如,我们可以用一个状态机构来模拟模块的工作。状态包括转换和条件,通过确定所有状态的变化可以测试一个模块的动态响应。一般说来,如果一个模块有 N 个状态(N 个状态空间),则至少有 N 个状态变化,相应的,至少要进行 N 次不同的测试。

多模块复杂系统的状态数目增长极快。系统黑盒子包含了所有模块的状态空间,例如系统由 K 个模块组成,每个模块有 N 个状态,那么系统的状态空间是 NK。我们称这种增长模式为状态空间的暴涨。

显然,如果能独立测试每个模块,模块化系统的可测试性就会大大提高。因此,模块化的软、硬件设计还需包括测试存取通道,以保证能够进行分离的模块测试。研究人员已广泛地采用这种各个击破的处理方式来测试复杂的、模块化数字电路。

2. 系统级可测试性设计

系统可测试性设计必须明确分离系统的功能规范和实际软、硬件系统的运行。在设计过程中,我们先制定出系统的功能规范,由这个规范可对系统有明确且详尽的理解(不会被执行的细节弄糊涂)。这样的规范为系统的软、硬件划分和选择合适的组合提供了坚实的基础。

系统级可测试性设计必须在规范中增加系统级测试要求,以增加系统内部模块的可控性和可观测性。而后,必须将独立的测试要求转变为实际的软、硬件要求。在规范中设置测试要求会对实际系统产生很大影响,一种设计思路是像现有的测试设备一样来实现测试要求,如边界扫描通道测试技术。同时,测试要求也引起了软硬件测试设备的更新。

设计规范与实际执行相分离是现代设计方法的基本原则。这种方法包括结构化和反向分析设计以及软、硬件综合设计。因此系统级可测试性设计完全适用于这些现代设计方法。

3. 技术规范中的系统级可测试性

其基本原则是:通过将系统划分成各个模块来解决系统测试的复杂性。在系统中插入测试功能,先测试单个模块,再测试模块间的相互作用,进而完成整个系统的测试。硬件测试(例如常规测试)就采用了这种原则。

在系统设计规范中,系统级可测试性设计策略有两部分。

(1)系统部分:结构化、模块化的设计方法自然可以增加可测试性,但制定系统划分的大体准则可以进一步加强系统的可测试性。

系统划分有多种探索工作和经验准则,其中模块间最小相关性和模块最小相似性原则对改善可测试性很有效。

模块间最小相关性原则通过减少模块间的相互作用和信息传递,将系统划分成几个独立的模块。这样,在测试过程中就可以将一个模块与周围环境隔离开了。

利用模块内部最小相似性原则可形成可测试性好的模块。系统复杂程度的标志之一就是模块内部相似性。由前述内容可知,如果一个模块的组件存在相互作用性、并行性和一定数量的状态,则模块的状态数量就会迅速增加,系统状态空间维数迅速增长,使得需测试项目也随之增多。利用相似性最小化原则可减少测试项目数量。

理论上,可以将系统模拟成一个信息交流处理装置。最小相关性原则的主要目的是减小过程中的相互作用,最小相似性原则允许每个模块只对某一单独的连续过程有响应。

如图 8.25 所示是五个模块系统划分的例子。在此例中,先利用最小相关性原则将系统划分成少量的几个模块,然后用最小相似性原则将复杂模块分割成更小的模块。例如,最初一个复杂模块包含 B 和 C,将其分解以降低测试的复杂性。

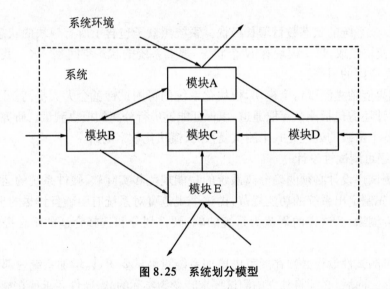

图 8.25　系统划分模型

(2) 增加测试功能:这使得在测试时能控制和观测单个模块以及模块间的相互作用。先在设计规范中确定测试功能,不考虑系统的运行细节,其次在设置步骤中再将测试功能与实际的软硬件系统运行结合考虑。

可以通过给模块输入激励信号,观测模块边界响应来测试单个模块及模块间的相互作用。这就要求能在外部系统中直接控制和观测模块的边界状态,但一般来说这是不可能的,因此希望能通过其他模块提供测试激励信号,并观测被测模块的响应。例如在图 8.25 中,我们既不能控制模块 C 的边界状态,也不能在外部系统中观测到它们,就要通过其他模块进行测试。

正是由于受这些控制和观测的限制,极大地约束了系统的可测试性,主要表现在以下几方面:

① 必须设置与被测模块相通的测试通道。要做到这一点非常困难。

② 当检测到故障时,不能确定它是来自于被测模块还是来自于测试通道。

③ 在实际系统中,事件的顺序和时间序列是很严格的。因此,在测试时要求控制输入时序并观测输出时序,而要做到这一点,就必须对被测模块进行直接检测。

为改善可测试性,我们在设计规范中增加了测试功能,并使用以下三种测试功能模式。

(1) 透明的测试模式(TTM)。如果通向被测模块的通道是透明的(若能不失真地传递信号则称为透明的),就能解决检修方便性的问题。这种通道可以用附加透明测试操作模式扩展模块来实现。当模块转换成 TIM 模式时,它将按预定形式将输入信号直接传送到输出信号,在模块的输入输出间提供一个透明通道。

另外,如果从测试仪器到被测模块的所有存取点不可能或不想建立测试通道,就得增加测试响应器。测试响应器在某种程序上是测试通道的反转,它将可控制信号从被测模块返回给测试仪器。

TIM 概念已广泛应用,但它也有局限性:即通用测试性不高,必须为某一特定模块的测试进行专门设计,不具备通用性。

(2) 内建自测试(BIST)。模块具有自测试功能,它可以降低对外部系统可控制性和可观测性的要求。模块的内置自检功能可以向模块提供测试激励信号,观测和确定响应值。内置自检可以从外部系统启动,并受外部系统控制,它能向外部系统返回连续/不连续运行的响应或诊断信息。

(3) 控制和观测点(PCO)。控制和观察点是指在模块边界插入的控制、观测点,这些点能使我们从外部系统直接控制和观测模块间的相互联系。一般我们在两个模块的连接处插入一个控制和观测点。控制和观测点除了用于观测和控制模块相互连接,还能和数据存储器一起,在测试模式中读写数据。在一个系统中,可以通过模式的输入单独控制每个控制和观测点,但一个通用的模式选择可控制许多控制和观测点。透明的测试模式和控制观测点功能在外部系统和内部模块之间提供了通道。该通道不仅传递测试信息,而且传递系统的管理信息,如程序的更新和数据等。

4. 从设计规范到软硬件实现

当系统的软硬件结构完成后,我们可以对系统进行循环测试。对于所有的测试和诊断控制,这个结构都能提供以下功能,且适用于每一层的测试。

① 初始化系统、子系统、模块、元件(模式的设置,复位);

② 进入并控制系统每层的次级元件;

③ 传递测试激励信号;

④ 控制内置测试结构;

⑤ 采集测试结果;

⑥ 识别元件。

一般在分层测试结构中有两种策略结合使用:集中和分布。集中式策略是从一个单独的顶层测试控制模块进入并控制系统所有较低层次;而分布式策略则是尽量将测试的控制分布到每个层次。两者各有优缺点,在这里我们主要讨论分布式策略。

(1) 集中式策略提供了一种简单低耗的测试结构,不要求每个测试层都要有相应的配置和相应的知识对模块进行专门测试。但由于它的中心测试模块包含有全部的测试内容,我们不能随意用功能相同但使用技术不同的其他模块替换。因此集中式策略是不可变的,且它要在层次之间的测试数据传递基础上才能进行有效通信。

（2）分布式测试策略更富变化性，因为它的测试技术定位于单个的系统级，这有利于并行测试以减少测试时间。测试功能的分布还降低了系统测试控制模块的复杂程度，且将操作技术限于独立地执行单个测试级激励，因为系统测试控制器能在一个独立层次操作，这省却了复杂的专用测试接口。为提供标准化的通用测试接口，分布式策略能方便地使用可替换的商品化产品，用这种方式可很容易地开发出测试性能很高的系统。这种优点使得分布式处理非常适合于测试复杂系统。

（3）集中式和分布式策略描述的是极端状况。实际使用中，设计者经常使用同时具有两者特性的综合性策略。

软硬件设计者已开发出多种 DFT 技术。硬件 DFT 主要是仪器，软件 DFT 主要用于设计规范。这些技术的单独使用并不能得到令人满意的系统级可测试性能。一个单独的DFT 技术需要同所有其他的 DFT 处理结合起来才更有效果。

由模块组成的模块化系统对于测试者并没有什么有利之处，除非能对系统每部分分别进行测试。模块化设计意味着模块化测试。今后面临的挑战是开发出一个完整的设计过程，能够提供满足规范要求的可单独执行的可测试性，如同测试码的传送、机内自检、PCO等。我们必须将软硬件系统执行的可测试性要求结合起来考虑，这意味着将高水平的可测试性要求转变为已有的或新的测试功能执行。

8.4.4　包含嵌入式模块的可测试性设计

深亚微米工艺使得芯片复杂性越来越高，这意味着许多嵌入式模块无法用传统的方法进行测试。为确保产品质量，必须找出新的方案。

在 20 世纪 90 年代早期，大型设计是很少见的。这些设计通常需要几年时间及大规模的开发队伍。大型设计一般是结构化设计，如大批量生产的微处理器。产品质量由专业测试方法的开发加以保证。这些方法通常被称为结构化可测性设计方法。DFT 让设计小组以可预测的方式修改设计。通过简单的修改，能够快速地创建生产测试，并由生产测试提供必需的产品质量。

到了 20 世纪 90 年代后期，逻辑综合的采用及 ASIC 代工导致了 DFT 的设计需求上升。然而，据估计，所有设计中仅有三分之一采用可测性设计。

不幸的是，仅仅当设计特性开始影响测试方法时，这些公司才意识到对结构化 DFT 的需求。设计已经不再是百分之百的逻辑了，它有规律的融合了逻辑、SRAM 以及嵌入式部件，百万门逻辑可能仅仅代表 50% 的硅面积。显然，所有的芯片必须通过测试以确保产品质量。必须理解不同的 DFT 方法以便选取最有效的解决方案，解决方案必须满足特定需要。下面这部分回顾了 DFT 方法的广泛类型以及在测试嵌入式部件时所使用的方法。

1. 功能测试

功能测试的原理是很简单的。设计小组中见多识广的成员可负责开发测试向量集。向量包括两个部分：被测设备（DUT）的激发因素和相应的预期反应。这种方法需要专业设计知识。追溯以往，这些向量的来源是设计模拟向量。它们必须满足测试者的需要，而且通常需要修改。值得注意的是，从端口输出模拟模式到测试装置最简单的方法需要周期模式。

这需要在模拟模式开发期间进行精心计划,否则,这些向量可能不为测试设备所接受。可以使用故障模拟软件来测定这些模式的测试覆盖率。多年的经验已经表明这种方法不易实现高故障覆盖率。提高故障覆盖率需要进行长期分析以建立附加的模式。

开发这些基于设计功能性的测试向量的时间随设计尺寸和复杂性的增加而增加。必须理解设计单元(部件)间的相互作用。当部件不嵌入设计时,这是一件非常简单的任务。创建同样的向量并提供观测预期结果的方法对嵌入式部件而言是困难的。

故障模拟须花费大量时间,而且复杂性与设计尺寸的平方成正比增长。必须有几个大型、强大的工作站。为了减少所需的大量时间,通常将故障模拟分解到几个机器上。许多公司需要超过一个月来完成故障模拟。

2. 测试接入结构

因为创建测试嵌入式部件的功能向量比较困难,所以分析怎样应用 DFT 方法就变得相当重要了。为了在测试嵌入式部件时不依赖周围设计部件,可以使用直接接入法。这种方法比其他方法的自动化程度低,尽管一些从事通用核心测试复用问题的公司可提供一些自动操作。也可以使用传统的 DFT 方法或由这些演变出的新方法,通常这些方法包括扫描 DFT 或内建自测试方法。

(1) 直接接入法。这种技术允许测试和测试向量的复用,为每一个模块的端口提供一条芯片引脚与模块端口间的通路。一种独特的测试模式可应用于需测试的每一个或每一组部件。

对于单向端口(输入或输出),一般可以使用多路转接器结构提供直接通路。双向引脚需要特殊考虑。必须确保在部件端口和芯片引脚的驱动方向之间没有冲突。复用部件的向量也需要对双向信号进行额外的考虑。

一块 IC 的测试费用与它的测试时间是成比例的。如果一个设计包含许多嵌入式部件,而且每一个部件依次进行测试,测试时间就会增加。作为提供直接接入设计努力的一部分,必须考虑怎样将测试时间减至最小。必须确定哪一个部件可以并行测试。这需要设计者分析设计以确定有相似测试时间的部件。

设计的复杂性比芯片信号引脚的数量增加得更快。通常,在部件上一种特定类型端口的数量超过为芯片提供的端口数。可以通过改单方向芯片引脚为双方向芯片引脚来解决引脚类型的问题。如果部件上端口数超过芯片引脚数,必须能应用测试模式的一个子集或使用不同的 DFT 方法。值得注意的是,许多使用知识产权(IP)的设计小组已经开始使用这种方法设计了。

(2) 扫描 DFT 接口。20 世纪 90 年代末,扫描 DFT 方法变得愈加流行。它用产生可预测结果的方法解决了测试的复杂性,而且易于自动操作。

为了完成随后的自动测试模式生成(ATPG)逻辑综合,可以使用可测性分析和测试集成工具,执行一个将顺序元素(触发器和锁存器)转化为扫描元素的简单设计修正。在测试模式中,这些扫描元素被分解为一个或多个移位寄存器排列,这一简单的技术使设计中的接入点增加了。

应用上述的这些优点来测试嵌入式部件是可能的,可以使用两种方法。第一种方法是用嵌入式逻辑部件作为常规 DFT 过程的一部分,使其可以被扫描;第二种方法是为围绕嵌入式部件的独立接口提供的。

这两种技术都需要额外的扫描逻辑。然而在每一个嵌入式部件周围的专用"接口"方法同样可将应用向量进行序列化。接口与 IEEEP1149.1中描述的边界扫描标准非常近似。通常,需要测试的嵌入式部件不是逻辑部件,因此扫描 DFT 方法不适用,这就需要其他方法,如 BIST。

(3) 内建自测试。BIST 减小了对外部测试设备的依赖,可以通过在芯片上布置附加电路来实现这一点,由附加电路负责模式创建和被测部件的输出分析。存储器 BIST 的目的是采用算法创建片内测试模式。算法的选择基于研究和存储器独特的测试需要。

BIST 的缺点是需占用额外的空间。因为它在关键线路中布置了附加电路。对于较小存储器(如 FIFO 和寄存器)而言,仅额外空间的占用就多于测试部件的面积。通常,附加布线避免使用 BIST 方法。如果出于性能的原因不允许加入扫描点或测试点,是不能采用逻辑 BIST 方法的。

3. 选择一种解决方案

理想的解决方案由设计的约束条件和需求所决定。假设测试质量是最需优先考虑的,则面临着平衡测试益处和产品发布的问题。生产率最好通过 DFT 自动化(测试综合、ATPG 和 BIST)实现。当避免了额外的测试逻辑时,可以实现测试成本目标和对产品性能的最小影响。但是可以复用剩余的 DFT 结构。为了选择设计的最佳方法,必须确定好约束条件。

在大型设计中,很可能将这些嵌入式部件模型化为黑盒。一个黑盒可以因为几种原因存在。可能需要保护部件的实现细节,或者可能没有一个结构等价体可以在 DFT 期间使用(多数 ATPG 产品需要对设计的完全结构描述)。在这些情况下,设计者必须找到一种方法使用将要充分检测嵌入式部件的向量。

4. 软件方面的提示

没有一个单独的软件可以满足测试嵌入式部件的所有需要,设计者必须继续做出聪明的选择并集成必要的软件部分。

8.5　数字集成电路的测试与物理仿真

系统模拟即逻辑级仿真后,可得出整个 PCB 板的逻辑级验证结果(软结果),该结果将作为进行物理仿真(Emulation)的前提和系统测试中的依据。

8.5.1　物理仿真的方法

根据系统设计,实例系统的 SRAM 有两个,即主存储器 MM 和从存储器 SM,以及振荡电路、MBUS 插槽和特定的 CPU 芯片。在购买到要求的 SRAM 后,首先要对其正确性进行测试。具体方法是:将 SRAM 插在物理仿真器上(或特制的测试平台上),通过一根特制的光缆与测试环境(如工作站 SUN 下的 Cadence)相连,再做一些必要的硬件描述(如管脚数目和连接、走线延时等的文件形式描述)后,从测试环境中输入测试激励,验证 RAM 的正确性和可用性。对 MBUS 和振荡电路的测试同 RAM;而对于 CPU 芯片的测试,则需要更细致的测试方法。

测试的示意图如图 8.26 所示。下面将以主存储器 MM 和 CPU 芯片为例,阐述主存储器 MM 的 LMSI 物理仿真——Cadence 的物理仿真步骤、流程、方法。

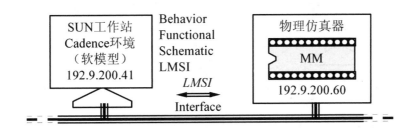

图 8.26 芯片的物理仿真示意图

说明:Cadence 集成环境下,对某系统进行了设计描述(软硬件描述)。这部分的描述有芯片的描述(假设为 Schematic)、时钟(为 Behavior)、MBUS(为 Functional),现有 RAM 芯片(LMSI 描述),插在物理仿真器的 socket 上,在 Cadence 集成所有描述后进行仿真验证。

(1) 环境配置:工作站的 Cadence 下,先进行 host 配置:

/etc/hosts 文件(possible)

Venus-AIP 地址(192.9.200.41)

LMSI192.9.200.60

(2) 硬件连接:将主存储器 MM 插在物理仿真器上。

(3) 软件创建 LM 之 Shells:使用 crshell(LMSI 的 Interface)程序创建指示 LM 硬件模型的 Verilog-XL HDL 文件。crshell 位于 LM_DIR 目录中。crshell 程序从用户的 LM_LIB 路径里得到映射和模型文件,来创建这些 HDL 文件。

参考 LMSI 的 Speed_Model 描述,需要提供以下文件:

① Model(.MDL)模块文件,它有三个附加的文件,分别为.DEV、.PKG、.ADP;

② Device(.DEV)设备文件,描述设备信息,如设备管脚和速度等;

③ Package(.PKG)封装和 Adapter(.ADP)采集器文件,它们将设备的管脚对应到设备采集器的相应位置上,Logic Model 提供了许多标准的封装(Package)和全部 Logic Model 设备采集器;

④ 此外,Logic Model 还提供了一个 Timing(.TMG)时序文件,它包含设备时序延迟信息;一个 Options(.OPT)选项文件,它包含控制选项特性;一个 Pin Names(.NAM)管脚名文件,它指出管脚的名称;一个 Test Vector(.TST)测试向量文件,它是一个选项标准文件,用它确认设备。

注意 在 Verilog-XL HDL 环境下,通过配置相应的文件,将物理仿真器与 Cadence 环境的工作站相连,而对于多个芯片的描述,可以在同一文件中。

8.5.2　芯片的 FPGA 物理仿真方法

芯片的 FPGA 物理仿真方法介绍——Quickturn 法。Quickturn 法提供了基于 FPGA 的硬件仿真器。图 8.27 是基于 FPGA 的硬件仿真环境。

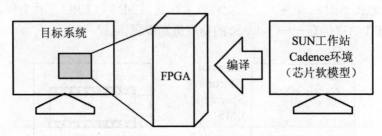

图 8.27　基于 FPGA 的物理仿真

说明：根据对仿真系统的设计描述，通过编译，形成 FPGA 形式的仿真原型；然后将工作站的芯片拔去，用提供的管脚形式（硬件仿真环境提供这样的标准件），将 FPGA 与工作站相连，加入相应的软件支持，形成目标系统。

（1）软件准备：提供待测芯片的软件描述；以及目标系统的软件准备。

（2）硬件造型：有芯片的电路描述（比如网表），以此作为硬件仿真之造型系统的数据输入，由仿真系统进行编译（100 万管大约需要 10 到 15 天的造型编译时间），形成 FPGA 形式的硬件原型。该硬件原型通过一根特殊电缆（一端接物理仿真器的输出，另一端为标准的插件形式），与目标系统相连。

8.5.3　混合的物理仿真

用上述两种仿真方法可以产生一种混合的物理仿真器。示意图参见图 8.28。

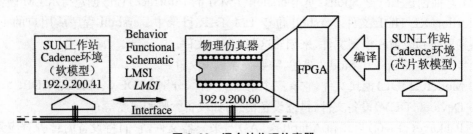

图 8.28　混合的物理仿真器

说明：该方法为上述两种形式的混合。先通过硬件造型系统，将某芯片的网表描述进行编译，形成 FPGA 形式的硬件原型；然后，用 LMSI 描述，将 FPGA 连接到 Cadence 环境下进行仿真验证。

（1）软件环境：Cadence 环境。

（2）对比。LMSI 的物理仿真，简单易行，但对于故障的修正，比较困难；FPGA 形式的物理仿真，费用大、耗时、准备周期长，但比较保险；对于混合方式的物理仿真，则可以在准备上节省时间。

（3）ATE 测试。对于芯片的 ATE 测试的输入，为芯片集成后的激励，由仿真环境产生测试代码。参见图 8.29 及说明。

关于图 8.29 的说明：① 对于电路基本功能，可采用人工方式；对于比较部分可采用 ATGP 自动产生，使用工具 Cadence，产生激励文件；

② 使用 Cadence 的 Verilog 描述，产生描述和图形文件；

③ 可以分析 Cadence 仿真的报告，如果故障覆盖率不合要求，可以通过增加激励的方式，提高故障覆盖率；

④ 输入仿真的描述和图形文件。具体要求有：

格式（Verilog）；深度（1MB）；满足同步要求，采样点固定，减少随意性，不能使用 always，控制信号要固定；优化故障覆盖率及测试码的长度的效长比（即增加多少激励，可提高故障覆盖率多少）；是否存在不定态——初始化问题、测试同步；是否存在动态电路（即时钟停止，电路仍然动作）；Timing 时序考虑；电源等。

（4）总体方案设计

根据测试的总体思想，可以设计以下测试流程，进行某芯片系统的物理仿真测试。

① 某芯片系统（软）＋MBUS（软）＋PCB（软）；

② 某芯片系统（软）＋MBUS（硬）＋PCB（软）＋物理仿真器（软/硬件）；

③ 某芯片系统（软）＋MBUS（软）＋PCB（硬）＋物理仿真器（软/硬件）；

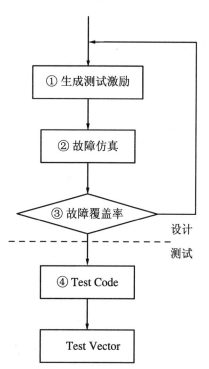

图 8.29 ATE 测试矢量生成

④ 某芯片系统（软）＋MBUS（硬）＋PCB（硬）＋物理仿真器（软/硬件）；

⑤ 某芯片系统（硬）＋MBUS（软）＋PCB（软）＋物理仿真器（软/硬件）；

⑥ 某芯片系统（硬）＋MBUS（硬）＋PCB（软）＋物理仿真器（软/硬件）；

⑦ 某芯片系统（硬）＋MBUS（软）＋PCB（硬）＋物理仿真器（软/硬件）；

⑧ 某芯片系统（硬）＋MBUS（硬）＋PCB（硬）＋物理仿真器（软件）。

MM、SM、MBUS 的物理仿真流程参见图 8.30。

方法：在 Cadence 环境下，将硬件与系统的其他软模型集成，输入测试激励，与软件集成的结果进行对比。结果：得到与软件集成一致的数据。

说明：对 MM、SM、MBUS 的物理仿真采用 Cadence 集成环境下的 LMSI 方式进行；对于 MM 和 SM 可以统一作为 RAM 来做物理仿真。

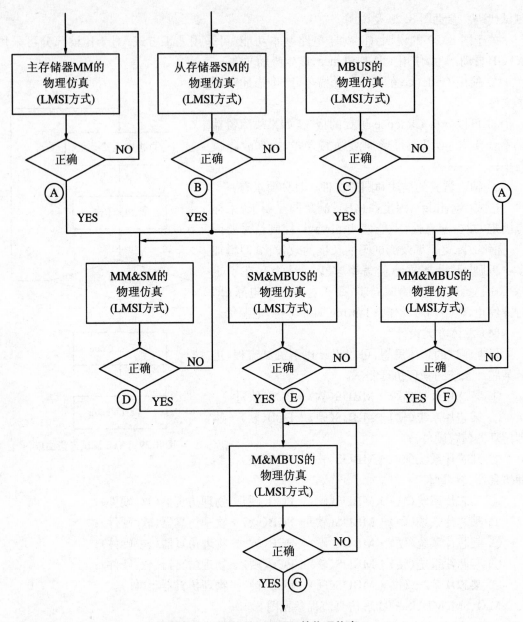

图 8.30　MM、SM、MBUS 的物理仿真

某芯片系统的物理仿真流程参见图 8.31 所示。

方法：对于方案一，首先通过 Quickturn 的编译系统，将某系统的软模型描述下载到 FPGA 中，在 Quickturn 的仿真测试的软件环境下，以实时的速度，对 CPU 的 FPGA 进行功能逻辑上的测试验证。

结果：得到与软件集成一致的结果，以及在软件集成所得不到的结果数据，作为 CPU 的验证数据，带入下一阶段的物理仿真中。

说明：对某芯片系统的测试，采用混合的物理仿真方法，有两种方案供选择：方案一采用全面测试，重点保证该芯片系统在逻辑功能上的正确性。

补充说明：RAM 和 MBUS 的物理仿真，以及 CPU 的物理仿真可以同步进行。

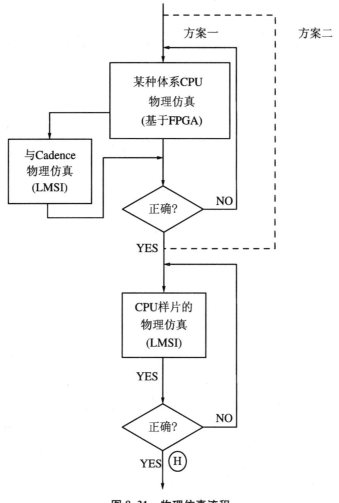

图 8.31　物理仿真流程

（5）某芯片系统、RAM 和 MBUS 的物理仿真。在该阶段，某芯片系统的物理仿真一旦通过就可以投入样片生产，然后在绝大多数为硬件的系统中做物理仿真。图 8.32 是某芯片系统和 RAM、MBUS 的物理仿真示意图，图中的代号参见图 8.30、图 8.31。

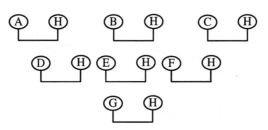

图 8.32　某芯片系统和 RAM、MBUS 的物理仿真

附　录

附录1　Synopsys 推荐设计流程

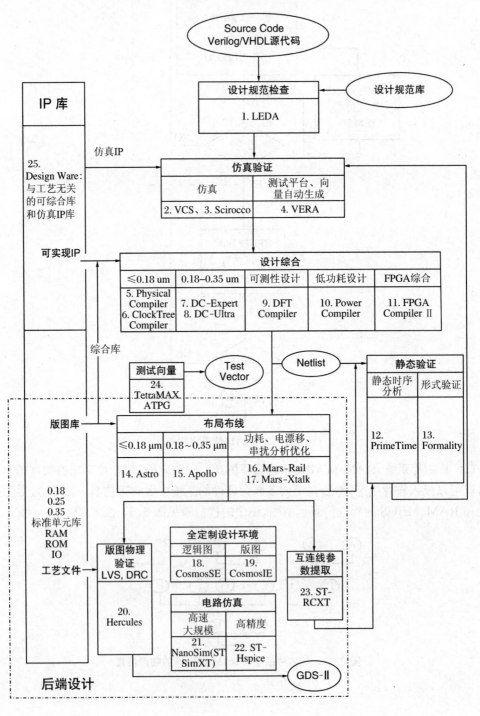

附录 2　VHDL 上机作业模板

独立上机作业　切忌互相引用	作业模板	作业成绩登记号＿＿＿	学号：

右边是交通灯控制器的仿真波形图，在图中我们需要进一步注意的是：

(1) 设初始时，大路灯为绿，小路为红；

(2) 当小路有车，而大路有车，或小路已等 65 秒，则大路灯由绿变黄；

(3) 当大路没有车，或大路黄灯已持续 5 秒，则大路灯由黄变红，小路灯由红变绿；

(4) 当小路没有车，或大路有车，而小路绿灯已持续 30 秒，则小路灯由绿变黄；

(5) 当小路没有车，或小路黄灯已持续 5 秒，则小路灯由黄变红，大路灯由红变绿；

(6) 该交通灯控制器给大路交通优先权，当两路上都有车时，大路灯一直为绿，小路灯一直为红

Name	Value	S…
ɹ clk	1	
ɴⱳ main_sensor	true	false true true false true false true
ɴⱳ side_sensor	true	true false true false true false true
ɴⱳ main_green	1	
ɴⱳ main_yellow	0	
ɴⱳ main_red	0	
ɴⱳ side_green	0	
ɴⱳ rst	0	
ɴⱳ side_yellow	0	
ɴⱳ side_red	1	

文字框加注文字说明或仿真波形图

模块图名称	Traffic_light 模块	上机时间	
上机工作路径	\\lookinfor\public\	波形文件名	～02080\tl\traffic_light\src\traffic_light_wave.awf
上机电脑号	User10	仿真环境	Active_VHDL 4.2
VHDL 源文件路径	～2080\tl\traffic_light\src\traffic_light. vhd	归档版本号	1.1

附录 3 可靠性设计分析流程示例

流程名称：产品的可靠性设计分析流程示例

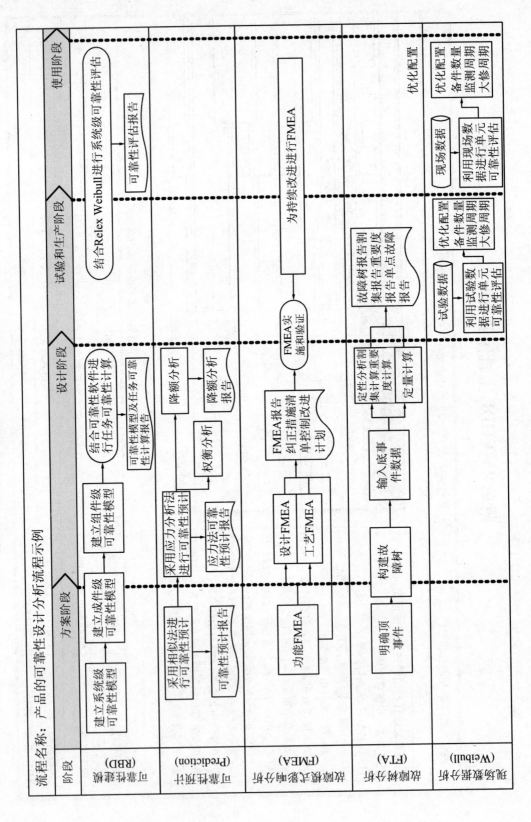

参 考 文 献

［1］ 金西.VHDL 与复杂数字系统设计［M］.西安:西安电子科技大学出版社,2003.

［2］ 薛宏熙,胡秀珠.数字逻辑设计［M］.2 版.北京:清华大学出版社,2012.

［3］ Rabaey J M.数字集成电路设计透视［M］.影印英文版.北京:清华大学出版社,1999.

［4］ Brown S,Vranesic Z.数字逻辑基础与 VHDL 设计［M］.3 版.北京:清华大学出版社,2011.

［5］ 克斯林.数字集成电路设计［M］.北京:人民邮电出版社,2011.

［6］ 拉贝尔.数字集成电路:电路、系统与设计［M］.2 版.北京:电子工业出版社,2010.

［7］ Piguet.低功耗 CMOS 电路设计［M］.北京:科学出版社,2011.

［8］ Piguet.低功耗处理器及片上系统设计［M］.北京:科学出版社,2012.

［9］ 小林芳直.数字逻辑电路的 ASIC 设计［M］.北京:科学出版社,2004.

［10］ 李晓维,胡瑜,张磊.数字集成电路容错设计:容缺陷/故障、容参数偏差、容软错误［M］.北京:科学出版社,2011.

［11］ Chandrakasan A.高性能微处理器电路设计［M］.北京:机械工业出版社,2010.

［12］ 侯伯亨,顾新.VHDL 硬件描述语言与数字逻辑电路设计［M］.西安:西安电子科技大学出版社,1999.

［13］ 韩雁.专用集成电路设计技术基础［M］.成都:电子科技大学出版社,2000.

［14］ Johnson H.高速数字设计［M］.北京:电子工业出版社,2008.

［15］ Roth C H,John L K.数字系统设计与 VHDL［M］.2 版.北京:电子工业出版社,2008.

［16］ 李哲英,骆丽.数字集成电路设计［M］.北京:机械工业出版社,2008.

［17］ 郭炜,魏继增,等.SoC 设计方法与实现［M］.2 版.北京:电子工业出版社,2011.

［18］ 汤琦,蒋军敏.Xilinx FPGA 高级设计及应用［M］.北京:电子工业出版社,2012.

［19］ 朱正涌,张海洋,朱元红.半导体集成电路［M］.北京:清华大学出版社,2009.

［20］ 史保华,贾新章,张德胜.微电子器件可靠性［M］.西安:西安电子科技大学出版社,1999.

［21］ 李巍,刘栋斌.空间辐照环境下的 FPGA 可靠性设计技术［J］.单片机与嵌入式系统应用,2011.

［22］ 余宁梅,杨媛,潘银松.半导体集成电路［M］.北京:科学出版社,2011.